教育部高等学校电子信息类专业教学指导委员会规划教材
高等学校电子信息类专业系列教材

PCB设计实用教程

——基于Altium Designer 24

孙宝法　编著

清華大學出版社
北京

内容简介

本书基于Altium公司的EDA软件Altium Designer 24,重点介绍PCB设计的基本概念、方法和技术,主要包括电路原理图设计、PCB设计、电路原理图元件制作和PCB脚印制作等内容。全书共12章,包括PCB设计基础知识、电路原理图编辑器、电路原理图设计、电路原理图后续处理、层次电路原理图设计、PCB编辑器、PCB设计、PCB后续处理、电路原理图元件制作、PCB脚印制作、信号完整性分析和电路仿真。

本书可以作为全国高等学校电子信息工程、自动化、电气工程及其自动化、物联网工程等专业的教材,也可以作为从事嵌入式系统设计的工程技术人员的参考书。

图书在版编目(CIP)数据

PCB设计实用教程:基于Altium Designer 24/孙宝法编著. -- 北京:清华大学出版社,2025.3.
(高等学校电子信息类专业系列教材). -- ISBN 978-7-302-68511-1

Ⅰ. TN410.2

中国国家版本馆CIP数据核字第20250G38U5号

责任编辑:陈景辉
封面设计:刘　键
责任校对:徐俊伟
责任印制:杨　艳

出版发行:清华大学出版社
网　　址:https://www.tup.com.cn,https://www.wqxuetang.com
地　　址:北京清华大学学研大厦A座　　**邮　　编**:100084
社 总 机:010-83470000　　**邮　　购**:010-62786544
投稿与读者服务:010-62776969,c-service@tup.tsinghua.edu.cn
质量反馈:010-62772015,zhiliang@tup.tsinghua.edu.cn
课件下载:https://www.tup.com.cn,010-83470236

印 装 者:三河市龙大印装有限公司
经　　销:全国新华书店
开　　本:185mm×260mm　　**印　　张**:17　　**字　　数**:425千字
版　　次:2025年4月第1版　　**印　　次**:2025年4月第1次印刷
印　　数:1～1500
定　　价:59.90元

产品编号:108730-01

前言
PREFACE

目前，物联网、自动控制、人工智能和机器人等是IT业界甚至整个社会的热门话题，是极具潜力的经济增长点。物联网的核心是传感器、计算机与通信。其中，传感器与单片机将构成对环境进行感知和对物体进行控制的嵌入式模块，这种嵌入式模块一般都是基于PCB进行设计和制作的。很多自动控制系统、人工智能系统和机器人系统都包括各种高端芯片，而现代的所有高端芯片都是焊接在PCB上的。由此可见，在IT领域，PCB设计具有十分重要的意义，学习PCB设计，具有广阔的前景。PCB设计类的教材是普通高等学校电子信息工程、自动化、电气工程及其自动化、物联网工程等专业培养自动控制系统设计等方面应用型人才的必备教材。

本书主要内容

本书基于Altium公司的EDA软件Altium Designer 24，重点介绍PCB设计的基本概念、方法和技术，主要包括电路原理图设计、PCB设计、电路原理图元件制作和PCB脚印制作等内容。

全书包括12章。第1章介绍PCB设计基础知识，第2章介绍电路原理图编辑器的结构和功能，第3～5章介绍电路原理图设计的技术，第6章介绍PCB编辑器的结构和功能，第7章和第8章介绍PCB设计的技术及后续处理，第9章介绍电路原理图元件制作的技术，第10章介绍PCB脚印制作的技术，第11章介绍信号完整性分析的目的与方法，第12章介绍电路仿真的目的与方法。

本书特色

(1) 读者定位明确。本书以普通高等学校电子信息工程、自动化、电气工程及其自动化、物联网工程等应用型本科专业的学生为主要对象，以培养学生的工匠精神为目标，从实际应用出发，以操作训练为主要手段，注重学生动手能力的培养。

(2) 软件版本较新。EDA软件Altium Designer有一个与众不同的地方，就是Altium公司定期更新软件版本。为了能够尽量与软件更新同步，避免学生一出校门就落伍的尴尬局面，本书尽可能地使用较新版本Altium Designer 24.6.1。

(3) 内容组织周密。根据PCB设计与制作的流程，确定PCB设计的核心任务。围绕PCB设计的核心任务，作者对所遴选的内容反复梳理，使得本书选材恰当，重点突出，结构合理，层次清楚，难度适中，循序渐进，简明易懂，便于教与学。

(4) 设计步骤清晰。为了使读者尽快入门，作者对各种设计的步骤进行提炼，使得设计步骤叙述清晰，简明实用，可大幅减轻读者的阅读负担，降低操作难度，提高学习效率。

(5) 重视能力培养。为了培养和提高学生的动手能力，每章都适当安排 PCB 设计方面的内容，帮助学生及时掌握所学的基本方法和基本技术。

配套资源

为便于教与学，本书配有源文件、教学课件、教学大纲、教案、教学进度表、习题答案、期末试卷及答案。

源文件

请读者扫描本书封底的“书圈”二维码，关注后回复本书书号，即可下载配套资源。

读者对象

本书可以作为全国高等学校电子信息工程、自动化、电气工程及其自动化、物联网工程等专业的专业课教材，也可以作为从事嵌入式系统设计的工程技术人员的参考书。

致谢

在编写本书的过程中，作者参考了诸多资料，详见参考文献。在此谨向这些文献的作者致以诚挚的谢意。

由于作者水平有限，书中错漏在所难免，敬请广大读者批评指正。我们将认真听取大家的意见和建议，并加以改进。谢谢大家的支持。

作　者

2025 年 1 月

目录
CONTENTS

第1章 PCB设计基础知识

CHAPTER 1

本章介绍PCB设计的基础知识，主要内容包括Altium Designer简介、Altium Designer 24介绍和PCB设计与制作概述。通过对本章的学习，应该达到以下目标。

（1）了解EDA软件Altium Designer的发展历程和主要功能。

（2）能够安装Altium Designer 24，学会设置Altium Designer 24的界面。

（3）熟悉Altium Designer 24的主窗口和常用编辑器。

（4）掌握设计文件的管理方法。

（5）掌握PCB设计与制作的一般流程和主要步骤。

1.1 Altium Designer简介

1.1.1 Altium Designer的发展历程

1985年，Nick Martin在澳大利亚塔斯马尼亚岛的霍巴特创立Protel International Limited公司，并发布了EDA软件Protel PCB。

1988年，Protel公司在美国设立办事处销售Protel软件，并发布Auto Trax。

1991年，Protel公司将总部迁到美国，并发布Protel for Windows，这是世界上第一个运行于Microsoft Windows操作系统的PCB设计软件。

1994年，Protel公司提出EDA设计工具集成的客户端/服务器架构。

1998年，Protel公司发布Protel 98，它是针对Microsoft Windows NT/95/98等32位操作系统的全套设计组件。

1999年，Protel公司发布Protel 99，它既具有电路原理图逻辑验证的仿真功能，又具有PCB信号完整性分析的仿真功能。

2000年，Protel公司发布Protel 99 SE，软件性能得到进一步提高。

2001年8月，Protel International Limited公司更名为Altium Limited公司。

2002年，Altium公司发布Protel DXP，它集成了更多工具，功能更加强大，使用起来更加方便。

2003年，Altium公司对Protel DXP进行完善，推出了Protel 2004。

2006年，Altium公司推出Altium Designer 6系列产品，它是世界上第一个3D PCB设计软件。自Altium Designer 6.9版本之后，Altium Designer开始以年份命名。

2008 年 5 月，Altium 公司发布 Altium Designer Summer 08。

2009 年 7 月，Altium 公司发布 Altium Designer Summer 09，显著提高了 3D PCB 设计软件的性能。

2010 年，Altium 公司发布 Altium Designer 10，它是利用数据库技术的新一代 PCB 设计软件。

2012 年 3 月 5 日，Altium 公司在德国纽伦堡举行的嵌入式系统暨应用技术论坛上发布 Altium Designer 12。

2013 年 2 月，Altium 公司发布 Altium Designer 13，并且向主要合作伙伴开放了 Altium 开发平台。

2014 年，Altium 公司将总部迁至美国加利福尼亚州，发布 Altium Designer 14，显著改善了 PCB 设计软件的性能和可靠性。

2015 年至今，Altium Designer 的更新速度越来越快，Altium 公司每年发布一个大版本，从 Atium Designer 15 直到最新的 Atium Designer 24。

Altium Designer 的每个新版本都会增加新的功能。然而，在修复以前 Bug 的同时，又会带来新的 Bug，从而引发新一轮的软件更新，如此循环往复。从某种意义上说，Altium 公司开启了一种独特的软件更新模式，向大家展示了一种别致的企业文化。

2024 年 2 月 15 日，日本芯片制造商瑞萨电子宣布，将通过一次全现金交易以 91 亿澳元的价格收购澳大利亚设计软件提供商 Altium 的 100％股份。2024 年 8 月，瑞萨宣布已全资收购 PCB 设计软件公司 Altium。

1.1.2 Altium Designer 的主要功能

Altium Designer 集成了电路原理图设计、印制电路板（Printed-Circuit Board，PCB）设计、现场可编程门阵列（Field-Programmable Gate Array，FPGA）设计等多个模块，具有如下主要功能。

（1）电路原理图设计。使用电路原理图编辑器，可以设计出满足特定功能要求的电路原理图。Altium Designer 支持一百多家知名电子公司的数百个电路原理图库，设计者可以从中选择所需的电路原理图元件和连接器。电路原理图编辑器具有电气规则检查（Electrical Rules Check，ERC）功能，支持层次电路原理图设计。

（2）电路原理图元件制作。使用电路原理图库编辑器，设计者可以自己设计电路原理图元件，为电路原理图设计提供支持。

（3）PCB 设计。依据设计好的电路原理图，使用 PCB 编辑器，可以设计出符合要求的 PCB。Altium Designer 支持一百多家知名电子公司的数百个 PCB 库，设计者可以从中选择所需的 PCB 脚印。PCB 编辑器具有层堆栈管理、自动布局、自动布线、设计规则检查（Design Rule Check，DRC）、2D/3D 视图切换等功能，支持 PCB 拼板以降低生产成本。

（4）PCB 脚印制作。使用 PCB 库编辑器，设计者可以自己设计异形元件的 PCB 脚印，为 PCB 设计提供支持。

（5）FPGA 设计。Altium Designer 支持多种 FPGA 芯片设计，提供完整的 FPGA 设计流程和模拟仿真功能。

（6）设计信息同步。Altium Designer 具有强大的设计信息转化功能，可以轻松地在电路原理图、PCB、电路原理图库、PCB 库等编辑器之间更新设计信息，使属于同一个工程的设计文件保持同步。

(7) BOM 生成。可以在电路原理图编辑器中根据当前电路原理图设计文件生成材料清单(Bill of Material,BOM)，也可以在 PCB 编辑器中根据当前 PCB 设计文件生成 BOM。

(8) 信号仿真与分析。Altium Designer 具有高速信号仿真和信号完整性分析功能，帮助设计人员发现、分析、解决信号干扰和噪声等问题。

(9) 版本兼容。Altium Designer 支持不同的版本，允许多个设计者协作工作，轻松管理和共享设计文件。

Altium Designer 是一款电子设计自动化(Electronic Design Automation,EDA)软件，广泛应用于电路原理图设计、PCB 设计、FPGA 设计等领域。该软件具有功能强大、流程清晰、设计高效、易学易用等优点，受到了广大电子工程师和电子设计爱好者的青睐。

1.2 Altium Designer 24 介绍

1.2.1 Altium Designer 24 的安装

1. 安装准备

Altium Designer 24 是基于 Windows 操作系统的应用软件，为了叙述简洁，后文把它简称为 AD 24。

可以登录 Altium 公司网站，下载 AD 24 软件安装压缩包，解压缩后保存到计算机备用。

在设计电路原理图或 PCB 时，经常需要用到世界著名电子公司的电路原理图库或 PCB 库。可以登录 Altium 公司网站，免费下载库文件压缩包 Libraries。Libraries 无须安装，解压缩后保存到计算机。在设计电路原理图或 PCB 时，对于需要的库，把它添加到 AD 24，即可使用其中的电路原理图元件或 PCB 脚印。

为了方便读者安装和使用 AD 24，我们准备了 AD 24 和 Libraries 的压缩包，作为随书资源，读者可以直接使用。

2. 安装 AD 24

可以按照安装向导逐步安装 AD 24。安装 AD 24 的步骤如下。

(1) 解压缩 AD 24 压缩包，得到文件夹 Altium_Designer_Public_24_6_1。

(2) 打开文件夹 Altium_Designer_Public_24_6_1，双击其中的 Installer. Exe，弹出 Welcome to Altium Designer Installer 对话框，如图 1.1 所示。

(3) 单击 Next 按钮，弹出 License Agreement 对话框，如图 1.2 所示。在 Select language 下拉列表框中选择 Chinese。再选中 I accept the agreement。

(4) 单击 Next 按钮，弹出 Select Design Functionality 对话框，如图 1.3 所示。采用系统默认设置即可。

(5) 单击 Next 按钮，弹出 Destination Folders 对话框，如图 1.4 所示。在对话框中选择软件安装路径和共享文档保存路径。

系统默认的软件安装路径为 C:\Program Files\Altium\AD24。在 Program Files 文本框中，可以更改软件安装路径，这里选择 D:\AD24。

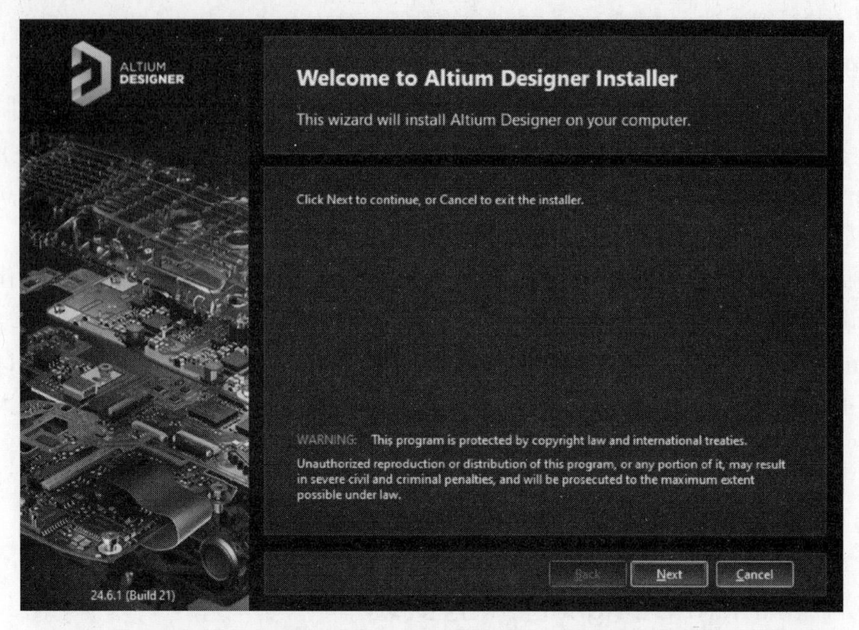

图 1.1　Welcome to Altium Designer Installer 对话框

图 1.2　License Agreement 对话框

系统默认的共享文档保存路径为 C:\Users\Public\Documents\Altium\AD24。在 Shared Documents 文本框中，可以更改共享文档保存路径，这里选择 D:\Altium\AD24。

注意：在软件安装路径和共享文档保存路径中，不能含有中文字符。

(6) 单击 Next 按钮，弹出 Customer Experience Improvement Program 对话框，如图 1.5 所示，用于选择是否参与客户体验改善计划，这里选择 Don't participate。

(7) 单击 Next 按钮，弹出 Ready To Install 对话框，如图 1.6 所示。

(8) 单击 Next 按钮，弹出 Installing Altium Designer 对话框，如图 1.7 所示。系统准

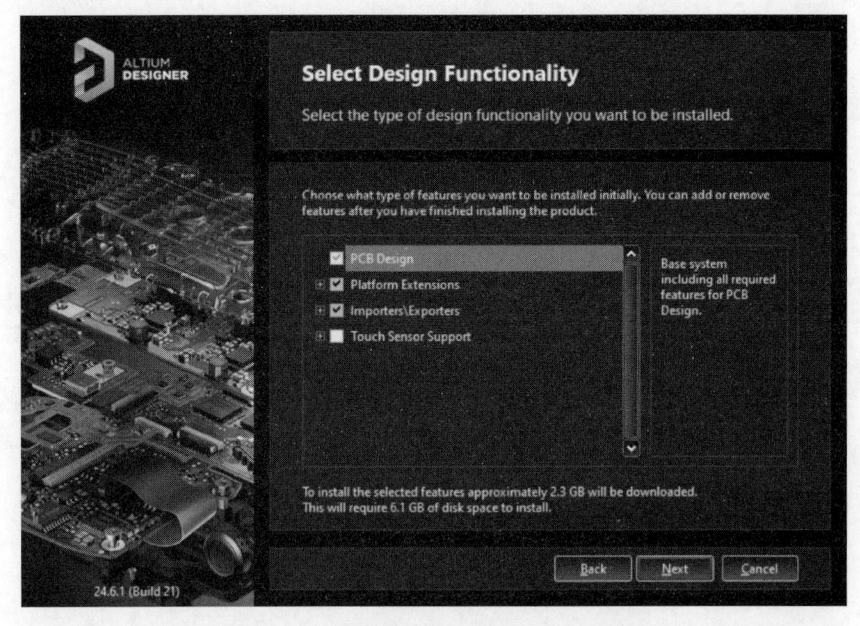

图 1.3　Select Design Functionality 对话框

图 1.4　Destination Folders 对话框

备安装环境并安装软件，此时需要等待几分钟。

(9) 安装完成后，弹出 Installation Complete 对话框，如图 1.8 所示。不要选中 Run Altium Designer，单击 Finish 按钮，结束软件安装。此时，在桌面上会出现 AD 24 的图标。

3. 加载 AD 24 许可证

AD 24 是商业软件，需要得到 Altium 公司的许可才可以使用。加载 AD 24 许可证的步骤如下。

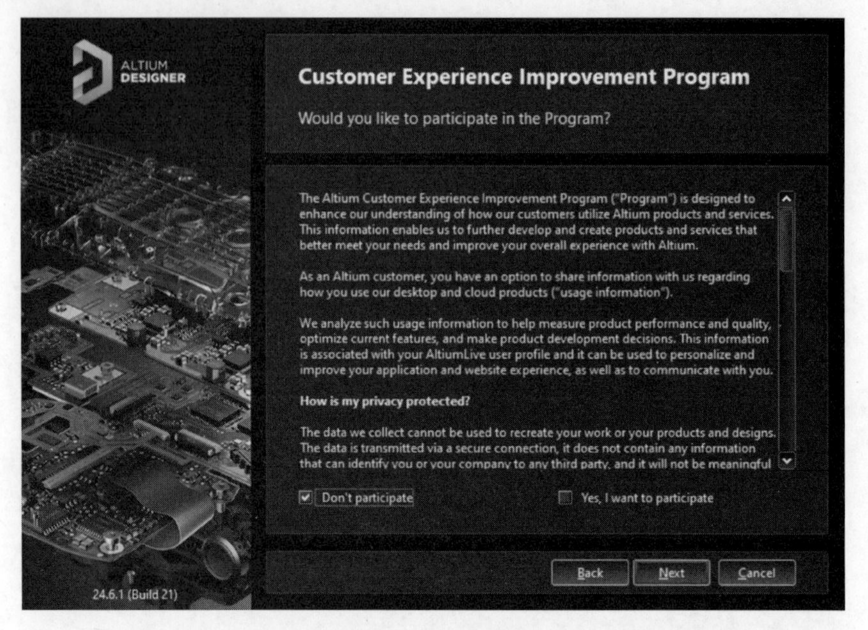

图 1.5 Customer Experience Improvement Program 对话框

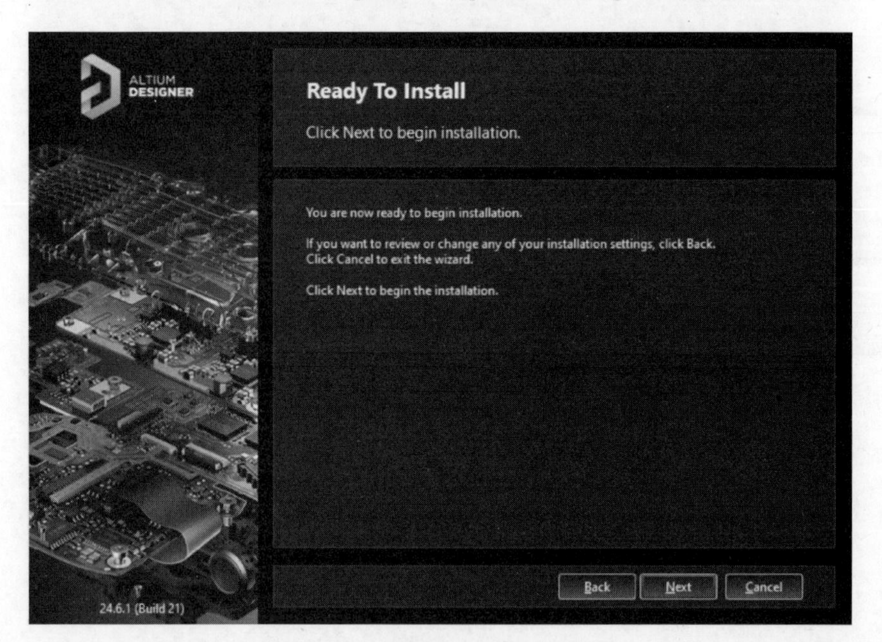

图 1.6 Ready To Install 对话框

(1) 打开文件夹 Altium_Designer_Public_24_6_1→License，把其中的 shfolder.dll 文件复制到软件安装文件夹中，这里是 D:\AD24。

(2) 在桌面上双击 AD 24 图标，启动 AD 24。第一次启动 AD 24 时显示 License Management 对话框，如图 1.9 所示。

(3) 在 License Management 对话框下部的下拉列表框 Connect to Local Server 中，选择 Add Standalone License File，弹出“打开”对话框，如图 1.10 所示。在文件夹 Altium_Designer_Public_24_6_1→License 中，选择 AD23.8+ 100 users exp. 2029.12.31 ABCD-

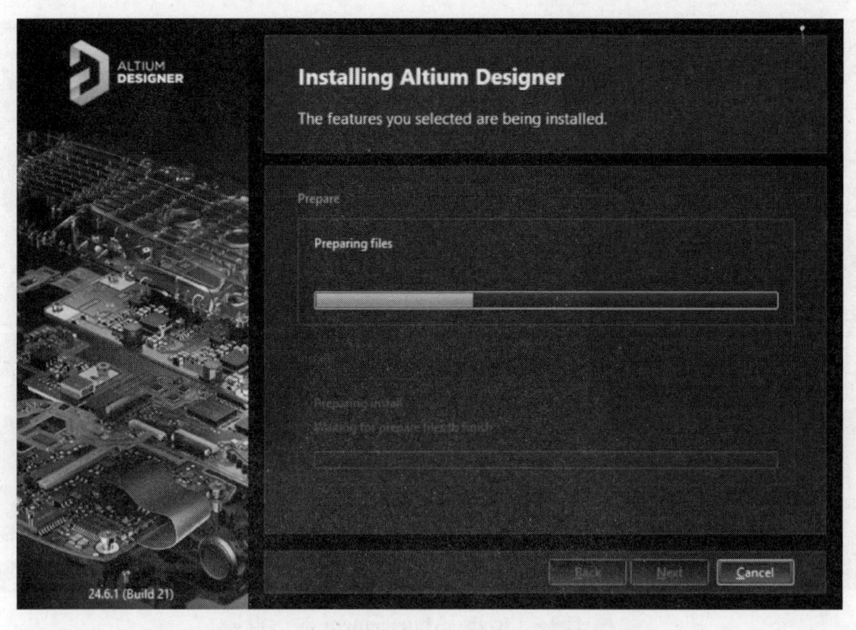

图 1.7　Installing Altium Designer 对话框

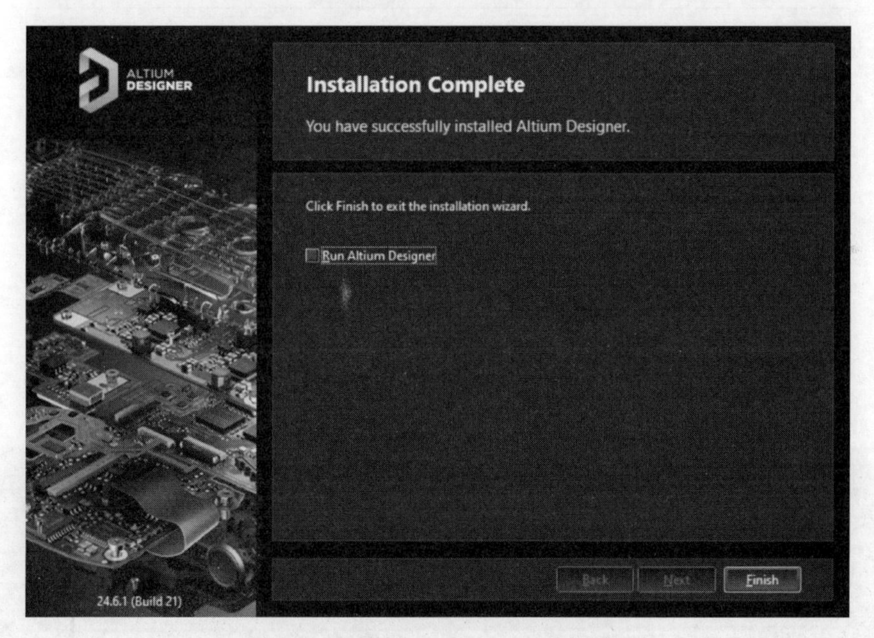

图 1.8　Installation Complete 对话框

EFGH.alf。

(4) 单击"打开"按钮，此时，系统显示软件状态为 Activated，许可有效期至 2029/12/31，表示 AD 24 激活成功，如图 1.11 所示。

1.2.2　设置 AD 24 的界面

"工欲善其事，必先利其器。"对于 PCB 设计人员来说，简明、便捷、明快、清新的 Altium Designer 软件界面能够为设计提供方便，提高设计效率。为此，在使用 AD 24 之前，首先需

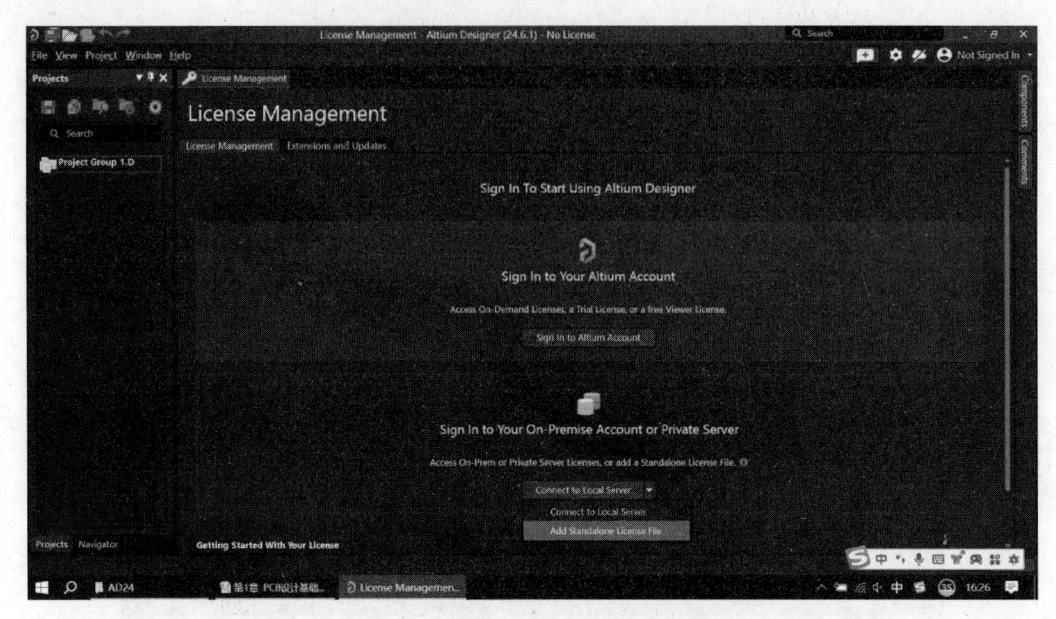

图 1.9　License Management 对话框

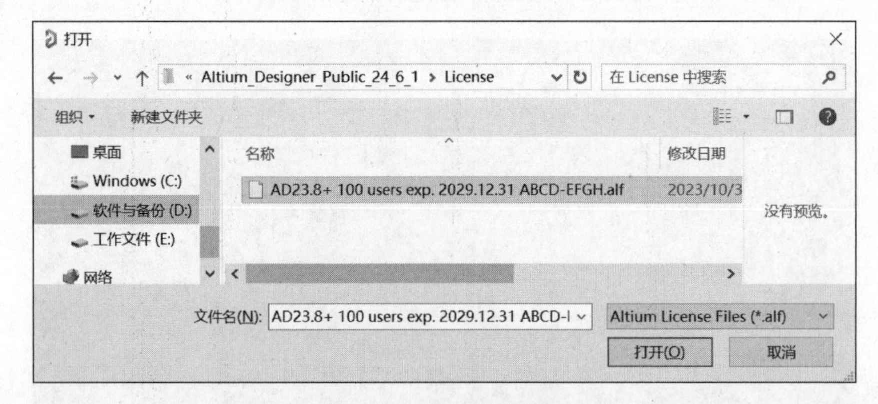

图 1.10　"打开"对话框

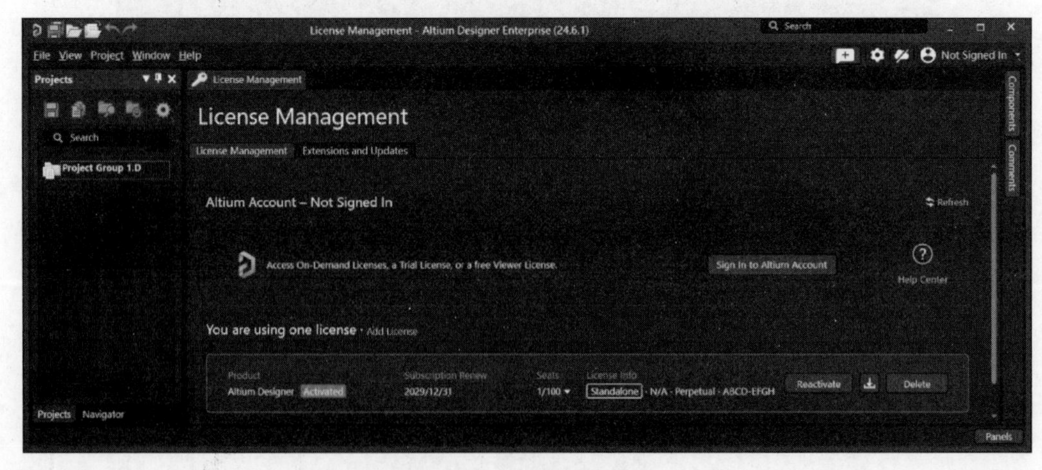

图 1.11　AD 24 激活成功

要设置 AD 24 的界面。

1. 设置中文界面

AD 24 的界面默认是英文的,可以把它设置成中文界面。设置中文界面的步骤如下。

(1) 启动 AD 24,在菜单栏的右侧,单击 Setup system preferences 图标 ,弹出 Preferences 对话框。在对话框的左边窗格中,选择 System→General 标签,如图 1.12 所示。

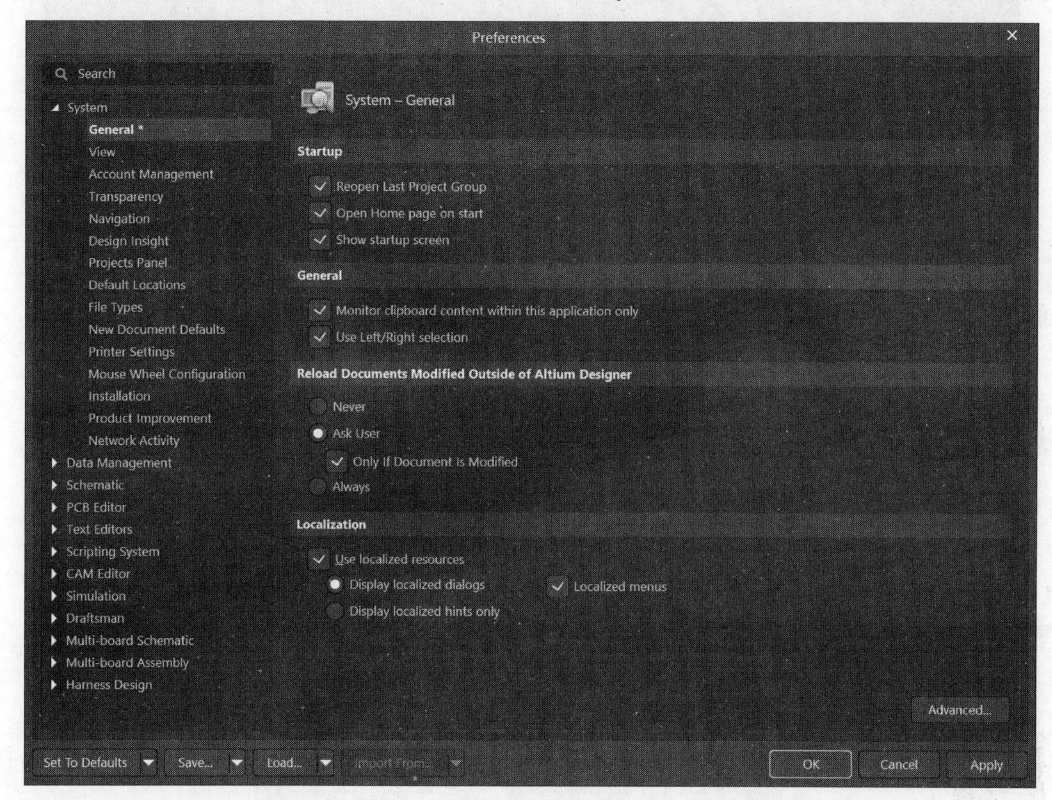

图 1.12 Preferences 对话框的 System→General 标签

(2) 在对话框的右边窗格中,在 Localization 选项组中选中 Use localized resources。

(3) 单击 OK 按钮,弹出 Warning 对话框,如图 1.13 所示。在该对话框中,提示需要重新启动 AD 24,才能使参数设置生效。

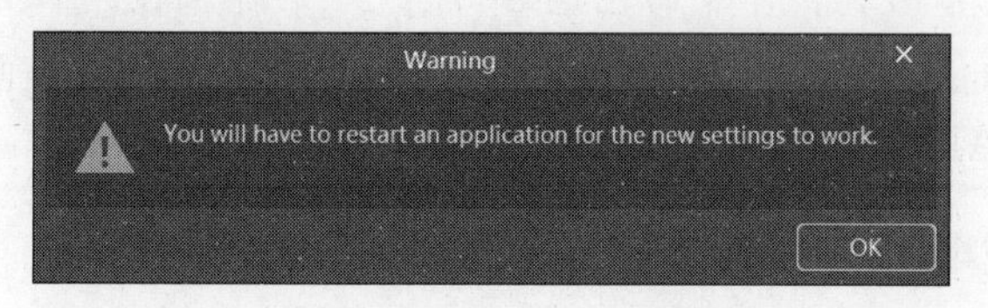

图 1.13 Warning 对话框

(4) 单击 OK 按钮,退出 Warning 对话框。

2. 设置软件界面的色调

AD 24 默认的界面是深灰色的,接近黑色,有些内容显示很不清晰。另外,软件界面色调太暗,使人感到压抑。AD 24 可供选择的界面色调比较少,只有深灰色和浅灰色两种。为了使软件界面能够令人感到相对赏心悦目一些,可以把软件界面设置成浅灰色。设置软件界面色调的步骤如下。

(1) 在如图 1.12 所示的 Preferences 对话框的左边窗格中,选择 System→View 标签,如图 1.14 所示。

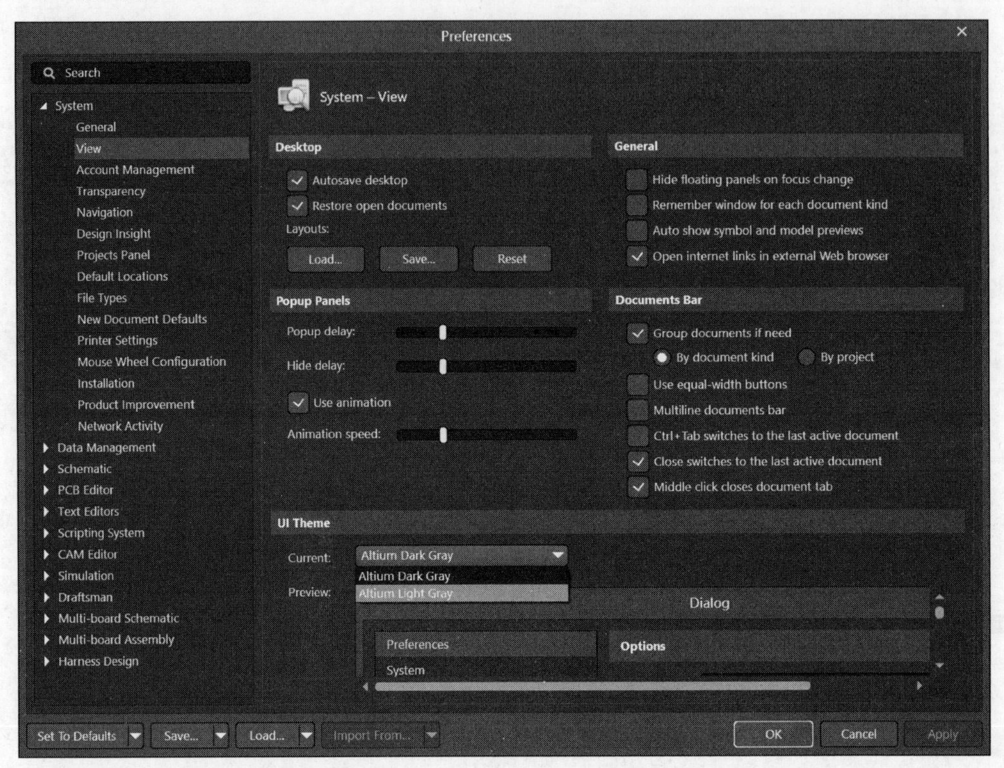

图 1.14　Preferences 对话框的 System→View 标签

(2) 在对话框的右边窗格中,在 UI Theme 选项组的 Current 下拉列表框中选择 Altium Light Gray。

(3) 单击 OK 按钮,弹出的 Warning 对话框如图 1.13 所示。

(4) 单击 OK 按钮,退出 Warning 对话框。

(5) 参数设置完成之后,单击 OK 按钮,退出 Preferences 对话框。

注意:在设置中文界面和软件界面色调后,AD 24 的界面没有立即改变,还需要重新启动 AD 24,才能使参数设置生效。重启 AD 24 后出现的就是中文界面了,并且软件界面的色调也变成浅灰色。AD 24 的主窗口如图 1.15 所示。

1.2.3　AD 24 的主窗口

启动 AD 24,打开 AD 24 的主窗口,如图 1.15 所示。AD 24 的主窗口主要用于工程管理,例如,新建工程、保存工程和打开工程等,而不涉及对具体设计文件的操作。因此,主窗口界面比较简洁,菜单栏的主菜单选项也比较少。

AD 24 采用以工程为中心的设计理念,各种设计文件都包含在工程之中。在一个工程中,各个设计文件之间互相关联,当工程中的某个设计文件被编辑后,工程中的其他设计文件可以实现同步更新。工程是所有设计文件的父文件夹,因此,为了设计一个 PCB,首先要

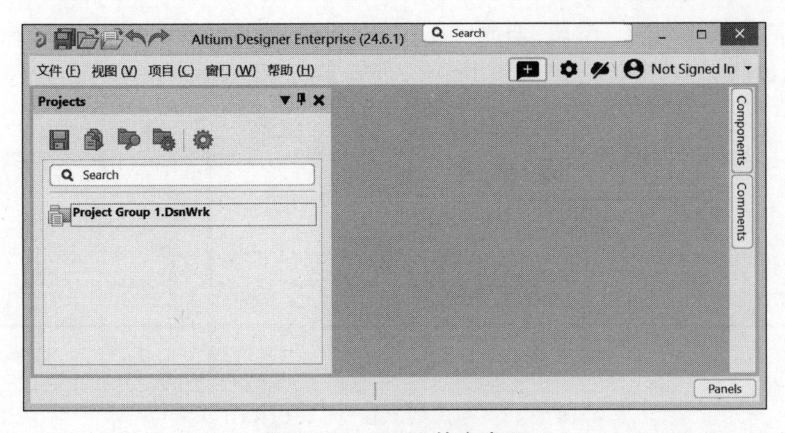

图 1.15　AD 24 的主窗口

新建一个工程。新建工程的步骤如下。

(1) 在 AD 24 的主窗口,选择“文件”→“新的”→“项目”选项,弹出 Create Project 对话框,如图 1.16 所示。

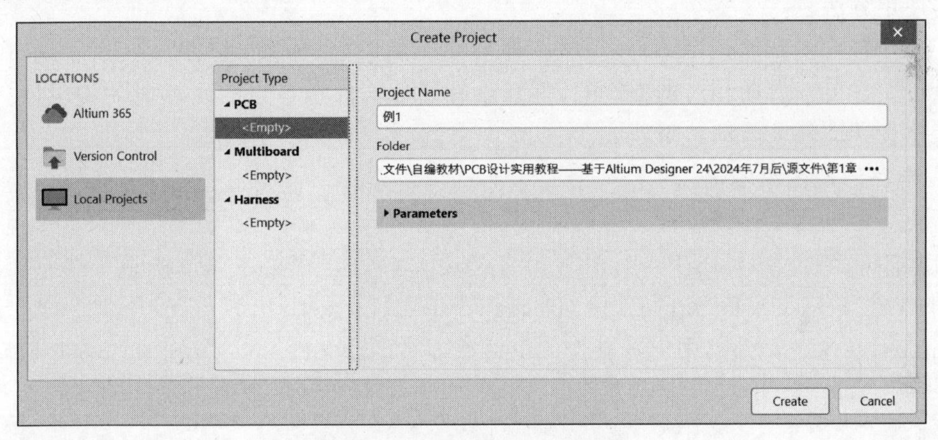

图 1.16　Create Project 对话框

(2) 在 Project Name 文本框中输入工程的名称。这里输入“例 1”。

(3) 在 Folder 文本框中输入保存工程的路径。或者单击 Folder 文本框右端的按钮[…],弹出 Browse for project location 对话框,如图 1.17 所示。这里把工程保存在本书的源文件文件夹中,路径为“…\源文件\第 1 章”。

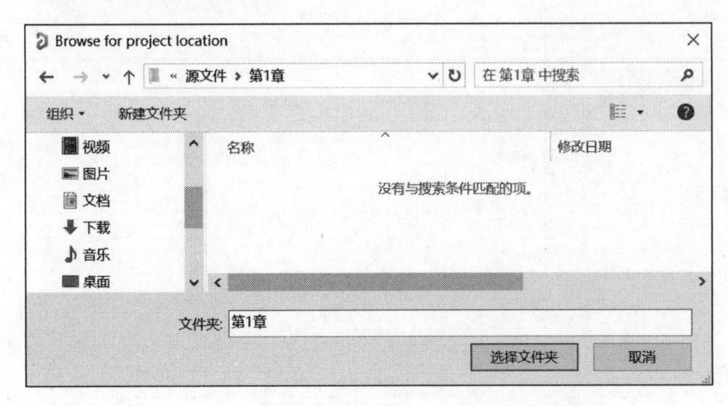

图 1.17　Browse for project location 对话框

（4）单击"选择文件夹"按钮，回到 Create Project 对话框。单击 Create 按钮，此时，在 Projects 面板出现了新建的工程"例 1. PrjPcb"，如图 1.18 所示。

图 1.18　新建的工程"例 1. PrjPcb"

1.2.4　AD 24 的常用编辑器

为了熟练使用 AD 24 设计 PCB，首先必须了解 AD 24 的架构，熟悉常用编辑器的结构、功能与使用方法。

AD 24 包含电路原理图编辑器、电路原理图库编辑器、PCB 编辑器、PCB 库编辑器等。新建设计文件可以启动相应的编辑器，打开已有设计文件也可以启动相应的编辑器。本节通过新建设计文件来启动编辑器。

1. 电路原理图编辑器

新建一个电路原理图设计文件的步骤如下。

（1）打开工程"例 1. PrjPcb"，在 AD 24 的主窗口，选择"文件"→"新的"→"原理图"选项，此时，在 Projects 面板的工程"例 1. PrjPcb"文件夹中出现了一个文件夹 Source Documents，在这个文件夹中出现新建的电路原理图设计文件 Sheet1. SchDoc，同时，启动了电路原理图编辑器，如图 1.19 所示。

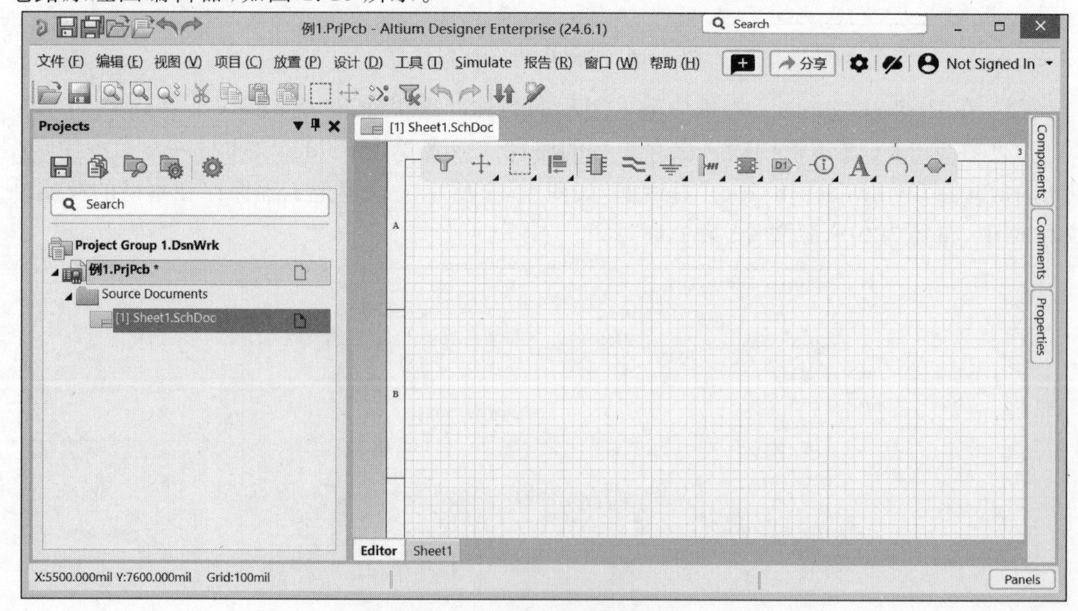

图 1.19　电路原理图编辑器

电路原理图编辑器的主要功能是设计电路原理图、为 PCB 设计准备网络连接和元件的 PCB 脚印，其菜单栏、工具栏、工作区等都与电路原理图设计相对应。第 2 章将详细介绍电路原理图编辑器的结构、功能与使用方法。

(2) 在电路原理图编辑器中，选择“文件”→“保存”选项，或单击工具栏中的“保存”按钮，弹出 Save [Sheet1. SchDoc] As 对话框，如图 1.20 所示。在“文件名”文本框中输入“例 1. SchDoc”。

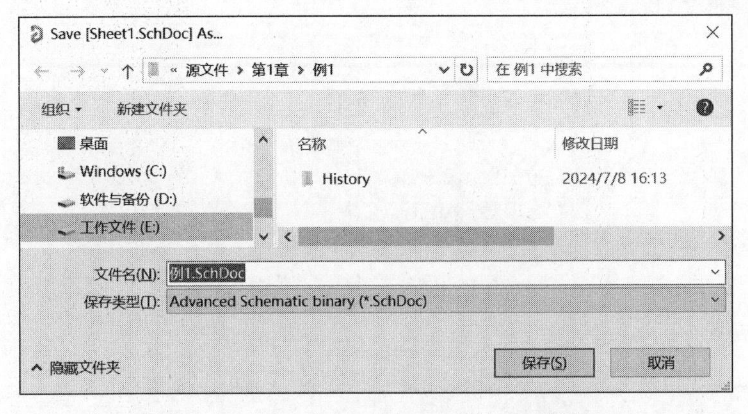

图 1.20　Save [Sheet1. SchDoc] As 对话框

(3) 单击“保存”按钮，此时，新建的电路原理图设计文件名称被改为“例 1. SchDoc”。新建的电路原理图设计文件如图 1.21 所示。

图 1.21　新建的电路原理图设计文件

2. 电路原理图库编辑器

如果在系统提供的电路原理图库中找不到某个电子元件的电路原理图元件，设计者就需要手工制作该电子元件的电路原理图元件。在制作电路原理图元件之前，需要新建一个电路原理图库文件，用来存放制作的电路原理图元件。新建一个电路原理图库文件的步骤如下。

(1) 打开工程“例 1. PrjPcb”，在 AD 24 的主窗口，选择“文件”→“新的”→“库”选项，弹出 New Library 对话框，选中 Schematic Library 单选按钮，如图 1.22 所示。

(2) 单击 Create 按钮，在 Projects 面板的工程“例 1. PrjPcb”文件夹中出现了文件夹 Libraries\Schematic Library Documents，在这个文件夹中出现新建的电路原理图库文件 Schlib1. SchLib，同时，启动了电路原理图库编辑器，如图 1.23 所示。

电路原理图库编辑器的主要功能是制作和管理电路原理图元件，其菜单栏、工具栏、工作区等都与电路原理图元件制作相对应。第 9 章将详细介绍电路原理图库编辑器的结构、功能与使用方法。

(3) 在电路原理图库编辑器中，选择“文件”→“保存”选项，或者单击工具栏中的“保存”按钮，弹出 Save [Schlib1. SchLib] As 对话框，如图 1.24 所示。在“文件名”文本框中输入“例 1. SchLib”。

(4) 单击“保存”按钮，此时，新建的电路原理图库文件名称被改为“例 1. SchLib”。新建

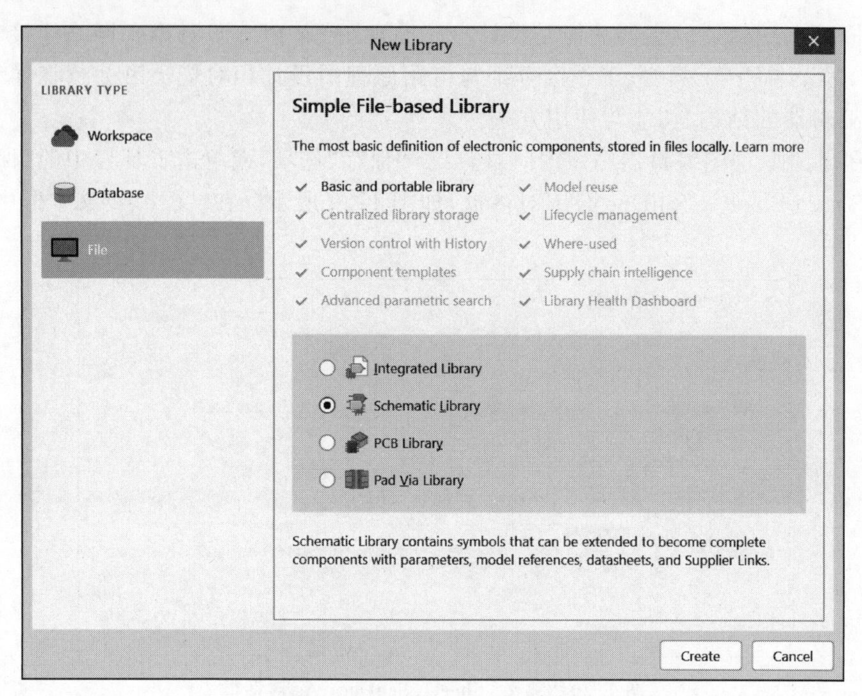

图 1.22　New Library 对话框

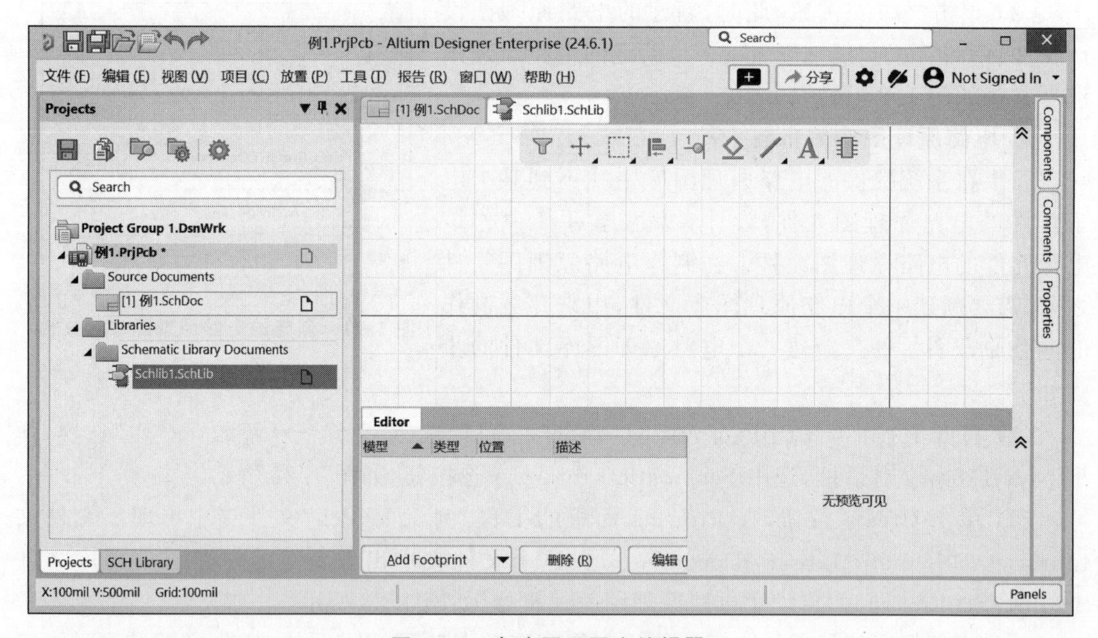

图 1.23　电路原理图库编辑器

的电路原理图库文件如图 1.25 所示。

3. PCB 编辑器

新建一个 PCB 设计文件的步骤如下。

(1) 打开工程“例 1. PrjPcb”,在 AD 24 的主窗口,选择“文件”→“新的”→PCB 选项,此时,在 Projects 面板的工程“例 1. PrjPcb”文件夹中的 Source Documents 文件夹中出现新建的 PCB 设计文件 PCB1. PcbDoc,同时,启动了 PCB 编辑器,如图 1.26 所示。

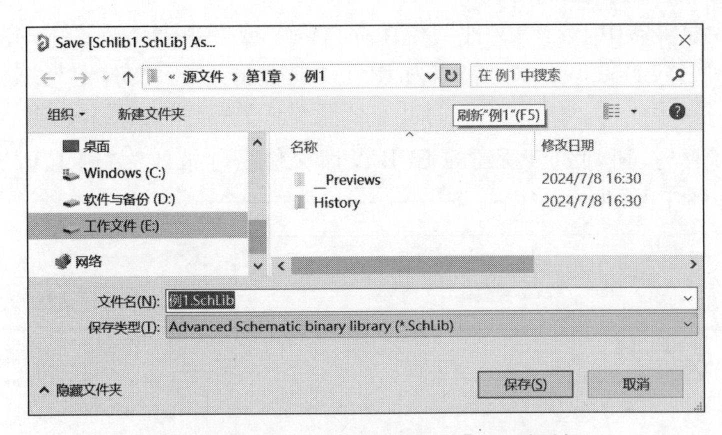

图 1.24　Save［Schlib1. SchLib］As 对话框

图 1.25　新建的电路原理图库文件

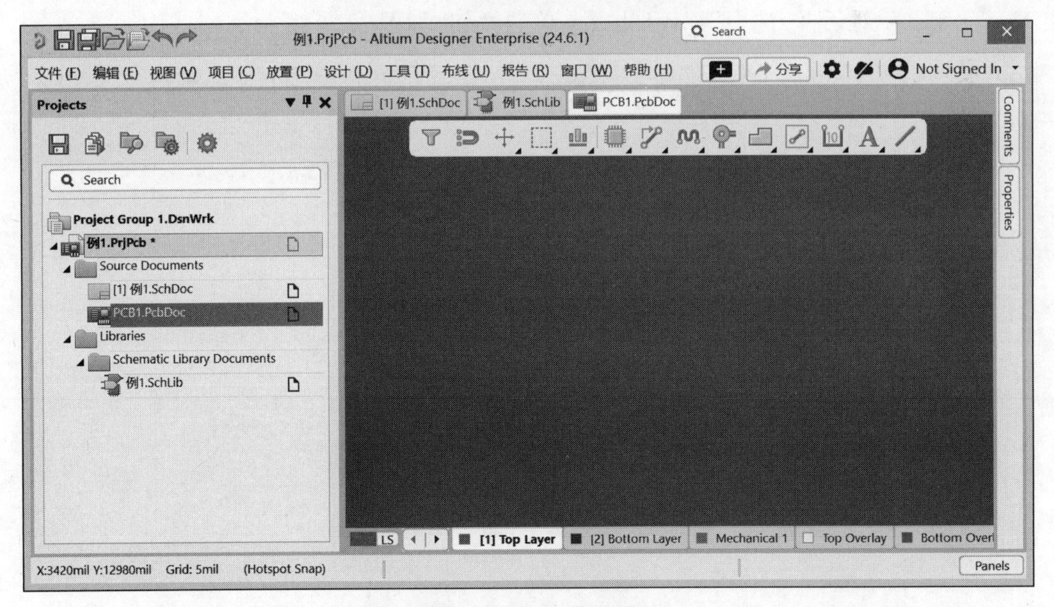

图 1.26　PCB 编辑器

PCB 编辑器的主要功能是设计 PCB，其菜单栏、工具栏、工作区等都与 PCB 设计相对应。第 6 章将详细介绍 PCB 编辑器的结构、功能与使用方法。

（2）在PCB编辑器中，选择"文件"→"保存"选项，或者单击工具栏中的"保存"按钮，弹出Save［PCB1.PcbDoc］As对话框，如图1.27所示。在"文件名"文本框中输入"例1.PcbDoc"。

（3）单击"保存"按钮，此时，新建的PCB设计文件名称被改为"例1.PcbDoc"。新建的PCB设计文件如图1.28所示。

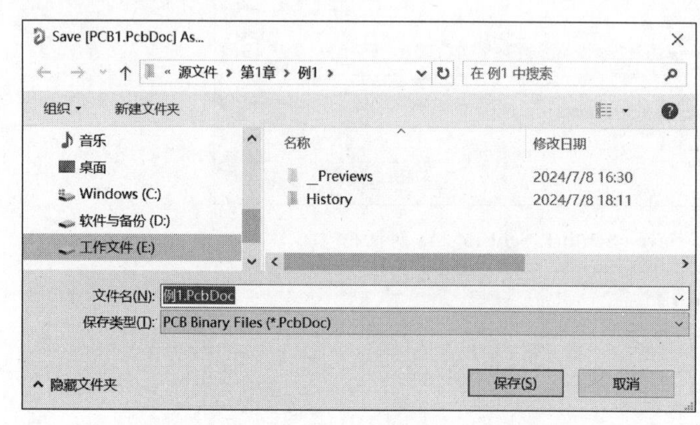

图1.27 Save［PCB1.PcbDoc］As对话框

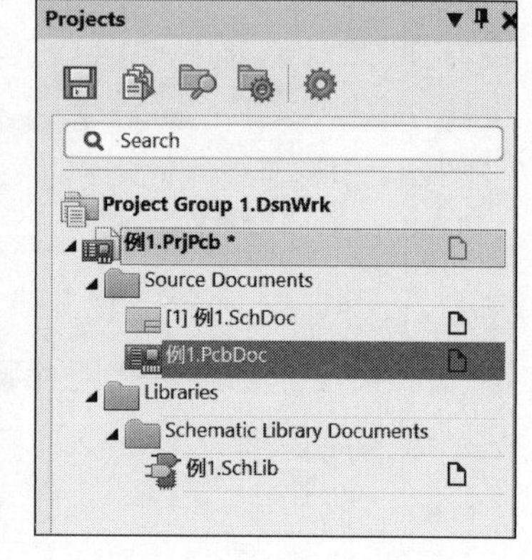

图1.28 新建的PCB设计文件

4. PCB库编辑器

如果在系统提供的PCB库中找不到某个电子元件的PCB脚印，设计者就需要手工制作该电子元件的PCB脚印。在制作PCB脚印之前，需要新建一个PCB库文件，用来存放制作的PCB脚印。新建一个PCB库文件的步骤如下。

（1）打开工程"例1.PrjPcb"，在AD 24的主窗口，选择"文件"→"新的"→"库"选项，弹出New Library对话框，选中PCB Library单选按钮，如图1.29所示。

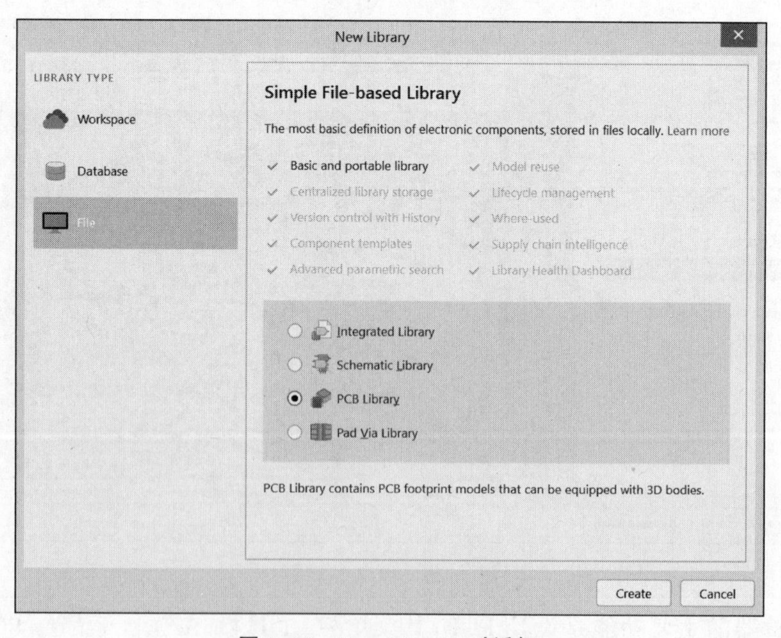

图1.29 New Library对话框

（2）单击 Create 按钮，在 Projects 面板的工程“例 1. PrjPcb”文件夹中出现了文件夹 Libraries\PCB Library Documents，在这个文件夹中出现新建的 PCB 库文件 PcbLib1. PcbLib，同时，启动了 PCB 库编辑器，如图 1.30 所示。

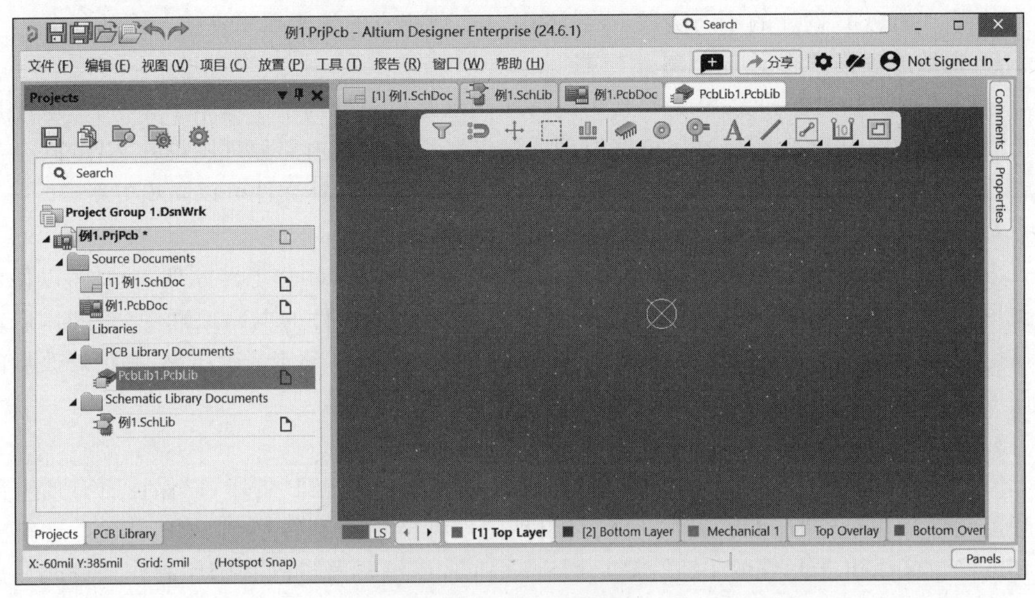

图 1.30　PCB 库编辑器

PCB 库编辑器的主要功能是制作和管理元件的 PCB 脚印，其菜单栏、工具栏、工作区等都与元件的 PCB 脚印制作相对应。第 10 章将详细介绍 PCB 库编辑器的结构、功能与使用方法。

（3）在 PCB 库编辑器中，选择“文件”→“保存”选项，或者单击工具栏中的“保存”按钮，弹出 Save [PcbLib1. PcbLib] As 对话框，如图 1.31 所示。在“文件名”文本框中输入“例 1. PcbLib”。

（4）单击“保存”按钮，此时，新建的 PCB 库文件名称被改为“例 1. PcbLib”。新建的 PCB 库文件如图 1.32 所示。

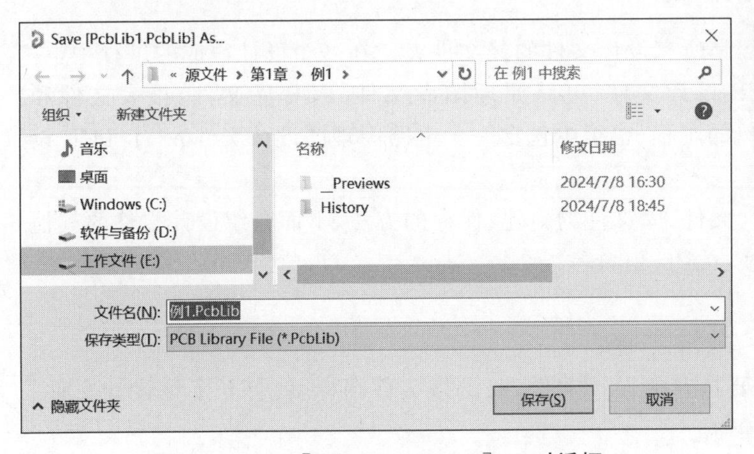

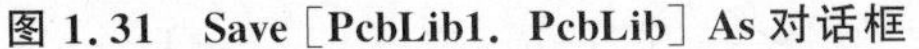

图 1.31　Save [PcbLib1. PcbLib] As 对话框

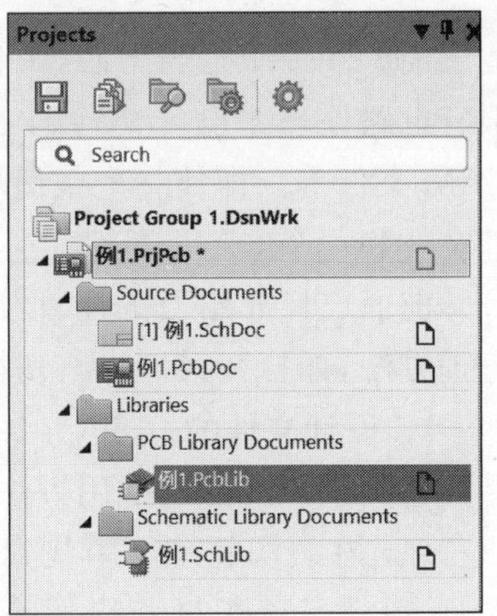

图 1.32　新建的 PCB 库文件

1.2.5 常用编辑器之间的关系

电路原理图编辑器、电路原理图库编辑器、PCB 编辑器、PCB 库编辑器贯穿 PCB 设计的全过程。在 PCB 设计的不同阶段，设计者可以启动相应的编辑器来完成特定的任务。

1. 电路原理图编辑器与 PCB 编辑器

电路原理图编辑器和 PCB 编辑器是进行印制电路板设计的两个基本工作平台，电路原理图编辑器服务于 PCB 编辑器。电路原理图编辑器用来编辑电路原理图设计文件，PCB 编辑器用来编辑 PCB 设计文件，电路原理图设计文件和 PCB 设计文件可以同步更新。

2. 电路原理图库编辑器与电路原理图编辑器

电路原理图库编辑器服务于电路原理图编辑器，主要用来制作电路原理图元件，以保证电路原理图设计的顺利进行。在需要制作或修改某个电子元件的电路原理图元件时，启动电路原理图库编辑器。电路原理图元件制作或修改完成后，要存储修改结果，并把修改后的电路原理图元件更新到电路原理图设计文件中。

3. PCB 库编辑器与电路原理图编辑器

PCB 库编辑器服务于电路原理图编辑器，主要用来制作 PCB 脚印，以保证所有的电路原理图元件都有对应的 PCB 脚印，使电路原理图设计能够顺利转换到 PCB 设计。在需要制作或修改某个电子元件的 PCB 脚印时，启动 PCB 库编辑器。PCB 脚印制作或修改完成后，要存储修改结果，并把修改后的 PCB 脚印更新到电路原理图设计文件中。

常用编辑器的功能以及它们之间的关系如表 1.1 所示。

表 1.1 常用编辑器的功能以及它们之间的关系

名称	主要功能	生成文件的扩展名	与其他编辑器的关系
电路原理图编辑器	设计电路原理图	SchDoc	服务于 PCB 编辑器
电路原理图库编辑器	设计电路原理图元件	SchLib	服务于电路原理图编辑器
PCB 编辑器	设计 PCB	PcbDoc	对其他编辑器工作的集成
PCB 库编辑器	设计 PCB 脚印	PcbLib	服务于电路原理图编辑器

1.2.6 设计文件的管理

AD 24 以工程为中心，工程是所有设计文件的父文件夹。在一个设计完成的工程中，一般有电路原理图设计文件、PCB 设计文件、电路原理图库文件、PCB 库文件、报表文件和 CAM 文件等。即使一个很简单的工程，也至少包含一个电路原理图设计文件、一个 PCB 设计文件和一个 CAM 文件。

前面已经介绍了工程、设计文件、库文件的新建、保存的方法，下面介绍设计文件的其他管理方法，如打开、另存为、切换、关闭、删除等。

1. 设计文件的打开

打开设计文件的常用方法有如下 3 种。

(1) 在资源管理器中找到要打开的设计文件，双击该文件图标，就打开了该设计文件，同时，启动了 AD 24 相应的编辑器。

(2) 打开设计文件所在的工程，选择“文件”→“打开”选项，弹出 Choose Document to Open 对话框，如图 1.33 所示，选择要打开的设计文件，单击“打开”按钮，就打开了该设计文件。

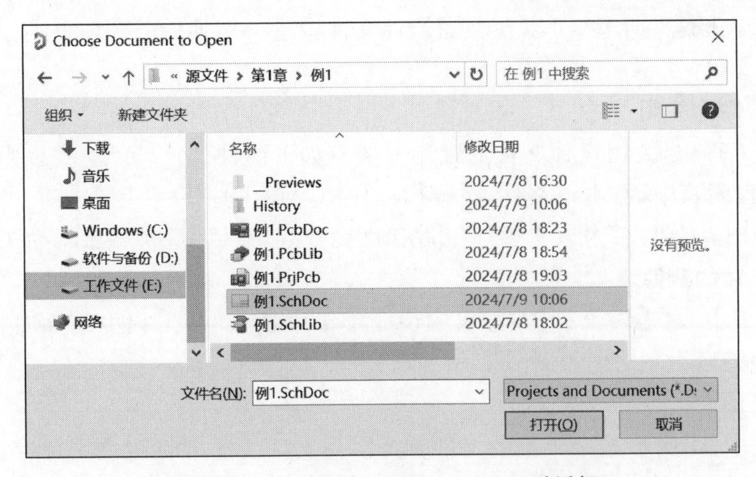

图 1.33 Choose Document to Open 对话框

(3) 打开设计文件所在的工程,在工程面板中,双击设计文件,就打开了该设计文件。

2. 设计文件的另存为

如果需要把设计文件存到其他文件夹,或者改变文件名,那么可以通过"另存为"选项来实现。例如,对于设计文件"例 1. SchDoc",操作步骤如下。

(1) 打开设计文件"例 1. SchDoc"。

(2) 在电路原理图编辑器中,选择"文件"→"另存为"选项,或右击该文件,在弹出的快捷菜单中选择"另存为"选项,弹出"Save [例 1. SchDoc] As"对话框,如图 1. 34 所示。

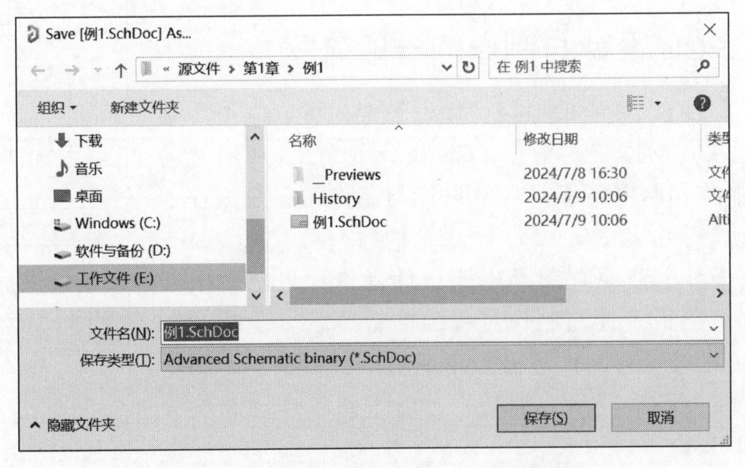

图 1.34 "Save [例 1. SchDoc] As"对话框

(3) 在存储路径下拉列表框中选择存储路径,或在"文件名"文本框中修改文件名,然后,单击"保存"按钮即可。

3. 设计文件的切换

在打开的工程中,切换设计文件的常用方法有如下两种。

(1) 在工程面板中,双击设计文件,就打开了该设计文件,同时,在工作区上部会出现该设计文件的标签,即切换到该设计文件。

(2) 如果同时打开了多个设计文件,那么每个打开的设计文件在工作区上部会有一个相应的标签。单击这些标签，可以在不同设计文件中进行切换，在工作区中显示当前处于激活状态的设计文件。

4. 设计文件的关闭

在打开的工程中，关闭设计文件的常用方法有如下两种。

(1) 在工程面板中，右击该文件，在弹出的快捷菜单中选择"关闭"选项。

(2) 在工作区上部，右击该文件标签，在弹出的快捷菜单中选择 Close 选项。

5. 设计文件的删除

在工程面板中，右击该文件，在弹出的快捷菜单中选择"从工程中删除"选项，即把该设计文件从工程中删除。

6. 自由文件

在 AD 24 中，不属于某个工程的文件称为自由文件。通常将这些文件存放在工程面板的 Free Document 文件夹中。自由文件为设计提供了方便，其主要来源有两个。

(1) 将某文件从工程中删除时，该文件并没有从 Project 面板中消失，而是出现在 Free Document 文件夹中，成为自由文件。

(2) 打开 AD 24 的非工程文件时，该文件将出现在 Free Document 文件夹中，成为自由文件。

如果把文件从 Free Document 文件夹中删除，则该文件将会彻底被删除。

1.3 PCB 设计与制作概述

1.3.1 PCB 设计与制作的一般流程

PCB 设计就是将设计者的电路设计思想变为可以制作印制电路板的文件，PCB 制作就是根据 PCB 设计的结果，利用专门的机器，生产、制作印制电路板。PCB 设计与制作的一般流程如图 1.35 所示。

概括地说，设计电路原理图是电路设计者设计思想的图纸化，是整个印制电路板设计与制作过程的准备阶段。设计 PCB 是整个印制电路板设计与制作过程的实现阶段。在整个印制电路板设计与制作过程中，网络表是联系设计电路原理图和设计 PCB 的纽带和桥梁。

1.3.2 PCB 设计与制作主要步骤简介

下面简要介绍 PCB 设计与制作一般流程中主要步骤的作用，具体操作方法将在后续章节中详细介绍。

1. 新建工程

在设计一个 PCB 之前，需要新建一个工程，即新建一个总的文件夹，用于包含本 PCB 设计的所有设计文件和辅助文件。

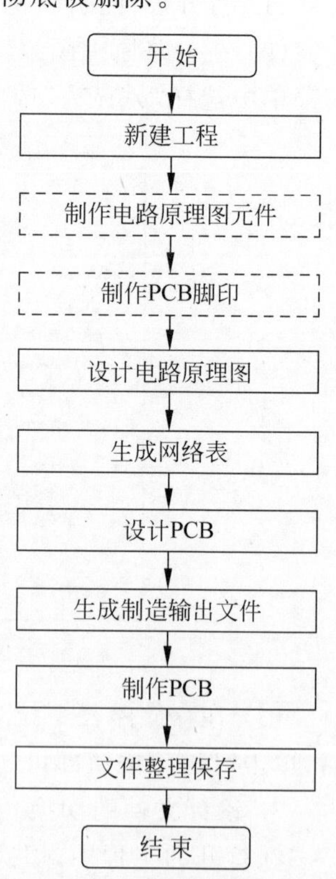

图 1.35 PCB 设计与制作的一般流程

2. 制作电路原理图元件

在设计电路原理图时，可能会用到一些不常用的电子元件，在现有的电路原理图库中找不到这些电子元件的电路原理图元件。为了使电路原理图设计能够顺利进行，需要设计者手工制作这些电子元件的电路原理图元件。

在设计电路原理图之前，应该对整个电路所包含的电路原理图元件逐一检查，看看哪些电路原理图元件能够在现有的电路原理图库中找到。对于这些电路原理图元件，直接把相应的电路原理图库添加到电路原理图编辑器即可，不必手工制作这些电路原理图元件。如果整个电路所包含的电路原理图元件都能够在现有的电路原理图库中找到，那么这一步骤可以略去。

3. 制作 PCB 脚印

在设计 PCB 时，可能会用到一些不常用的电子元件，在现有的 PCB 库中找不到这些电子元件的 PCB 脚印，此时，就需要设计者手工制作这些电子元件的 PCB 脚印。

需要注意的是，一个电子元件的电路原理图元件与 PCB 脚印是相互对应的。在一个工程中，一个电路原理图元件一定要有一个 PCB 脚印与之对应，并且该电路原理图元件中某序号的引脚与 PCB 脚印中相同序号的焊盘相对应，它们使用相同的网络标签。

在设计 PCB 之前，应该对整个电路所包含的 PCB 脚印逐一检查，看看哪些 PCB 脚印能够在现有的 PCB 库中找到。对于这些 PCB 脚印，直接把相应的 PCB 库添加到 PCB 编辑器即可，而不必手工制作这些 PCB 脚印。如果整个电路所包含的 PCB 脚印都能在现有的 PCB 库中找到，那么这一步骤可以略去。

4. 设计电路原理图

电路原理图设计的任务是将设计者的电路设计思想或设计草图转化成规范的电路原理图，为 PCB 设计准备电路原理图元件，以及电路原理图元件之间的连接关系。

5. 生成网络表

网络表是电路原理图元件或 PCB 脚印之间的连接关系表，它是 PCB 自动布线的基础，也是联系电路原理图编辑器与 PCB 编辑器的纽带。通过网络表，可以把电路原理图设计文件中的电路原理图元件的连接关系传递到 PCB 设计文件中，变成 PCB 设计文件中的 PCB 脚印的连接关系，为 PCB 设计作准备。可以从电路原理图设计文件生成网络表，也可以从布线完毕的 PCB 设计文件生成网络表。

6. 设计 PCB

PCB 设计的任务是按照一定的电气要求，首先对电路板上的 PCB 脚印进行布局，然后用导线把相同的网络连接起来。

7. 生成制造输出文件

PCB 设计完成之后，根据 PCB 设计文件，生成 Gerber 文件、NC 钻孔文件等。

8. 制作 PCB

把 Gerber 文件、NC 钻孔文件等发送给 PCB 制板商，制板商用专门的设备制作 PCB。

9. 文件整理保存

对电路原理图设计文件、PCB 设计文件、网络表、材料清单、Gerber 文件、NC 钻孔文件等进行整理、保存，供设计团队成员参考、交流和借鉴，也为后续的工程维护、改进和完善提供方便。

习题 1

一、填空题

1. Altium Designer 集成了________设计、________设计、现场可编程门阵列设计等多个模块。

2. AD 24 采用以________为中心的设计理念。在一个工程中,各个设计文件之间互相关联,当工程中的某个设计文件被编辑后,工程中的其他设计文件都可以实现________。

3. AD 24 包含电路原理图编辑器、电路原理图库编辑器、PCB 编辑器、PCB 库编辑器等。________设计文件可以启动相应的编辑器,________已有设计文件也可以启动相应的编辑器。

4. 电路原理图编辑器的主要功能是设计电路原理图、为 PCB 设计准备________和________。

5. 电路原理图库编辑器服务于电路原理图编辑器,主要用来制作________,以保证________的顺利进行。

6. 在 AD 24 中,不属于某个工程的文件称为________。通常将这些文件存放在________文件夹中。

7. PCB 制作就是根据________的结果,利用专门设备,生产、制作________。

二、简答题

1. 简述 Altium Designer 的主要功能。

2. 简述新建工程的步骤。

3. AD 24 常用编辑器生成文件的扩展名分别是什么?

4. 打开设计文件的常用方法有哪几种?

5. 简述 PCB 设计与制作一般流程中的主要步骤。

三、设计题

1. 下载并安装 AD 24。

2. 在桌面新建工程“实验 1. PrjPcb”,并在这个工程中添加设计文件“实验 1. SchDoc”“实验 1. SchLib”“实验 1. PcbDoc”和“实验 1. PcbLib”。

第 2 章 电路原理图编辑器

CHAPTER 2

本章介绍电路原理图编辑器，主要内容包括电路原理图编辑器的主要部件、图纸画面管理和电路原理图编辑器工作环境设置。通过本章学习，应该达到以下目标。

（1）熟悉电路原理图编辑器的结构。

（2）熟悉菜单栏、工具栏和工程面板的主要功能。

（3）掌握图纸画面管理的方法。

（4）掌握设置电路原理图编辑器工作环境参数的方法。

2.1 电路原理图编辑器的主要部件

新建电路原理图设计文件，或者打开已有的电路原理图设计文件，可以启动电路原理图编辑器，如图 2.1 所示。电路原理图编辑器是一个标准的 Windows 窗口，包括标题栏、菜单栏、工具栏、工程面板、工作区、状态栏和命令状态栏等部件。下面介绍电路原理图编辑器主要部件的功能。

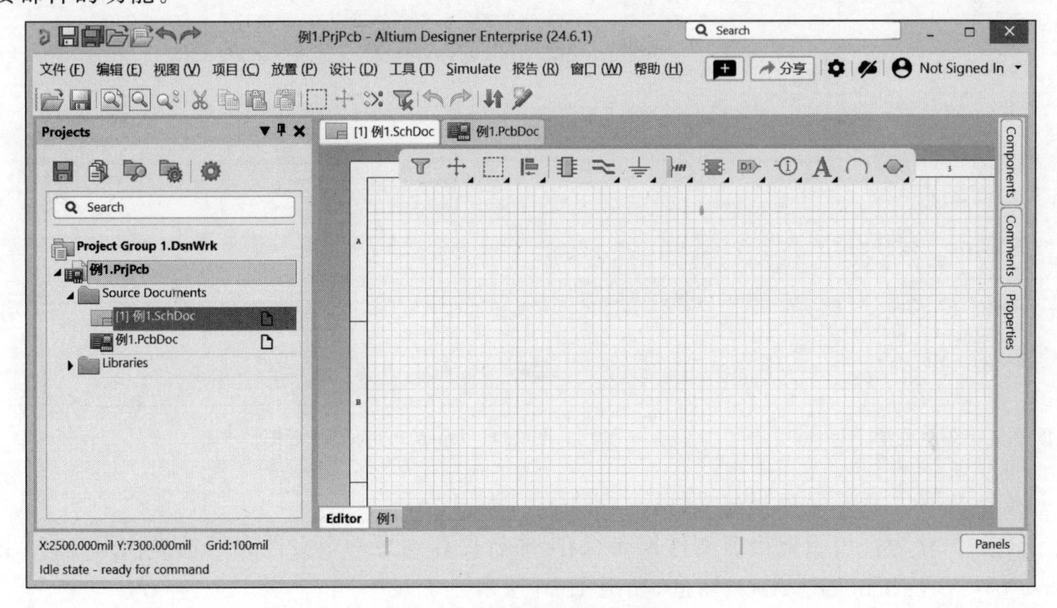

图 2.1 电路原理图编辑器

2.1.1 菜单栏

电路原理图编辑器的菜单栏如图 2.2 所示，包括文件、编辑、视图、项目、放置、设计、工具、Simulate、报告、窗口和帮助 11 个主菜单，每个主菜单包含若干个菜单选项。常用的主菜单有文件、编辑、视图、项目和放置等。

文件 (F) 编辑 (E) 视图 (V) 项目 (C) 放置 (P) 设计 (D) 工具 (T) Simulate 报告 (R) 窗口 (W) 帮助 (H)

图 2.2 电路原理图编辑器的菜单栏

1. 文件菜单

文件菜单如图 2.3 所示。文件菜单包含的菜单选项有新的、打开、关闭、打开项目、保存、另存为、保存副本为和全部保存等。

文件菜单常用菜单选项的功能如下。

(1) 新的。用于新建文件。在它的子菜单中，可以选择新建工程、电路原理图、PCB、电路原理图库、PCB 库等文件。

(2) 打开。用于打开设计文件。选择该选项，弹出 Choose Document to Open 对话框，如图 1.33 所示，在对话框中选择需要打开的设计文件，单击“打开”按钮，就打开了该设计文件。

(3) 关闭。用于关闭当前文件。

(4) 打开项目。用于打开工程。选择该选项，弹出 Open Project 对话框，如图 2.4 所示，在对话框中选择需要打开的工程，单击 Open 按钮，可打开该工程。

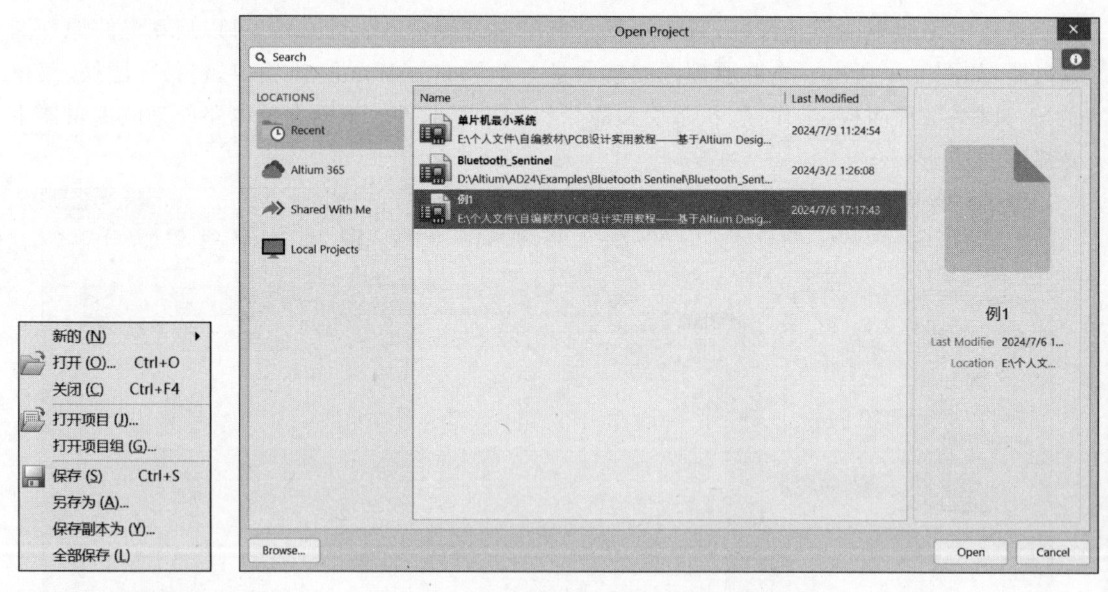

图 2.3 文件菜单 **图 2.4 Open Project 对话框**

(5) 保存。用于保存当前文件。

(6) 另存为。用于把当前文件换名保存，或者保存到另一个文件夹。选择该选项，弹出 Save [×××.SchDoc] As 对话框，如图 1.20 所示。

(7) 全部保存。用于保存工程中的所有文件。

2. 编辑菜单

编辑菜单如图 2.5 所示。编辑菜单包含的主要菜单选项有选择、取消选中、删除、打破线、移动和对齐等。

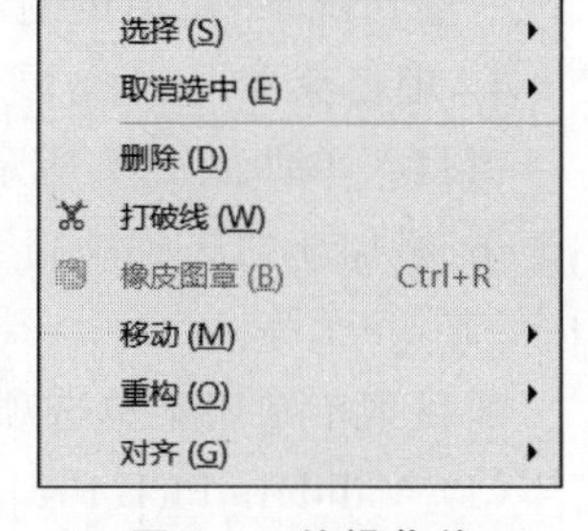

图 2.5 编辑菜单

编辑菜单常用菜单选项的功能如下。

(1) 选择。用于选择对象。在它的子菜单中,列举了选择对象的方式,如区域内部、区域外部、矩形接触到对象和直线接触到对象等。

(2) 取消选中。用于取消对象的选中。在它的子菜单中,列举了取消对象选中的方式。

(3) 删除。用于删除选中的对象。

(4) 打破线。用于把较长的导线切断。在绘制电路原理图时,有时需要将一条很长的导线切断。这可以选择"打破线"选项来实现。

(5) 移动。用于移动对象。在它的子菜单中,列举了移动对象的方式,如拖动、移动、移动选中对象、旋转选中对象和顺时针旋转选中对象等。

(6) 对齐。用于对齐选中的对象。在它的子菜单中,列举了对象对齐的方式,包括水平排列和垂直排列。

3. 视图菜单

视图菜单如图 2.6 所示。视图菜单包含的主要菜单选项有适合文件、适合所有对象、工具栏、面板、状态栏、栅格和切换单位等。

视图菜单常用菜单选项的功能如下。

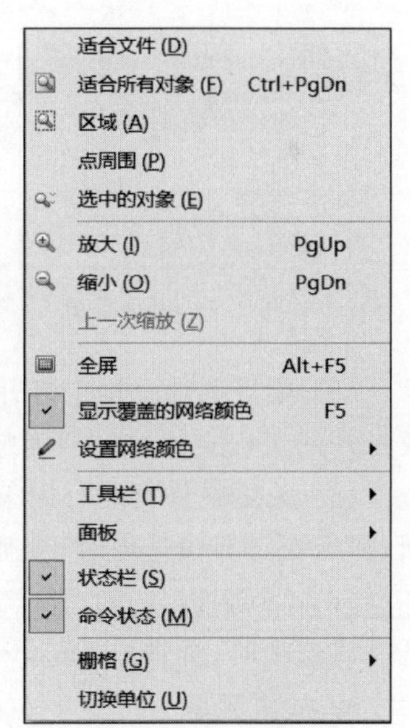

图 2.6 视图菜单

(1) 适合文件。对当前工作区进行缩放,使工作区恰好显示整个电路原理图文件。

(2) 适合所有对象。对当前工作区进行缩放,使工作区能够显示电路原理图中的所有对象。

(3) 工具栏。在它的子菜单中,列举了电路原理图编辑器的所有工具栏,包括 Mixed Sim、布线、导航、格式化、应用工具和原理图标准等工具栏。可以选择是否显示某个工具栏。一般情况下,选择显示布线、应用工具和原理图标准等工具栏。

(4) 面板。在它的子菜单中,列举了电路原理图编辑器的所有面板,例如 Components、Projects 和 Properties 等面板,可以选择是否显示某个面板。

(5) 状态栏。可以选择是否显示状态栏。

(6) 栅格。在它的子菜单中,包括切换捕捉栅格、切换可视栅格和切换电气栅格等选项,选择"设置捕捉栅格"选项,可以设置捕捉栅格的大小。

(7) 切换单位。用于在公制单位和英制单位之间进行切换。在 Altium Designer 中,公制的基本单位是 mm,英制的基本单位是 mil。公制单位与英制单位的换算关系如下:

1inch=1000mil=25.4mm,1mil=0.0254mm,100mil=2.54mm,1mm≈40mil。

一般情况下,使用英制单位时,数字为整数形式,方便设计。

4. 项目菜单

项目菜单如图 2.7 所示。项目菜单包含的菜单选项有 Validate PCB Project ×××.PrjPcb、添加新的…到项目、添加已有的到项目、从项目中删除、项目文件、关闭项目文档和 Close Project 等。

项目菜单常用菜单选项的功能如下。

(1) Validate PCB Project ×××.PrjPcb。用于验证工程,对电路原理图进行电气规则检查。若电路原理图不符合某些电气规则,则弹出 Messages 对话框,指出错误的类型和位置。若电路原理图符合电气规则,则不弹出对话框。

(2) 添加新的…到项目。用于在工程中新建文件,包括电路原理图设计文件、PCB 设计文件、电路原理图库、PCB 库等。

(3) 添加已有的到项目。用于向工程中添加新的文件。选择该选项,弹出 Choose Documents to Add to Project [×××.PrjPcb]对话框,从中选择需要添加的文件,单击"打开"按钮即可。

(4) 从项目中删除。用于从工程中删除文件。首先,选中某个电路原理图设计文件;然后,选择该选项,弹出 Remove from project 对话框,如图 2.8 所示;最后,在对话框中选择删除文件的方式,即把文件从工程中删除。

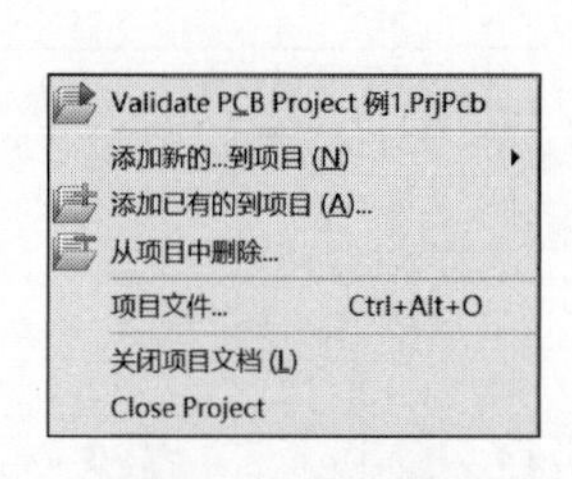

图 2.7 项目菜单

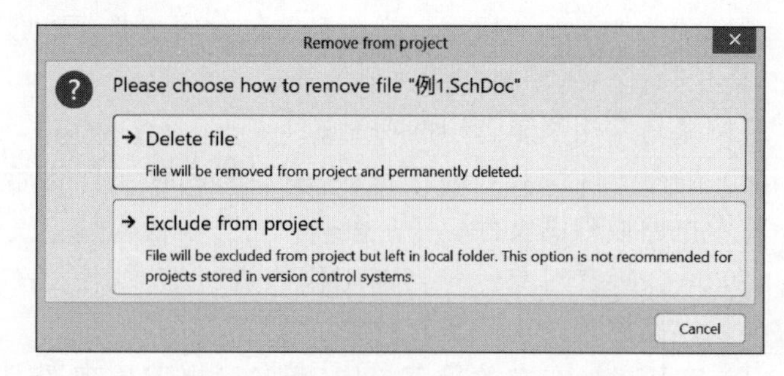

图 2.8 Remove from project 对话框

(5) 项目文件。用于打开工程。选择该选项,弹出"打开工程文件"对话框,从中选择需要打开的工程文件,单击"确定"按钮即可。

(6) 关闭项目文档。用于关闭工程中当前电路原理图设计文件。如果对文件进行了编辑,那么在选择该选项时,会弹出 Unsaved Changes 对话框,提示是否保存对文件的修改。

(7) Close Project。用于关闭工程。如果对工程中的某个设计文件进行了编辑,那么在选择该选项时,会弹出 Unsaved Changes 对话框,提示是否保存对文件的修改。

5. 放置菜单

放置菜单如图 2.9 所示。放置菜单包含的菜单选项有总线、总线入口、器件、电源端口、线、网络标签和端口等。

放置菜单常用菜单选项的功能如下。

(1) 总线。用于放置总线。

(2) 总线入口。用于放置总线入口。

(3) 器件。用于放置电路原理图元件。选择该选项,弹出 Components 面板,可以从中选择放置到电路原理图中的电路原理图元件。

(4) 电源端口。用于放置电源正极 V_{CC}。

(5) 线。用于放置导线。该选项主要用于连接电路原理图元件的引脚。

(6) 网络标签。用于放置网络标签。

(7) 端口。在设计层次电路原理图时,用于放置图纸的输入/输出端口。

6. 设计菜单

设计菜单如图 2.10 所示。设计菜单包含的主要菜单选项有 Update PCB Document ××× . PcbDoc、生成原理图库、模板、工程的网络表、文件的网络表和仿真等。

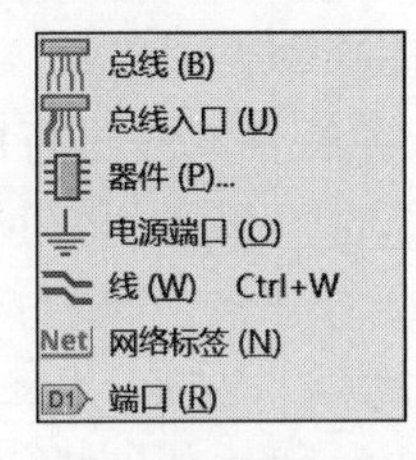

图 2.9　放置菜单

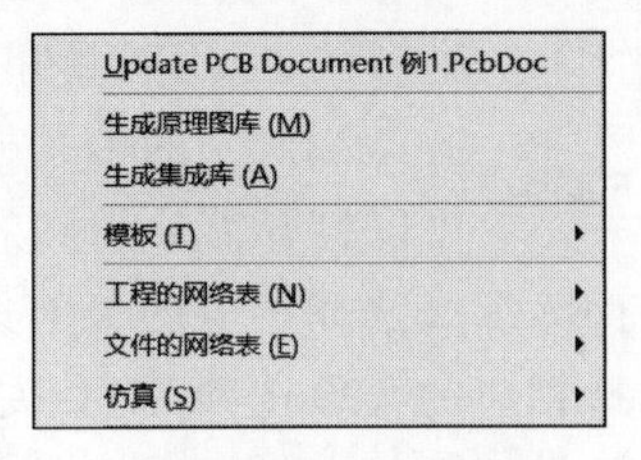

图 2.10　设计菜单

设计菜单常用菜单选项的功能如下。

(1) Update PCB Document ×××. PcbDoc。把在电路原理图设计文件×××. PcbDoc 中所做的修改更新到同一个工程中的 PCB 设计文件。

(2) 生成原理图库。把本电路原理图中的电路原理图元件集中起来,生成电路原理图库。

(3) 模板。用于选择图纸的模板。

(4) 工程的网络表。用于生成整个工程的网络表。

(5) 文件的网络表。用于生成当前电路原理图的网络表。

(6) 仿真。用于对当前电路原理图进行仿真。

7. 工具菜单

工具菜单如图 2.11 所示,常用菜单选项是"原理图优先项",其主要功能是设置 AD 24 的工作环境参数。

8. 报告菜单

报告菜单如图 2.12 所示,常用菜单选项是 Bill of Materials,其功能是生成当前电路原理图中所有电路原理图元件的清单。

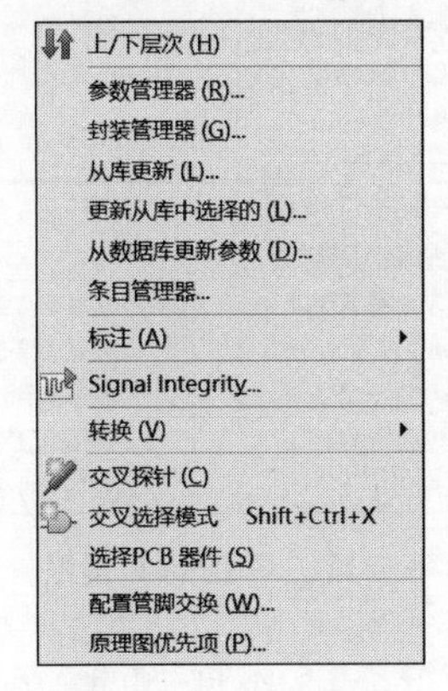

图 2.11　工具菜单

图 2.12　报告菜单

2.1.2 工具栏

为了提高电路原理图设计的效率,电路原理图编辑器提供了丰富的设计工具,并且对这些工具进行分类管理,将同类工具制成一个工具栏。

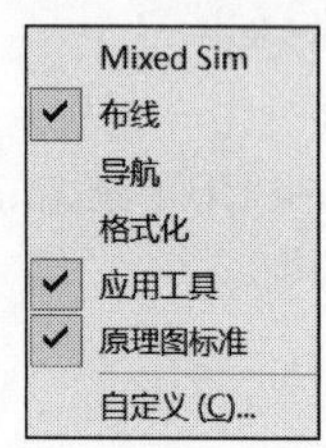

图 2.13 “工具栏”的子菜单

在电路原理图编辑器中,选择“视图”→“工具栏”选项,打开“工具栏”的子菜单,如图 2.13 所示。“工具栏”的子菜单包含 6 个工具栏,分别是 Mixed Sim、布线、导航、格式化、应用工具和原理图标准等,另外还有一个自定义工具栏。其中,常用的工具栏有布线、应用工具和原理图标准等。

AD 24 的工具栏具有开关特性。在进行电路原理图设计时,可以打开需要用到的工具栏,也可以关闭暂时不用的工具栏。如果某个工具栏没有打开,那么选择相应的菜单选项,就会打开该工具栏;如果某个工具栏处于打开状态,那么选择相应的菜单选项,就会关闭该工具栏。例如,选择“视图”→“工具栏”→“布线工具栏”选项,打开布线工具栏;再次选择“视图”→“工具栏”→“布线工具栏”选项,关闭布线工具栏。

1. 布线工具栏

布线工具栏如图 2.14 所示,它是电路原理图编辑器最常用的工具栏之一,可以完成电路原理图设计的大部分操作。

图 2.14 布线工具栏

在设计电路原理图时,利用布线工具栏,可以放置导线、总线、总线入口、信号线束、网络标签、GND 端口、VCC 电源端口、电路原理图元件、页面符、图纸入口、线束连接器、线束入口、端口和 No ERC 标号等对象,并进行电路的连接。

2. 应用工具工具栏

应用工具工具栏如图 2.15 所示。

应用工具工具栏包括实用工具、对齐工具、电源和栅格四个下拉工具框。单击工具框右边的下拉按钮,会显示相应的工具框。应用工具工具栏的工具框如图 2.16 所示。

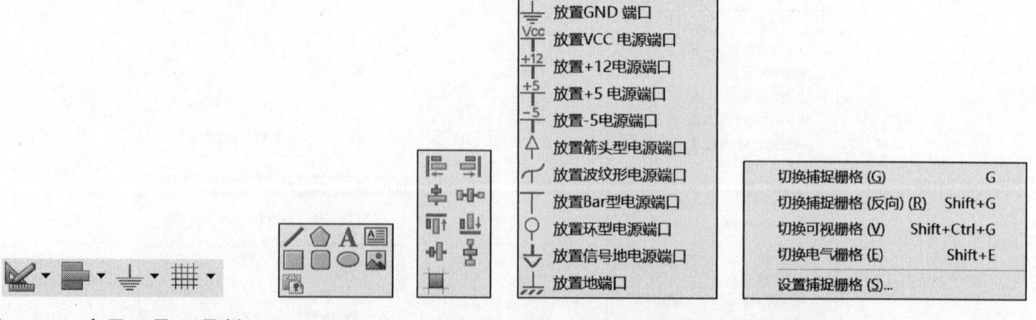

图 2.15 应用工具工具栏

图 2.16 应用工具工具栏的工具框

使用实用工具工具框,可以放置线、多边形、文本字符串、文本框、矩形、椭圆和图像等对象。使用对齐工具工具框,可以设置电路原理图中对象的对齐方式。使用电源工具框,可以放置多种电源端口和地端口。使用栅格工具框,可以切换捕捉栅格、可视栅格和电气栅格,设置捕捉栅格的大小。

3. 原理图标准工具栏

原理图标准工具栏如图 2.17 所示。

图 2.17　原理图标准工具栏

原理图标准工具栏包括常规的文件操作工具,例如,打开、保存、剪切、复制和粘贴等;还包括与电路原理图设计有关的工具,例如,适合所有对象、缩放区域、缩放选中对象、选择区域内部的对象、移动选中对象、撤销、重做和上/下层次等。

4. 快捷工具栏

在工作区的中上部,有一个快捷工具栏,如图 2.18 所示。快捷工具栏包括一些最常用的工具。右击某个工具的下拉按钮,出现对应的下拉菜单。

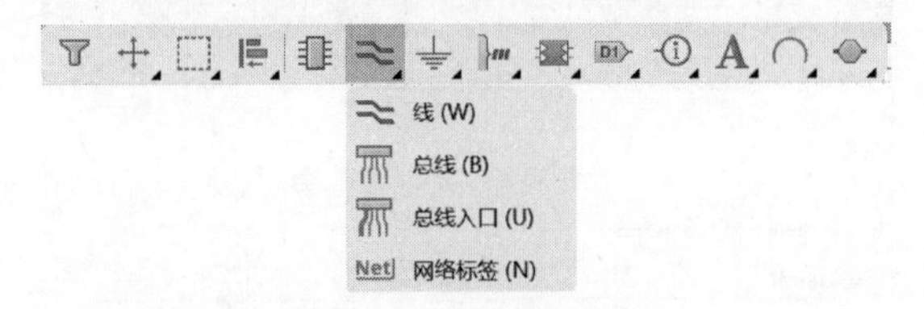

图 2.18　快捷工具栏

快捷工具栏中的工具全部包含在原理图标准工具栏、布线工具栏和应用工具栏之中,因此,它的用处不是很大,可有可无。另外,快捷工具栏总是出现在工作区,用户不能关闭,也不能移动位置,有时还会遮挡部分电路原理图,影响设计工作。

2.1.3　工程面板

AD 24 采用以工程为中心的设计理念,工程是所有设计文件的父文件夹。电路原理图编辑器左边的窗格就是工程面板,如图 2.19 所示。在工程面板中,可以对本工程内的设计文件进行管理,例如,打开、切换、关闭、保存、删除和打印等,也可以新建设计文件,还可以新建工程。

在电路原理图编辑器中,选择"视图"→"面板"→Projects 选项,可以打开工程面板;再次选择该选项,可以关闭工程面板。

单击状态栏右端的 Panels 按钮,在弹出的快捷菜单中选择 Projects 选项,也可以打开工程面板;再次选择 Projects 选项,可以关闭工程面板。

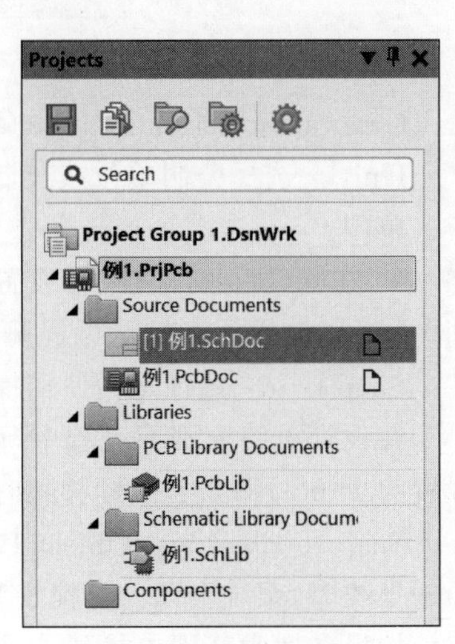

图 2.19　工程面板

2.1.4　工作区

电路原理图编辑器右边的窗格就是工作区,电路原理图设计的主要工作都是在工作区进行的。工作区的核心是电路原理图。为了提高电路原理图设计的效率,设计者可以根据电路原理图的复杂程度，以及自己的设计习惯，设置图纸的参数。

设置图纸参数通常是在 Properties 面板实现的，打开 Properties 面板的方法有如下两种。

(1) 把光标移到图纸的空白区域，选择“视图”→“面板”→Properties 选项，打开 Properties 面板。

(2) 把光标移到图纸的空白区域，单击状态栏右端的 Panels 按钮，在弹出的快捷菜单中选择 Properties 选项，打开 Properties 面板。

Properties 面板有 General 和 Parameters 两个标签。在 General 标签，可以设置图纸、栅格的参数；在 Parameters 标签，可以设置图纸的标题块。图纸参数设置主要包括常规设置、页面选项设置和参数设置等。

1. 常规设置

在 General 标签中，展开 General 选项组，如图 2.20 所示。

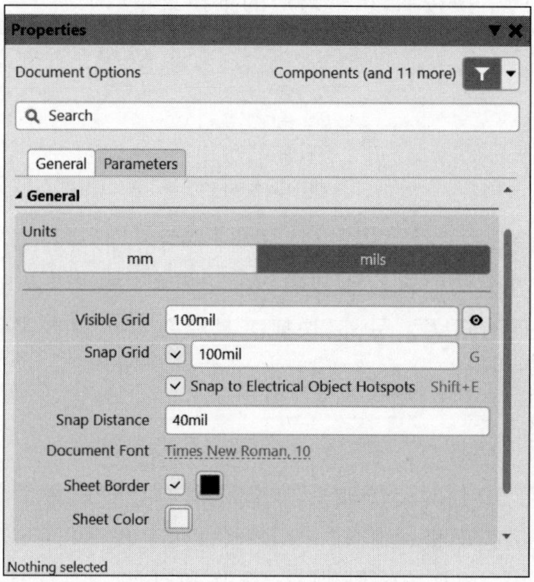

图 2.20 General 选项组

General 选项组各个参数的意义如下。

Units：选择公制单位或英制单位。mm 表示公制单位，mils 表示英制单位。一般选择英制单位。

Visible Grid：在文本框设置可视栅格的间距。单击 Visible Grid 文本框右边的显示按钮，可以选择是否显示可视栅格。

Snap Grid：选择是否使用捕捉栅格。在使用捕捉栅格时，在文本框设置捕捉栅格的大小。在设计电路原理图过程中，该参数决定光标移动的最小步长。例如，如果将 Snap Grid 设置为 10mil，那么当鼠标移到时，光标将以 10mil 为基本单位沿鼠标移动的方向移动。

Snap to Electrical Object Hotspots：选择是否捕捉电气对象热点。若选中该项，则在绘制导线时，系统会以光标箭头为圆心、以 Snap Distance 的数值为半径，向周围搜索电气结点。如果在搜索范围内找到了最近的电气结点，就把光标移到该结点上，并在该结点标注一个记号“×”。

Snap Distance：在文本框设置捕捉距离。

栅格参数直接影响电路原理图设计的效率与质量。为了准确地捕捉到电路原理图元件的电气结点，Snap Distance 的数值应该略小于 Snap Grid 的数值。如果 Snap Distance 的数值与 Snap Grid 的数值相差过大，那么在电路原理图设计过程中就不易捕捉到电气结点，从而影响设计的效率。

Document Font：设置图纸中文字的字体和字号。

Sheet Border：选择是否显示图纸边界。在显示图纸边界时，可以设置边界的颜色。

Sheet Color：设置图纸的颜色。

2. 页面选项设置

在 General 标签中，展开 Page Options 选项组，如图 2.21 所示。

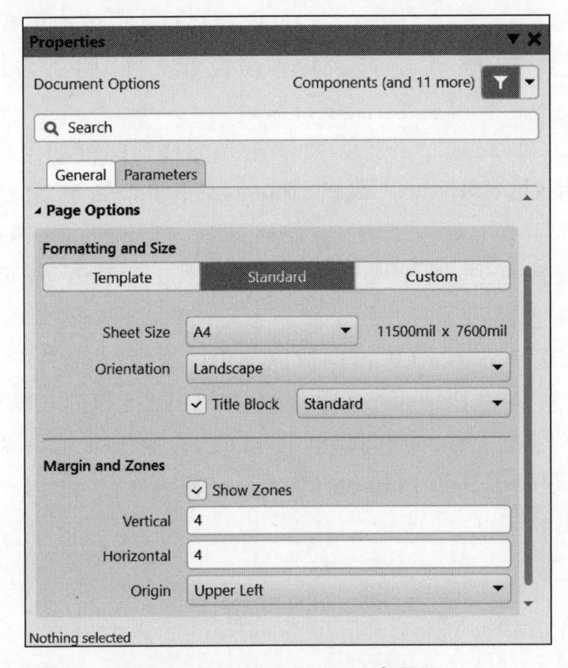

图 2.21 Page Options 选项组

Page Options 选项组各个参数的意义如下。

Formatting and Size：设置图纸的格式和大小。可以通过按钮 Template（模板）、Standard（标准）、Custom（自定义）选择图纸的格式。

Sheet Size：选择图纸的大小。

Orientation：选择图纸的方向。Landscape 表示横向，Portrait 表示纵向。

Title Block：选择是否显示标题块。在显示标题块时，在右边的下拉列表框中，可以选择 Standard（标准）格式或 ANSI（美国国家标准协会）格式。

Margin and Zones：设置图纸的边界和区域。

Show Zones：选择是否显示图纸的分区。

Vertical：设置垂直方向的分区数。

Horizontal：设置水平方向的分区数。

Origin：在下拉列表框中选择图纸的坐标原点。Upper Left 表示选择图纸的左上角作为坐标原点，Bottom Right 表示选择图纸的右下角作为坐标原点。

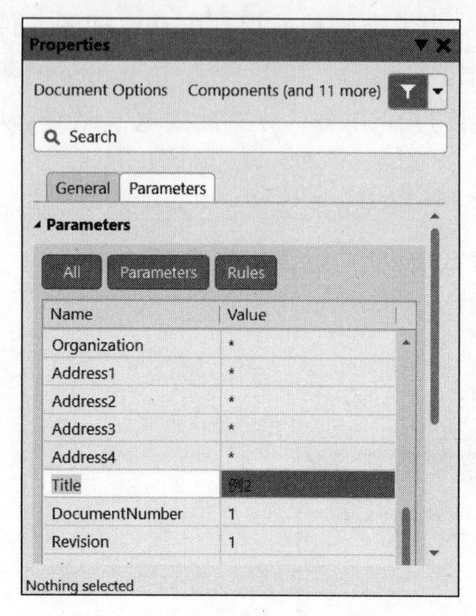

图 2.22 Parameters 选项组

3. 参数设置

在 Parameters 标签中，展开 Parameters 选项组，如图 2.22 所示。在 Parameters 选项组中，可以设置本图纸的设计者、检查者、公司名称、标题、文档号、版本号和图纸号等图纸参数。

为了使 Parameters 选项组中设置的图纸参数能够在标题块中显示出来，还需要进行放置文本字符串的操作。下面以题块中的 Title 为例，说明在标题块中显示标题的操作步骤。

(1) 启动 AD 24，新建工程“例 2. PrjPcb”，新建电路原理图设计文件“例 2. SchDoc”，打开电路原理图编辑器。

(2) 把光标移到图纸的空白区域，单击状态栏右端的 Panels 按钮，在弹出的快捷菜单中选择 Properties 选项，打开 Properties 面板。

(3) 在 Parameters 标签中，展开 Parameters 选项组，把 Title 的 Value 设置为“例 2”，如图 2.22 所示。

(4) 在图纸的空白区域右击，在弹出的快捷菜单中选择“放置”→“文本字符串”选项，按下键盘上的 Tab 键，在弹出的 Properties 面板中，在 Text 下拉列表框中选择＝Title。

(5) 把光标移到标题块 Title 的右侧，单击，此时，标题块中显示本图纸的标题“例 2”。

类似地，可以在标题块中显示 Number、Revision、Sheet × of ×和 Drawn By 等图纸参数。图纸参数设置结果如图 2.23 所示。

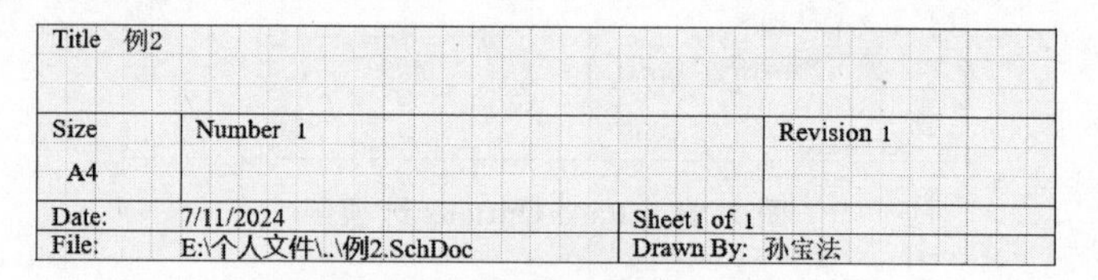

图 2.23 图纸参数设置结果

2.1.5 状态栏和命令状态栏

1. 状态栏

状态栏用于显示当前光标的坐标和栅格的大小。在状态栏的右端，有一个 Panels 按钮，单击该按钮，在弹出的快捷菜单中列举电路原理图编辑器的所有面板。

2. 命令状态栏

命令状态栏用于显示电路原理图编辑器当前的工作状态。例如，若命令状态栏显示 idle state-ready for command，则表示电路原理图编辑器已经准备好了，可以进行操作。

一般情况下，可以选择不显示命令状态栏。

2.2 图纸画面管理

电路原理图编辑器的图纸画面管理是指电路原理图图纸的放大、缩小和移动等操作。下面介绍图纸画面管理的基本操作。

2.2.1 区域缩放

1. 显示整个电路原理图文件

在电路原理图编辑器中，选择“视图”→“适合文件”选项，则在工作区显示整个图纸，包括图纸的标题块与边框。

2. 显示所有对象

在电路原理图编辑器中，选择“视图”→“适合所有对象”选项，或者单击原理图标准工具栏中的“适合所有对象”按钮，则在工作区显示电路原理图中的所有对象，不一定包括图纸的标题块与边框。

3. 选定区域的放大

如果电路原理图的图纸比较大，设计者需要对图纸的某个局部区域进行观察、修改，可以选定图纸的这个区域进行放大。选定区域放大的步骤如下。

(1) 在电路原理图编辑器中，选择“视图”→“区域”选项，或者单击原理图标准工具栏中的“缩放区域”按钮，光标变成十字形。

(2) 将光标移到电路原理图上，单击，确定放大区域的一角，拖动鼠标到所要放大的矩形区域的对角，再次单击，则选中的区域被放大。

4. 以一点为中心区域的放大

以一点为中心区域放大的步骤如下。

(1) 在电路原理图编辑器中，选择“视图”→“点周围”选项，光标变成十字形。

(2) 将光标移到电路原理图上，单击，确定放大区域的中心，拖动鼠标，确定放大的区域，再次单击，则选中的区域被放大。

5. 选中对象的放大

选中对象放大的步骤如下。

(1) 在电路原理图中选中若干个对象。

(2) 在电路原理图编辑器中，选择“视图”→“选中的对象”选项，或者单击原理图标准工具栏中的“缩放选中对象”按钮，则选中的对象被放大。

2.2.2 画面的缩放与移动

1. 画面放大

当设计者需要细致观察图纸或修改电路原理图时，可以把画面放大。使用如下方法之一，可以将当前的画面放大。

(1) 在电路原理图编辑器中，选择“视图”→“放大”选项。

(2) 按住鼠标滚轮，向前推动鼠标。

(3) 把光标移到电路原理图上，在键盘上按 PgUp 键。

2. 画面缩小

当设计者需要浏览全图时，可以把画面缩小。使用如下方法之一，可以将当前的画面缩小。

(1) 在电路原理图编辑器中，选择“视图”→“缩小”选项。

(2) 按住鼠标滚轮，向后拖动鼠标。

(3) 把光标移到电路原理图上，按 PgDn 键。

3. 上一次缩放

在电路原理图编辑器中，选择“视图”→“上一次缩放”选项，画面回到上一次缩放前的状态。

4. 全屏显示

在电路原理图编辑器中，选择“视图”→“全屏”选项，则全屏显示工作区，此时，工程面板不显示。再次选择“视图”→“全屏”选项，则退出全屏显示。

5. 画面移动

把光标移到电路原理图上，按住鼠标右键，拖动鼠标，可以移动画面。

2.3 电路原理图编辑器工作环境设置

电路原理图编辑器工作环境参数对电路原理图设计具有重要的影响，合理设置这些参数，可以提高电路原理图设计的质量和效率。设置电路原理图编辑器工作环境参数，一般在“优选项”对话框中进行。在电路原理图编辑器中，调出“优选项”对话框的方法有如下几种。

(1) 在电路原理图编辑器中，选择“工具”→“原理图优先项”选项。

(2) 把光标移到图纸的空白处，右击，在弹出的快捷菜单中选择“原理图优先项”选项。

(3) 单击菜单栏右端的“设置系统参数”按钮 ⚙。

“优选项”对话框如图 2.24 所示。

在“优选项”对话框的左边窗格中，有 System、Data Management、Schematic、PCB Editor、Text Editors、Scripting System、CAM Editor、Simulation、Draftsman、Multi-board Schematic、Multi-board Assembly 和 Harness Design 共 12 个标签，每个标签包括若干个子标签，而每个子标签又有若干个参数设置选项。由此可见，“优选项”对话框具有极其强大的参数设置功能。在“优选项”对话框中，可以设置 Altium Designer 主窗口和各个编辑器的图形用户界面的风格，可以设置各个编辑器工作区的工作环境参数，还可以设置电路仿真的相关选项。

对于这样一个复杂的参数设置对话框，我们很难掌握全部参数的意义，而对于一般的 PCB 设计人员而言，其中大部分参数采用系统默认设置即可，因此，在学习 PCB 设计的初始阶段，可以暂时跳过这部分内容。在后面的学习中，通过实际操作，逐渐熟悉“优选项”对话框中常用参数的设置方法。

本节介绍“优选项”对话框中与电路原理图设计相关的内容。在对话框的左边窗格中，展开 Schematic 标签。该标签包括 8 个子标签，即 General(常规)、Graphical Editing(图形编辑)、Compiler(编译器)、AutoFocus(自动获得焦点)、Library AutoZoom(库自动缩放)、Grids(网格)、Break Wire(断开连线)和 Defaults(默认)。下面介绍前三个子标签中主要参数的意义。

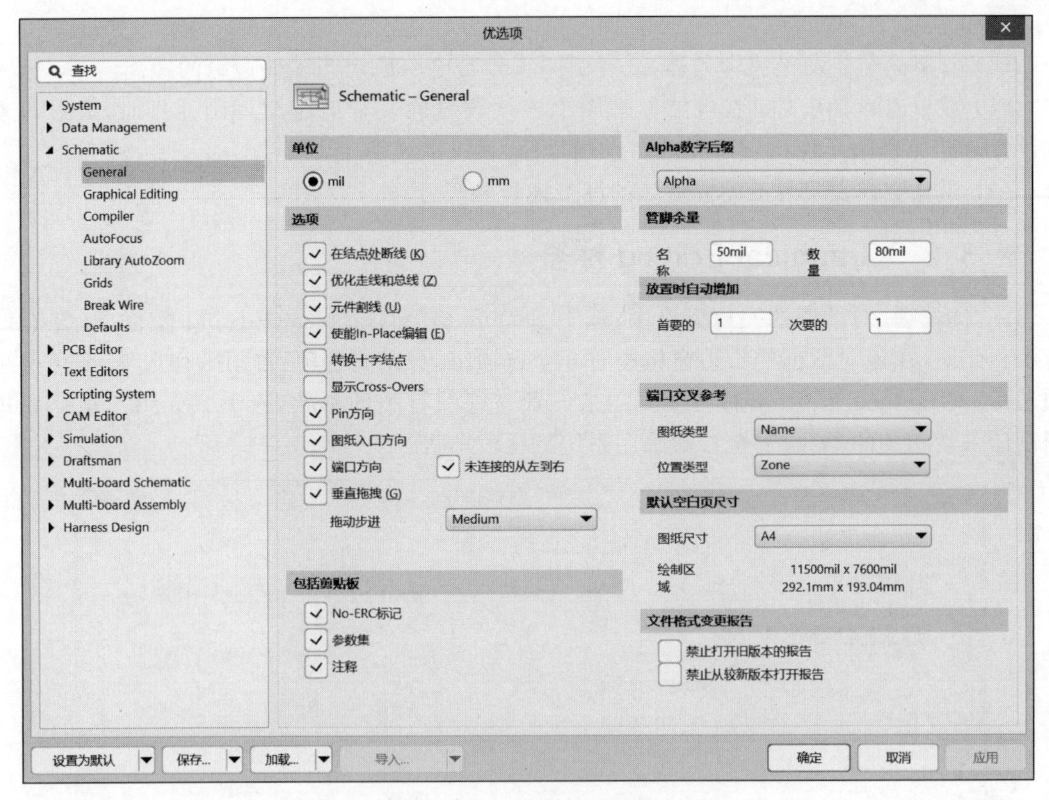

图 2.24　“优选项”对话框

2.3.1　General 标签

在如图 2.24 所示的“优选项”对话框的左边窗格中，选中 Schematic→General 标签，在对话框的右边窗格中有 9 个选项组，分别是单位、选项、包括剪贴板、Alpha 数字后缀、管脚余量、放置时自动增加、端口交叉参考、默认空白页尺寸和文件格式变更报告。这里只介绍与电路原理图设计密切相关的参数，其余参数采用系统默认值即可。

（1）单位：选择公制单位或英制单位。一般选择英制单位。

（2）使能 In-Place 编辑：若选中该复选框，则启动即时编辑功能。当选中电路原理图中的文本字符串、文本框、注释等文本对象时，再次单击，可以直接进行编辑、修改，而不必打开对应的属性对话框。

（3）显示 Cross-Overs：若选中该复选框，则非电气连接的两条导线在交叉处以半圆弧显示，表示交叉跨越状态。

（4）No-ERC 标记：若选中该复选框，则在把电路原理图元件剪切、复制到剪贴板，或打印图纸时，将包含 No-ERC 标记。

（5）Alpha 数字后缀：设置复合元件的多个子部件标识的后缀。在放置复合元件时，其多个子部件通常采用“元件标识＋后缀”的形式加以区别。子部件标识的后缀有三种形式：若选择 Alpha，则子部件标识的后缀用字母表示，如 U：A、U：B 等；若选择 Numeric, separated by a dot ‘.’，则子部件标识的后缀用带点的数字表示，如 U.1、U.2 等；若选择 Numeric, separated by a colon ‘:’，则子部件标识的后缀用带冒号的数字表示，如 U：1、

U：2 等。

（6）管脚余量：设置引脚名称，或者引脚编号与电路原理图元件边缘的距离。

（7）放置时自动增加：在电路原理图上连续放置同一种电路原理图元件时，通过该参数设置电路原理图元件标识序号的自动增量值，系统默认为 1。

（8）默认空白页尺寸：设置默认的图纸模板和尺寸。

2.3.2 Graphical Editing 标签

在“优选项”对话框的左边窗格中，选中 Schematic→Graphical Editing 标签，如图 2.25 所示。此时，在该对话框的右边窗格中有 4 个选项组，分别是选项、自动平移选项、颜色选项和光标。Graphical Editing 标签主要用来设置与视图有关的参数，这里只介绍与电路原理图设计密切相关的参数，其余参数采用系统默认值即可。

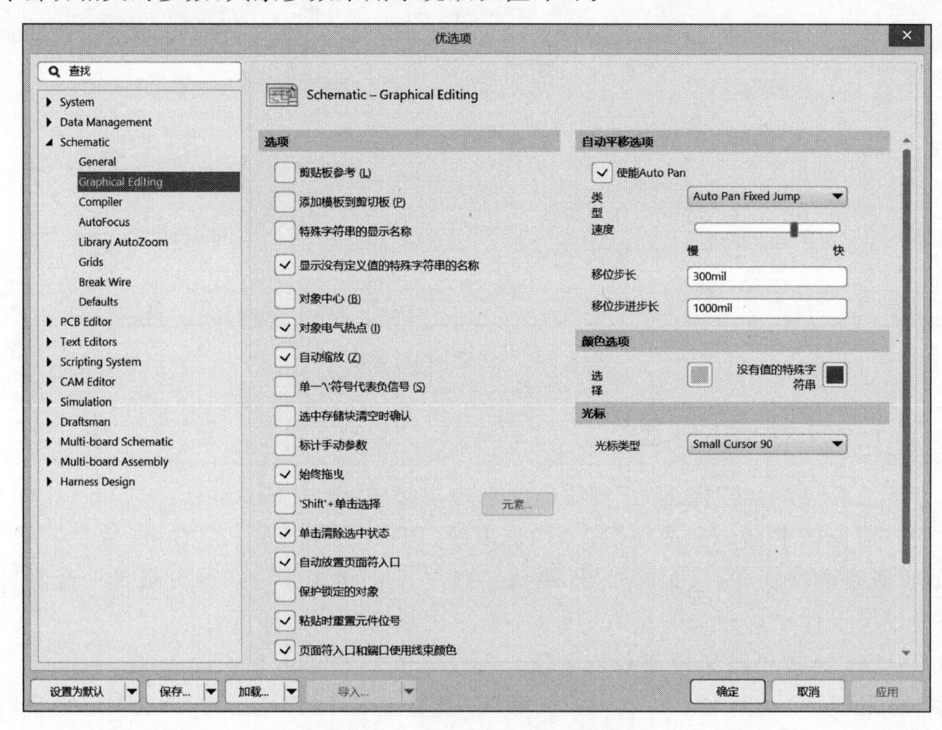

图 2.25 Graphical Editing 标签

（1）自动缩放：若选中该复选框，则在放置电路原理图元件时，电路原理图会自动被缩放，以实现最佳的视图比例。建议选中该复选框。

（2）始终拖曳：若选中该复选框，则在移动某个对象时，与其相连的导线也随之移动。

（3）'Shift'＋单击选择：若选中该复选框，则必须按下 Shift 键，才能在单击时选中对象。建议不要选中该复选框。

（4）单击清除选中状态：若选中该复选框，则在电路原理图中任意位置单击，都可以清除对选中对象的选中状态。建议选中该复选框。

（5）粘贴时重置元件位号：若选中该复选框，则复制、粘贴后，电路原理图元件的标号会被重新设置。

（6）自动平移选项：该选项组用于设置系统的自动摇镜功能。若选中“使能 Auto Pan”

复选框，则光标在电路原理图上移动时，系统会自动移动电路原理图，以保证光标指向的位置进入可视区域。

(7) 颜色选项：设置选中对象的颜色。

(8) 光标类型：设置正在操作时的光标类型。光标有 4 种类型，即 Large Cursor 90(大十字形)、Small Cursor 90(小十字形)、Small Cursor 45(小叉形)、Tiny Cursor 45(微叉形)。一般设置为 Small Cursor 90。

2.3.3　Compiler 标签

在"优选项"对话框的左边窗格中，选中 Schematic→Compiler 标签，如图 2.26 所示。此时，在对话框的右边窗格中有 3 个选项组，分别是错误和警告、自动结点、编译扩展名。Compiler 标签主要用来设置与电气规则有关的参数。

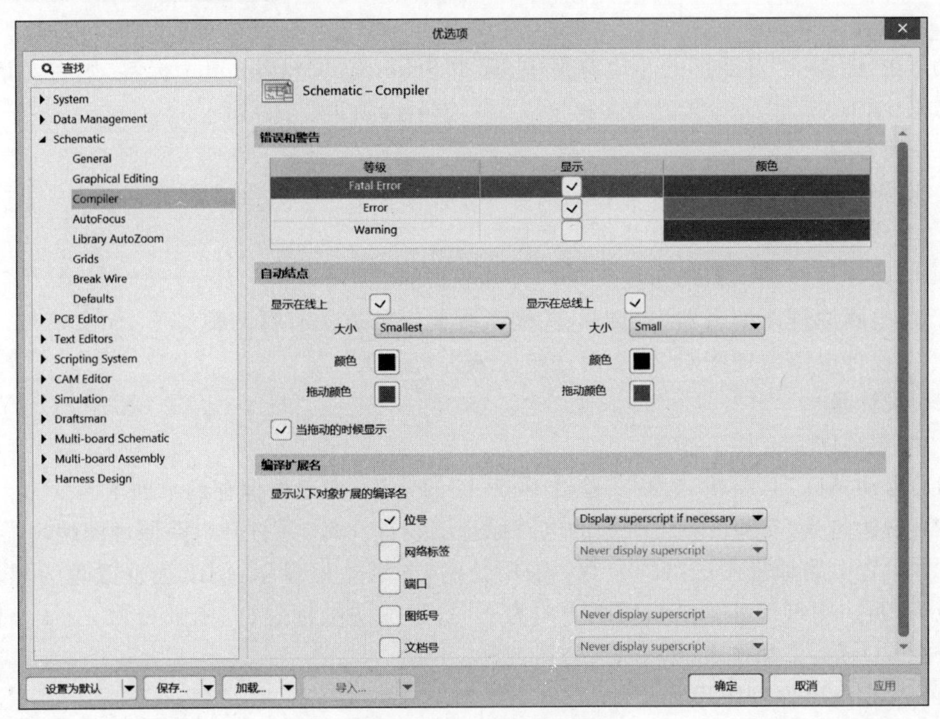

图 2.26　Compiler 标签

(1) 错误和警告：设置在电气规则检查后是否显示错误，以及标记错误的颜色。

(2) 自动结点：设置在导线或总线的 T 字形连接处自动添加结点的位置、大小和颜色。

习题 2

一、填空题

1. 电路原理图编辑器包括标题栏、________、工具栏、________、工作区、状态栏和命令状态等部件。

2. 在电路原理图编辑器中，选择"文件"→"打开"选项，弹出________对话框。

3. 在电路原理图编辑器中，如果把当前文件换名保存，或者保存到另一个文件夹，那么应该选择________→________选项。

4. 在绘制电路原理图时，有时需要将一条很长的导线切断，而不是将其删除。这可以用________→________命令来实现。

5. 1inch=________mil=________mm。

6. 如果对电路原理图设计文件进行了编辑，那么选择"项目"→Close Project选项，弹出________对话框，提示是否保存对电路原理图设计文件的修改。

7. 在电路原理图编辑器中，选择"视图"→"适合文件"选项，则在工作区显示整个________，包括图纸的________与边框。

8. 在电路原理图编辑器中，打开"优选项"对话框，Schematic→General标签的参数"管脚余量"用于设置________或引脚编号与电路原理图元件________的距离。

9. 在电路原理图编辑器中，光标有Large Cursor 90、________、Small Cursor 45、________4种类型。

10. 在"优选项"对话框的左边窗格中，选中Schematic→Compiler标签，则在对话框的右边窗格中，有________、自动结点和________3个选项组。

二、简答题

1. 电路原理图编辑器的菜单栏包括哪几个主菜单？

2. 电路原理图编辑器有哪几个工具栏？

3. 电路原理图编辑器的布线工具栏有哪些功能？

4. 在电路原理图编辑器中，打开、关闭工程面板的方法有哪两种？

5. 在设计电路原理图时，怎么对选定区域进行放大？

三、设计题

1. 按照顺序完成如下操作。

(1) 启动AD 24，新建名为"实验2.PrjPcb"的工程，把工程保存到桌面上。

(2) 新建名为"实验2.SchDoc"的电路原理图设计文件，并打开电路原理图编辑器。

(3) 设置电路原理图图纸的参数：采用公制，图纸边框显示，图纸边框颜色为黑色，图纸颜色为白色，图纸尺寸为A4，图纸方向为横向，添加图纸标题栏，图纸分为4×4个区，坐标原点在左上角，添加作者、检查者、公司名称。

(4) 保存电路原理图设计文件，退出AD 24。

2. 在"优选项"对话框的左边窗格中，展开Schematic标签。逐一选择该标签的后5个子标签：AutoFocus(自动获得焦点)、Library AutoZoom(库自动缩放)、Grids(网格)、Break Wire(断开连线)和Defaults(默认)。熟悉这5个子标签中主要参数的意义。

第 3 章 电路原理图设计

CHAPTER 3

本章介绍电路原理图设计的方法和技术，主要内容包括电路原理图设计概述、电路原理图元件操作、电气连接、电路原理图设计的辅助操作和电路原理图设计实例等。通过对本章的学习，应该达到以下目标。

（1）了解电路原理图设计的一般流程和主要步骤。

（2）熟练掌握电路原理图元件操作、电气连接的方法和技术。

（3）掌握电路原理图设计辅助操作的方法和技术。

（4）通过学习电路原理图设计实例，掌握电路原理图设计的方法和技术，能够独立设计常用的电路原理图。

3.1 电路原理图设计概述

3.1.1 电路原理图设计的一般流程

正确的电路原理图是进行 PCB 设计的前提，电路原理图是否正确直接关系到 PCB 能否正常工作。电路原理图设计的任务是将设计人员的设计思路用规范的电路语言描述出来，为 PCB 设计提供网络表和 PCB 脚印。电路原理图设计的一般流程如图 3.1 所示。

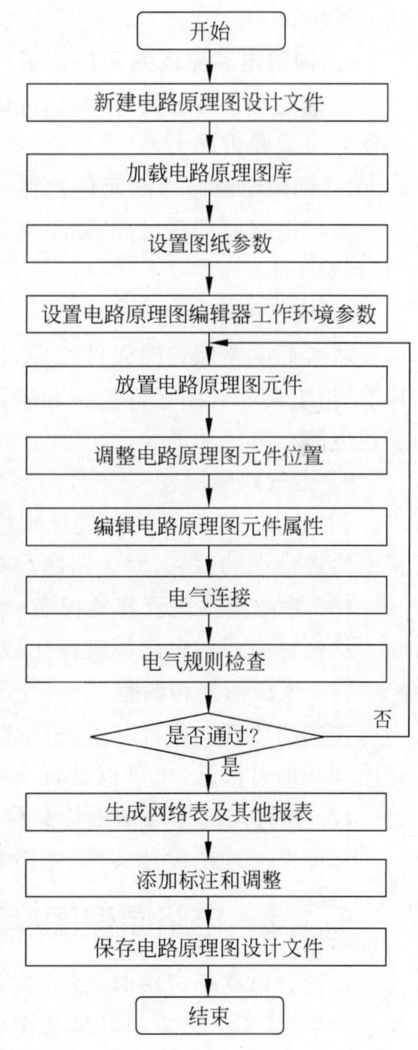

图 3.1 电路原理图设计的一般流程

下面简要介绍电路原理图设计一般流程中主要步骤的作用。

1. 新建电路原理图设计文件

电路原理图设计是在电路原理图编辑器中进行的，而设计结果体现在电路原理图设计文件中，因此，首先需要新建一个电路原理图设计文件，启动电路原理图编辑器，在工作区显示电路原理图图纸。新建电路原理图设计文件的方法参见 1.2.4 小节。

2. 加载电路原理图库

在设计电路原理图时，需要把电路原理图元件放置到图纸中，这就要求设计者能够找到该电路原理图元件。为此，必须把包含该电路原理图元件的电路原理图库加载到电路原理图编辑器。为了方便设计，在设计电路原理图之前，设计者需要把将要用到的电路原理图库加载到电路原理图编辑器。

3. 设置图纸参数

图纸参数主要包括图纸尺寸、图纸方向、图纸颜色、图纸栅格、电气栅格、字体、边框颜色、坐标原点和标题块等。合理设置图纸参数，有助于提高电路原理图设计的质量和效率。设置图纸参数的方法参见 2.1.4 小节。

4. 设置电路原理图编辑器工作环境参数

电路原理图编辑器工作环境参数对电路原理图设计具有重要的影响，合理设置这些参数，可以提高电路原理图设计的质量和效率。设置电路原理图编辑器工作环境参数的方法参见 2.3 节。

5. 放置电路原理图元件

放置电路原理图元件是指从电路原理图库中选择需要的电路原理图元件，并将其放置到图纸中。

6. 调整电路原理图元件位置

根据电气连接的设计要求，同时考虑电路原理图的整齐美观，一般需要调整电路原理图元件的位置和方向。

7. 编辑电路原理图元件属性

编辑电路原理图元件属性主要涉及修改电路原理图元件的标识符、名称、参数值和 PCB 脚印等。

8. 电气连接

放置好电路原理图元件之后，使用具有电气特性的导线、总线、网络标签和输入/输出端口等，把电路原理图元件连接起来，使各个电路原理图元件之间具有特定的电气连接关系，实现电路的电气功能。

9. 电气规则检查

利用 AD 24 提供的电气规则检查工具，按照设置的电气规则对电路原理图进行检查，根据检查反馈的信息，对电路原理图进行调整与修正，确保电路原理图正确无误。

10. 生成网络表及其他报表

从设计完成的电路原理图生成网络表和元件清单等报表，为 PCB 设计与制作作准备。

11. 添加标注和调整

在电路原理图设计基本完成之后，可以在电路原理图中添加一些说明和标注，以增加电路原理图的可读性，也可以进行必要的调整和修饰，使电路原理图更加整齐、美观。

12. 保存电路原理图设计文件

把电路原理图设计文件、网络表、元件清单以及系统生成的其他文件保存起来，备用。

3.1.2 电路原理图库及其操作

在设计电路原理图时，设计者首先需要选择合适的电路原理图元件。由于电子技术的快速发展，成千上万家半导体公司生产的电子元件不计其数，因此，设计者很难从这么多元件中挑选出合适的元件。为了解决这个问题，Altium 公司把世界著名的一百多家半导体公司生产的元件集中起来，制作成库(Libraries)，供设计者使用。

为了便于查找元件，Altium公司对这些元件进行分类管理。以每家公司的名称建立一个文件夹，用以保存该公司的元件。对于每家公司生产的元件，又按照元件的功能进行分类，如模拟电路元件、逻辑电路元件、微控制器、ADC和DAC等。

在Altium Designer软件的早期版本中，直接把Libraries嵌入Altium Designer软件之中。这样处理，虽然为设计者提供了很大的方便，但是，Altium Designer软件却变得很大，给软件安装和使用带来了困难。为了解决这个问题，Altium公司把Libraries从Altium Designer软件中独立出来，挂在Altium公司的网站上。设计者可以免费从Altium公司的网站下载Libraries，解压缩后，保存在自己的计算机中备用。

以前，每家公司的库一般包含两种格式的库文件。一种是电路原理图库，文件扩展名为SchLib，包含用于绘制电路原理图的电路原理图元件；另一种是PCB库，文件扩展名为PcbLib，包含用于绘制PCB的PCB脚印。现在，大多数公司的库包含另一种格式的库文件，即所谓的集成库，文件扩展名为IntLib，这种库既包含电路原理图元件，同时，每个电路原理图元件有对应的PCB脚印。

在设计电路原理图时，如果需要使用某家公司的元件，只需把该元件所在的电路原理图库或集成库加载到电路原理图编辑器即可。如果不再使用某个电路原理图库或集成库，可以把该电路原理图库或集成库从电路原理图编辑器中卸载，以节约存储空间。加载或卸载电路原理图库或集成库是通过Components面板实现的。

1. Components面板

在电路原理图编辑器中，打开Components面板的方法主要有如下几种。

(1) 选择"视图"→"面板"→Components选项。

(2) 选择"放置"→"器件"选项。

(3) 在图纸空白处右击，在弹出的快捷菜单中选择"放置"→"器件"选项。

(4) 单击布线工具栏中的"放置器件"按钮。

(5) 单击快捷工具栏中的"放置器件"按钮。

(6) 单击状态栏右端的Panels按钮，在弹出的菜单中选择Components选项。

Components面板如图3.2所示。在Components面板的上部有一个下拉列表框，单击下拉按钮，显示已经加载到原理图编辑器的库。

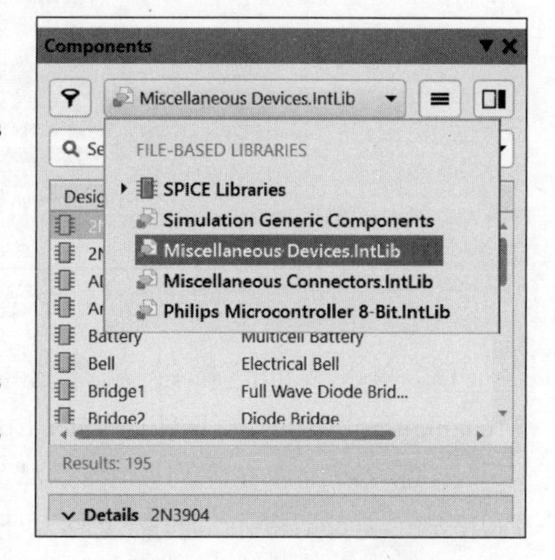

图3.2　Components面板

2. 加载电路原理图库

在Altium Designer软件的早期版本中，系统默认加载了两个集成库，即通用元件库(Miscellaneous Devices. IntLib)和通用连接器库(Miscellaneous Connectors. IntLib)。利用这两个集成库，可以设计一些常用的电路原理图。从AD 23.3.1版本开始，系统不再加载这两个集成库，需要自己加载了。

另外，对于复杂的电路，这两个集成库不够用，还需要其他的电路原理图库或集成库。此时，需要把将要用到的电路原理图库或集成库加载到原理图编辑器。

加载电路原理图库或集成库的步骤如下。

(1) 在 Components 面板中单击 Operations 按钮 ，在弹出的菜单中选择 Libraries Preferences(库优选项)选项，弹出 Libraries Preferences 对话框，如图 3.3 所示。对话框中有三个标签，分别是“工程”“已安装”和“搜索路径”。“工程”标签中列出用户为当前工程创建的库；“已安装”标签中列出已经加载到电路原理图编辑器的库；“搜索路径”标签中列出搜索库文件的路径。

图 3.3 Libraries Preferences 对话框

(2) 选择“已安装”标签，单击“安装”按钮，弹出“打开”对话框，如图 3.4 所示。选中需要加载的库，例如，集成库 Philips Microcontroller 8-Bit. IntLib。

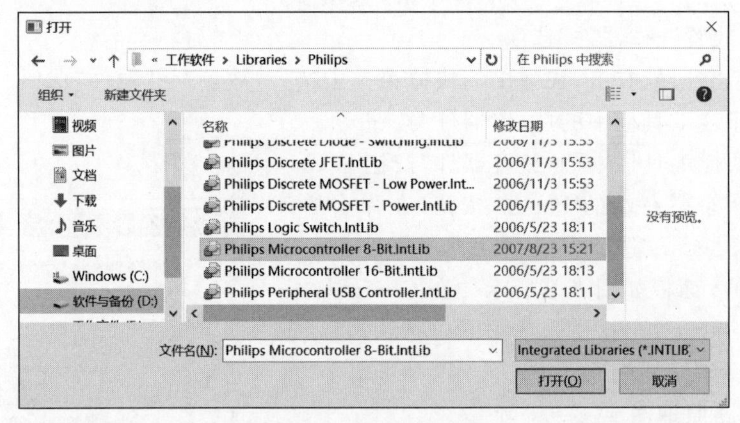

图 3.4 “打开”对话框

(3) 单击“打开”按钮，就把选中的库加载到电路原理图编辑器中了。加载 Philips Microcontroller 8-Bit. IntLib 后的 Libraries Preferences 对话框如图 3.5 所示。

电路原理图库在库列表中的位置会影响电路原理图元件搜索的速度，可以在 Libraries Preferences 对话框中，通过“上移”“下移”按钮，把常用的电路原理图库移到靠上的位置。

3. 卸载原理图库

在如图 3.5 所示的 Libraries Preferences 对话框中，选中需要卸载的库，单击“删除”按钮，可将选中的库从电路原理图编辑器中卸载。

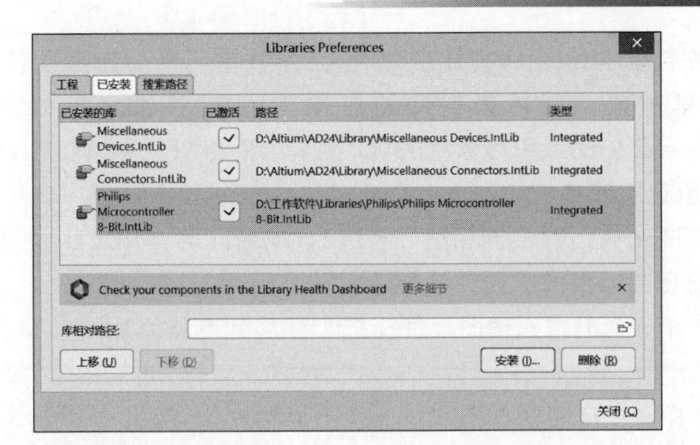

图 3.5 加载 Philips Microcontroller 8-Bit. IntLib 后的 Libraries Preferences 对话框

3.2 电路原理图元件操作

3.2.1 放置、选择、删除电路原理图元件

1. 放置电路原理图元件

下面以晶体振荡器为例，说明放置电路原理图元件的方法。已知晶体振荡器包含在 Miscellaneous Devices. IntLib 中，名称为 XTAL。

放置电路原理图元件 XTAL 的步骤如下。

(1) 打开 Components 面板，在第一个下拉列表框中，选择 Miscellaneous Devices. IntLib 为当前库，如图 3.2 所示。

(2) 在 Components 面板中部的列表框中，列出了这个库包含的所有电路原理图元件。在列表框中选中晶体振荡器 XTAL，如图 3.6 所示。

(3) 双击 XTAL，光标变成十字形，并黏着一个 XTAL，如图 3.7(a)所示。

(4) 把光标移到图纸上，在适当的位置单击，就在这个位置放置了一个 XTAL，如图 3.7(b)所示。

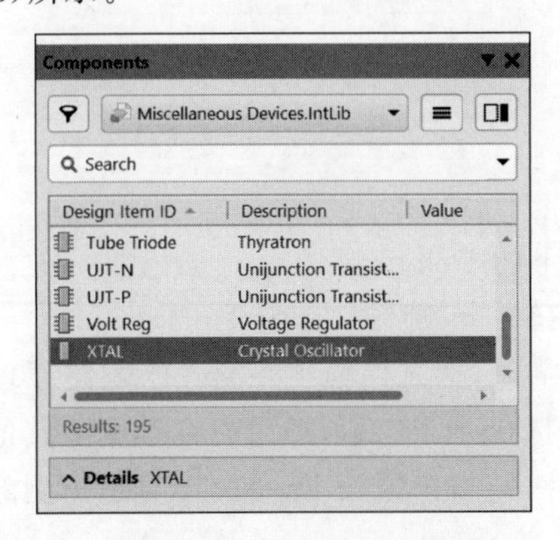

图 3.6 在列表框中选中晶体振荡器 XTAL

(a) (b)

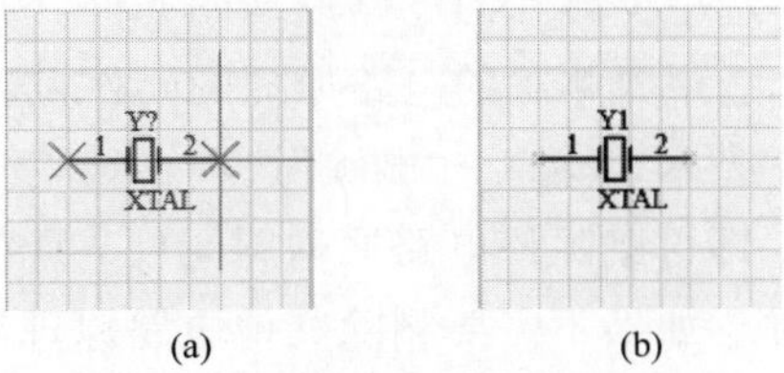

图 3.7 放置电路原理图元件 XTAL

(5) 此时，光标还黏着一个 XTAL，可以继续放置 XTAL。右击或按 Esc 键，退出放置 XTAL 状态，光标变成正常的箭头。

在 Miscellaneous Devices. IntLib 中有很多电路原理图元件，如果按照电路原理图元件名称在列表框中按照顺序查找，可能比较费时，工作效率不高。为了提高查找效率，可以在第二个下拉列表框中输入晶体振荡器的名称 XTAL，按键盘上的回车键，系统将在 Miscellaneous Devices. IntLib 中搜索 XTAL，搜索结果与图 3.6 相似。

2. 选择电路原理图元件

在对电路原理图元件进行位置调整、属性设置或删除等操作之前，需要选择电路原理图元件。选择电路原理图元件的常用方法如下。

(1) 用鼠标选择单个电路原理图元件。把光标移到电路原理图元件上，单击，即可选中该电路原理图元件。

(2) 用鼠标选择多个电路原理图元件。按下鼠标左键，拖出一个矩形框，框住要选择的多个电路原理图元件，松开鼠标左键，即可选中多个电路原理图元件。

(3) 用菜单命令选择。在电路原理图编辑器中，选择"编辑"→"选择"选项，弹出"选择"子菜单，如图 3.8 所示。在"选择"子菜单中，列举了 8 种选择电路原理图元件的方式。

3. 取消选中电路原理图元件

取消选中电路原理图元件的常用方法如下。

(1) 在图纸的空白处，单击，即可取消所有电路原理图元件的选中状态。

(2) 在电路原理图标准工具栏中，单击"取消选择所有打开的当前文件"按钮，即可取消所有电路原理图元件的选中状态。

(3) 选择"编辑"→"取消选中"选项，弹出"取消选中"子菜单，如图 3.9 所示。在"取消选中"子菜单中，列举了 8 种取消选中电路原理图元件的方式。

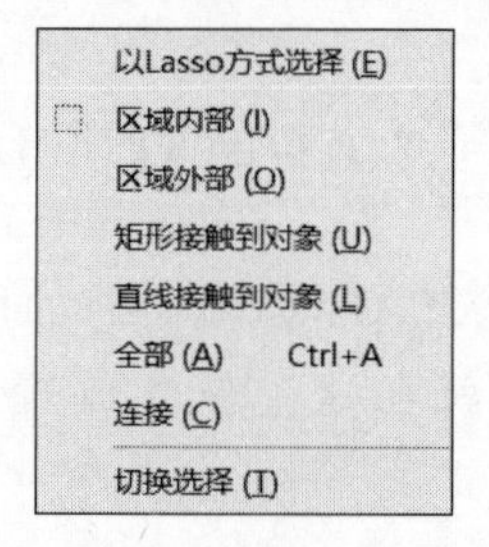

图 3.8 "选择"子菜单

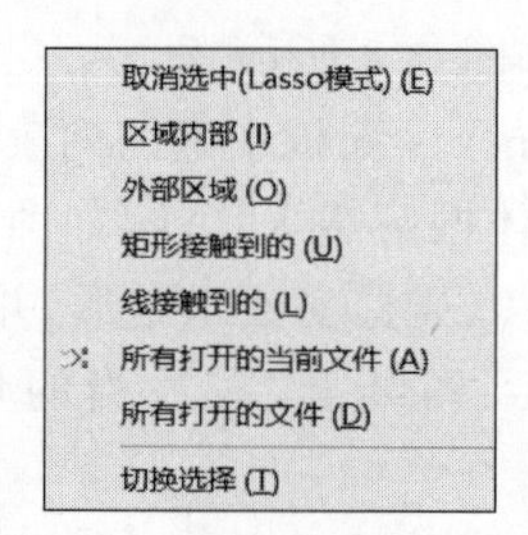

图 3.9 "取消选中"子菜单

4. 删除电路原理图元件

删除电路原理图元件的常用方法如下。

(1) 选中要删除的电路原理图元件，按键盘上的 Delete 键。

(2) 选中要删除的电路原理图元件，选择"编辑"→"删除"选项。

(3) 选择"编辑"→"删除"选项，光标变成十字形，把光标移到要删除的电路原理图元件上，单击，即可删除该电路原理图元件。此时，光标仍是十字形，还可以继续删除其他电路原理图元件。如果不需要删除其他电路原理图元件，则右击或按 Esc 键，即可退出删除电路原理图元件状态。

3.2.2 剪切/复制/粘贴电路原理图元件

1. 剪切/粘贴电路原理图元件

剪切/粘贴电路原理图元件的步骤如下。

(1) 选中要剪切/粘贴的电路原理图元件。

(2) 选择"编辑"→"剪切"选项，或者单击原理图标准工具栏中的"剪切"按钮，电路原理图元件从图纸中消失。

(3) 选择"编辑"→"粘贴"选项，或者单击原理图标准工具栏中的"粘贴"按钮，光标变成十字形，并黏着一个电路原理图元件。

(4) 把光标移到图纸上，在适当的位置单击，就在这个位置粘贴了一个电路原理图元件。

2. 复制/粘贴电路原理图元件

复制/粘贴电路原理图元件的步骤如下。

(1) 选中要复制/粘贴的电路原理图元件。

(2) 选择"编辑"→"复制"选项，或者单击原理图标准工具栏中的"复制"按钮。

(3) 选择"编辑"→"粘贴"选项，或者单击原理图标准工具栏中的"粘贴"按钮，光标变成十字形，并黏着一个电路原理图元件。

(4) 把光标移到图纸上，在适当的位置单击，就在这个位置粘贴了一个电路原理图元件。

3. 智能粘贴电路原理图元件

通过智能粘贴，可以按照指定的列数、行数和间距一次性把一个电路原理图元件复制为行列式阵列。智能粘贴电路原理图元件的步骤如下。

(1) 选中要进行智能粘贴的电路原理图元件。

(2) 选择"编辑"→"复制"选项，或者单击原理图标准工具栏中的"复制"按钮。

(3) 选择"编辑"→"智能粘贴"选项，弹出"智能粘贴"对话框，如图 3.10 所示。

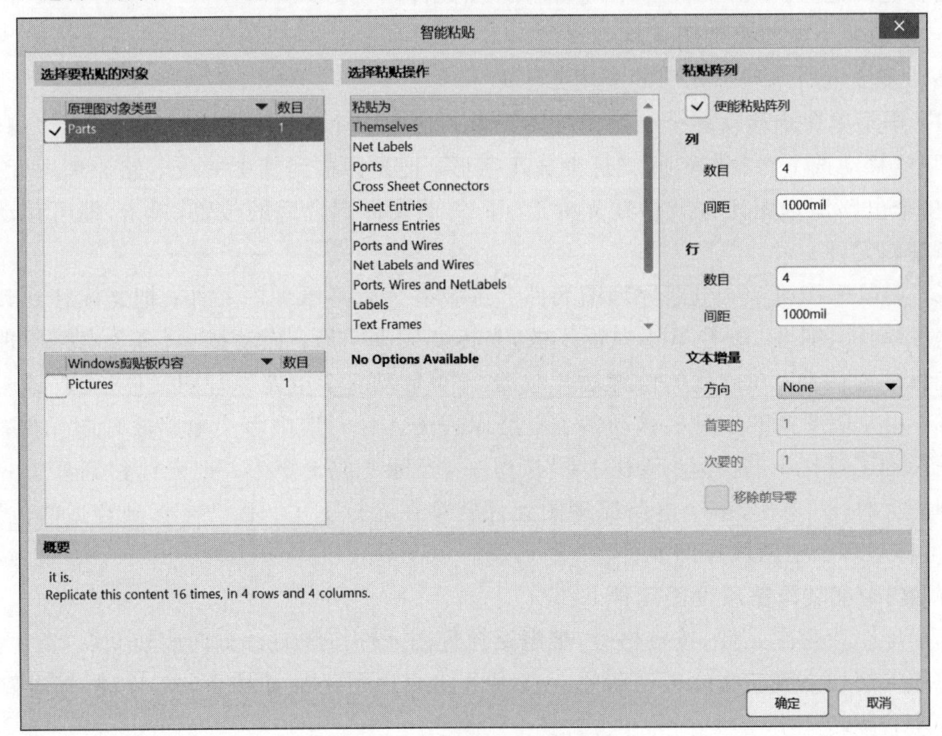

图 3.10 "智能粘贴"对话框

(4) 选中“使能粘贴阵列”复选框,设置列数、行数、列间距和行间距,光标变成十字形,并黏着一个电路原理图元件阵列。

(5) 把光标移到图纸上,在适当的位置单击,就在这个位置粘贴了一个电路原理图元件阵列。

3.2.3 调整电路原理图元件位置

放置电路原理图元件之后,为了方便进行电气连接,并且使图纸整齐、美观,需要对电路原理图元件的位置进行调整,包括电路原理图元件的移动、旋转、翻转、排列和对齐等操作。

1. 移动单个电路原理图元件

移动单个电路原理图元件的常用方法如下。

(1) 用菜单命令移动电路原理图元件。选择“编辑”→“移动”→“移动”选项,光标变成十字形;把光标移到电路原理图元件上,单击,选中该电路原理图元件,电路原理图元件就粘在光标上;移动光标到合适的位置,单击,即可移动电路原理图元件。此时,系统仍处于移动命令状态,可以继续移动其他电路原理图元件。如果不需要移动其他电路原理图元件了,则右击或按 Esc 键,即可退出移动电路原理图元件状态。

(2) 用鼠标移动电路原理图元件。把光标移到电路原理图元件上,按住鼠标左键不放,选中该电路原理图元件,电路原理图元件上出现十字光标;拖动鼠标,电路原理图元件随光标一起移动;在合适的位置松开左键,即可移动电路原理图元件。

(3) 用快捷工具栏移动电路原理图元件。单击快捷工具栏中的“拖动对象”按钮 ,光标变成十字形;把光标移到电路原理图元件上,单击,电路原理图元件就黏在光标上;移动光标到合适的位置,单击,即可移动电路原理图元件。

2. 移动多个电路原理图元件

移动多个电路原理图元件的常用方法如下。

(1) 用菜单命令移动多个电路原理图元件。选中多个电路原理图元件;选择“编辑”→“移动”→“移动选中对象”选项,光标变成十字形;把光标移到其中一个电路原理图元件上,单击,多个电路原理图元件就粘在光标上了;移动光标到合适的位置,单击,即可移动多个电路原理图元件。

(2) 用鼠标移动多个电路原理图元件。选中多个电路原理图元件;把光标移到其中一个电路原理图元件上,按住鼠标左键不放,光标变成十字形;拖动鼠标,多个电路原理图元件随光标一起移动;在合适的位置松开左键,即可移动多个电路原理图元件。

(3) 用原理图标准工具栏移动多个电路原理图元件。选中多个电路原理图元件;单击原理图标准工具栏中的“移动选中对象”按钮 ,光标变成十字形;把光标移到其中一个电路原理图元件上,单击,多个电路原理图元件就粘在光标上了;移动光标到合适的位置,单击,即可移动多个电路原理图元件。

3. 旋转/翻转电路原理图元件

选中电路原理图元件,按空格键,把电路原理图元件按顺时针方向旋转 90°。

把输入法切换到英文输入法状态。选中电路原理图元件并按下,按 X 键,把电路原理图元件左右翻转一次。

4. 对齐/排列电路原理图元件

选中需要对齐的多个电路原理图元件，选择“编辑”→“对齐”选项，显示“对齐”子菜单，如图 3.11 所示。

AD 24 提供了 9 种对齐方式，分别是左对齐、右对齐、水平中心对齐、水平分布、顶对齐、底对齐、垂直中心对齐、垂直分布和对齐到栅格上。在“对齐”子菜单中选择一条命令，可对选中的电路原理图元件进行相应的对齐处理。

选中需要排列的多个电路原理图元件，选择“编辑”→“对齐”→“对齐”选项，弹出“排列对象”对话框，如图 3.12 所示。在“排列对象”对话框中，设置水平方向和垂直方向的排列方式，单击“确定”按钮，可对选中的电路原理图元件进行相应的排列处理。

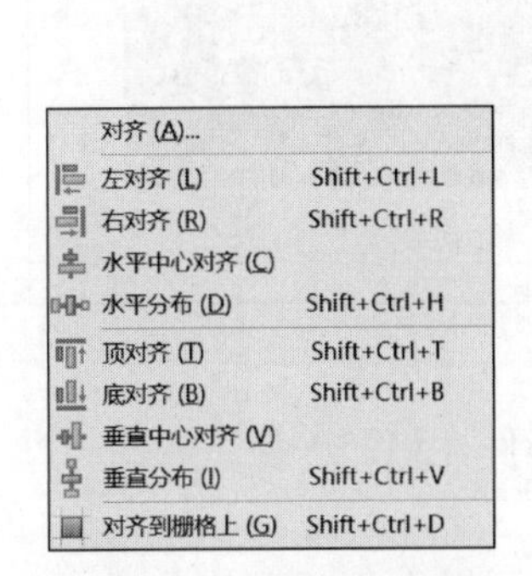

图 3.11 “对齐”子菜单

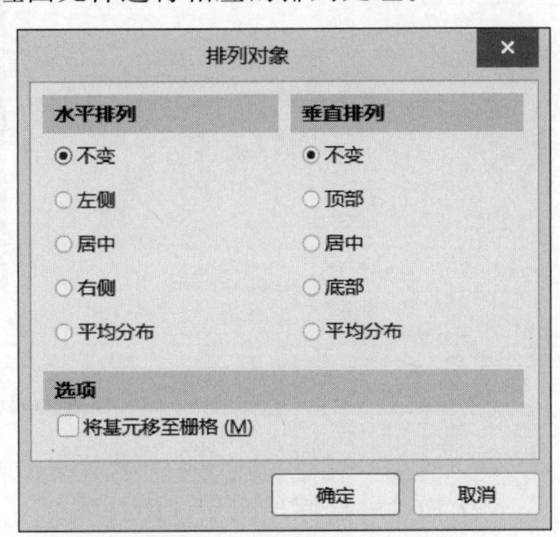

图 3.12 “排列对象”对话框

3.2.4 编辑电路原理图元件属性

电路原理图元件属性参数主要包括电路原理图元件的标识符、名称、类型和 PCB 脚印等。编辑电路原理图元件属性参数是通过电路原理图元件属性面板实现的。打开电路原理图元件属性面板的方法主要有如下三种。

(1) 在放置电路原理图元件的过程中，按 Tab 键，弹出与该电路原理图元件相关的属性面板。

(2) 在放置电路原理图元件后，双击电路原理图元件，打开与该电路原理图元件相关的属性面板。

(3) 在放置电路原理图元件后，右击电路原理图元件，在弹出的快捷菜单中选择“属性”选项，打开与该电路原理图元件相关的属性面板。

不同电路原理图元件的属性面板可能有所不同，例如，电容的属性面板如图 3.13 所示。

在 General 标签中，可以设置电路原理图元件的一般属性，主要参数的意义如下。

Designator：设置电路原理图元件的标识符。可以在文本框中编辑电路原理图元件的标识符，如 C1。单击显示按钮，可以选择是否显示标识符。单击锁定按钮，可以选择是否把标识符与电路原理图元件锁定在一起。

Comment：设置电路原理图元件的名称。一般情况下，用系统默认设置即可。

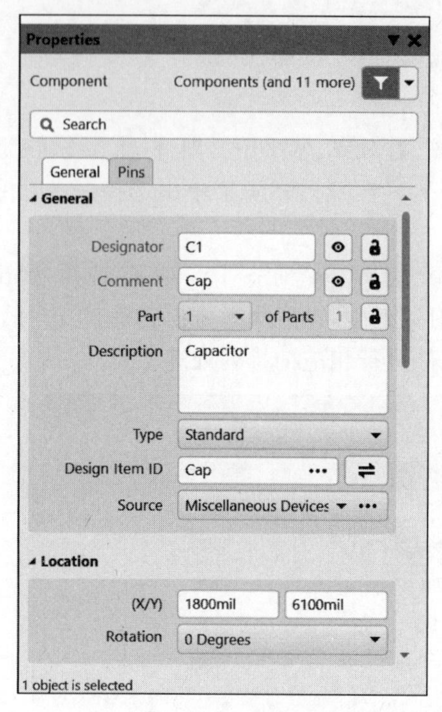

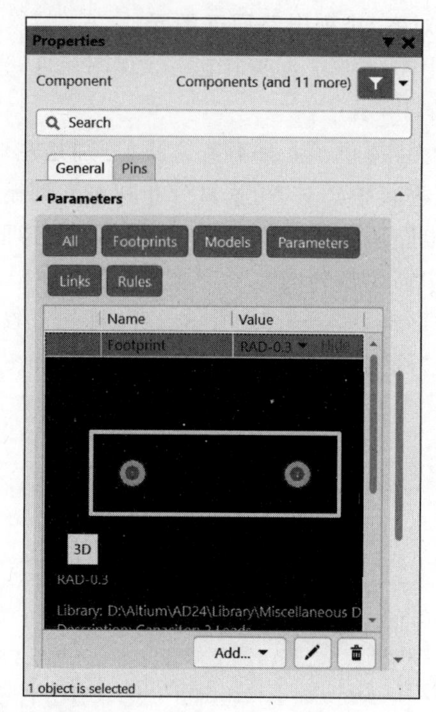

图 3.13 电容的属性面板

Part ×of Parts ×：设置复合电路原理图元件的子部件标识。

Description：描述电路原理图元件的功能。

Type：设置电路原理图元件的类型。单击下拉按钮，可以在下拉列表中选择电路原理图元件的类型。

Design Item ID：电路原理图元件在库中的标识，一般不要修改。

Source：电路原理图元件所在的库，一般不要修改。

(X/Y)：设置电路原理图元件在电路原理图中的坐标。

Rotation：设置电路原理图元件的旋转角度，可选项有 0°、90°、180°和 270°。

Footprint：设置电路原理图元件的 PCB 脚印。单击 Add 按钮，可以为当前电路原理图元件添加 PCB 脚印。

在电路原理图元件的所有属性参数中，Designator 是最重要的参数之一，它是电路原理图元件的标识符，应该具有唯一性，即在一张电路原理图中，不允许两个以上电路原理图元件使用相同的 Designator。另外，Footprint 也是最重要的参数之一。如果没有为电路原理图元件设置正确的 PCB 脚印，那么在从电路原理图设计向 PCB 设计转化时，就不能成功地把电路原理图的网络表载入 PCB 编辑器中，从而不能进行 PCB 设计。

3.3 电气连接

3.3.1 电气连接的概念

所谓电气连接，就是用具有电气特性的导线、总线、网络标签和输入/输出端口等图件，把相互独立的电路原理图元件按照设计要求连接起来,使各个电路原理图元件之间具有特定的电气连接关系,能够实现电路的电气功能。

对电路原理图进行电气连接的方法主要有两种：利用菜单选项和利用布线工具栏。

"放置"菜单的主要菜单选项如图3.14所示,包括总线、总线入口、器件、电源端口、线、网络标签、端口和线束等选项,选择这些选项,可以实现电路原理图元件的连接。

很多设计者习惯于利用布线工具栏进行电气连接。单击布线工具栏中的按钮,即可选择相应的布线工具,并进行电气连接。

图3.14 "放置"菜单的主要菜单选项

3.3.2 电气连接的方式

在电路原理图中,电气连接的方式主要有两种：一种是把电路原理图元件的引脚连接起来；另一种是利用端口进行电气连接。

1. 绘制导线

电路原理图中的导线具有电气连接意义,绘制导线是进行电气连接的基本手段。绘制导线的步骤如下。

(1) 在电路原理图编辑器中,选择"放置"→"线"选项,或者单击布线工具栏中的"放置线"按钮,光标变成十字形。

(2) 把光标移到导线的起点并单击,确认导线的起点。

(3) 在每一个转折点处单击,确认绘制的这一段导线。

(4) 在导线的终点单击,确认绘制的最后一段导线。

(5) 右击,确认绘制的整条导线。这样就绘制了一段导线。

(6) 绘制完一条导线之后,光标仍然是十字形,还可以继续绘制导线。当绘制完所有导线之后,右击或按Esc键,退出绘制导线状态。

在电路原理图上,导线的作用在于表明两点的连接关系,它不是PCB上实际电路的导线,不需要考虑线路长短、阻抗和干扰等问题。

2. 放置网络标签

网络标签是指某个电气连接点的名称,具有相同网络标签的电气连接点是连接在一起的。换句话说,连接在一起的电路原理图元件引脚、电源和接地符号等电气连接点具有相同的网络标签。

下面以电阻和发光二极管之间的电气连接为例,说明放置网络标签的步骤。

(1) 放置电阻和发光二极管,从引脚引出导线,如图3.15(a)所示。

(2) 在电路原理图编辑器中,选择"放置"→"网络标签"选项,或者单击布线工具栏中的"放置网络标签"按钮 Net,光标变成十字形,并黏着一个网络标签,如图3.15(b)所示。

(3) 按Tab键,弹出网络标签属性面板,在Net Name下拉列表框中输入网络标签的名称,设置结果如图3.15(c)所示。关闭网络标签属性面板,单击电路原理图上的"暂停"按钮,回到放置网络标签状态。

(4) 把光标移到从电阻一个引脚引出的导线上,单击,把网络标签放置到导线上。

(5) 把光标移到从发光二极管一个引脚引出的导线上,单击,把网络标签放置到导线上。

放置网络标签后的电路原理图如图 3.15(d)所示，此时，两个具有相同网络标签的引脚就连接在一起了。

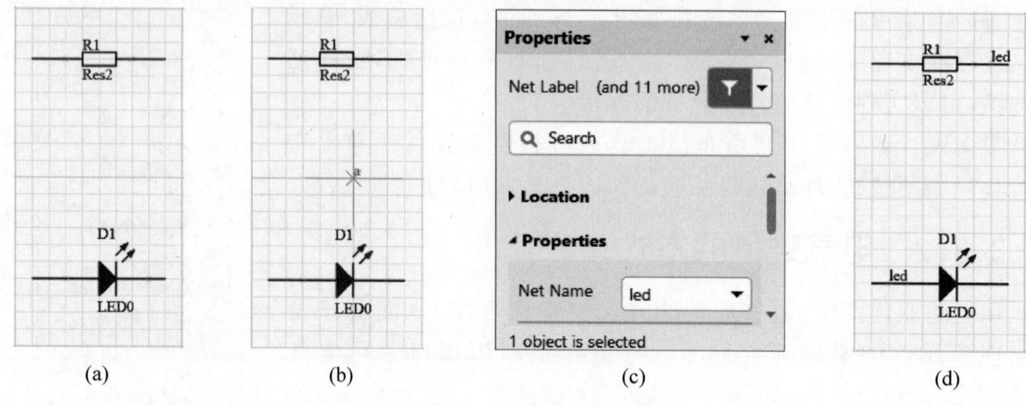

图 3.15 放置网络标签

从上面的介绍可知，在设计电路原理图时，对于两个电气连接点，有两种电气连接方法：绘制导线和放置网络标签。其中，绘制导线适合于电路原理图元件之间距离较短且导线之间交叉较少的情况。这种方法直观、简单，可以直接看出两个电气连接点的连接关系。如果原理图中电路原理图元件较多，导线之间交叉很多，或者电路原理图元件之间距离很长，直接用导线连接将会降低整张图纸的可读性，此时，往往采用放置网络标签的方法。

3. 绘制总线

在电路中，经常会出现一组并行导线。如果把每一条导线都画出来，那么电路原理图上的导线就很多，显得很拥挤。为了使电路原理图简洁一些，设计者可以用总线来代替一组并行导线。下面以单片机 P80C31X2BN 的 P1 端口与数码管段码信号输入端口连接为例，说明绘制总线的步骤。

(1) 在电路原理图编辑器中，选择“放置”→“总线”选项，或者单击布线工具栏中的“放置总线”按钮，光标变成十字形。

(2) 把光标移到图纸上的一点并单击，确认总线的起点。

(3) 在每一个转折点处单击，确认绘制的这一段总线。

(4) 在总线的终点单击，确认绘制的最后一段总线。

(5) 右击总线，确认绘制的整条总线。这样就绘制了一段总线。

(6) 绘制完一条总线之后，光标仍然是十字形，还可以继续绘制总线。当绘制完所有总线之后，右击或按 Esc 键，退出绘制总线状态。

总线绘制结果如图 3.16 所示。

在绘制总线的过程中，按 Tab 键或者在绘制的总线上双击，可打开总线属性面板，如图 3.17 所示。在总线属性面板中，可以设置总线的宽度、颜色和各个转折点的坐标等属性参数。

4. 放置总线入口

使用总线代替一组并行导线，需要总线入口的配合，总线入口用来连接总线与导线。放置总线入口的步骤如下。

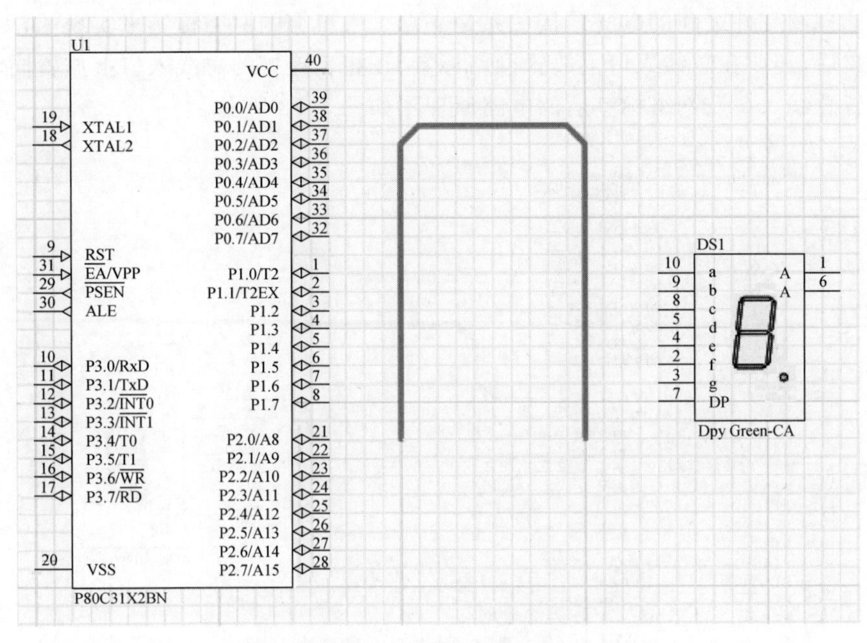

图 3.16　总线绘制结果

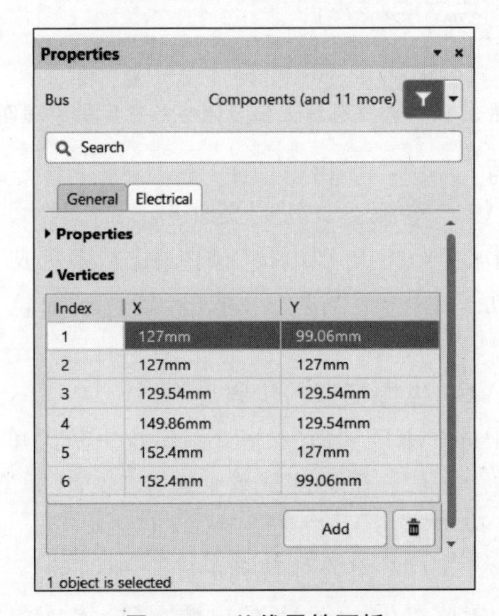

图 3.17　总线属性面板

（1）在电路原理图编辑器中，选择"放置"→"总线入口"选项，或者单击布线工具栏中的"放置总线入口"按钮，光标变成十字形，并黏着总线入口"/"或"\"。对于不同的放置位置，有时需要总线入口"/"，有时需要总线入口"\"，按空格键，可以在两种总线入口之间进行切换。

（2）把光标移到适当的位置并单击，就在当前位置放置了一个总线入口。

（3）移动光标，可以继续放置其他总线入口。

（4）放置完所有总线入口之后，右击，退出放置总线入口状态。

总线常常用于表示电路原理图元件的数据总线和地址总线，其本身没有电气连接的意义。电路原理图元件之间的电气连接关系是靠总线入口上的网络标签来实现的，因此，在放置总线入口后，还要在总线入口上放置网络标签，在相互连接的总线入口上放置同名的网络标签。放置总线入口及网络标签后的电路原理图如图 3.18 所示。

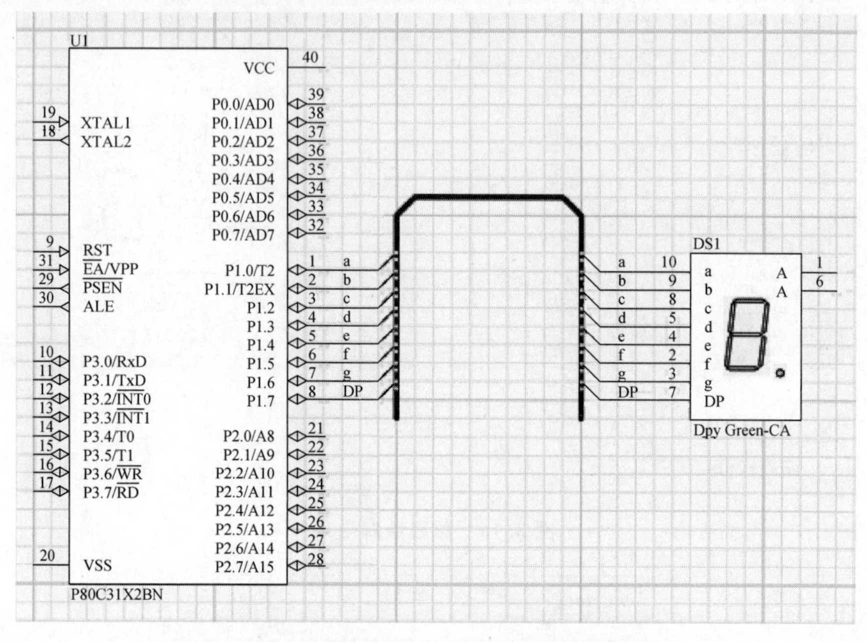

图 3.18　放置总线入口及网络标签后的原理图

5. 放置 VCC 电源端口

利用布线工具栏放置 VCC 电源端口的步骤如下。

(1) 单击布线工具栏中的“VCC 电源端口”按钮，光标变成十字形，并黏着一个 VCC。

(2) 把光标移到电路原理图的适当位置，单击，就在当前位置放置了一个 VCC 电源端口。

利用快捷工具栏放置 VCC 电源端口的步骤如下。

(1) 右击快捷工具栏中的“GND 端口”按钮，出现下拉菜单，如图 3.19 所示。

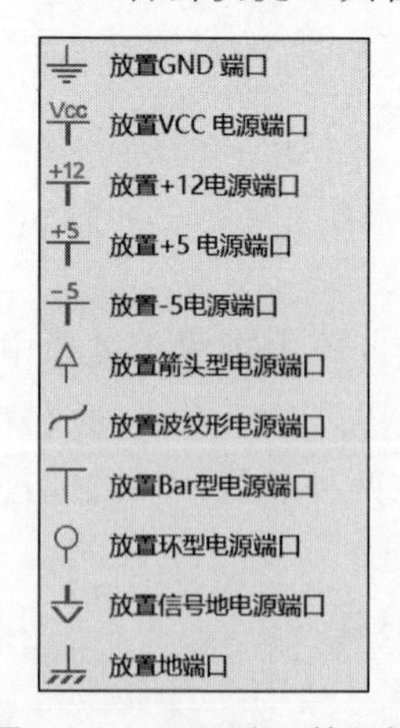

图 3.19　GND 端口的下拉菜单

(2) 在下拉菜单中选择“放置 VCC 电源端口”选项，光标变成十字形，并黏着一个 VCC。

(3) 把光标移到电路原理图的适当位置，单击，就在当前位置放置了一个 VCC 电源端口。

6. 放置 GND 端口

放置 GND 端口的方法与放置 VCC 电源端口类似，不再赘述。

利用菜单选项或右击菜单选项“放置”→“电源端口”，也可以放置 VCC 电源端口和 GND 端口，但是，本次放置的端口类型与上次放置的端口类型一样。例如，若上次放置的是 GND 端口，则本次放置的也是 GND 端口。因此，使用菜单命令放置 VCC 电源端口和 GND 端口不方便，一般不用这种方法。

3.4 电路原理图设计的辅助操作

本节介绍电路原理图设计的辅助操作，即在电路原理图中添加文本字符串、文本框、注释、图形或图像等。这些对象不具有电气特性，只起到说明、注释、修饰的作用，对电气规则检查、网络表生成等没有影响。在把电路原理图设计文件更新到 PCB 设计文件时，这些对象的信息也不会更新。

3.4.1 放置文本对象

为了增加电路原理图的可读性，设计者可以在电路原理图的关键位置添加文字说明，即添加文本字符串、文本框或注释。

文本字符串与文本框的功能相同，但是，文本字符串只能容纳一行文字，而文本框能够容纳多行文字，表达能力更强。当只需添加少量文字时，可以放置文本字符串；当需要添加大段文字说明时，可以放置文本框。

1. 放置文本字符串

放置文本字符串的步骤如下。

(1) 在电路原理图编辑器中，选择“放置”→“文本字符串”选项，或者在快捷工具栏单击“放置文本字符串”按钮 A，光标变成十字形，并黏着一个 Text。

(2) 把光标移到电路原理图的适当位置并单击，就在这个位置放置了一个 Text。

(3) 双击 Text，弹出文本字符串属性面板，如图 3.20 所示。在文本字符串属性面板中，可以设置文本字符串的位置、方向、内容、字体、字号、字形等属性参数。

2. 放置文本框

放置文本框的步骤如下。

(1) 在电路原理图编辑器中，选择“放置”→“文本框”选项，光标变成十字形，并黏着一个文本框。

(2) 把光标移到电路原理图的适当位置并单击，确定文本框的一个顶点。

(3) 移动光标，确定文本框的对角顶点并单击，就放置了一个文本框。

(4) 双击文本框，弹出文本框属性面板，如图 3.21 所示。在文本框属性面板中，可以设置文本框的位置、内容、是否自动换行、字体、字号、字形、对齐方式、大小、是否显示边框、边框粗细、边框颜色、填充颜色等属性参数。

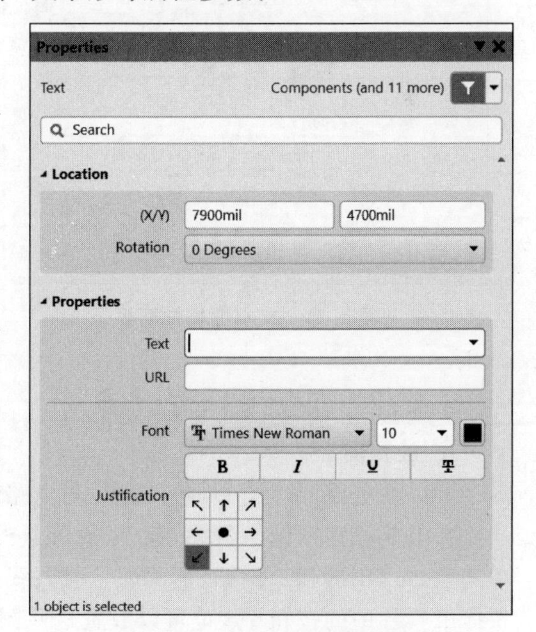

图 3.20 文本字符串属性面板

3. 放置注释

注释与文本字符串、文本框的功能相同，也是对电路进行标注，但是，注释可以折叠。使用注释，可以使电路原理图更加简洁。

放置注释的步骤如下。

（1）在电路原理图编辑器中，选择“放置”→“注释”选项，光标变成十字形，并黏着一个注释。

（2）把光标移到电路原理图的适当位置并单击，确定注释的一个顶点。

（3）移动光标，确定注释的对角顶点并单击，就放置了一个注释。

（4）双击注释，弹出注释属性面板，如图 3.22 所示。在注释属性面板中，可以设置注释的位置、内容、是否自动换行、字体、字号、字形、对齐方式、大小、是否显示边框、边框粗细、边框颜色、填充颜色、作者和是否折叠等属性参数。

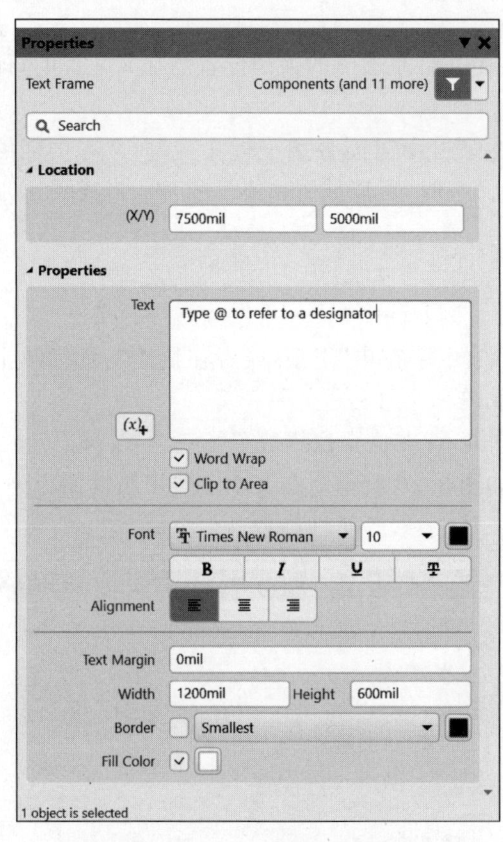

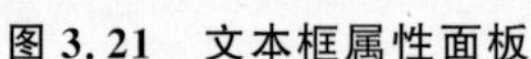
图 3.21 文本框属性面板

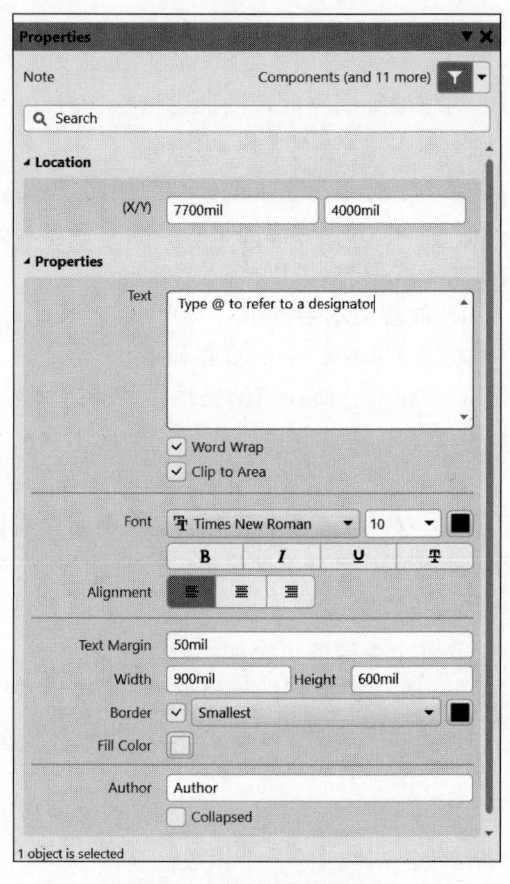

图 3.22 注释属性面板

3.4.2 放置图形/图像

1. 放置图形

可以在电路原理图中放置图形，对电路原理图进行适当的修饰。

在电路原理图编辑器中，菜单“放置”→“绘图工具”的子菜单如图 3.23 所示，选择子菜单选项，可以放置弧、圆圈、椭圆弧、椭圆、线、矩形、圆角矩形、多边形和贝塞尔曲线等。利用快捷工具栏中的按钮，也可以放置这些图形。

下面以放置矩形为例，说明放置图形的步骤。

（1）在电路原理图编辑器中，选择“放置”→“绘图工具”→“矩形”选项，或者在快捷工具栏中单击“放置矩形”按钮，光标变成十字形，并黏着一个矩形。

(2) 把光标移到电路原理图的适当位置并单击，确定矩形的一个顶点。

(3) 移动光标，确定矩形的对角顶点并单击，就放置了一个矩形。

2. 放置图像

可以在电路原理图中放置图像，用于显示企业的徽标、广告等。放置图像的步骤如下。

弧(A)
圆圈(U)
椭圆弧(I)
椭圆(E)
线(L)
矩形(R)
圆角矩形(O)
多边形(Y)
贝塞尔曲线(B)
图像(G)...

图 3.23　菜单“放置”→“绘图工具”的子菜单

(1) 在电路原理图编辑器中，选择“放置”→“绘图工具”→“图像”选项，或者在快捷工具栏中单击“放置图像”按钮，光标变成十字形。

(2) 把光标移到电路原理图的适当位置并单击，确定图像的一个顶点，弹出“打开”对话框，如图 3.24 所示。

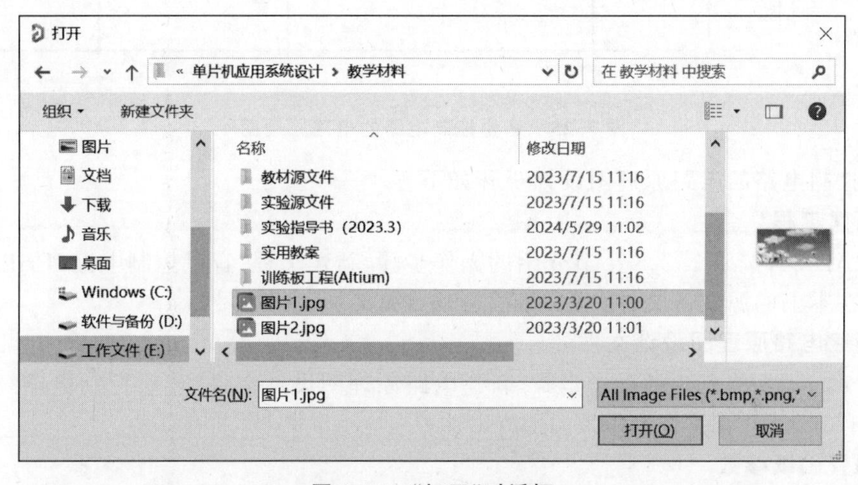

图 3.24　“打开”对话框

(3) 在对话框中选择一个图像，单击“打开”按钮，退出“打开”对话框。

(4) 在电路原理图中，移动光标，确定图像的对角顶点，就放置了一个图像。

3.5　电路原理图设计实例

学以致用是本课程的核心要义。本节通过两个电路原理图设计实例，详细说明电路原理图设计的完整过程。在学习这两个设计实例时，读者应该自己动手，灵活运用前面介绍的方法，勤加练习，做到熟能生巧。

3.5.1　音量控制电路的电路原理图设计

设计音量控制电路的电路原理图，预期设计结果如图 3.25 所示。

分析：音量控制电路使用的都是常用电路原理图元件，包括在通用元件集成库 Miscellaneous Devices.IntLib 中。利用这个集成库，就可以设计音量控制电路的电路原理图，不需要添加其他的库。

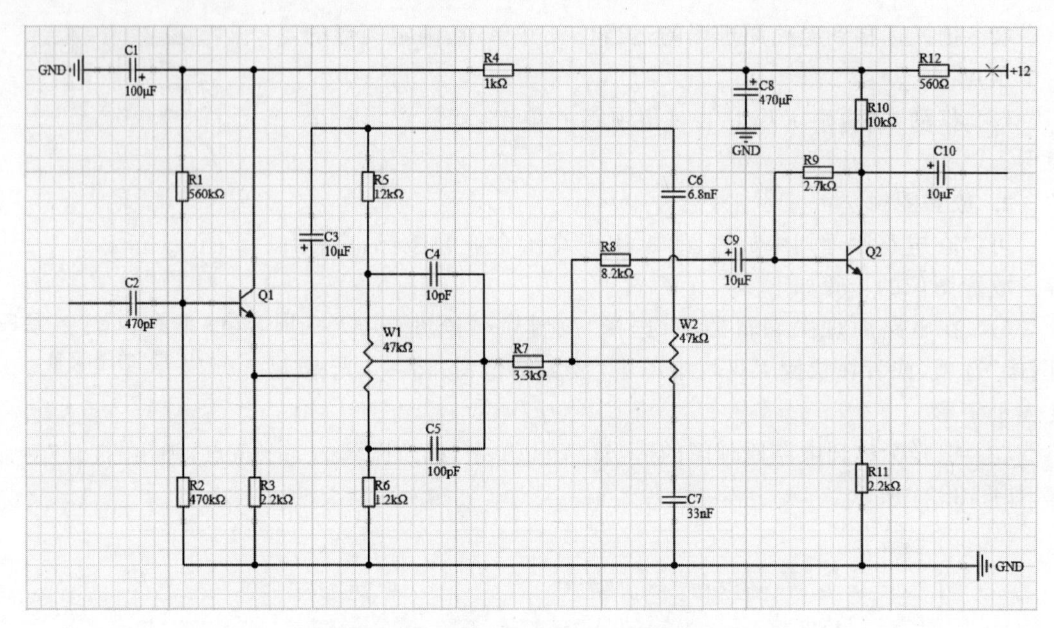

图 3.25　音量控制电路的电路原理图

音量控制电路的电路原理图设计步骤如下。

1. 新建工程

启动 AD 24，按照 1.2.3 小节介绍的操作步骤，新建工程"音量控制电路. PrjPcb"，并把工程保存在本书的源文件文件夹中，路径为"…\源文件\第 3 章"。

2. 新建电路原理图设计文件

按照 1.2.4 小节介绍的操作步骤，新建电路原理图设计文件"音量控制电路. SchDoc"，并把它保存到工程"音量控制电路. PrjPcb"中。

3. 设置图纸参数

按照 2.1.4 小节介绍的操作步骤，设置电路原理图的图纸参数。采用公制，显示图纸边框，图纸边框颜色为黑色，图纸颜色为白色，图纸尺寸为 A4，图纸方向为横向，添加图纸标题块，标题块为 Standard(标准)格式，字体为 Times New Roman，字号设置为 10。其他参数都采用系统默认设置。

4. 放置电路原理图元件

(1) 放置电阻。在音量控制电路中，共有 12 个电阻，可以选择放置电阻选项，一次性放置完成。12 个电阻的标识符依次为 R1、R2、…、R12。

(2) 放置电容。选择放置电容选项，一次性放置 10 个电容。10 个电容的标识符依次为 C1、C2、…、C10。

(3) 放置三极管。放置两个三极管，标识符分别为 Q1 和 Q2。

(4) 放置电源端口。分别放置一个＋12V 电源端子和 3 个接地端子 GND。

5. 调整电路原理图元件的位置和方向

参照图 3.25，调整电路原理图元件的位置和方向。元件的位置只需大致合适就可以了，但是，元件的方向最好调整正确，这样有利于接下来的电气连接。

6. 设置电路原理图元件的属性

参照图 3.25，设置电路原理图元件的属性。对于每一个电路原理图元件，先选中它，再双击，在弹出的属性面板中设置它的属性。

在电路原理图元件的所有属性参数中，标识符（Designator）、名称（Comment）、PCB脚印（Footprint）在General标签中设置，参数值（Value）在Parameters标签中设置。

调整了电路原理图元件的位置和方向，设置了电路原理图的元件属性，电路原理图元件布置完成的电路原理图如图3.26所示。

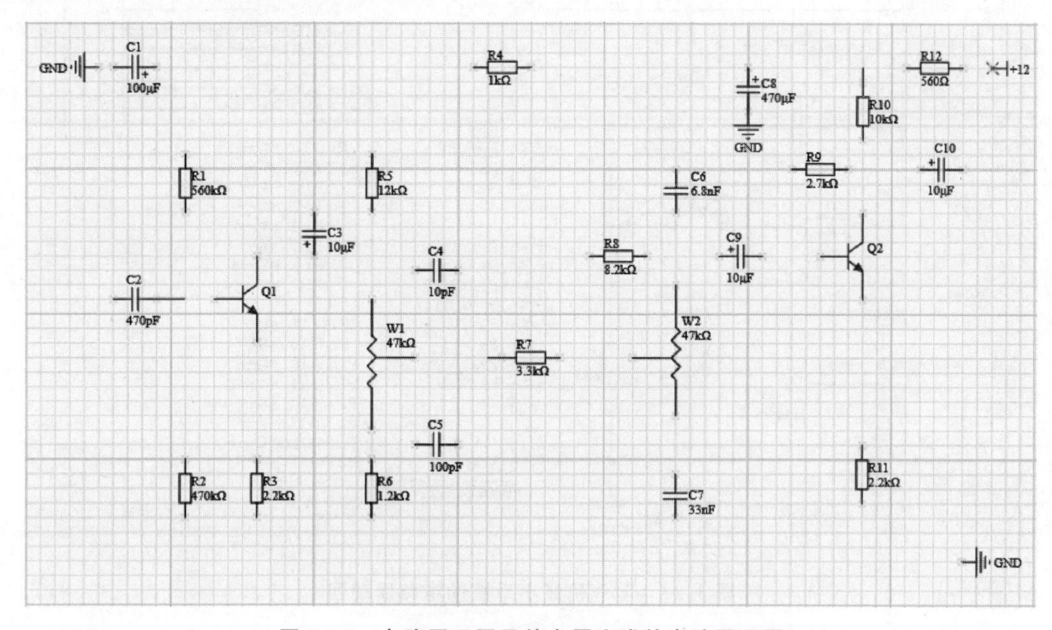

图3.26　电路原理图元件布置完成的电路原理图

7. 电气连接

音量控制电路比较简单，所有元件都在一张图纸上；没有多位并行导线，不需要放置总线；通过对电路原理图元件的合理布局，导线交叉较少，不需要放置网络标签。鉴于以上分析，只需用导线进行电气连接。

8. 整理电路原理图

全面检查、整理电路原理图，对某些电路原理图元件位置进行微调，使电路原理图布局更加合理、均衡，电气连接尽量简单、明了。最终得到预期的设计结果，如图3.25所示。

9. 保存电路原理图

(1) 保存电路原理图。在原理图编辑器的原理图标准工具栏中单击“保存”按钮，保存电路原理图。

(2) 保存工程。在原理图编辑器的标题栏中单击“保存全部文档”按钮，保存整个工程。

3.5.2　单片机最小系统的电路原理图设计

设计单片机最小系统的电路原理图，预期设计结果如图3.27所示。

分析：单片机最小系统使用的常用电路原理图元件包括在通用元件库Miscellaneous Devices.IntLib中，连接器包括在通用连接器库Miscellaneous Connectors.IntLib中，但是，单片机P80C31SFPN不在这两个库中。通过上网查询得知，P80C31SFPN包括在集成库

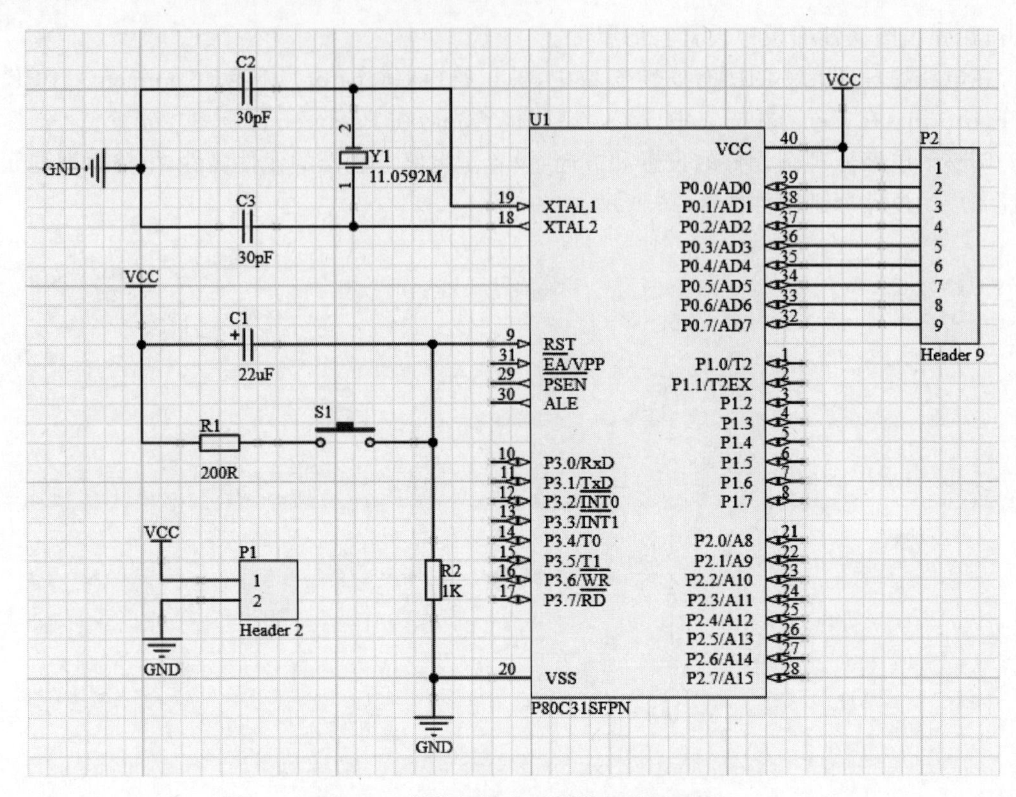

图 3.27 单片机最小系统的电路原理图

Philips Microcontroller 8-Bit. IntLib 之中，因此，在设计电路原理图之前，需要添加这个库。

单片机最小系统的电路原理图设计步骤如下。

1. 新建工程

启动 AD 24，按照 1.2.3 小节介绍的操作步骤，新建工程“单片机最小系统. PrjPcb”，并把工程保存在本书的源文件文件夹中，路径为“…\源文件\第 3 章”。

2. 新建电路原理图设计文件

按照 1.2.4 小节介绍的操作步骤，新建电路原理图设计文件“单片机最小系统. SchDoc”，并把它保存到工程“单片机最小系统. PrjPcb”中。

3. 设置图纸参数

按照 2.1.4 小节介绍的操作步骤，设置电路原理图的图纸参数。采用公制，显示图纸边框，图纸边框颜色为黑色，图纸颜色为白色，图纸尺寸为 A4，图纸方向为横向，添加图纸标题块，标题块为 Standard(标准)格式，字体为 Times New Roman，字号设置为 10。其他参数都采用系统默认设置。

4. 添加原理图库

按照 3.1.2 小节介绍的操作步骤，把集成库 Philips Microcontroller 8-Bit. IntLib 加载到电路原理图编辑器中。

5. 放置电路原理图元件

(1) 放置两个电阻，标识符分别为 R1 和 R2。

(2) 放置 3 个电容，标识符分别为 C1、C2 和 C3。

（3）放置单片机 P80C31SFPN，标识符为 U1。

（4）放置一个按键，标识符为 S1。

（5）放置一个两针接头，标识符为 P1，用于代表电源插座；放置一个 9 针接头，标识符为 P2，用于代表单片机 P0 端口的上拉电阻。

（6）放置 3 个电源端子 VCC 和 3 个接地端子 GND。

6. 调整电路原理图元件的位置和方向

参照图 3.27，调整电路原理图元件的位置和方向。电路原理图元件的位置只需大致调整至合适位置就可以了，但是电路原理图元件的方向最好调整至合适位置，这样有利于接下来的电气连接。

7. 设置电路原理图元件的属性

参照图 3.27，设置元件的属性。对于每一个电路原理图元件，先选中它，再双击，在弹出的属性面板中设置它的属性。

在电路原理图元件的所有属性参数中，标识符（Designator）、名称（Comment）、PCB 脚印（Footprint）在 General 标签中设置；参数值（Value）在 Parameters 标签中设置。

至此，已调整电路原理图元件的位置和方向，设置电路原理图元件的属性，电路原理图元件布置完成的电路原理图如图 3.28 所示。

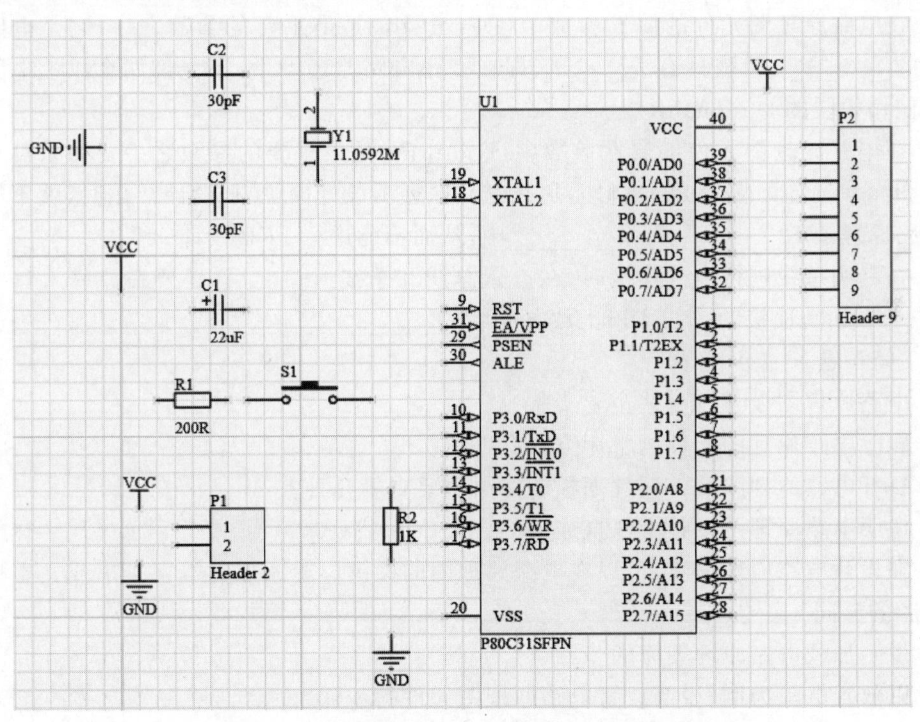

图 3.28　电路原理图元件布置完成的电路原理图

8. 电气连接

单片机最小系统的电路比较简单，所有元件都在一张图纸上；只有一组多位并行导线，而两个元件距离很近，不需要放置总线；通过对元件的合理布局，导线交叉较少，不需要放置网络标签。鉴于以上分析，只需用导线进行电气连接。

9. 整理电路原理图

全面检查、整理电路原理图，对某些电路原理图元件位置进行微调，使电路原理图布局更加合理、均衡，电气连接尽量简单、明了。最终得到预期的设计结果，如图 3.27 所示。

10. 保存电路原理图

(1) 保存电路原理图。在电路原理图编辑器的原理图标准工具栏中，单击“保存”按钮 ，保存电路原理图。

(2) 保存工程。在原理图编辑器的标题栏中，单击“保存全部文档”按钮 ，保存整个工程。

习题 3

一、填空题

1. 电路原理图设计的任务是将设计人员的设计思路用规范的电路语言描述出来，为 PCB 设计提供________和________。

2. 编辑电路原理图元件属性主要涉及修改元件的________、名称、参数值和________等。

3. 在电路原理图元件的属性参数中，Designator 是最重要的参数之一，它是电路原理图元件的________，应该具有________，即在一张电路原理图中，不允许两个以上电路原理图元件使用相同的 Designator。

4. 在电路原理图元件的属性参数中，Footprint 是最重要的参数之一。如果没有为电路原理图元件设置正确的 PCB 脚印，那么在从原理图设计向 PCB 设计转化时，就不能成功地把电路原理图的________载入________中，从而不能进行 PCB 设计。

5. 在利用总线进行电气连接时，在放置总线和总线入口之后，还要在总线入口上放置________，在相互连接的总线入口上放置同名的________。

二、简答题

1. 电路原理图设计有哪些主要步骤？

2. 删除电路原理图元件的常用方法有哪些？

3. 打开电路原理图元件属性面板的方法主要有哪几种？

4. 说明电路原理图设计中电气连接的含义。

5. 在设计电路原理图时，可以在电路原理图的关键位置添加文本字符串或文本框。试说明两者的异同。

6. 说明加载电路原理图库的步骤。

7. 以放置电阻为例，说明放置电路原理图元件的步骤。

8. 说明绘制总线的步骤。

9. 为了设计电路原理图中的多条并行导线，可以用绘制导线、绘制总线、放置网络标签这三种方法。试说明这三种方法的优缺点。

三、设计题

1. 按照顺序完成如下操作。

(1) 启动 AD 24，新建名为“实验 3. PrjPcb”的工程，把工程保存到桌面上。

(2) 新建名为“实验 3. SchDoc”的电路原理图设计文件,并打开电路原理图编辑器。

(3) 设置电路原理图图纸的参数:采用公制,图纸边框显示,图纸边框颜色为黑色,图纸颜色为白色,图纸尺寸为 A4,图纸方向为横向,添加图纸标题栏,图纸分为 4×4 个区,坐标原点在左上角,添加作者、检查者、公司名称。

(4) 设计单片机逻辑系统的电路原理图,预期设计结果如图 3.29 所示。

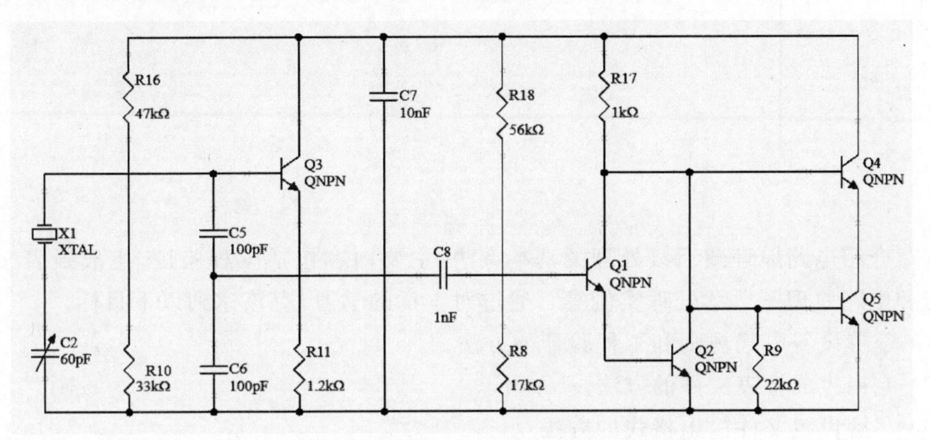

图 3.29 单片机逻辑系统的电路原理图

(5) 保存电路原理图设计文件,保存工程,退出 AD 24。

2. 设计看门狗电路的电路原理图,预期设计结果如图 3.30 所示。

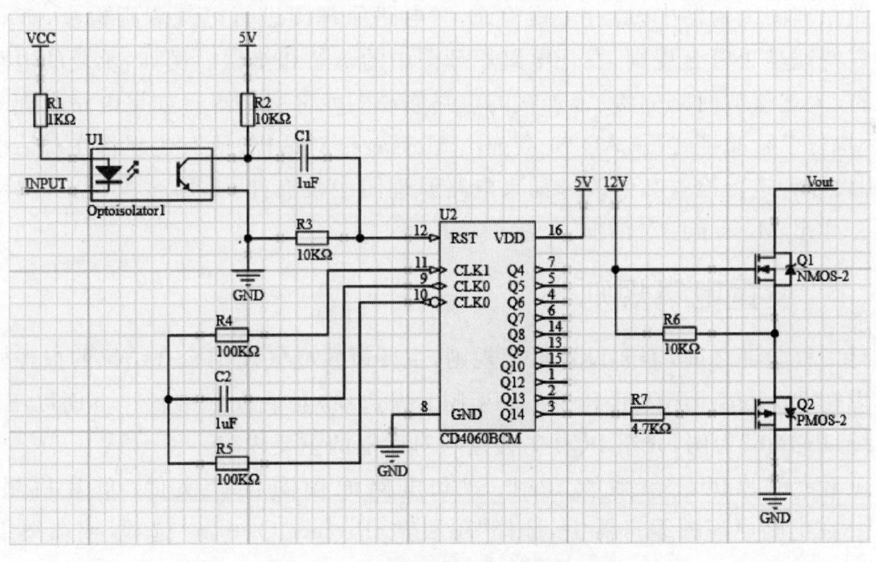

图 3.30 看门狗电路的电路原理图

第4章 电路原理图后续处理

CHAPTER 4

本章介绍电路原理图后续处理的基本方法，主要内容包括工程验证、生成报表文件、文件输出和电路原理图后续处理实例等。通过对本章的学习，应该达到以下目标。

(1) 掌握设置电气规则和工程验证的方法。

(2) 掌握生成报表文件的方法。

(3) 了解设置文件输出格式的方法。

4.1 工程验证

在电路原理图编辑器中，通过工程验证，对电路原理图进行电气规则检查，查看电路原理图的电气特性是否符合规则，发现电路原理图中的疏忽和错误。例如，重复的电路原理图元件标识符、未连接的网络标签、未连接的电路原理图元件引脚等。如果电路原理图中存在违规，那么执行工程验证之后，AD 24 会弹出 Messages 对话框，所有违规将在对话框中显示出来，提醒设计者进行检查和修改。如果电路原理图中没有违规，那么执行工程验证之后，AD 24 不会弹出 Messages 对话框。

4.1.1 设置电气规则

在进行工程验证之前，需要设置电气规则，主要设置电气规则检查结果的报告格式。这些设置可以在 Options for PCB Project(PCB 工程选项)对话框中进行。下面以工程"单片机最小系统.PrjPcb"为例，介绍 PCB 工程选项对话框的主要内容。

打开工程"单片机最小系统.PrjPcb"和电路原理图设计文件"单片机最小系统.SchDoc"。在电路原理图编辑器中，选择"项目"→Project Options 选项，或在图纸的快捷菜单中选择 Project Options 选项，弹出"Options for PCB Project 单片机最小系统.PrjPcb"对话框，如图 4.1 所示。

PCB 工程选项对话框有 9 个标签，分别是 Error Reporting、Connection Matrix、Class Generation、Comparator、ECO Generation、Options、Multi-Channel、Parameters 和 Device Sheets。大多数标签中的参数无须设计者设置，只需采用 AD 24 的默认设置即可，需要设计者设置的标签主要有 Error Reporting、Connection Matrix 和 Comparator 等。下面介绍这几个标签中主要参数的设置方法。

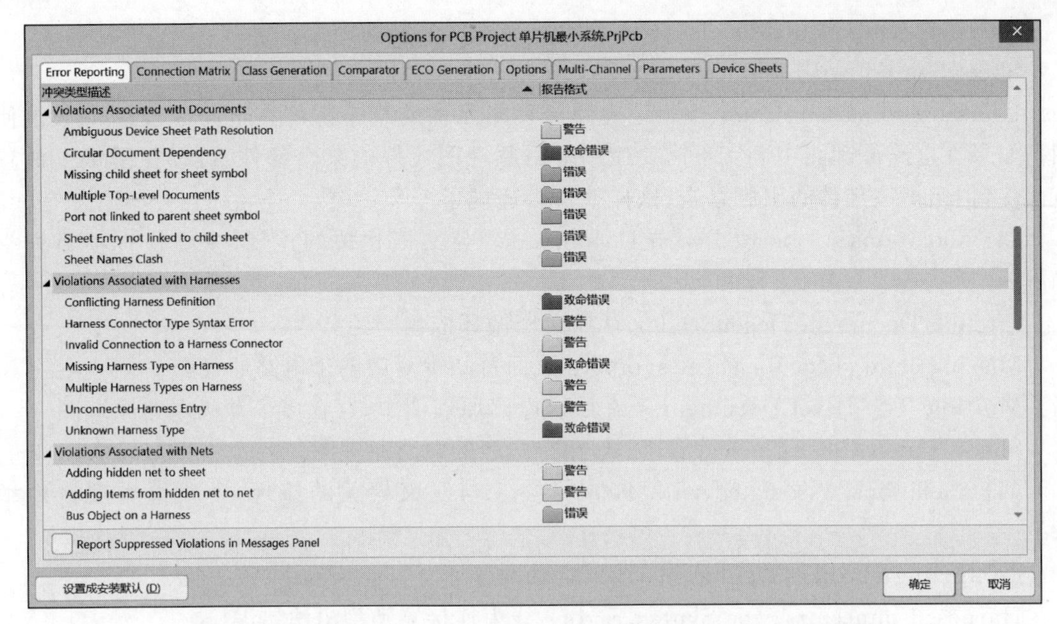

图 4.1 "Options for PCB Project 单片机最小系统.PrjPcb"对话框

1. Error Reporting 标签

PCB 工程选项对话框的 Error Reporting(错误报告)标签如图 4.1 所示,用于设置各个检查项目错误报告的等级。错误报告的等级分为四级,即不报告、警告、错误和致命错误。Error Reporting 标签中各个检查项目错误报告的等级,一般采用 AD 24 的默认设置即可。单击对话框左下角的"设置成安装默认"按钮,即把本标签中所有检查项目的错误报告等级还原成 AD 24 的默认设置。

对于某些需要设计者设置的检查项目,设计者必须清楚该项目的含义,然后单击该项目右端的"报告格式"按钮,在弹出的下拉列表中选择错误报告的等级。

Error Reporting 标签把需要检查的项目分为 7 类,下面分别介绍各类的主要项目。

(1) Violations Associated with Buses。与总线相关的违规,主要检查项目列举如下。

Bus indices out of range:总线入口的网络标签超出定义的范围。在使用总线时,为了实现电气连接,需要总线与总线入口协同工作,总线有网络标签,总线入口也有网络标签,每个总线入口的网络标签必须在总线网络标签定义的范围之内。例如,若总线的网络标签为 D[0,…,7],则当存在 D8 及 D8 以上的总线入口网络标签时,将违反此规则。

Bus range syntax errors:总线范围语法错误。设计者可以用网络标签对总线命名,当总线命名出现范围语法错误时,将违反此规则。例如,若设置总线的网络标签为 D[0,…],则违反此规则,因为没有指出总线网络标签范围的上限。

(2) Violations Associated with Components。与电路原理图元件相关的违规,主要检查项目列举如下。

Component Implementations with invalid pin mappings:电路原理图元件引脚的标识符与对应的 PCB 脚印引脚的标识符不一致。

Components with duplicate pins:多个电路原理图元件存在同名的引脚。

Duplicate Part Designators:电路原理图元件存在同名的部件标识符。

Missing Component Models：找不到电路原理图元件的模型。

Sheet Symbol with duplicate entries：页面符中存在同名的页面入口。

Unused sub-part in Component：电路原理图元件的某个部件在电路原理图中未被使用。如果在电路原理图中确实不需要使用电路原理图元件的某个部件，可以在图纸上放置该部件，但是把该部件的引脚悬空，这样就不会违规了。

(3) Violations Associated with Documents。与文档相关的违规，主要检查项目列举如下。

Circular Document Dependency：存在文档循环依赖问题。

Missing child sheet for sheet symbol：页面符缺少对应的子电路原理图。

Multiple Top-Level Documents：在层次电路原理图中，存在多个顶级电路原理图。

Sheet Names Clash：在一个工程中，存在同名的电路原理图。

(4) Violations Associated with Harnesses。与线束相关的违规，主要检查项目列举如下。

Conflicting Harness Definition：线束定义冲突。

Harness Connector Type Syntax Error：线束连接器类型语法错误。

(5) Violations Associated with Nets。与网络相关的违规，主要检查项目列举如下。

Duplicate Nets：电路原理图中存在同名的网络。

Floating net labels：电路原理图中存在悬浮的网络标签。

Floating power objects：电路原理图中存在悬浮的电源对象，如 VCC、GND 等。

Nets containing floating input pins：网络中有悬空的输入型引脚。

Nets with only one pin：网络中只有一个引脚。

Sheets containing duplicate ports：多个电路原理图中存在同名的端口。

(6) Violations Associated with Others。其他违规，主要检查项目列举如下。

Object not completely within sheet boundaries：对象超出了图纸的边界。可以重新设置图纸的大小，使所有对象都在图纸内部，这样就不违规了。

Off-grid object：对象不在格点上。可以移动对象，使对象处在格点上，这样既有利于电路原理图元件的电气连接，又不违规。

(7) Violations Associated with Parameters。与参数相关的违规，主要检查项目列举如下。

Same parameter containing different types：相同的参数被设置了不同的类型。

Same parameter containing different values：相同的参数被设置了不同的值。

2. Connection Matrix 标签

PCB 工程选项对话框的 Connection Matrix(连接矩阵)标签如图 4.2 所示，用颜色矩阵的形式，设置引脚、端口和图纸入口等连接点之间连接的错误报告等级。

错误报告的等级分为四级，即不报告、警告、错误和致命错误，相应的颜色分别为绿色、黄色、橙色和红色。例如，若横坐标与纵坐标交叉点为红色，则当横坐标代表的连接点与纵坐标代表的连接点相连时，AD 24 将报告致命错误。

对于大多数电路原理图，标签 Connection Matrix 中的检查项目采用系统默认设置即可。单击对话框左下角的“设置成安装默认”按钮，即把本标签中所有连接的错误报告等级

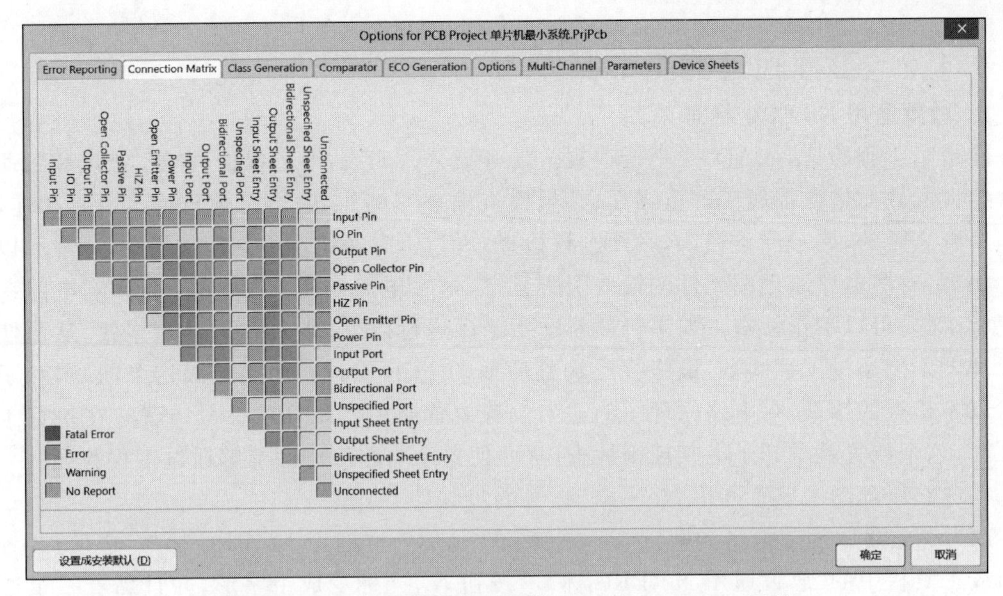

图 4.2　PCB 工程选项对话框的 Connection Matrix 标签

还原成 AD 24 的默认设置。但是，对于特殊的电路原理图，设计者必须对某些连接的错误报告等级进行必要的改变。如果需要改变某个连接的错误报告等级，单击相应的颜色块，每单击一次，颜色改变一次。

在工程验证时，AD 24 将按照 Error Reporting 标签和 Connection Matrix 标签的设置，对电路原理图进行电气规则检查。若电路原理图存在违规，则会弹出 Messages 对话框，所有违规将在对话框中被列举出来。

3. Comparator 标签

PCB 工程选项对话框的 Comparator（比较器）标签如图 4.3 所示，用于设置是否检查电路原理图元件、网络、参数、电路原理图对象、PCB 对象和结构类等在工程验证前后的不同。一般采用 AD 24 的默认设置。

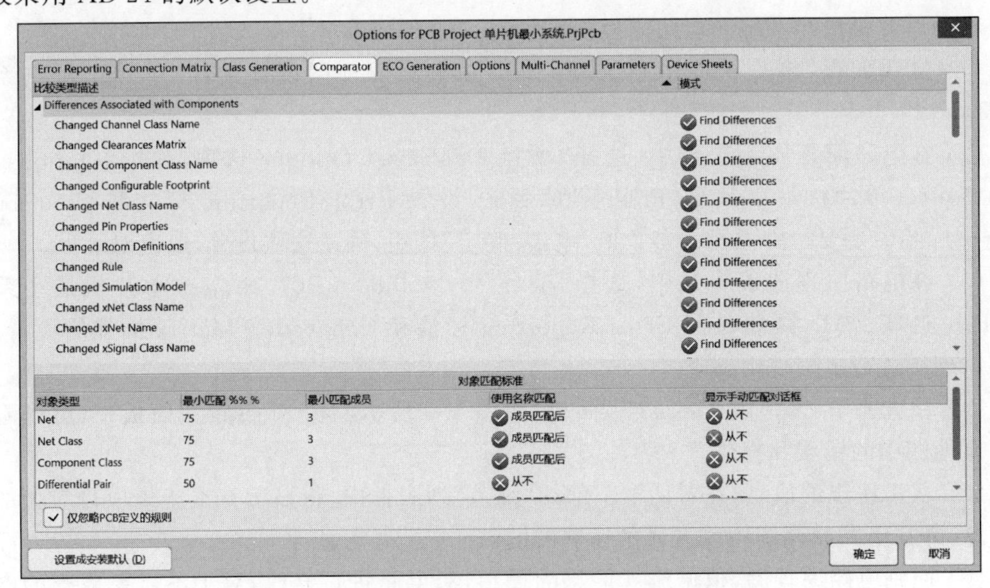

图 4.3　PCB 工程选项对话框的 Comparator 标签

4.1.2 工程验证的基本操作

1. 放置通用 No ERC 标号

在进行工程验证时，AD 24 把错误报告的等级分为四级，即不报告、警告、错误和致命错误。错误和致命错误都属于严重错误，必须检查出来。例如，输出引脚与输出引脚相连，这是不符合实际的，属于严重错误，必须进行检查。但是，有些错误不是颠覆性的，一般可以忽略。例如，有些电路原理图元件的输入引脚悬空，这在电路中是常见的，不会影响电路系统的正常工作，可以不作检查。如果仍然对这些错误进行检查，那么 AD 24 会报错，从而使电路原理图不能通过工程验证，最终会影响到后面的 PCB 设计。为了解决这个问题，对于那些可以不检查的错误，在电路原理图的适当位置放置通用 No ERC 标号，这样，在执行工程验证时，这个位置就避开了电气规则检查，从而使整个电路原理图能够通过工程验证。

在电路原理图中放置通用 No ERC 标号的步骤如下。

(1) 在电路原理图编辑器中，选择"放置"→"指示"→"通用 No ERC 标号"选项，或者单击布线工具栏中的"放置通用 No ERC 标号"按钮 ×，光标变成十字形，并且黏着一个通用 No ERC 标号。

(2) 把光标移到图纸上的适当位置并单击，就在这个位置放置一个通用 No ERC 标号。

(3) 此时，光标还黏着一个通用 No ERC 标号，可以继续放置通用 No ERC 标号。右击，退出放置通用 No ERC 标号状态。

执行工程验证时可以看到，凡是在错误的地方放置了通用 No ERC 符号，在 Messages 对话框中就没有这些错误的信息。

2. 执行工程验证

在第 3 章，已经设计了单片机最小系统的电路原理图，如图 4.4 所示。下面以单片机最小系统的电路原理图为例，介绍工程验证的步骤。为了更好地了解工程验证的过程，这里对电路原理图稍加改变，增加了一些错误、警告级别的违规，例如，复位电路的两个电阻的编号都是 R1，复位电路的 VCC 未连接，单片机的第 31 引脚未连接。

对于单片机最小系统的电路原理图，工程验证的步骤如下。

(1) 打开工程"单片机最小系统. PrjPcb"和电路原理图设计文件"单片机最小系统. SchDoc"。

(2) 在电路原理图编辑器中，选择"项目"→Project Options 选项，弹出"Options for PCB Project 单片机最小系统. PrjPcb"对话框，设置 Error Reporting 标签和 Connection Matrix 标签中主要检查项目的参数值，单击"确定"按钮，确认这些设置，退出对话框。

(3) 在电路原理图编辑器中，选择"项目"→"Validate PCB Project 单片机最小系统. PrjPcb"选项。AD 24 将按照 Error Reporting 标签和 Connection Matrix 标签的设置，对电路原理图进行电气规则检查。

(4) 检查完毕后，弹出 Messages 面板，如图 4.5 所示。在 Messages 面板中，可以看到电路原理图中的错误和警告。

(5) 双击违规的信息，在对话框下部的"细节"列表框中，将显示与本违规项目有关的详细信息，并在电路原理图中放大显示违规的图件。

(6) 回到电路原理图，根据违规信息的提示，对电路进行修改，对于不需要检查的电气

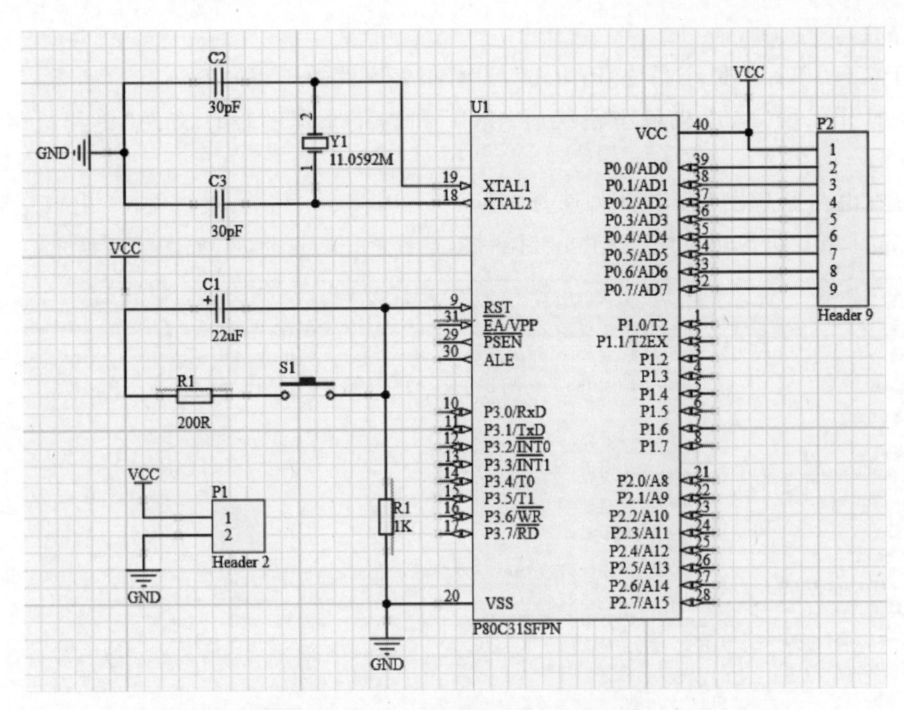

图 4.4 单片机最小系统的电路原理图

Messages

Class	Document	Source	Message	Time	Date	No.
[Err	单片机最小系	Compil	Duplicate Component Designators R1	9:22:25	2024/7/1	1
[Err	单片机最小系	Compil	Net NetU1_31 contains floating input pins (Pin U1-31)	9:22:25	2024/7/1	2
[Wa	单片机最小系	Compil	Floating Power Object VCC at (3800mil,5000mil)	9:22:25	2024/7/1	3
[Wa	单片机最小系	Compil	Net NetC1_2 has no driving source (Pin C1-2, Pin R1-2, P	9:22:25	2024/7/1	4
[Wa	单片机最小系	Compil	Net NetC3_2 has no driving source (Pin C3-2, Pin U1-19,	9:22:25	2024/7/1	5
[Wa	单片机最小系	Compil	Net NetU1_31 has no driving source (Pin U1-31)	9:22:25	2024/7/1	6
[Wa	单片机最小系	Compil	Unconnected Pin U1-31 at 5600mil,4800mil	9:22:25	2024/7/1	7

细节

Duplicate Component Designators R1

R1

R1

图 4.5 Messages 面板

结点(如单片机的第 31 引脚未连接),可以放置通用 No ERC 标号,然后再次执行工程验证,直到纠正了所有的错误为止。

4.2 生成报表文件

AD 24 具有强大的报表生成功能,利用该功能,设计者能够方便地生成多种类型的报表。对于电路原理图来说,常用的报表文件有网络表、材料清单和输出任务文件等。

4.2.1 设置报表属性

在生成一个工程的各种报表文件之前,应该设置报表的有关属性,确定报表的存储位置和输出条件等。

对于工程“单片机最小系统. PrjPcb”，设置报表属性的步骤如下。

(1) 打开工程“单片机最小系统. PrjPcb”和电路原理图设计文件“单片机最小系统. SchDoc”。

(2) 在电路原理图编辑器中，选择“项目”→Project Options 选项，弹出“Options for PCB Project 单片机最小系统. PrjPcb”对话框，选择 Options 标签，如图 4.6 所示。

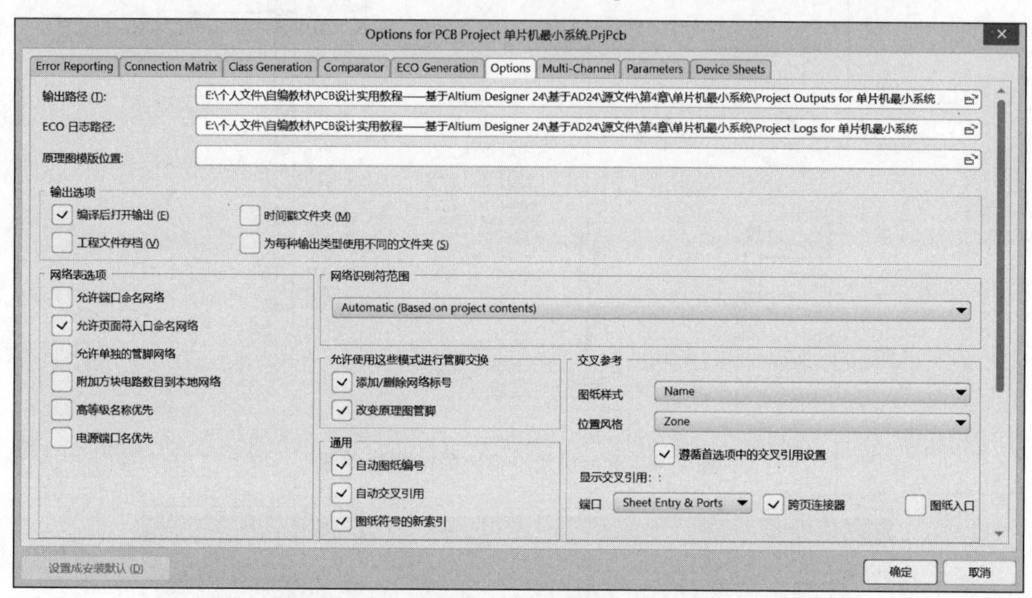

图 4.6 PCB 工程选项对话框的 Options 标签

(3) 在 Options 标签中，可以设置报表的有关属性。

输出路径：设置存储各种报表的文件夹。AD 24 默认的输出路径是在当前工程中新建一个文件夹“Project Outputs for 单片机最小系统”。单击“输出路径”文本框右端的“打开”按钮，弹出 Select Directory 对话框，如图 4.7 所示。在对话框中可以选择新的文件夹。

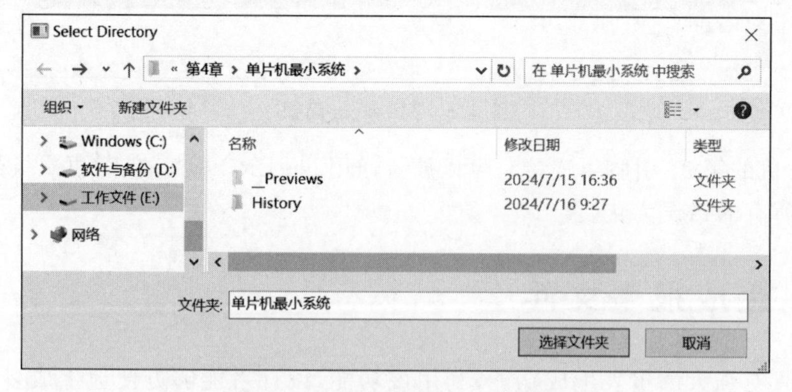

图 4.7 Select Directory 对话框

ECO 日志路径：设置存储 ECO 文件的文件夹。AD 24 默认的输出路径是在当前工程中新建一个文件夹“Project Logs for 单片机最小系统”。单击“ECO 日志路径”文本框右端的“打开”按钮，弹出 Select Directory 对话框，如图 4.7 所示。在对话框中可以选择新的文件夹。

其余选项，一般采用 AD 24 默认设置。

4.2.2 生成网络表

彼此连接在一起的一组电气连接点组成一个网络，一个电路原理图由若干个网络组成。网络表的功能是对电路原理图中的网络进行整理，并用文本文件表示出来。网络表包含两部分信息：一部分是关于电路原理图元件的信息；另一部分是关于电路原理图元件连接关系的信息。

在 AD 24 中，网络表是联系电路原理图设计与 PCB 设计的桥梁，是 PCB 自动布线的基础。通过网络表，可以将电路原理图设计文件中的电路原理图元件、电路原理图元件连接关系等信息传递到 PCB 设计文件中，为 PCB 设计作准备。

AD 24 中的网络表有两种：一种是单个电路原理图设计文件的网络表；另一种是整个工程的网络表。

1. 单个电路原理图设计文件的网络表

对于电路原理图设计文件“单片机最小系统.SchDoc”，生成单个电路原理图设计文件的网络表文件的步骤如下。

(1) 打开工程“单片机最小系统.PrjPcb”和电路原理图设计文件“单片机最小系统.SchDoc”。

(2) 在电路原理图编辑器中，选择“设计”→“文件的网络表”→Protel 选项，AD 24 自动生成网络表文件“单片机最小系统.NET”，并存放在工程“单片机最小系统.PrjPcb”下的文件夹 Generated\Netlist Files 中。

双击网络表文件“单片机最小系统.NET”，打开单片机最小系统的网络表文件，如图 4.8 所示。

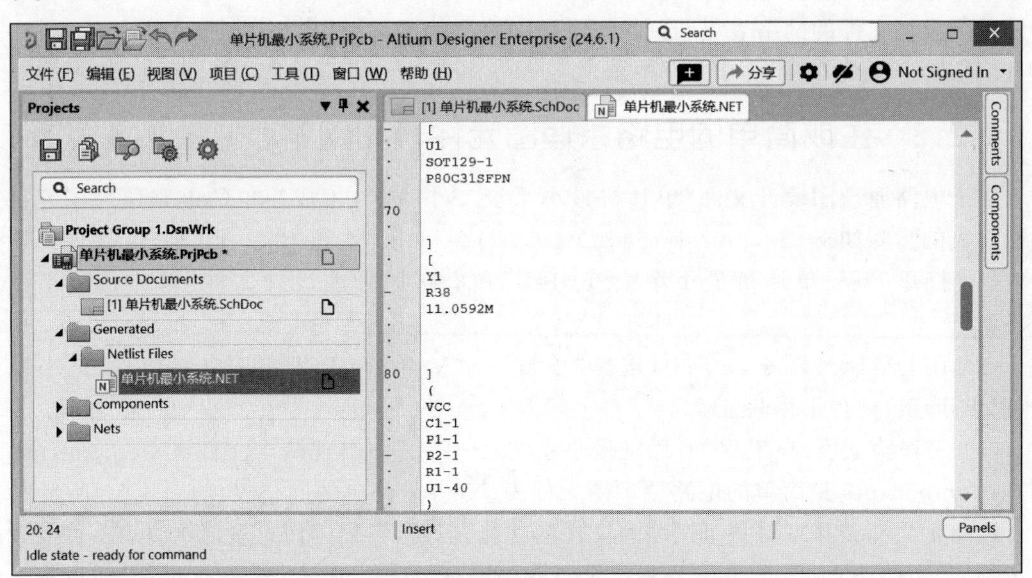

图 4.8 单片机最小系统的网络表文件

网络表是文本文件，分为两部分：第一部分描述电路原理图元件的属性，每个电路原理图元件的属性用方括号隔开,包括电路原理图元件的标识符、PCB脚印形式、名称和参数值等;第二部分描述电路原理图元件的连接关系,每个网络用圆括号隔开,包括网络名称、该网络中相互连接的电路原理图元件引脚名称。

从网络表可以看出电路原理图元件是否重名、是否缺少PCB脚印等问题,在进行PCB设计时,基于网络表,AD 24可以把电路原理图设计文件中的信息更新到PCB设计文件中,为自动放置PCB脚印和PCB自动布线奠定坚实的基础。

2. 整个工程的网络表

对于一些复杂的电路,往往需要把它设计成层次电路原理图,这样,一个工程就会包括多个电路原理图设计文件,此时,需要生成整个工程的网络表。

下面以第5章设计的工程"多传感器信号采集系统.PrjPcb"为例,介绍生成整个工程的网络表文件的步骤。

(1) 打开工程"多传感器信号采集系统.PrjPcb"。

(2) 打开工程中的任意一个电路原理图设计文件。

(3) 在电路原理图编辑器中,选择"设计"→"工程的网络表"→Protel选项,AD 24自动生成了顶层电路原理图及三张子电路原理图的网络表文件,名称分别为"顶层原理图.NET""MCU.NET""Sensor1.NET"和"Sensor2.NET",并存放在工程"多传感器信号采集系统.PrjPcb"下的文件夹Generated\Netlist Files中,如图4.9所示。

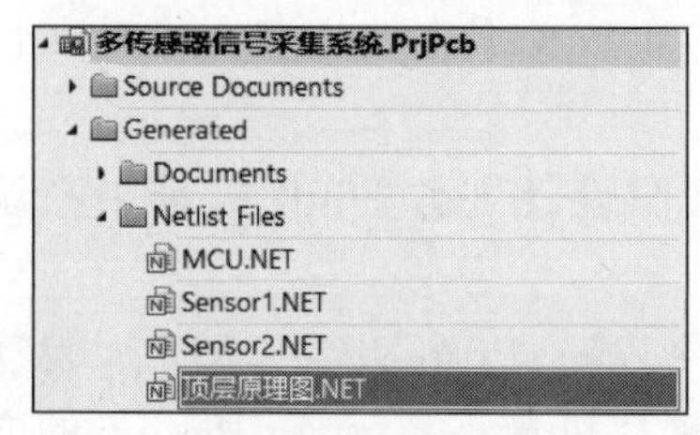

图4.9 多传感器信号采集系统工程的网络表文件

三张子电路原理图的网络表文件分别与三张子电路原理图对应,而顶层电路原理图的网络表文件包含了三张子电路原理图网络表文件的全部信息,并且在第二部分描述了整个工程中所有电路原理图元件的连接关系。在进行PCB设计时,只需把顶层电路原理图设计文件的网络表更新到PCB设计文件,就可以把层次电路原理图设计文件中的所有信息都更新到PCB设计文件中。

4.2.3 生成简单的电路原理图元件表和网络表

对于电路原理图设计文件"单片机最小系统.SchDoc",生成简单的电路原理图元件表和网络表的步骤如下。

(1) 打开工程"单片机最小系统.PrjPcb"和电路原理图设计文件"单片机最小系统.SchDoc"。

(2) 在电路原理图编辑器中,选择"项目"→"Validate PCB Project 单片机最小系统.PrjPcb"选项,进行工程验证。

(3) 工程验证后,在工程"单片机最小系统.PrjPcb"中出现两个文件夹Components和Nets,Components是简单的电路原理图元件表,Nets是简单的网络表,如图4.10所示。

这两个文件夹基本具备了网络表文件的功能,但是,它们的信息量比网络表文件要少很多。例如,文件夹Components只列出了工程中所有电路原理图元件的标识符,而没有元件的PCB脚印形式和名称等信息;文件夹Nets只列出了工程中所有网络的名称,而没有各个网络的详细信息。

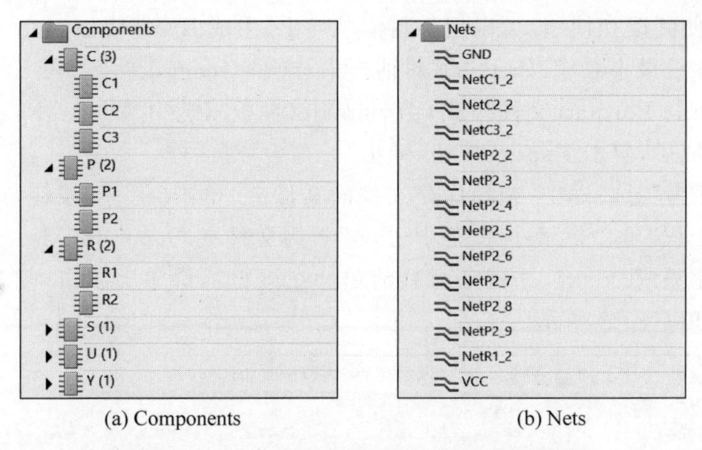

(a) Components　　　(b) Nets

图 4.10　简单的电路原理图元件表和网络表

4.2.4　生成材料清单

当电路原理图设计完成之后，就可以考虑采购元件了。采购元件必须有一个材料清单，利用 AD 24，可以从电路原理图生成材料清单。

下面以单片机最小系统的电路原理图为例，介绍生成材料清单的步骤。

(1) 打开工程“单片机最小系统. PrjPcb”和电路原理图设计文件“单片机最小系统. SchDoc”。

(2) 在电路原理图编辑器中，选择“报告”→Bill of Materials 选项，弹出“Bill of Materials for Project [单片机最小系统. PrjPcb]”对话框，如图 4.11 所示。在对话框的左边窗格，列出了该电路原理图的材料清单。清单共有 8 行，每一行显示一类元件信息。

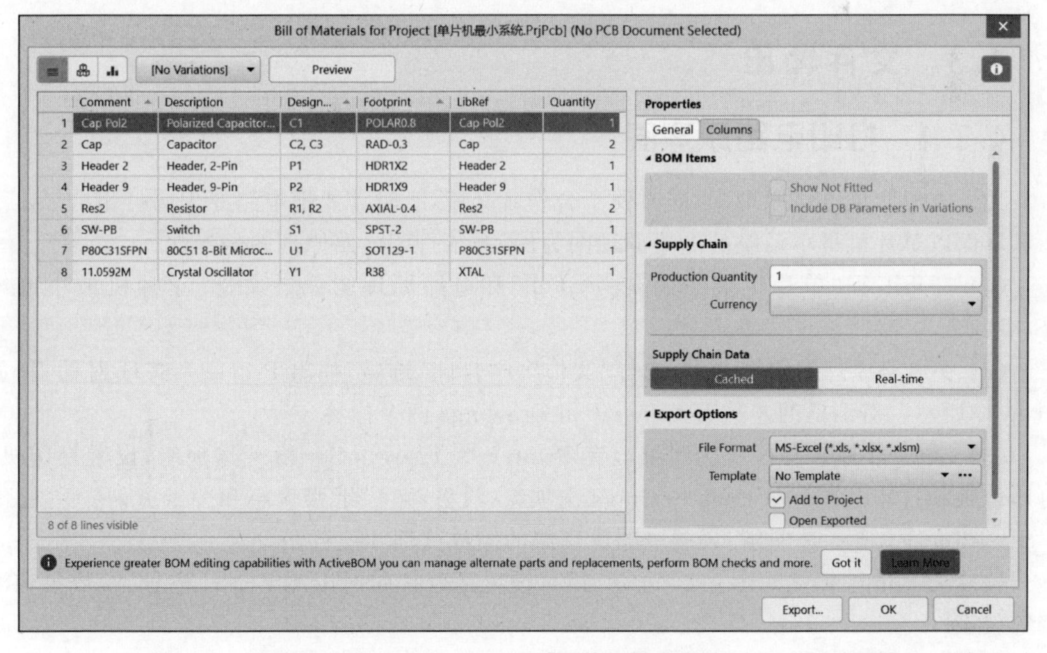

图 4.11　“Bill of Materials for Project [单片机最小系统. PrjPcb]”对话框

(3) 为了方便阅读和使用,可以把材料清单导出,生成Excel表格。在“Bill of Materials for Project [单片机最小系统.PrjPcb]”对话框中,选择General标签,在Export Options选项组,可以设置File Format(文件格式)、Template(模板),选中Add to Project复选框。

(4) 设置完成后,单击Export按钮,弹出“另存为”对话框。

(5) 在“另存为”对话框中,选择保存文件的文件夹,单击“保存”按钮,退出“另存为”对话框。此时,在工程“单片机最小系统.PrjPcb”下的文件夹Generated\Documents中,可以看到“单片机最小系统.xlsx”,这就是材料清单。在该材料清单上双击,打开单片机最小系统的材料清单,如图4.12所示。

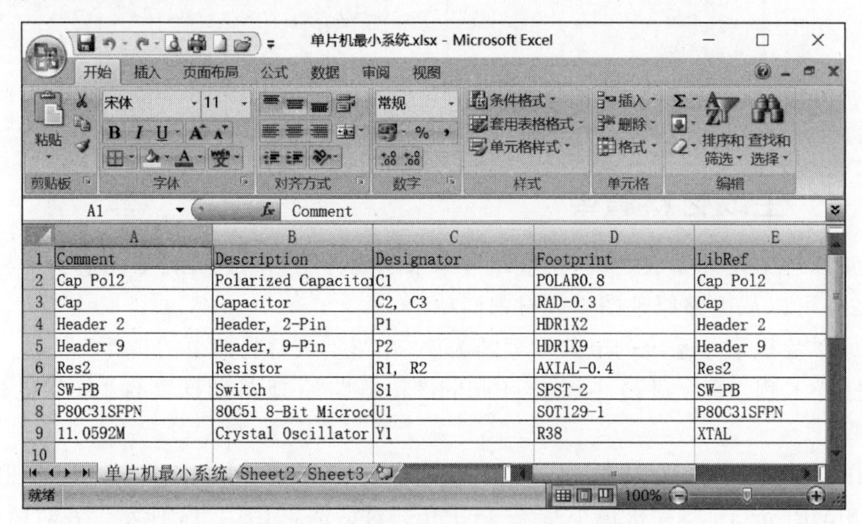

	A	B	C	D	E
1	Comment	Description	Designator	Footprint	LibRef
2	Cap Pol2	Polarized Capacitor	C1	POLAR0.8	Cap Pol2
3	Cap	Capacitor	C2, C3	RAD-0.3	Cap
4	Header 2	Header, 2-Pin	P1	HDR1X2	Header 2
5	Header 9	Header, 9-Pin	P2	HDR1X9	Header 9
6	Res2	Resistor	R1, R2	AXIAL-0.4	Res2
7	SW-PB	Switch	S1	SPST-2	SW-PB
8	P80C31SFPN	80C51 8-Bit Microco	U1	SOT129-1	P80C31SFPN
9	11.0592M	Crystal Oscillator	Y1	R38	XTAL
10					

图4.12 单片机最小系统的材料清单

4.3 文件输出

4.3.1 打印电路原理图

为了方便阅读电路原理图,同时便于合作者交流,有时需要把电路原理图打印出来。下面以单片机最小系统的电路原理图为例,介绍打印电路原理图的步骤。

(1) 打开工程“单片机最小系统.PrjPcb”和电路原理图设计文件“单片机最小系统.SchDoc”。

(2) 在电路原理图编辑器中,选择“文件”→“打印”选项,弹出Preview SCH对话框,如图4.13所示。对话框的左边有General和Drawings两个标签。

(3) General标签有3个选项组。在Printer & Presets Settings选项组,设置打印机、打印份数和打印范围;在Page Settings选项组,设置颜色、纸张大小和图纸方向;在Scale & Position Settings选项组,设置电路原理图的缩放比例和位置。

(4) Drawings标签如图4.14所示,用于设置是否打印通用No ERC标号、参数集和注释等。

(5) 设置完成后,通过对话框右边窗格进行预览,确认没有问题,单击Print按钮,开始打印电路原理图。

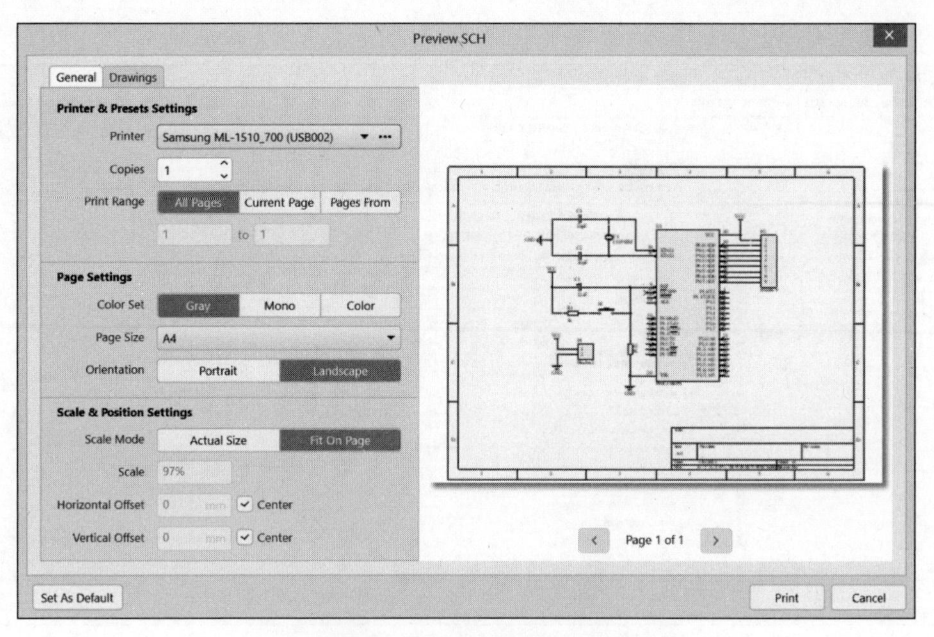

图 4.13　Preview SCH 对话框

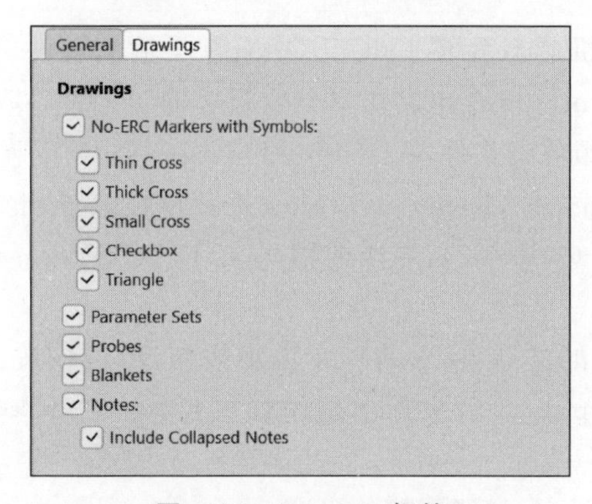

图 4.14　Drawings 标签

4.3.2　创建输出任务文件

对于电路原理图的各种报表文件，可以采用前面介绍的方法逐个生成并输出，也可以直接利用 AD 24 的输出任务文件来输出。用这种方法，只需设置一次就可以批量生成报表文件，包括网络表、材料清单、电路原理图打印输出文件和 PCB 打印输出文件等。在批量生成报表文件之前，必须新建输出任务文件。

下面以单片机最小系统的电路原理图为例，介绍新建输出任务文件的步骤。

(1) 打开工程“单片机最小系统.PrjPcb”和电路原理图设计文件“单片机最小系统.SchDoc”。

(2) 在电路原理图编辑器中，选择“文件”→“新的”→“Output Job 文件”选项，新建一个输出任务文件，默认名为 Job1.OutJob。

(3) 选择“文件”→“另存为”选项，把该文件换名保存为“单片机最小系统.OutJob”，如

图 4.15 所示。

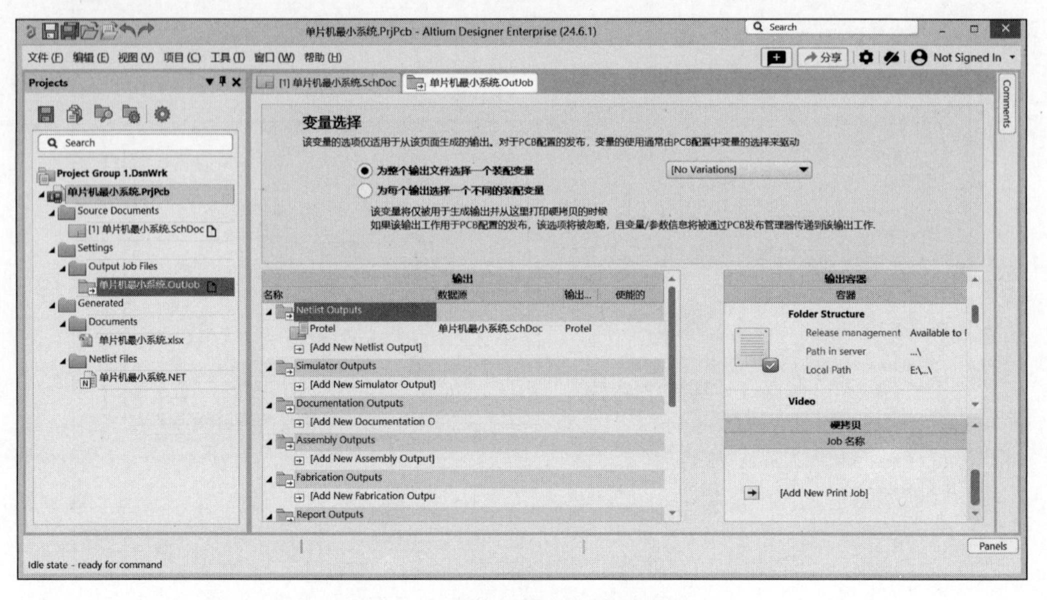

图 4.15　单片机最小系统.OutJob

输出任务文件"单片机最小系统.OutJob"中有 9 类输出文件。Netlist Outputs 是网络表输出文件，Simulator Outputs 是电路仿真分析报表输出文件，Documentation Outputs 是电路原理图和 PCB 的打印输出文件，Assembly Outputs 是 PCB 装配输出文件，Fabrication Outputs 是 PCB 制造输出文件，Report Outputs 是各种报表输出文件，Validation Outputs 是验证输出文件，Export Outputs 是导出的输出文件，PostProcess Outputs 是后续处理输出文件。

（4）在每类输出文件的文件夹下，有一个添加按钮，单击该按钮，将出现对应的快捷菜单。例如，在 Netlist Outputs 文件夹下单击添加按钮 [Add New Netlist Output]，出现的快捷菜单如图 4.16 所示。

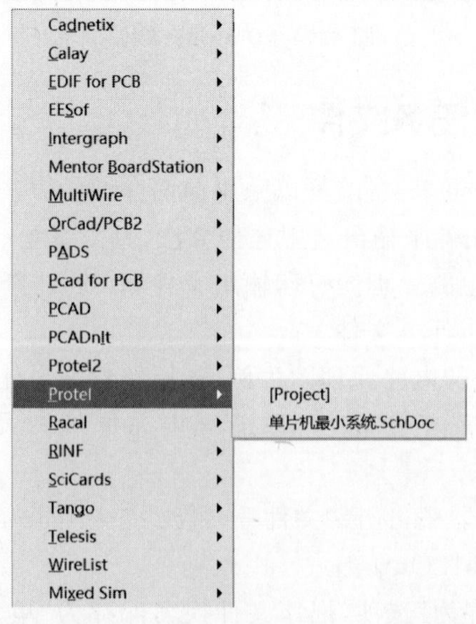

图 4.16　按钮 Add New Netlist Output 的快捷菜单

(5) 在快捷菜单中选择 Protel→"单片机最小系统.SchDoc"选项,在输出任务文件的 Netlist Outputs 文件夹下将出现一个输出文件 Protel,如图 4.15 所示,它就是由电路原理图设计文件"单片机最小系统.SchDoc"生成的网络表。

(6) 在图 4.15 中,右击任意一个输出文件,弹出输出文件快捷菜单,如图 4.17 所示。通过选择快捷菜单选项,可以对这个输出文件进行剪切、复制、粘贴和删除等操作。

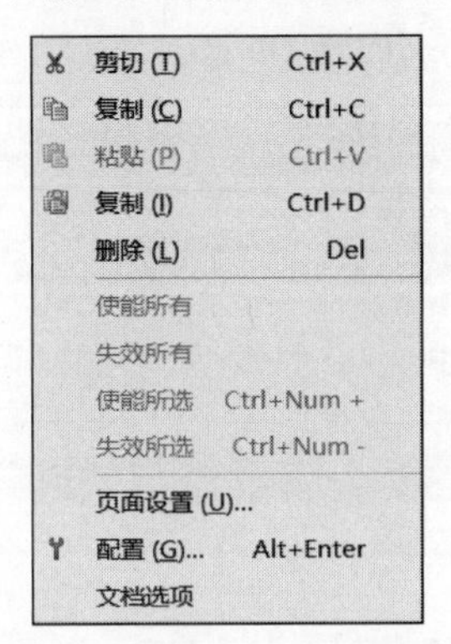

图 4.17 输出文件快捷菜单

4.4 电路原理图后续处理实例

前面以单片机最小系统的电路原理图为例,介绍了电路原理图几种主要的后续处理的方法。本节以音量控制电路的电路原理图为操作对象,详细说明电路原理图几种主要的后续处理的操作步骤。在学习这个实例时,读者应该自己动手,灵活运用前面介绍的方法,勤加练习,做到熟能生巧。

4.4.1 电路原理图后续处理的任务

在第 3 章,新建了工程"音量控制电路.PrjPcb"和电路原理图设计文件"音量控制电路.SchDoc",设计了音量控制电路的电路原理图,如图 3.25 所示。要求对音量控制电路的电路原理图进行后续处理,具体任务如下。

(1) 执行工程验证,对电路原理图进行电气规则检查。

(2) 生成电路原理图的网络表。

(3) 生成电路原理图的材料清单。

(4) 对电路原理图进行打印设置。

4.4.2 电路原理图后续处理的实施

打开工程"音量控制电路.PrjPcb"和电路原理图设计文件"音量控制电路.SchDoc",下面对音量控制电路的电路原理图进行后续处理。

1. 工程验证

(1) 设置电气规则。在电路原理图编辑器中,选择"项目"→Project Options 选项,弹出"Options for PCB Project 音量控制电路.PrjPcb"对话框。选择 Error Reporting 标签,单击对话框左下角的"设置成安装默认"按钮,把本标签中所有检查项目的错误报告等级还原成

AD 24 的默认设置。同样，把 Connection Matrix 标签还原成 AD 24 的默认设置。单击"确定"按钮，确认这些设置，退出对话框。

(2) 执行工程验证。在电路原理图编辑器中，选择"项目"→"Validate PCB Project 音量控制电路. PrjPcb"。AD 24 将按照 Error Reporting 标签和 Connection Matrix 标签的设置，对电路原理图进行电气规则检查。

(3) 检查完毕后，弹出 Messages 面板，如图 4.18 所示，提示有 3 处错误。

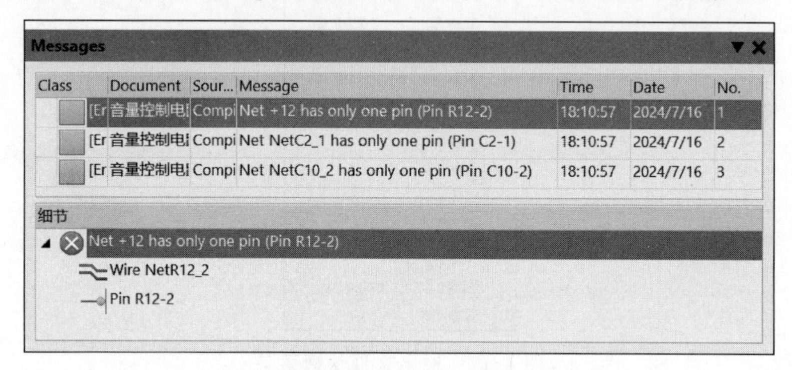

图 4.18 Messages 面板

(4) 放置通用 No ERC 标号。在音量控制电路的电路原理图中，三个网络＋12、C2-1 和 C10-2 分别只有一个引脚。经过核查，这些错误不会影响电路系统的正常工作，因此，在三个位置分别放置通用 No ERC 标号，使它们避开电气规则检查。

(5) 再次执行工程验证，没有弹出 Messages 对话框，说明电路符合电气规则。

2. 生成网络表

(1) 设置报表的有关属性。在电路原理图编辑器中，选择"项目"→Project Options 选项，弹出"Options for PCB Project 音量控制电路. PrjPcb"对话框，选择 Options 标签。在 Options 标签中，设置报表的输出路径，采用 AD 24 默认的输出路径，即在当前工程中新建一个文件夹"Project Outputs for 音量控制电路"。

(2) 在电路原理图编辑器中，选择"设计"→"文件的网络表"→Protel 选项，AD 24 自动生成网络表文件"音量控制电路. NET"，并存放在工程"音量控制电路. PrjPcb"下的文件夹 Generated\Netlist Files 中。

3. 生成材料清单

(1) 在电路原理图编辑器中，选择"报告"→Bill of Materials 选项，弹出"Bill of Materials for Project [音量控制电路. PrjPcb]"对话框。在对话框的左边窗格，列出了该电路原理图的材料清单。清单共有 5 行，每一行显示一类元件信息。

(2) 在"Bill of Materials for Project [音量控制电路. PrjPcb]"对话框中，选择 General 标签，在 Export Options 选项组，设置 File Format(文件格式)、Template(模板)，选中 Add to Project 复选框。

(3) 设置完成后，单击 Export 按钮，弹出"另存为"对话框。

(4) 在"另存为"对话框中，选择要保存文件的文件夹，单击"保存"按钮，退出"另存为"对话框。此时，在工程"音量控制电路. PrjPcb"下的文件夹 Generated\Documents 中，可以看到"音量控制电路. xlsx"，这就是材料清单。

4. 打印设置

(1) 在电路原理图编辑器中，选择“文件”→“打印”选项，弹出 Preview SCH 对话框。

(2) 在 Preview SCH 对话框中，选择 General 标签。在 Printer & Presets Settings 选项组，设置打印机、打印份数和打印范围；在 Page Settings 选项组，设置颜色、纸张大小和图纸方向；在 Scale & Position settings 选项组，设置电路原理图的缩放比例和位置。

(3) 在 Preview SCH 对话框中，选择 Drawings 标签，设置是否打印通用 No ERC 标号、参数集和注释等。

习题 4

一、填空题

1. 如果电路原理图中存在违规，那么执行________之后，会弹出________对话框，所有违规将在对话框中显示出来。

2. 在进行工程验证之前，需要设置________，主要设置电气规则检查结果的________。

3. PCB 工程选项对话框有 9 个标签，需要设计者设置的标签主要有________、________和 Comparator 等。

4. PCB 工程选项对话框的 Error Reporting 标签用于设置各个检查项目错误报告的等级，即不报告、警告、________和________。

5. 电路原理图常用的报表文件有________、________和输出任务文件等。

6. 网络表包含两部分信息，一部分是关于________的信息，另一部分是关于________的信息。

二、简答题

1. 在电路原理图编辑设计完成后，为什么要进行工程验证？

2. AD 24 是怎么进行工程验证的？

3. 简述网络表的重要性。

4. 简要说明网络表的主要内容。

5. 说明 PCB 工程选项对话框的 Connection Matrix 标签的功能。

6. 在电路原理图中，有时需要放置通用 No ERC 标号，请说明原因。

7. 以电路原理图设计文件“单片机最小系统. SchDoc”为例，叙述生成单个电路原理图设计文件的网络表文件的步骤。

三、设计题

1. 详细叙述对电路原理图“单片机最小系统. SchDoc”进行工程验证的步骤。

2. 以电路原理图设计文件“单片机最小系统. SchDoc”为例，叙述生成材料清单的步骤。

3. 以单片机最小系统的电路原理图为例，叙述打印电路原理图的步骤。

4. 对看门狗电路的电路原理图进行后续处理，具体任务如下。

(1) 执行工程验证，对电路原理图进行电气规则检查。

(2) 生成电路原理图的网络表。

(3) 生成电路原理图的材料清单。

(4) 对电路原理图进行打印设置。

第5章 层次电路原理图设计

CHAPTER 5

本章介绍层次电路原理图设计的基本方法和基本技术，主要内容包括层次电路原理图概述、层次电路原理图的设计方法和层次电路原理图的管理等。通过本章学习，应该达到以下目标。

(1) 了解层次电路原理图的概念与结构。

(2) 掌握层次电路原理图设计的基本操作。

(3) 掌握层次电路原理图设计的两种方法。

(4) 掌握层次电路原理图的管理方法。

(5) 通过练习，能够独立设计中等复杂度的层次电路原理图。

5.1 层次电路原理图概述

5.1.1 层次电路原理图的概念

第3章介绍了在一张图纸上设计电路原理图的方法，这种方法简单方便，易学易用，但是，它只适合设计规模较小、结构简单和连线较少的电路原理图。对于一个复杂的电路，很难在一张图纸上设计整个电路原理图，即使勉强设计出来，其复杂的结构也会给阅读、查看、编辑和修改带来不便。此时，应该换一种思路，对整个电路进行分解，在多张图纸上进行设计，再把多张图纸整合成一个整体。这就是层次电路原理图的设计理念。

层次电路原理图设计的思路如下。首先，按照功能特征，把整个电路划分为若干个模块，使得每一个模块都有特征明确的功能、相对独立的结构和连接简单的接口。然后，通过图纸入口、电源端口和接地端口等连接手段，把各个功能模块连接起来。最后，在不同的图纸上分别设计各个功能模块的电路原理图。

在 AD 24 中，电路原理图编辑器具有强大的层次电路原理图设计功能，支持多层层次电路原理图的设计。可以把一个完整的电路按照功能划分为若干个模块，而每一个功能模块又可以进一步划分为更小的模块，照此细分下去，可以把整个电路划分成多层。

由于每个模块具有相对独立性，因此，可以把整个设计任务分解成多个较小的设计任务，由多个设计者分别进行设计，大家分工协作，加快工作进度，提高工作效率。

5.1.2 层次电路原理图的结构

层次电路原理图由顶层电路原理图和子电路原理图构成。例如，三层层次电路原理图的结构如图 5.1 所示。

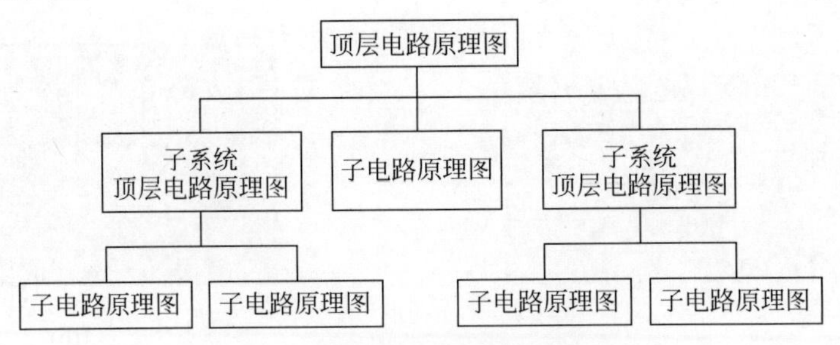

图 5.1　三层层次电路原理图的结构

顶层电路原理图由页面符、图纸入口和导线组成，用于说明子电路原理图之间的层次关系和连接关系。每一个页面符代表一个子电路原理图；图纸入口是子电路原理图之间相互连接的通道；通过导线，把代表子电路原理图的页面符连成一个完整的抽象电路。

最简单的两层层次电路原理图的顶层电路原理图如图 5.2 所示。顶层电路原理图包含两个页面符，标识符分别为"子电路原理图 1"和"子电路原理图 2"，分别代表两个子电路原理图。子电路原理图 1 有一个名称为 Port1 的图纸入口，子电路原理图 2 也有一个名称为 Port1 的图纸入口，两个图纸入口 Port1 是两个子电路原理图相互连接的通道。导线把两个子电路原理图连接起来，组成一个完整的抽象电路。

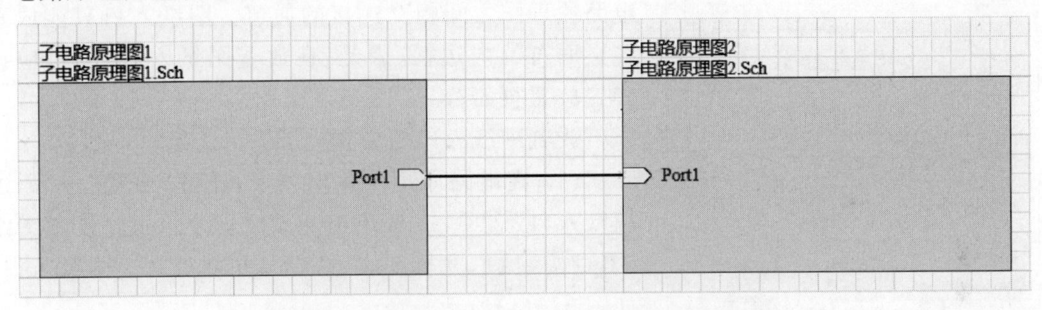

图 5.2　两层层次电路原理图的顶层电路原理图

这里，两个子电路原理图设计文件的名称分别是"子电路原理图 1.Sch"和"子电路原理图 2.Sch"。子电路原理图就是第 3 章介绍的在一张图纸上设计的电路原理图，每个子电路原理图对应电路中的一个功能模块。

5.1.3　层次电路原理图设计的基本操作

1. 放置页面符

页面符是顶层电路原理图的基本图件，一个页面符代表一个子电路原理图。

放置页面符的步骤如下。

(1) 在电路原理图编辑器中，选择"放置"→"页面符"选项，或者单击布线工具栏中的"放置页面符"按钮，光标变成十字形，并黏着一个页面符，如图 5.3(a)所示。

(2) 把光标移到图纸上，在需要放置页面符的位置并单击，确定页面符的一个顶点。移动光标，确定页面符的对角顶点。单击，就放置了一个页面符，如图 5.3(b)所示。

(3) 此时，光标还黏着一个页面符，可以继续放置页面符。右击，退出放置页面符状态。

(4) 设置页面符的属性。双击页面符，弹出页面符属性面板，如图 5.4 所示。在页面符

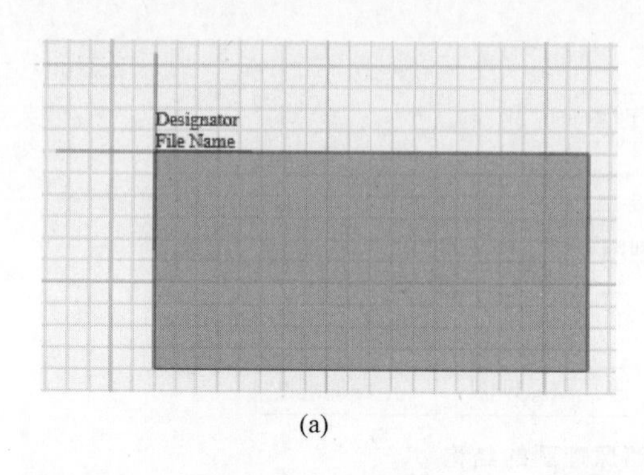

(a)

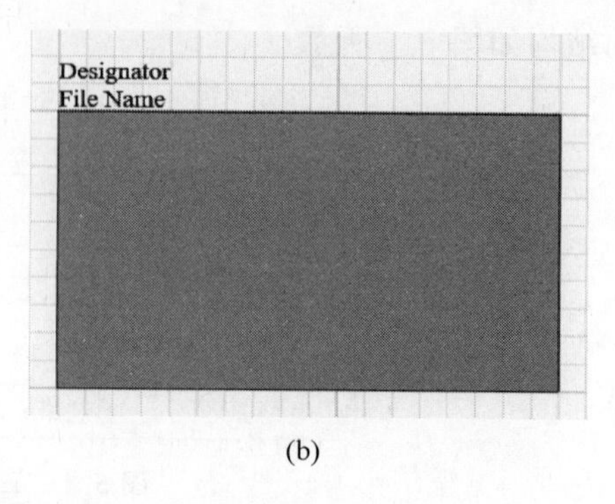

(b)

图 5.3 放置页面符

图 5.4 页面符属性面板

属性面板中，可以设置页面符的Designator（标识符）、页面符所代表的子电路原理图设计文件的File Name（文件名称）、大小、Line Style（边框）、填充颜色、页面符所代表的子电路原理图设计文件的Source（源文件）等属性参数。

2. 放置图纸入口

图纸入口也是顶层电路原理图的基本图件，是子电路原理图之间相互连接的通道。图纸入口只能放置在页面符的内边框，因此，在放置图纸入口之前，应该首先放置页面符。

放置图纸入口的步骤如下。

(1) 在电路原理图编辑器中，选择"放置"→"添加图纸入口"选项，或者单击布线工具栏中的"放置图纸入口"按钮，光标变成十字形，并黏着一个图纸入口，如图5.5(a)所示。

(2) 把光标移到页面符的内边框并单击，就放置了一个图纸入口，如图5.5(b)所示。

(3) 此时，光标还黏着一个图纸入口，可以继续放置图纸入口。右击，退出放置图纸入口状态。

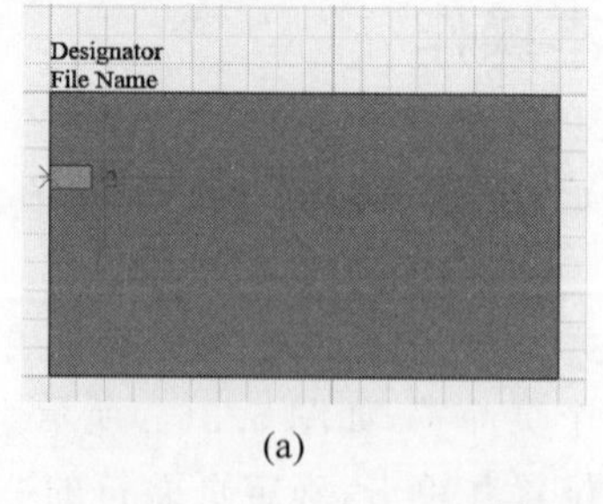

(a)

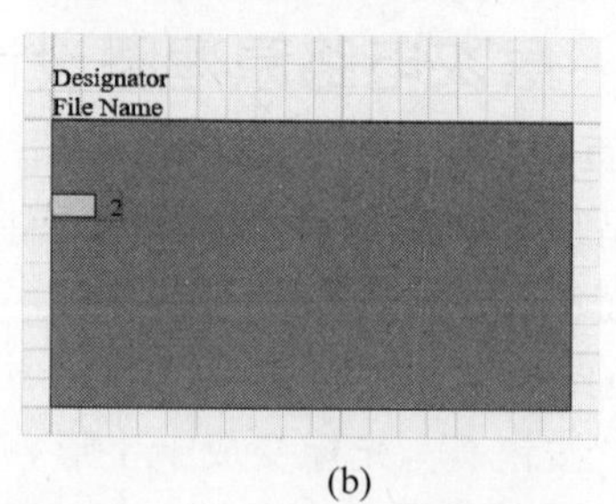

(b)

图 5.5 放置图纸入口

(4) 设置图纸入口的属性。双击图纸入口，弹出图纸入口属性面板，如图5.6所示。在图纸入口属性面板中，可以设置图纸入口的Name（名称）、I/O Type（I/O类型）等属性参数。其余参数采用系统默认值。

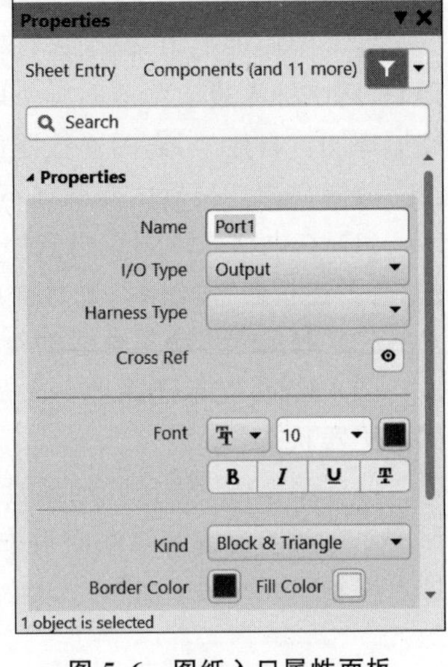

图 5.6　图纸入口属性面板

3. 放置 I/O 端口

I/O 端口主要用于多个子电路原理图之间的相互连接。相同名称的 I/O 端口在电气上是连接在一起的。在单独一个电路原理图中，一般使用导线、网络标签、总线及总线入口等进行电气连接，不必使用 I/O 端口，而在层次电路原理图设计时，常常需要放置 I/O 端口。

放置 I/O 端口的步骤如下。

(1) 在电路原理图编辑器中，选择“放置”→“端口”选项，或者单击布线工具栏中的“放置端口”按钮，光标变成十字形，并带着一个 I/O 端口，如图 5.7(a)所示。

(2) 把光标移到导线一端并单击，确定 I/O 端口一端的位置，如图 5.7(b)所示。

(3) 把光标移到适当位置，确定 I/O 端口另一端的位置，如图 5.7(c)所示。

(4) 单击，就放置了一个 I/O 端口，如图 5.7(d)所示。

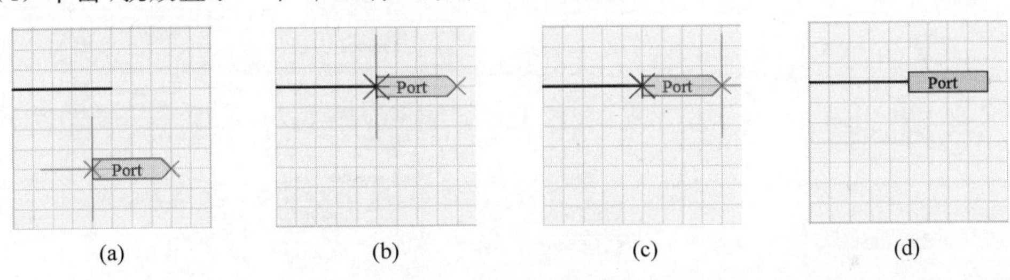

图 5.7　放置 I/O 端口

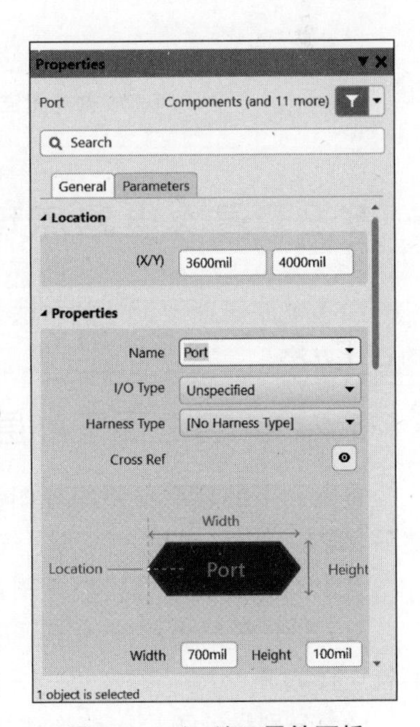

图 5.8　I/O 端口属性面板

(5) 此时，光标还黏着一个 I/O 端口，可以继续放置 I/O 端口。右击，退出放置 I/O 端口状态。

(6) 设置 I/O 端口的属性。双击 I/O 端口，弹出 I/O 端口属性面板，如图 5.8 所示。在 I/O 端口属性面板中，可以设置 I/O 端口的 Location(位置)、Name(名称)、I/O Type (I/O 类型)、Width(宽度)和 Height(高度)等属性参数。

在 I/O 端口的属性参数中，Name(名称)是最重要的。在层次电路原理图中，通过相同名称的 I/O 端口，把多个子电路原理图连接在一起，构成完整的电路原理图。I/O 类型也比较重要，它指明端口的电气类型。I/O 端口有四种类型，分别是 Unspecified(未指定)、Output(输出)、Input(输入)和 Bidirectional(双向)。

注意：顶层电路原理图中的图纸入口与子电路原理图中的 I/O 端口是相对应的。例如，在顶层电路原理图中，页面符“子电路原理图 1”的图纸入口 Port1 就是子电路原理图 1 的 I/O 端口 Port1。

4. 放置离图连接器

在电路原理图中，离图连接器与网络标签的功能是一样的，都是用于多点的电气连接。但是，网络标签通常用于同一个电路原理图，而离图连接器通常用于同一个工程中的不同电路原理图。自然地，离图连接器可以用于层次电路原理图的设计。

放置离图连接器的步骤如下。

（1）在电路原理图编辑器中，选择"放置"→"离图连接器"选项，或者单击快捷工具栏中的"离图连接器"按钮，光标变成十字形，并黏着一个离图连接器，如图5.9(a)所示。

（2）把光标移动到合适的位置并单击，就放置了一个离图连接器，如图5.9(b)所示。

（3）此时，光标还黏着一个离图连接器，可以继续放置离图连接器。右击，退出放置离图连接器状态。

（4）设置离图连接器的属性。双击离图连接器，弹出离图连接器属性面板，如图5.10所示。在离图连接器属性面板中，可以设置离图连接器的(X/Y)(坐标)、Rotation(旋转角度)、Net Name(网络名称)、Style(类型)等属性参数。

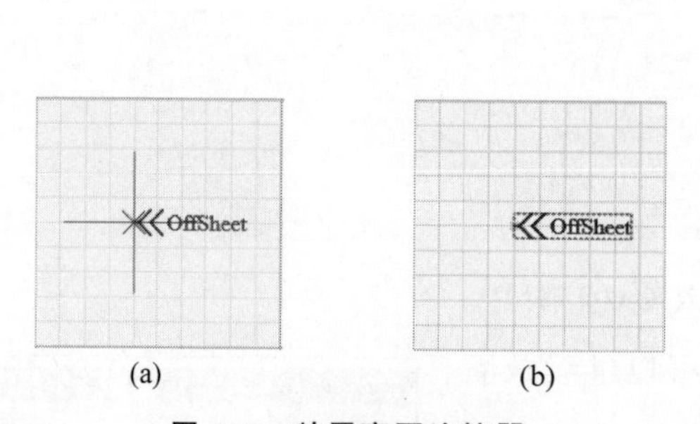

图5.9 放置离图连接器

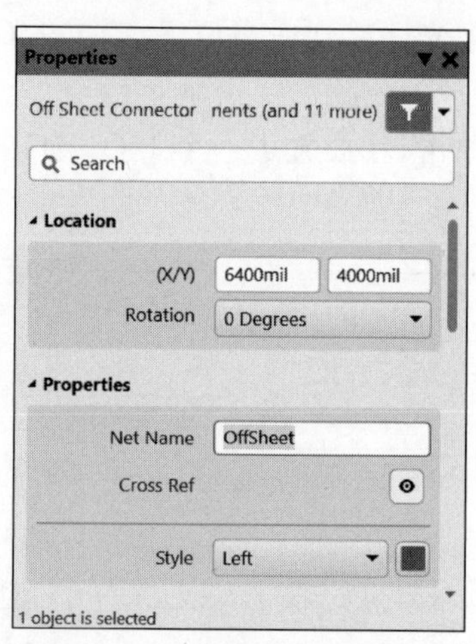

图5.10 离图连接器属性面板

5.2 层次电路原理图的设计方法

层次电路原理图设计的方法有两种：一种是自上而下的设计方法；另一种是自下而上的设计方法。

5.2.1 自上而下的层次电路原理图设计

自上而下的层次电路原理图设计的思路：首先，把电路分成多个相对独立的功能模块；然后，确定模块与模块之间的电气连接关系；最后，对每个模块进行详细设计。

自上而下的层次电路原理图设计的步骤如下。

（1）设计顶层电路原理图。用页面符代表各个功能模块，用图纸入口和导线把所有页面符连接起来。

（2）分别设计顶层电路原理图中每个页面符所对应的子电路原理图。

采用这种方法设计层次电路原理图，要求主设计师对整个电路有比较深入的理解，能够站在全局的高度把握整个电路设计的关键任务，对电路的功能划分要有清晰的思路，能够合理地把整个电路划分为功能相对独立的模块。

下面以多传感器信号采集系统的电路原理图设计为例，详细介绍自上而下的层次电路原理图设计的步骤。

1. 分析

通过与用户沟通得知，用户希望设计一个多传感器信号采集系统，要求系统具有如下功能：用一个压力传感器采集环境的压力信息，用一个温度传感器采集环境的温度信息，把采集到的环境信息传送到单片机的两个引脚，由单片机进行处理。

通过分析容易看出，按照功能特征划分，可以把系统分成三个模块，即压力传感器模块、温度传感器模块和单片机信息处理模块。

由于每个模块的元件比较多，电路结构比较复杂，电气连接比较繁杂，如果在一张图纸上设计整个系统的电路原理图，那么图纸内容过多，比较拥挤，不方便阅读，因此，考虑采用自上而下的层次电路原理图设计方法来设计本系统的电路原理图。

2. 设计顶层电路原理图

根据前面的分析，在顶层电路原理图中，应该设计三个页面符，分别是Sensor1、Sensor2和MCU。页面符Sensor1和Sensor2应该各有一个输出型的图纸入口，分别向MCU传送各自采集到的环境信息。页面符MCU应该有两个输入型的图纸入口，接收两个传感器传送来的环境信息。

顶层电路原理图设计的步骤如下。

(1) 新建工程“多传感器信号采集系统.PrjPcb”。

(2) 在AD 24的主窗口，选择“文件”→“新的”→“原理图”选项，在该工程中新建一个电路原理图设计文件“顶层电路原理图.SchDoc”。

(3) 在电路原理图编辑器中，选择“放置”→“页面符”选项，或者单击布线工具栏中的“放置页面符”按钮，光标变成十字形，并黏着一个页面符。

(4) 把光标移到图纸上，在需要放置页面符的位置单击，确定页面符的一个顶点。再移动光标，确定页面符的对角顶点。单击，就放置了一个页面符。

(5) 双击这个页面符，弹出页面符属性面板。在页面符属性面板中，把参数Designator设置为MCU，把参数File Name设置为MCU.SchDoc，其余参数采用系统默认值。

(6) 重复步骤(3)～步骤(5)，在图纸上分别放置另外两个页面符，把它们的参数Designator分别设置为Sensor1和Sensor2，把它们的参数File Name分别设置为Sensor1.SchDoc和Sensor2.SchDoc。

页面符放置完成的顶层电路原理图如图5.11所示。

(7) 在电路原理图编辑器中，选择“放置”→“添加图纸入口”选项，或者单击布线工具栏中的“放置图纸入口”按钮，光标变成十字形，并黏着一个图纸入口。

(8) 把光标移到页面符MCU的左侧内边框，在偏上的位置单击，就放置了一个图纸入口。

(9) 双击这个图纸入口，弹出图纸入口属性面板。在图纸入口属性面板中，把参数Name设置为Port1，把参数I/O Type设置为Input，其余参数采用系统默认值。

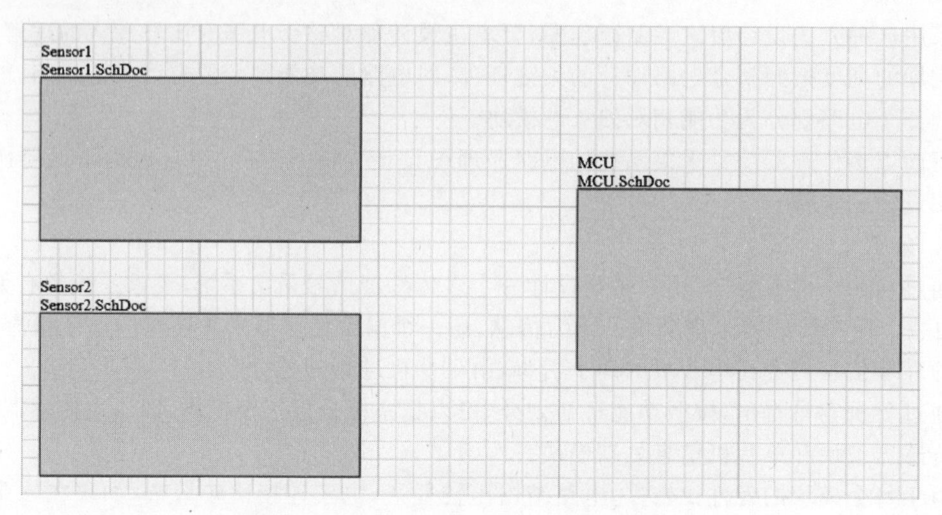

图 5.11　页面符放置完成的顶层电路原理图

（10）重复步骤（7）～步骤（9），在三个页面符上分别放置一个图纸入口，并设置各个图纸入口的参数。在页面符 MCU 的第二个图纸入口，参数 Name 设置为 Port2，参数 I/O Type 设置为 Input。在页面符 Sensor1 的图纸入口，参数 Name 设置为 Port1，参数 I/O Type 设置为 Output。在页面符 Sensor2 的图纸入口，参数 Name 设置为 Port2，参数 I/O Type 设置为 Output。

图纸入口放置完成的顶层电路原理图如图 5.12 所示。

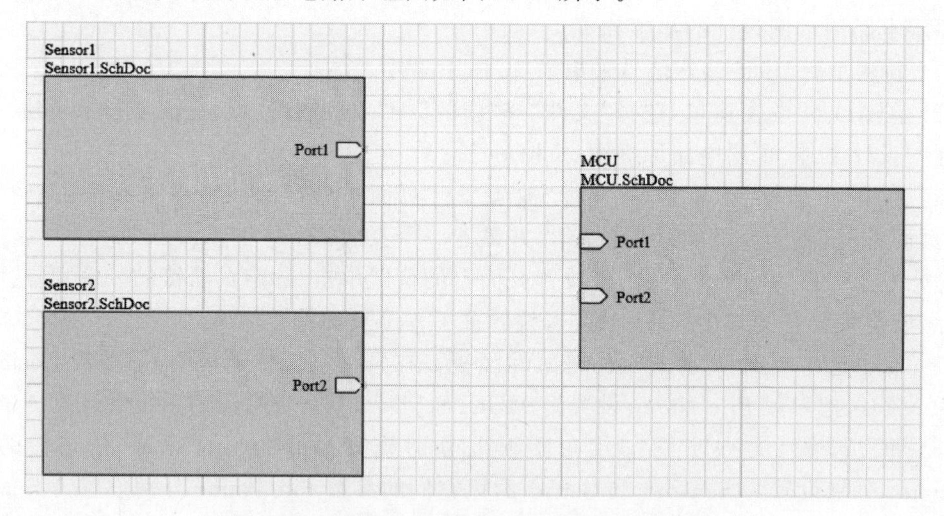

图 5.12　图纸入口放置完成的顶层电路原理图

（11）绘制导线，用导线把各个页面符上的同名图纸入口连接起来，完成顶层电路原理图的设计。

顶层电路原理图的设计结果如图 5.13 所示。

3. 设计子电路原理图

顶层电路原理图有 Sensor1、Sensor2 和 MCU 三个页面符，各自代表一个子电路原理图。下面分别设计这三个子电路原理图。

设计子电路原理图 Sensor1 的步骤如下。

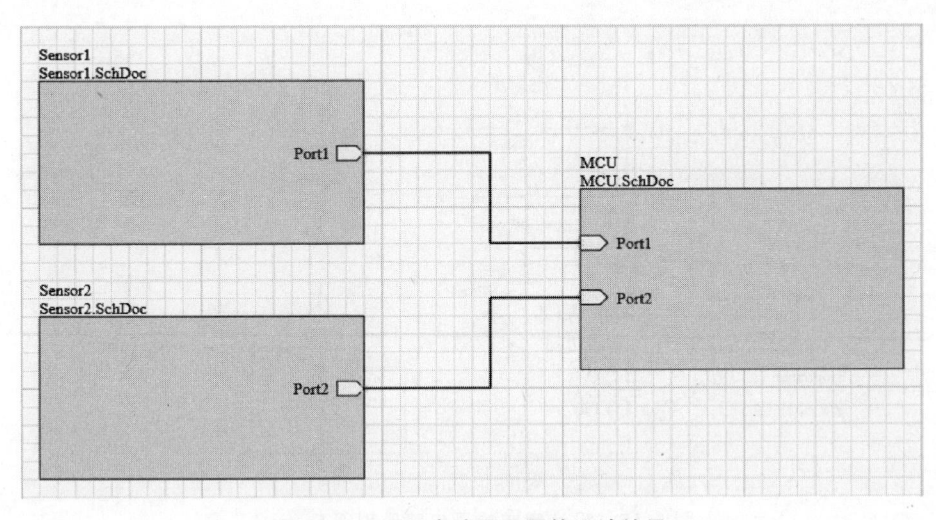

图 5.13　顶层电路原理图的设计结果

(1) 新建子电路原理图。在顶层电路原理图,右击页面符 Sensor1,在弹出的快捷菜单中选择"页面符操作"→"从页面符创建图纸"选项。此时,从工程窗格可以看出,在顶层电路原理图设计文件"顶层电路原理图. SchDoc"下,出现子电路原理图设计文件 Sensor1. SchDoc。

(2) 设计子电路原理图。子电路原理图 Sensor1 主要包括压力传感器、差分前置放大器和一个输出型 I/O 端口。子电路原理图的设计方法已经在第 3 章详细介绍过了,此处不再赘述。设计已完成的子电路原理图 Sensor1 如图 5.14 所示。

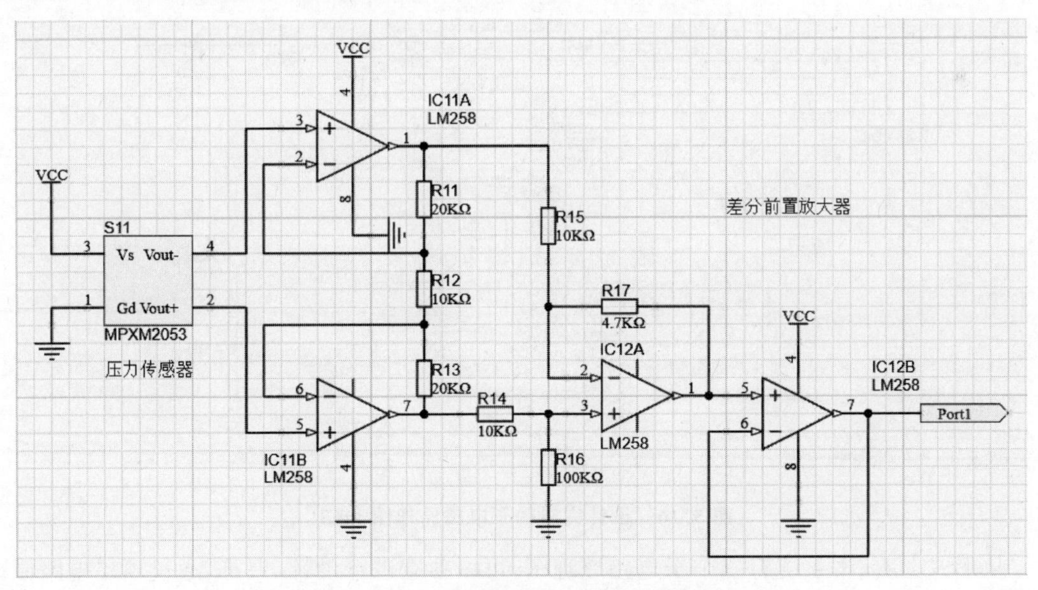

图 5.14　设计已完成的子电路原理图 Sensor1

用同样的方法,可以设计子电路原理图 Sensor2 和 MCU,得到子电路原理图设计文件 Sensor2. SchDoc 和 MCU. SchDoc。

子电路原理图 Sensor2 主要包括温度传感器接口、放大器和一个输出型 I/O 端口。设计完成的子电路原理图 Sensor2 如图 5.15 所示。

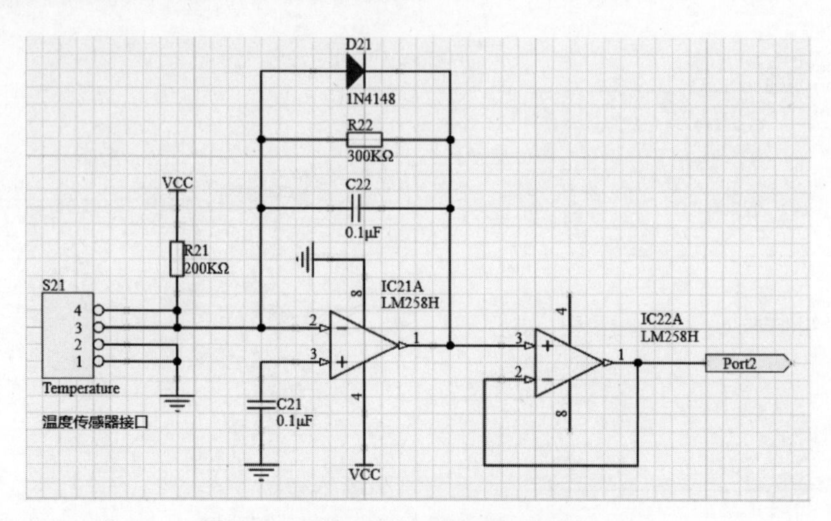

图 5.15　设计完成的子电路原理图 Sensor2

子电路原理图 MCU 主要包括单片机最小系统、USB 接口和两个输入型 I/O 端口。其中，USB 接口用于单片机与计算机之间的通信连接。设计完成的子电路原理图 MCU 如图 5.16 所示。

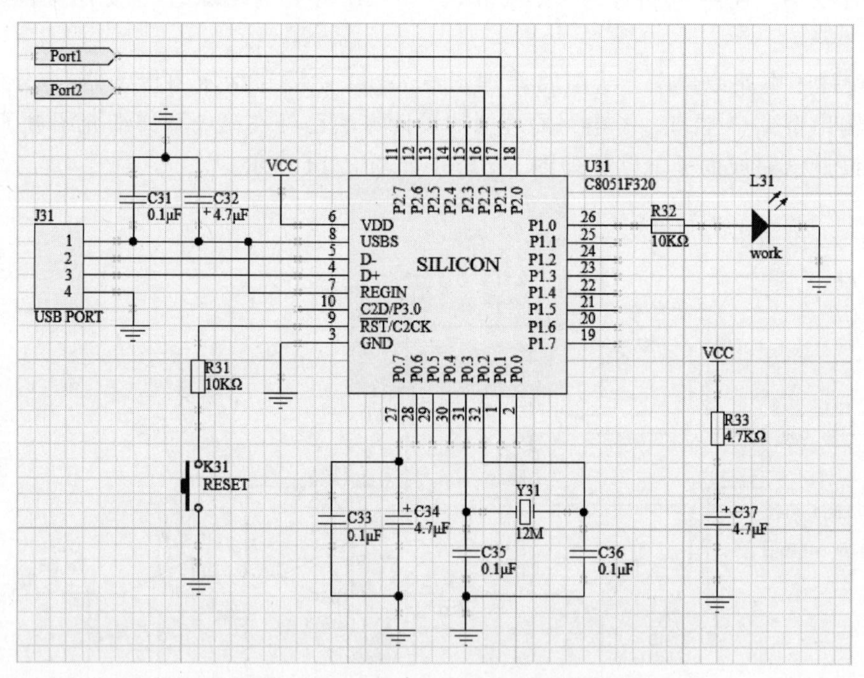

图 5.16　设计完成的子电路原理图 MCU

从形式上看，本系统有三个子电路原理图，可以独立进行设计，但是，通过顶层电路原理图中的图纸入口和子电路原理图中的 I/O 端口 Port1、Port2，三个子电路原理图实际上是连接在一起的，在工程验证时，AD 24 把它们看作一个整体。因此，从本质上看，三个子电路原理图组成了一个电路原理图。这样，在三个子电路原理图中，所有电路原理图元件的标识符都不能重复。为了便于识别电路原理图元件，在 Sensor1. SchDoc 中，把电路原理图元件标识符的数字前加上 1，如 R11、C11 等；在 Sensor2. SchDoc 中，把电路原理图元件标识符的数字前加上 2,如 R21、C21 等；在 MCU. SchDoc 中,把电路原理图元件标识符的数字前加上 3,如 R31、C31 等。

4. 工程验证

在电路原理图编辑器中,选择“项目”→“Validate PCB Project 多传感器信号采集系统. PrjPcb”选项,对层次电路原理图进行工程验证。在工程验证之后,在工程面板中,可以看到顶层电路原理图与子电路原理图的上下层关系,如图 5.17 所示。

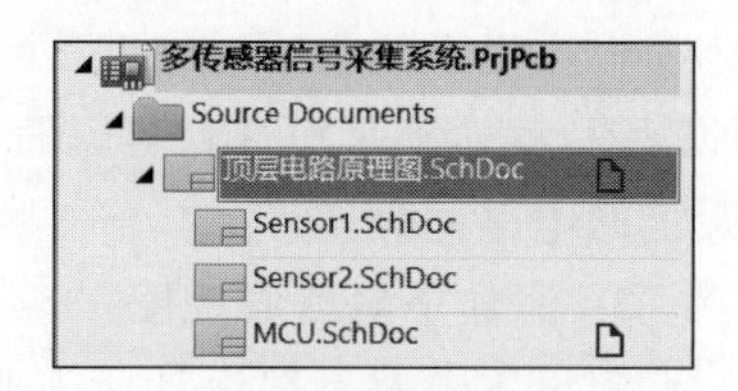

图 5.17 顶层电路原理图与子电路原理图的上下层关系

至此,采用自上而下的层次电路原理图设计方法,完成了多传感器信号采集系统的层次电路原理图的设计。

5.2.2 自下而上的层次电路原理图设计

对于一个电路原理图元件繁多、结构复杂、功能模块划分明确的电路来说,采用层次电路原理图设计理念,使用自上而下的设计方法,能够使所设计的电路原理图层次清楚,而每个子电路原理图又相对简单。同时,采用分而治之的工作方式,把复杂的工作化整为零,便于多位设计者分工协作,可以提高工作效率。

在电路原理图设计实践中,设计者经常会发现这样的现象：对于已经设计好的若干个电路模块,把不同电路模块进行组合,将会产生功能不同的电路系统。基于这种情况,设计者可以根据自己的设计需要,选择若干个已有的电路模块,通过组合,产生一个符合设计目标的电路系统。此时,可以使用自下而上的设计方法。

自下而上的层次电路原理图设计的思路：首先,根据现有电路模块的功能,选择符合设计需要的子电路原理图；然后,由子电路原理图生成页面符；最后,把页面符连接起来,产生一个符合设计目标的电路系统。

自下而上的层次电路原理图设计的步骤如下。

(1) 从现有的子电路原理图中挑选符合设计需要的子电路原理图。如果个别电路模块没有对应的子电路原理图,那么首先设计这些电路模块的子电路原理图。

(2) 设计顶层电路原理图。把子电路原理图转化为页面符,用图纸入口和导线把所有页面符连接起来,从逻辑上构成一个完整的抽象电路。

采用这种方法设计层次电路原理图,要求设计者对现有电路模块的功能比较熟悉,同时,还要了解各个电路模块的输入、输出端口,以便选出符合设计需要的子电路原理图,并把它们正确连接起来,从而得到整个电路系统。

下面仍然以多传感器信号采集系统的电路原理图为例,详细介绍自下而上的层次电路原理图设计的步骤。

1. 分析

如 5.2.1 小节所述,用户需要设计一个多传感器信号采集系统,其具有如下功能：用一个压力传感器采集环境的压力信息,用一个温度传感器采集环境的温度信息,然后传送到单片机的两个引脚,由单片机对环境信息进行处理。

假设在平时的电路原理图设计实践中,设计者积累了很多电路功能模块的电路原理图,其中包含了本电路系统设计所需要的压力传感器模块、温度传感器模块和带 USB 接口的单片机最小系统。压力传感器模块和温度传感器模块采集的环境信息经过放大整形后，变成单片机能够直接接收、处理的数字信号，并且分别只需用一根数据线输出。

根据以上假设，只要把三个电路功能模块的电路原理图连接起来，组成一个完整的电路原理图，就达到了设计目标，因此，考虑采用自下而上的层次电路原理图设计方法来设计本系统的电路原理图。

2. 添加子电路原理图

假设本电路系统设计所需要的压力传感器模块、温度传感器模块和带USB接口的单片机最小系统等功能模块均已存在，它们对应的电路原理图设计文件分别为Sensor1.SchDoc、Sensor2.SchDoc和MCU.SchDoc，因此，无须再设计子电路原理图，只要把它们添加到工程中即可。

添加子电路原理图的步骤如下。

(1) 新建工程“多传感器信号采集系统.PrjPcb”。

(2) 在电路原理图编辑器中，选择“项目”→“添加已有的项目”选项，弹出“Choose Documents to Add to Project [多传感器信号采集系统.PrjPcb]”对话框，如图5.18所示。

图5.18 “Choose Documents to Add to Project [多传感器信号采集系统.PrjPcb]”对话框

(3) 选择Sensor1.SchDoc，单击“打开”按钮，就把电路原理图设计文件Sensor1.SchDoc添加到工程中了。

(4) 重复步骤(2)和(3)，把电路原理图设计文件Sensor2.SchDoc和MCU.SchDoc添加到工程中。

此时，工程虽然包含了三个电路原理图设计文件，但是，这三个电路原理图设计文件是各自独立的，彼此之间没有电气连接关系，尚未组成一个完整的电路原理图，因此，还需要设计顶层电路原理图，以确定三个电路原理图的电气连接关系。

3. 设计顶层电路原理图

设计顶层电路原理图的步骤如下。

(1) 在上述三个电路原理图中，放置I/O端口。子电路原理图中的I/O端口是子电路原理图之间进行电气连接的通道，应该根据具体设计要求进行放置。

在Sensor1.SchDoc中，压力传感器采集的信号传送给单片机的P2.1引脚，因此，在Sensor1.SchDoc的信号输出端放置一个输出型的I/O端口，名称设置为Port1。

在 Sensor2. SchDoc 中,温度传感器采集的信号传送给单片机的 P2.2 引脚,因此,在 Sensor2. SchDoc 的信号输出端放置一个输出型的 I/O 端口,名称设置为 Port2。

在 MCU. SchDoc 中,两个传感器采集的信号分别通过单片机的 P2.1、P2.2 引脚传送到单片机,因此,在单片机的 P2.1、P2.2 引脚分别放置一个输入型的 I/O 端口,名称分别设置为 Port1、Port2。

在逻辑上,Sensor1. SchDoc 中的输出端口 Port1 与 MCU. SchDoc 中的输入端口 Port1 是连接在一起的,Sensor2. SchDoc 中的输出端口 Port2 与 MCU. SchDoc 中的输入端口 Port2 是连接在一起的。

放置了 I/O 端口的三个电路原理图如图 5.14～图 5.16 所示。

(2) 在工程"多传感器信号采集系统. PrjPcb"中,新建一个电路原理图设计文件"顶层电路原理图. SchDoc"。

(3) 打开电路原理图文件"顶层电路原理图. SchDoc",在电路原理图编辑器中,选择"设计"→Create Sheet Symbol From Sheet 选项,弹出 Choose Document to Place 对话框,如图 5.19 所示。

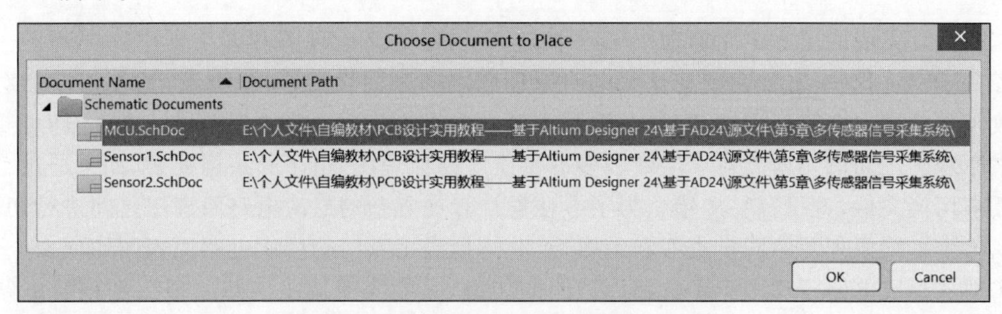

图 5.19 Choose Document to Place 对话框

(4) 选择 MCU. SchDoc,单击 OK 按钮,光标变成十字形状,并黏着一个页面符。把光标移到顶层电路原理图中,在适当的位置单击,就放置了一个页面符,如图 5.20 所示。该页面符的默认标识符为 U_MCU,在左边沿内侧已经放置了两个图纸入口 Port1、Port2,图纸入口类型与电路原理图 MCU. SchDoc 中的 I/O 端口类型一致。

(5) 设置页面符的属性。首先,调整页面符的大小和图纸入口的位置;然后,双击页面符,弹出页面符属性面板,在属性面板中,把标识符改为 MCU。设置属性后的页面符如图 5.21 所示。

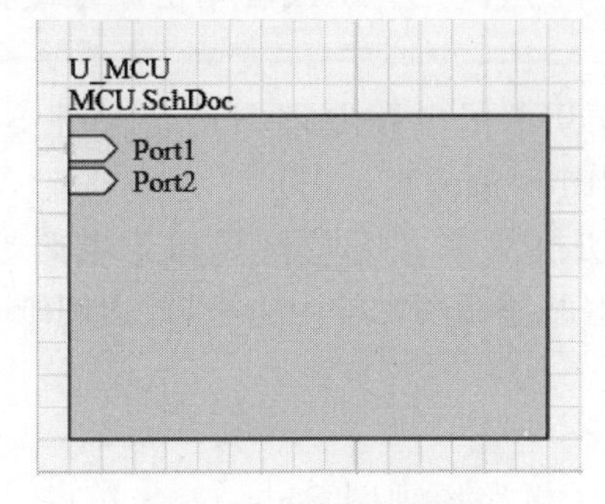

图 5.20 放置页面符

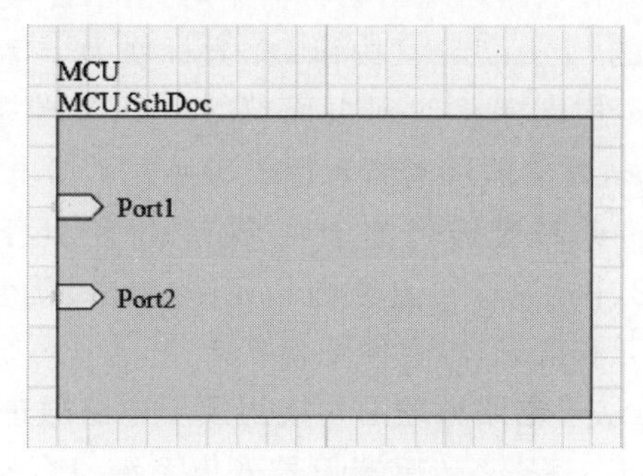

图 5.21 设置属性后的页面符

(6) 重复步骤(3)～(5),在顶层电路原理图中分别放置电路原理图设计文件 Sensor1.SchDoc、Sensor2.SchDoc 的页面符 Sensor1、Sensor2。

(7) 绘制导线,用导线把相同名称的图纸入口连接起来,完成顶层电路原理图的设计,设计结果如图 5.13 所示。

4. 工程验证

在电路原理图编辑器中,选择“项目”→“Validate PCB Project 多传感器信号采集系统.PrjPcb”选项,对层次电路原理图进行工程验证。工程验证之后,在工程面板中可以看到顶层电路原理图与子电路原理图的上下层关系,如图 5.17 所示。

至此,采用自下而上的层次电路原理图设计方法,完成了多传感器信号采集系统的层次电路原理图的设计。

5.3 层次电路原理图的管理

5.3.1 层次电路原理图之间的切换

在设计完成的层次电路原理图工程中,包含顶层电路原理图和多个子电路原理图。设计者在编辑过程中,常常需要在这些电路原理图之间来回切换,不断查看,反复修改。对于层数较少的层次电路原理图,直接在工程面板中单击相应的电路原理图设计文件,即可实现电路原理图之间的切换。对于层数较多的层次电路原理图,由于其结构复杂,如果通过工程面板来切换文件,就很容易出错。为了方便设计者在复杂的层次电路原理图之间进行切换,实现多个电路原理图的同步查看和编辑,AD 24 提供了专门的层次电路原理图切换命令,既能实现从顶层电路原理图到子电路原理图的切换,又能实现从子电路原理图到顶层电路原理图的切换。

为了实现顶层电路原理图与子电路原理图之间的相互切换,首先应该进行工程验证,使得顶层电路原理图与子电路原理图之间存在上下层关系。

下面以多传感器信号采集系统的电路原理图为例,介绍层次电路原理图切换的方法。

1. 从顶层电路原理图切换到子电路原理图

对于工程“多传感器信号采集系统.PrjPcb”,从“顶层电路原理图.SchDoc”切换到子电路原理图 Sensor2.SchDoc 的步骤如下。

(1) 打开“顶层电路原理图.SchDoc”。

(2) 在电路原理图编辑器中,选择“工具”→“上/下层次”选项,或者单击原理图标准工具栏中的“上/下层次”按钮,光标变为十字形。

(3) 把光标移动到页面符 Sensor2,单击,就打开了子电路原理图设计文件 Sensor2.SchDoc,即从顶层电路原理图切换到了子电路原理图 Sensor2。

(4) 此时光标仍为十字形,系统仍处于文件切换状态。把光标移到子电路原理图 Sensor2 中的某个电路原理图元件,单击,就会以该电路原理图元件为中心,放大图纸。

(5) 右击,退出文件切换状态。

2. 从子电路原理图切换到顶层电路原理图

对于工程“多传感器信号采集系统.PrjPcb”,从子电路原理图 Sensor2.SchDoc 切换到“顶层电路原理图.SchDoc”的步骤如下。

(1) 打开子电路原理图设计文件 Sensor2. SchDoc。

(2) 在电路原理图编辑器中,选择"工具"→"上/下层次"选项,或者单击原理图标准工具栏中的"上/下层次"按钮,光标变为十字形。

(3) 移动光标到子电路原理图 Sensor2. SchDoc 的 I/O 端口 Port2 处,单击,就打开了顶层电路原理图设计文件"顶层电路原理图. SchDoc",即从子电路原理图 Sensor2 切换到了顶层电路原理图。在顶层电路原理图中,图纸入口 Port2 处于放大、高亮显示状态。

(4) 此时光标仍为十字形,系统仍处于文件切换状态。把光标移到 I/O 端口 Port2 处,单击,可以在子电路原理图 Sensor2 的 I/O 端口 Port2 与顶层电路原理图的图纸入口 Port2 之间来回切换。

(5) 右击,退出文件切换状态。

5.3.2 层次电路原理图设计报表

层次电路原理图设计报表主要包括材料清单、电路原理图元件交叉参考和端口交叉参考等。

1. 材料清单

对于工程"多传感器信号采集系统. PrjPcb",生成材料清单报表的步骤如下。

(1) 打开工程"多传感器信号采集系统. PrjPcb",并打开有关电路原理图设计文件。

(2) 在电路原理图编辑器中,选择"报告"→Bill of Materials 选项,弹出"Bill of Materials for Project [多传感器信号采集系统. PrjPcb]"对话框,如图 5.22 所示。在对话框的左边窗格,列出了该电路原理图的材料清单。清单共有 13 行,每一行显示一类元件信息。

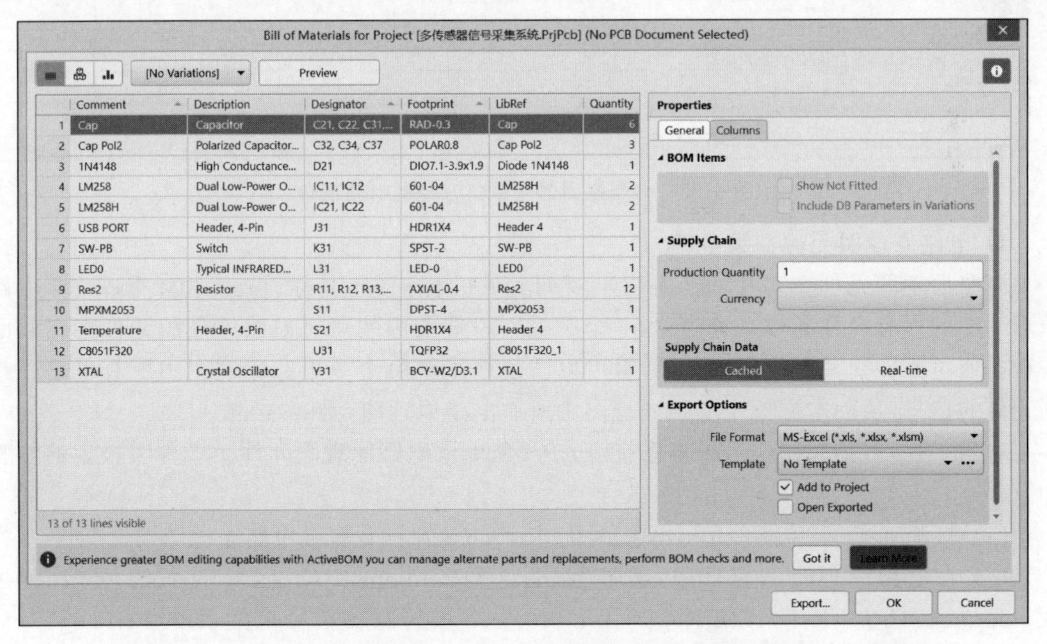

图 5.22 "Bill of Materials for Project [多传感器信号采集系统. PrjPcb]"对话框

(3) 为了方便阅读和使用,可以把材料清单导出,生成 Excel 表格。在"Bill of Materials for Project [多传感器信号采集系统. PrjPcb]"对话框中,选择 General 标签,在 Export

Options 选项组，可以设置 File Format（文件格式）、Template（模板），选中 Add to Project 复选框。

（4）设置完成后，单击 Export 按钮，弹出“另存为”对话框。

（5）在“另存为”对话框中，选择保存文件的文件夹，单击“保存”按钮，退出“另存为”对话框。此时，在工程“多传感器信号采集系统. PrjPcb”下的文件夹 Generated\Documents 中，可以看到“多传感器信号采集系统. xlsx”，这就是材料清单。双击该材料清单，打开单片机多传感器信号采集系统的材料清单，如图 5.23 所示。

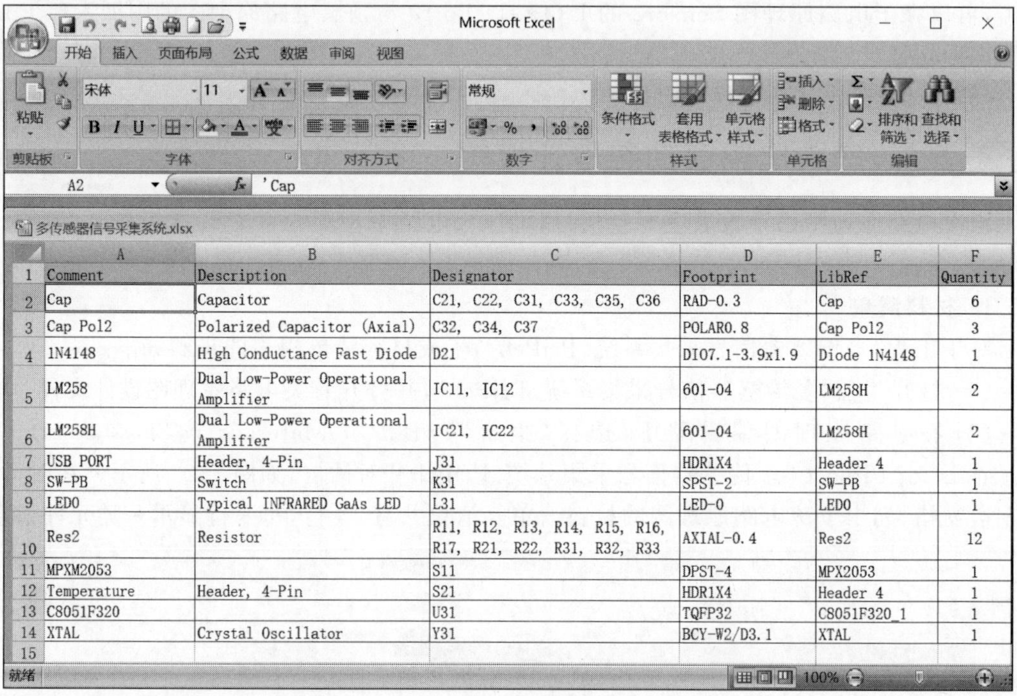

	A	B	C	D	E	F
1	Comment	Description	Designator	Footprint	LibRef	Quantity
2	Cap	Capacitor	C21, C22, C31, C33, C35, C36	RAD-0.3	Cap	6
3	Cap Pol2	Polarized Capacitor (Axial)	C32, C34, C37	POLAR0.8	Cap Pol2	3
4	1N4148	High Conductance Fast Diode	D21	DIO7.1-3.9x1.9	Diode 1N4148	1
5	LM258	Dual Low-Power Operational Amplifier	IC11, IC12	601-04	LM258H	2
6	LM258H	Dual Low-Power Operational Amplifier	IC21, IC22	601-04	LM258H	2
7	USB PORT	Header, 4-Pin	J31	HDR1X4	Header 4	1
8	SW-PB	Switch	K31	SPST-2	SW-PB	1
9	LED0	Typical INFRARED GaAs LED	L31	LED-0	LED0	1
10	Res2	Resistor	R11, R12, R13, R14, R15, R16, R17, R21, R22, R31, R32, R33	AXIAL-0.4	Res2	12
11	MPXM2053		S11	DPST-4	MPX2053	1
12	Temperature	Header, 4-Pin	S21	HDR1X4	Header 4	1
13	C8051F320		U31	TQFP32	C8051F320_1	1
14	XTAL	Crystal Oscillator	Y31	BCY-W2/D3.1	XTAL	1
15						

图 5.23　多传感器信号采集系统的材料清单

2. 电路原理图元件交叉参考

电路原理图元件交叉参考报表用于罗列元件的标识符、名称、描述、PCB 脚印、在电路原理图库的参考名称和数量等信息，一个子电路原理图中的所有电路原理图元件占报表的一行。通过元件交叉引用报表，设计者可以清楚地了解每个子电路原理图中所有电路原理图元件的信息，从而掌握整个电路原理图中所有电路原理图元件的信息。

对于工程“多传感器信号采集系统. PrjPcb”，生成电路原理图元件交叉参考报表的步骤如下。

（1）打开工程“多传感器信号采集系统. PrjPcb”，并打开有关电路原理图设计文件。

（2）在电路原理图编辑器中，选择“报告”→Component Cross Reference 选项，弹出“Component Cross Reference Report for Project [多传感器信号采集系统. PrjPcb]”对话框，如图 5.24 所示。

（3）在“Component Cross Reference Report for Project [多传感器信号采集系统. PrjPcb]”对话框的左侧，列出了该工程的电路原理图元件交叉参考报表。报表共有 3 行，每一行显示一个子电路原理图的所有电路原理图元件信息。由于内容较多，又不能调整行

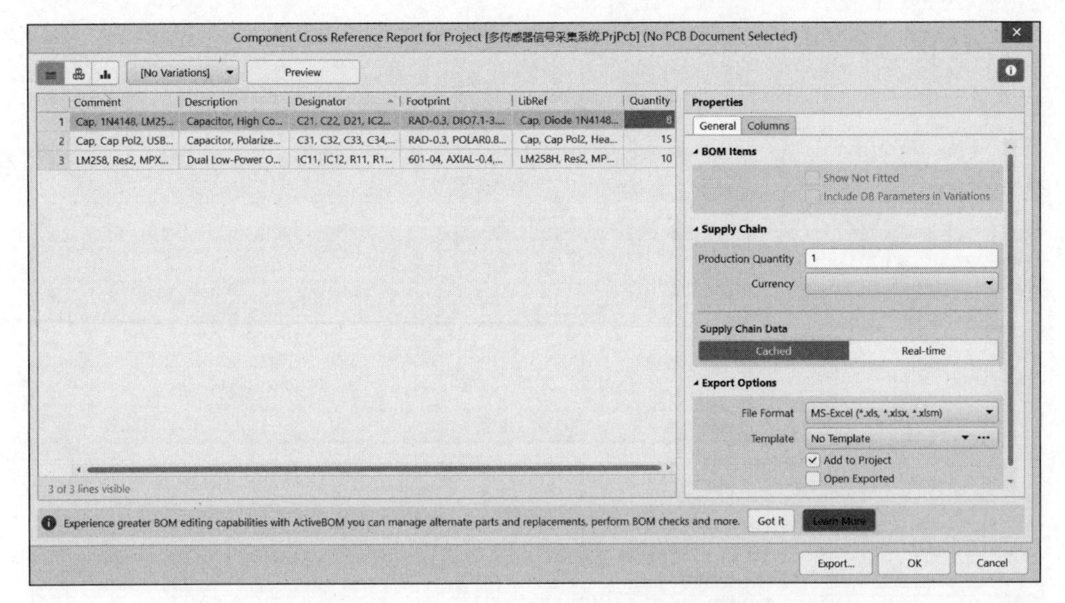

图 5.24　"Component Cross Reference Report for Project［多传感器信号采集系统.PrjPcb］"对话框

高，因此，有些内容没有显示出来，不方便阅读。为了解决这个问题，可以把报表导出，生成Excel表格。选择General标签，在Export Options选项组，可以设置File Format（文件格式）、Template（模板），选中Add to Project、Open Exported复选框。

（4）单击Export按钮，弹出"另存为"对话框，如图5.25所示。为了不使前面生成的材料清单报表被替换掉，这里把文件名换成"多传感器信号采集系统1.xlsx"。

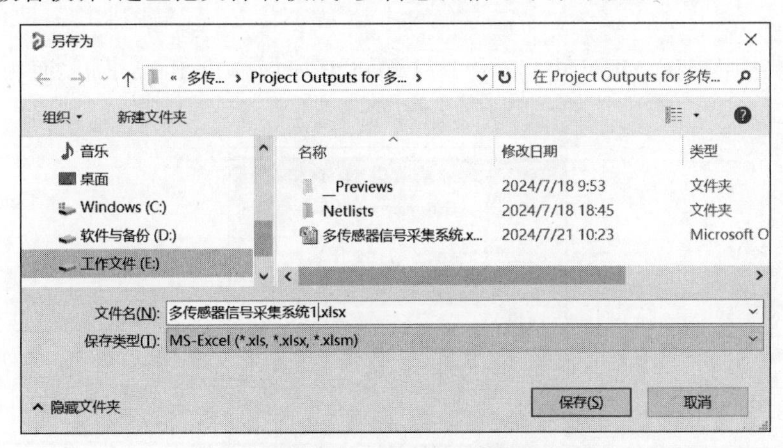

图 5.25　"另存为"对话框

（5）单击"保存"按钮，在工程面板的文件夹Generated\Documents中，可以看到"多传感器信号采集系统1.xlsx"，这就是该工程的电路原理图元件交叉参考报表。

（6）双击该电路原理图元件交叉参考报表，打开Excel编辑器，电路原理图元件交叉参考报表如图5.26所示。

3. 端口交叉参考

端口交叉参考用于指示子电路原理图中各个I/O端口的引用关系，它没有独立的文件输出，而是把引用参考作为一种标识，添加到子电路原理图I/O端口的旁边。

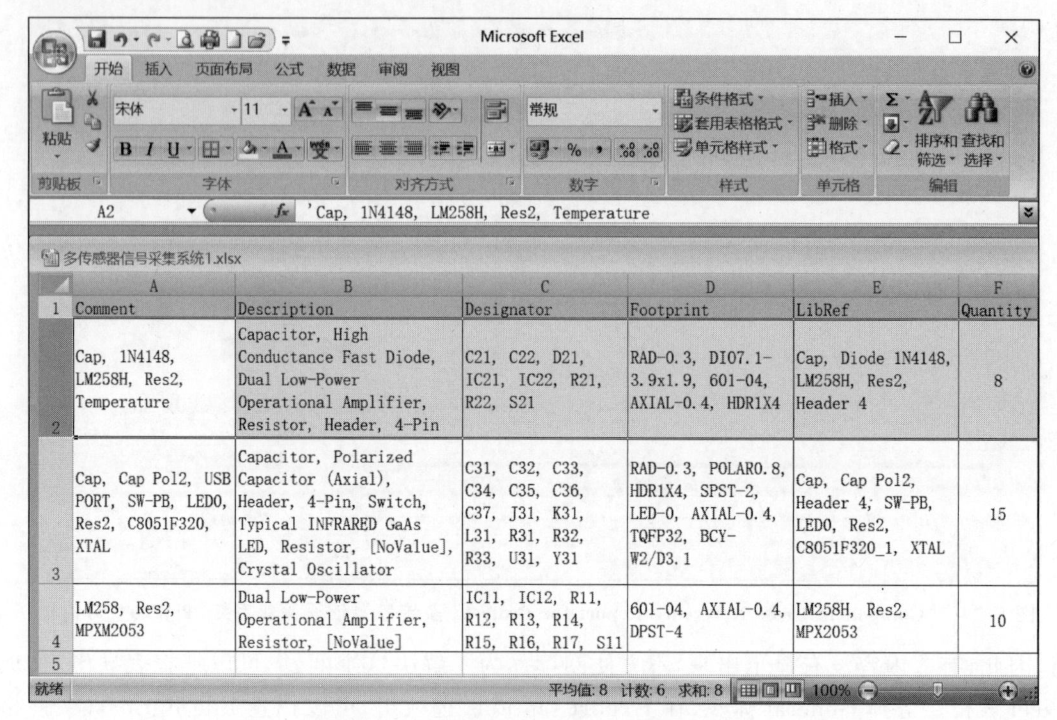

	Comment	Description	Designator	Footprint	LibRef	Quantity
2	Cap, 1N4148, LM258H, Res2, Temperature	Capacitor, High Conductance Fast Diode, Dual Low-Power Operational Amplifier, Resistor, Header, 4-Pin	C21, C22, D21, IC21, IC22, R21, R22, S21	RAD-0.3, DIO7.1-3.9x1.9, 601-04, AXIAL-0.4, HDR1X4	Cap, Diode 1N4148, LM258H, Res2, Header 4	8
3	Cap, Cap Pol2, USB PORT, SW-PB, LED0, Res2, C8051F320, XTAL	Capacitor, Polarized Capacitor (Axial), Header, 4-Pin, Switch, Typical INFRARED GaAs LED, Resistor, [NoValue], Crystal Oscillator	C31, C32, C33, C34, C35, C36, C37, J31, K31, L31, R31, R32, R33, U31, Y31	RAD-0.3, POLAR0.8, HDR1X4, SPST-2, LED-0, AXIAL-0.4, TQFP32, BCY-W2/D3.1	Cap, Cap Pol2, Header 4, SW-PB, LED0, Res2, C8051F320_1, XTAL	15
4	LM258, Res2, MPXM2053	Dual Low-Power Operational Amplifier, Resistor, [NoValue]	IC11, IC12, R11, R12, R13, R14, R15, R16, R17, S11	601-04, AXIAL-0.4, DPST-4	LM258H, Res2, MPX2053	10

图 5.26 电路原理图元件交叉参考报表

对于工程“多传感器信号采集系统.PrjPcb”，添加端口交叉参考的方法如下。

(1) 打开工程“多传感器信号采集系统.PrjPcb”和子电路原理图设计文件 MCU.SchDoc。

(2) 在电路原理图 MCU 中，双击 I/O 端口 Port1，弹出 Properties 面板，如图 5.27 所示。

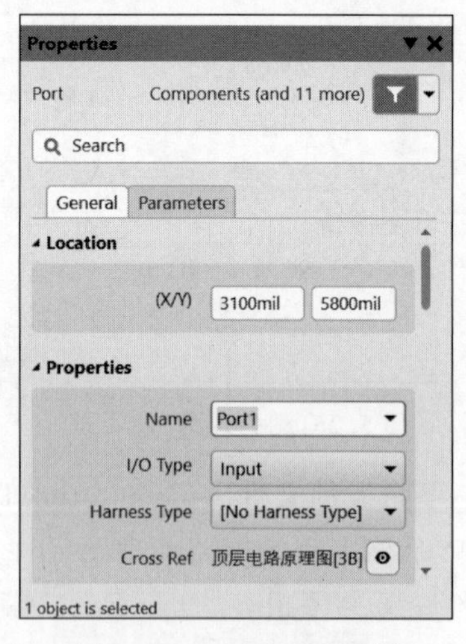

图 5.27 Properties 面板

(3) 对于参数 Cross Ref，选择显示 ，则在子电路原理图 MCU 中显示端口 Port1 的交叉参考，如图 5.28 所示。其中，“顶层电路原理图”表示这个 I/O 端口在顶层电路原理图中被引用，3B 表示引用点所在的区域。

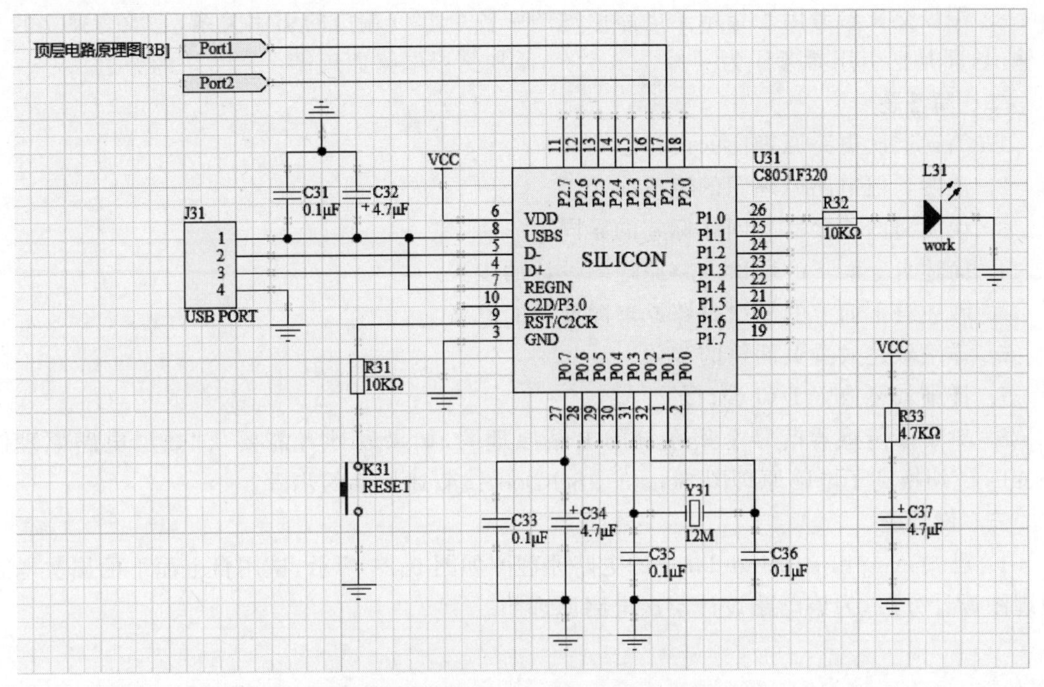

图 5.28 端口 Port1 的端口交叉参考

(4) 为了使子电路原理图显得简洁一些，一般不要显示 I/O 端口交叉参考。此时，对于参数 Cross Ref，选择不显示，则在子电路原理图中就不显示该 I/O 端口的交叉参考。

(5) 用同样的方法，可以对子电路原理图 MCU 中的 I/O 端口 Port2 以及其他子电路原理图中的 I/O 端口设置显示或不显示端口交叉参考。

习题 5

一、填空题

1. 对整个电路进行分解，在多张图纸上进行设计，再把多张图纸整合成一个________。这就是________的设计理念。

2. 层次电路原理图由________和________构成。

3. 子电路原理图就是在________上设计的电路原理图，每张子电路原理图对应电路中的一个________。

4. 图纸入口只能放置在页面符的________，因此，在放置图纸入口之前，应该首先放置________。

5. 层次电路原理图设计的方法有两种，一种是________的层次电路原理图设计方法，另一种是________的层次电路原理图设计方法。

6. 为了实现顶层电路原理图与子电路原理图之间的相互切换，首先应该对工程进行________，使得顶层电路原理图与子电路原理图之间存在________。

7. 层次电路原理图设计报表主要包括________、电路原理图元件________和端口交叉参考等。

8. 端口交叉参考用于指示子电路原理图中各个 I/O 端口的引用关系，它没有独立的文件输出，而是把引用参考作为一种________，添加到子电路原理图________的旁边。

二、简答题

1. 简述层次电路原理图的设计思路。
2. 说明顶层电路原理图的组成。
3. 说明离图连接器与网络标签的异同。
4. 简述自上而下的层次电路原理图设计的步骤。
5. 叙述自下而上的层次电路原理图设计的思路。
6. 详细叙述放置页面符的步骤。
7. 详细叙述放置 I/O 端口的步骤。
8. 对于多传感器信号采集系统的电路原理图，如果设计者需要从“顶层电路原理图.SchDoc”切换到子电路原理图 Sensor1.SchDoc，试叙述切换的步骤。

三、设计题

1. 已知 Amplified Modulator 的电路原理图如图 5.29 所示，试用自上而下的层次电路原理图设计方法，为该电路设计层次电路原理图。

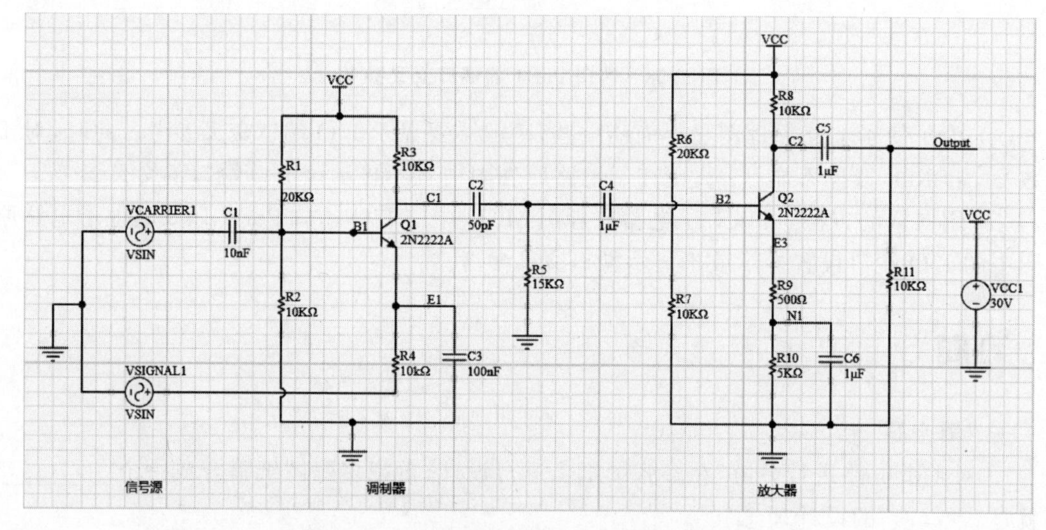

图 5.29 Amplified Modulator 的电路原理图

2. 已知 Amplified Modulator 的电路如图 5.29 所示，试用自下而上的层次电路原理图设计方法，为该电路设计层次电路原理图。

第 6 章

CHAPTER 6

PCB 编辑器

本章介绍 PCB 编辑器,主要内容包括 PCB 编辑器的主要部件、PCB 画面管理和 PCB 编辑器工作环境设置。通过对本章的学习,应该达到以下目标。

(1) 熟悉 PCB 编辑器的结构。

(2) 掌握菜单栏、工具栏和工程面板的主要功能。

(3) 掌握 PCB 画面管理的方法。

(4) 掌握设置 PCB 编辑器工作环境参数的方法。

6.1 PCB 编辑器的主要部件

新建 PCB 设计文件,或者打开已有的 PCB 设计文件,可以启动 PCB 编辑器,如图 6.1 所示。PCB 编辑器是一个标准的 Windows 窗口,包括标题栏、菜单栏、工具栏、PCB 面板、工作区、状态栏和命令状态等部件。下面介绍 PCB 编辑器主要部件的功能。

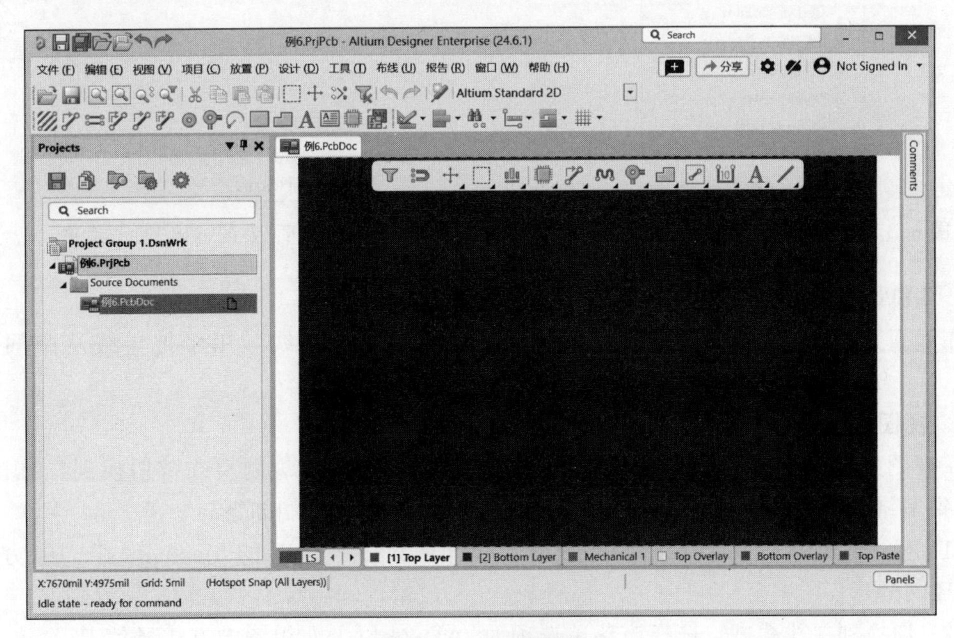

图 6.1 PCB 编辑器

6.1.1 菜单栏

PCB编辑器的菜单栏如图6.2所示，包括文件、编辑、视图、项目、放置、设计、工具、布线、报告、窗口和帮助11个主菜单，常用的主菜单有文件、编辑、视图、项目和布线等。

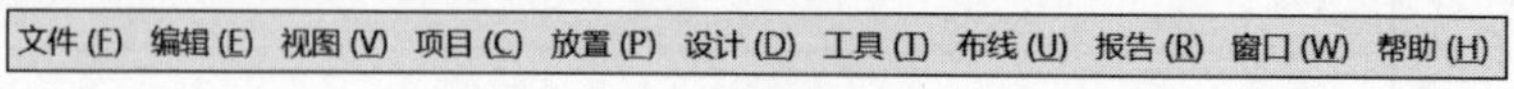

文件(F) 编辑(E) 视图(V) 项目(C) 放置(P) 设计(D) 工具(T) 布线(U) 报告(R) 窗口(W) 帮助(H)

图6.2 PCB编辑器的菜单栏

在PCB编辑器的菜单栏中，各个主菜单包含若干个菜单选项，其中不少菜单选项的功能与电路原理图编辑器中的同名菜单选项相同，这里就不重复介绍了。下面重点介绍PCB编辑器特有的菜单选项。

1. 文件菜单

在文件菜单中，PCB编辑器特有的菜单选项主要有"制造输出"和"装配输出"。这两个菜单选项的功能如下。

(1) 制造输出：菜单选项"制造输出"的子菜单如图6.3所示，子菜单选项用于输出各种制作PCB的文件。一般情况下，设计者只需生成Gerber Files，把它交给PCB生产厂家，由厂家来制作PCB。

(2) 装配输出：菜单选项"装配输出"的子菜单如图6.4所示，子菜单选项用于输出各种装配PCB的文件。其中，Assembly Drawings用于生成装配图文件，Generates pick and place files用于生成选择与放置文件，Test Point Report用于生成测试点报告。

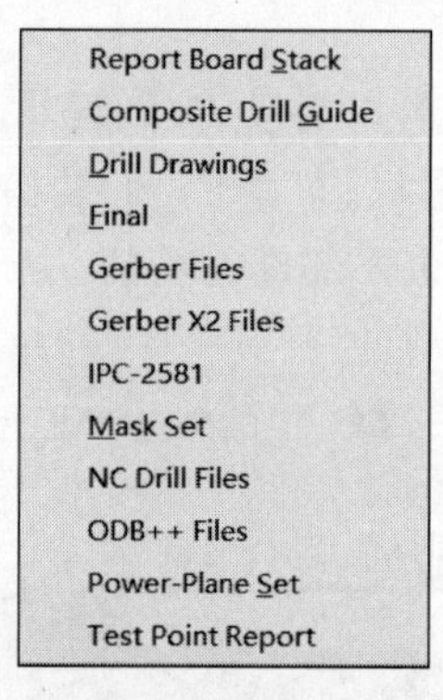

图6.3 菜单选项"制造输出"的子菜单

Assembly Drawings
Generates pick and place files
Test Point Report

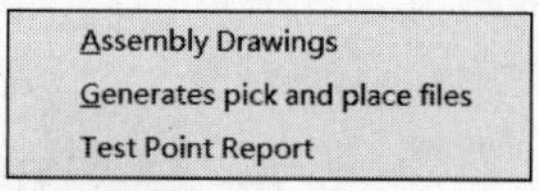

图6.4 菜单选项"装配输出"的子菜单

2. 编辑菜单

在编辑菜单中，PCB编辑器特有的菜单选项是"剪裁导线"，用于把导线从中间某处剪断。

3. 视图菜单

在视图菜单中，PCB编辑器特有的菜单选项主要有"板子规划模式""切换到二维模式""切换到三维模式""工具栏"和"面板"。这几个菜单选项的功能如下。

(1) 板子规划模式：选择该菜单选项时，工作区只显示PCB的Mechanical 1层，方便规划PCB的外形。

(2) 切换到二维模式：选择该菜单选项时，AD 24以平面视图的方式显示PCB。

(3) 切换到三维模式：选择该菜单选项时，AD 24以立体视图的方式显示PCB。

(4) 工具栏：菜单选项“工具栏”的子菜单如图 6.5 所示，列举了 PCB 编辑器的所有工具栏，包括 PCB 标准、布线、导航、过滤器和应用工具等工具栏。可以选择是否显示某个工具栏。一般情况下，选择显示 PCB 标准、布线和应用工具等工具栏。

(5) 面板：菜单选项“面板”的子菜单如图 6.6 所示，列举了 PCB 编辑器的所有面板，例如，PCB、Components、Projects 和 Properties 等面板。可以选择是否显示某个面板。

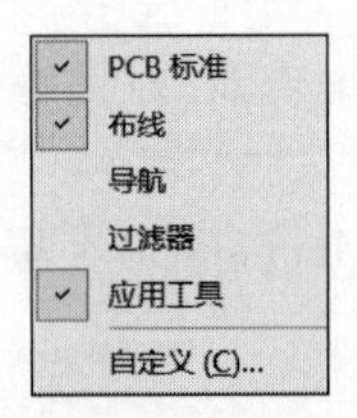

图 6.5 菜单选项“工具栏”的子菜单

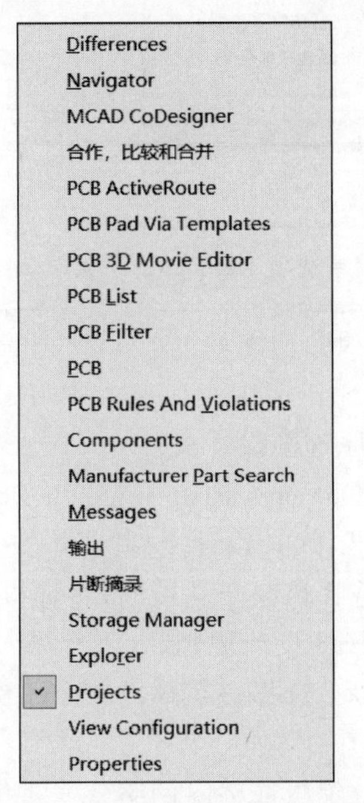

图 6.6 菜单选项“面板”的子菜单

4. 项目菜单

PCB 编辑器的项目菜单与电路原理图编辑器的项目菜单几乎一样，这里不再介绍。

5. 放置菜单

PCB 编辑器的放置菜单包含的主要菜单选项有器件、字符串、焊盘、过孔、走线、Keepout 和铺铜等。

这几个菜单选项的功能如下。

(1) 器件：在 Top Layer、Bottom Layer 放置 PCB 脚印。选择该菜单选项时，将弹出 Components 面板，在这个面板中，可以选择需要放置的 PCB 脚印。

(2) 字符串：在 Top Overlay、Bottom Overlay 放置说明性的文字。

(3) 焊盘：在 Top Layer、Bottom Layer 放置焊盘。

(4) 过孔：在 Multi-Layer 放置过孔。

(5) 走线：在 Top Layer、Bottom Layer 或其他电层放置导线。

(6) Keepout：菜单选项 Keepout 的子菜单如图 6.7 所示，列举了禁止布线区域边界的样式。在 PCB 编辑器中，选择“放置”→Keepout→“线径”选项，可以在 Keep-Out Layer 绘制禁止布线区域的边界。

(7) 铺铜：在 Top Layer、Bottom Layer 或其他电层绘制铺铜区域的边界。

6. 设计菜单

PCB编辑器的设计菜单包含的主要菜单选项如图6.8所示。

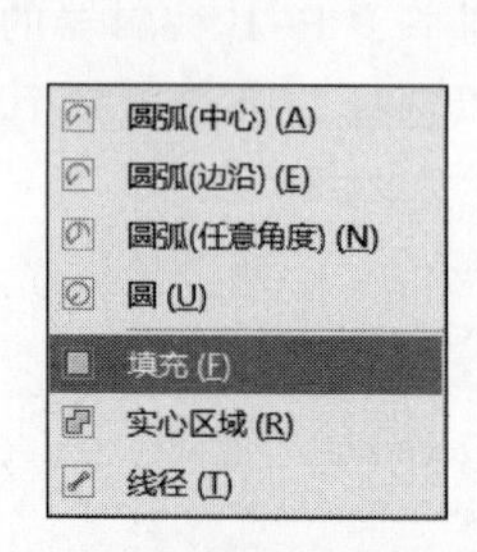

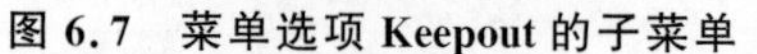
图6.7 菜单选项Keepout的子菜单

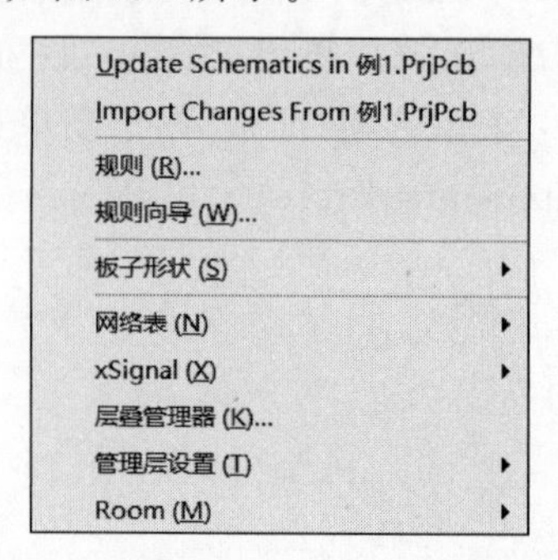

图6.8 设计菜单包含的主要菜单选项

这些菜单选项的功能如下。

(1) Update Schematics in xxx. PriPcb：把在PCB设计文件中所做的修改更新到同一个工程中的电路原理图设计文件。

(2) Import Changes From xxx. PrjPcb：从工程中导入变更，主要是把电路原理图设计文件中的变更导入PCB设计文件。

(3) 规则：选择该菜单选项时，将弹出“PCB规则及约束编辑器”对话框，在这个对话框中，可以设置PCB的设计规则。

(4) 板子形状：选择该菜单的某个子菜单选项，可以在Mechanical 1层设置PCB的外形轮廓。

(5) 网络表：编辑或清除网络。

(6) 层叠管理器：添加或删除PCB中的工作层。

(7) 管理层设置：设置当前显示的工作层。

(8) Room：放置或编辑PCB的容器Room。

7. 工具菜单

PCB编辑器的工具菜单包含的主要菜单选项有设计规则检查、铺铜、泪滴和优先选项等。这几个菜单选项的功能如下。

(1) 设计规则检查：选择该菜单选项时，将弹出“设计规则检查器”对话框，在这个对话框中，可以设置需要检查的设计规则，以及DRC报告选项。

(2) 铺铜：设置铺铜的参数，或者进行铺铜操作。

(3) 泪滴：选择该菜单选项时，将弹出“泪滴”对话框，在这个对话框中，可以设置泪滴的相关参数。

(4) 优先选项：选择该菜单选项时，将弹出“优选项”对话框，在这个对话框中，可以设置PCB编辑器工作环境的相关参数。

8. 布线菜单

PCB编辑器的布线菜单包含的主要菜单选项有扇出和自动布线。这两个菜单选项的功能如下。

(1) 扇出：从焊盘处引出短线并打孔。

(2) 自动布线：菜单选项“自动布线”的子菜单如图6.9所示。在子菜单中，可以选择自动布线的范围。一般选择“全部”，即对整个 PCB 进行自动布线。

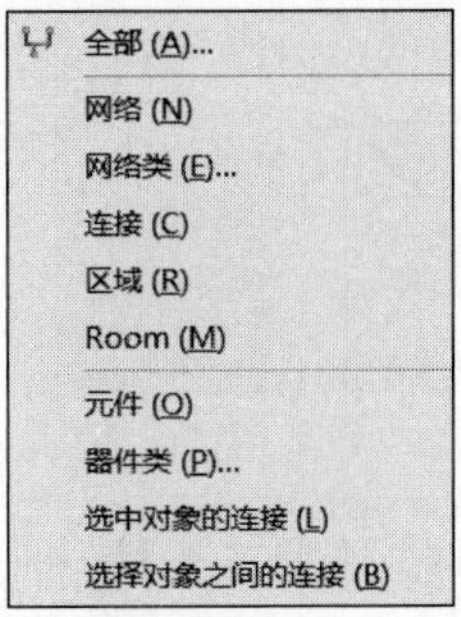

全部 (A)...
网络 (N)
网络类 (E)...
连接 (C)
区域 (R)
Room (M)
元件 (O)
器件类 (P)...
选中对象的连接 (L)
选择对象之间的连接 (B)

图 6.9 菜单选项“自动布线”的子菜单

9. 报告菜单

PCB 编辑器的报告菜单包含的主要菜单选项有测量距离、测量和测量选中对象等。这三个菜单选项的功能如下。

(1) 测量距离：用于测量工作区中任意两点之间的距离。

(2) 测量：用于测量 PCB 中两个电气结点之间的距离。

(3) 测量选中对象：用于测量 PCB 中选中导线的长度。

6.1.2 工具栏

为了提高 PCB 设计的效率，PCB 编辑器提供了丰富的设计工具，并且对这些工具进行分类管理，将同类工具制成一个工具栏。PCB 编辑器有 PCB 标准、布线、导航、过滤器和应用工具等工具栏。另外还有自定义工具栏和快捷工具栏。常用的工具栏有 PCB 标准、布线和应用工具等工具栏。

1. PCB 标准工具栏

PCB 标准工具栏如图 6.10 所示。

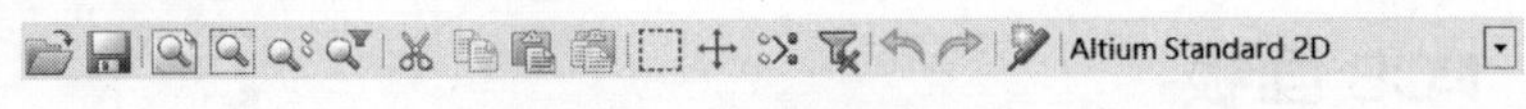

图 6.10 PCB 标准工具栏

PCB 标准工具栏包括常规的文件操作工具，例如，打开、保存、打印、打印预览、剪切、复制和粘贴等；还包括与 PCB 设计有关的工具，例如，适合文件、适合指定的区域、适合选择的对象、适合过滤的对象、选择区域内部、移动选择、对文件进行交叉探测和 PCB 视图配置等。

2. 布线工具栏

布线工具栏如图 6.11 所示。

布线工具栏包括对选中的对象自动布线、交互式布线连接、交互式布多根线连接、交互式布差分对连接、放置焊盘、放置过孔、放置圆弧、放置填充、放置多边形、放置字符串、放置器件和放置复用块等工具。

3. 应用工具工具栏

应用工具工具栏如图 6.12 所示。

图 6.11 布线工具栏

图 6.12 应用工具工具栏

应用工具工具栏包括应用工具、排列工具、查找选择、放置尺寸、放置 Room 和栅格 6 个按钮。单击某个按钮，显示对应的工具框，如图 6.13 所示。

使用应用工具工具框，可以放置线条、圆弧等图形；使用排列工具框，可以设置 PCB 中对象的对齐方式；使用查找选择工具框，可以设置查找元件的方式；使用放置尺寸工具框，可以放置多种样式的尺寸；使用放置 Room 工具框，可以放置多种形式的容器 Room；使用栅格工具框，可以切换可见的栅格类和电气栅格，设置捕捉栅格的大小。

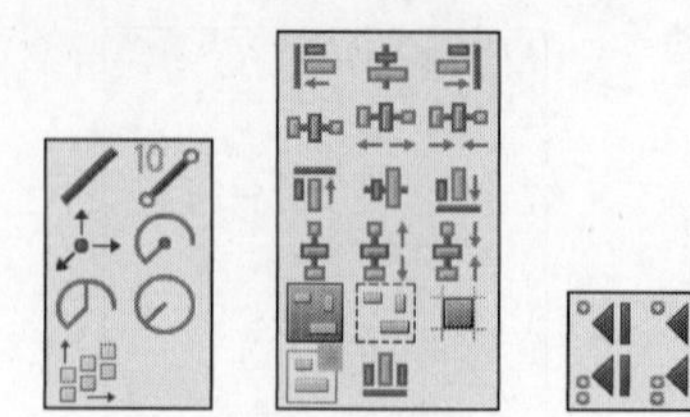
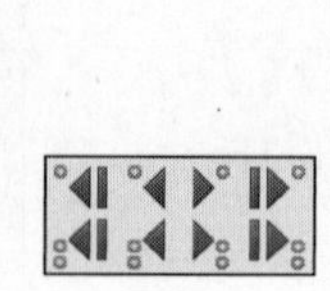
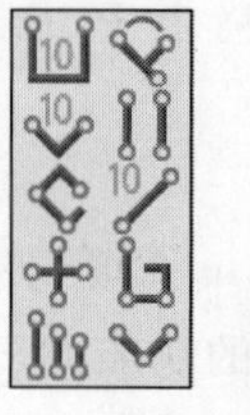
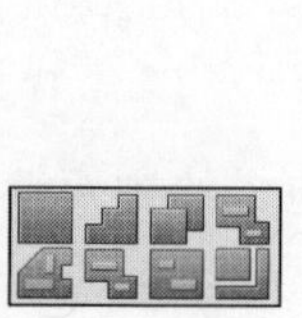

图 6.13　应用工具工具栏对应的工具框

4. 快捷工具栏

在工作区的中上部有一个快捷工具栏，如图 6.14 所示。快捷工具栏包括一些最常用的工具。把光标移到某个工具按钮，右击，出现对应的下拉列表。

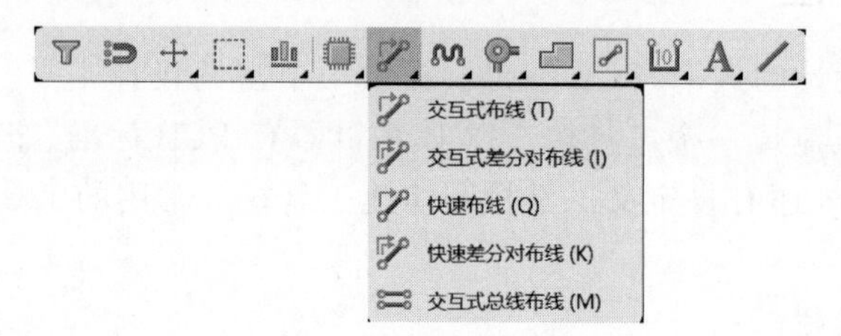

图 6.14　快捷工具栏

6.1.3　PCB 面板

在设计 PCB 时，经常需要深入电路板的细节，把电路板放大，使某些图件高亮显示，以便进行细致的编辑和修改。借助于 PCB 面板，可以实现这些功能。

在 PCB 编辑器中，选择"视图"→"面板"→PCB 选项，就可以打开 PCB 面板；再次选择这个选项，就可以关闭 PCB 面板。

单击状态栏右端的 Panels 按钮，在弹出的快捷菜单中选择 PCB 选项，也可以打开 PCB 面板。PCB 面板如图 6.15 所示。

第一个下拉列表框用于选择显示对象。单击下拉按钮，出现面板模式选择下拉列表，如图 6.16 所示。选择某个选项，进入浏览模式，在面板的浏览窗口显示相应的对象。某些选项还带有编辑功能，选择该选项，除了显示相应的对象，还可以进行编辑。

第二个下拉列表框用于选择显示方式。该下拉列表有三个选项，即 Normal、Mask 和 Dim。若选择 Normal，则被选中对象呈高亮显示，而其他对象正常显示；若选择 Mask，则被选中对象呈高亮显示，而其他对象被屏蔽；若选择 Dim，则被选中对象呈高亮显示，而其他对象淡化显示。

"选中"复选框：若选中该复选框，则在面板的浏览窗口选择一个对象时，在工作区中同时选中该对象。

"缩放"复选框：若选中该复选框，则在面板的浏览窗口选择一个对象时，进行画面缩放，使 PCB 充满整个工作区。

"应用"按钮：在设置下拉列表框和复选框之后，单击该按钮，刷新显示。

"清除"按钮：单击该按钮，清除选中的对象，使其退出高亮显示状态。

PCB 面板的下部是预览栏，预览栏中的取景框可以移动，也可以改变大小。在预览栏中移动取景框，可以改变 PCB 在工作区中的位置。

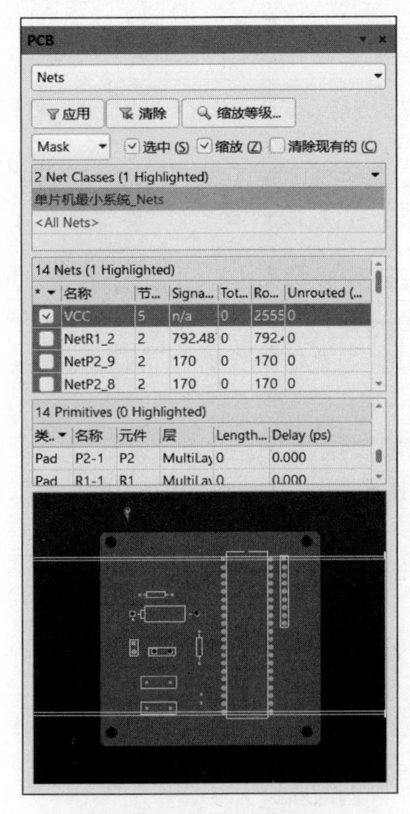

图 6.15 PCB 面板

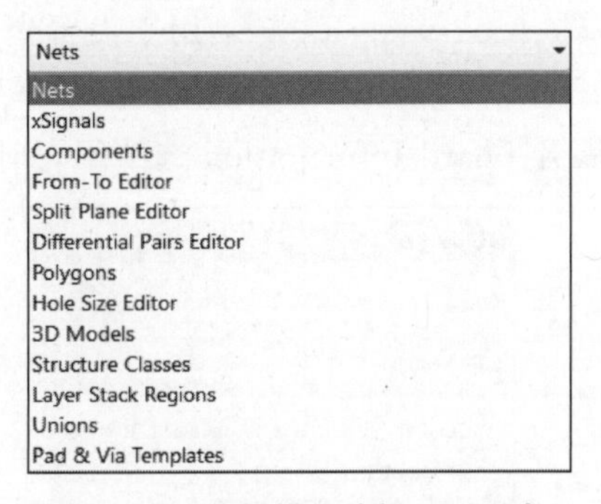

图 6.16 面板模式选择下列列表

6.1.4 工作区

PCB 编辑器右边的窗格就是工作区，PCB 设计的主要工作都是在工作区进行的。工作区的核心是 PCB。为了提高 PCB 设计的效率，设计者可以根据 PCB 的复杂程度，以及自己的设计习惯，设置 PCB 的参数。

设置 PCB 参数通常是在 PCB 的 Properties（属性）面板进行的，打开 PCB 的 Properties 面板的方法有如下两种。

(1) 把光标移到 PCB 的空白区域，选择“视图”→“面板”→Properties 选项，打开 Properties 面板。

(2) 把光标移到 PCB 的空白区域，在 PCB 编辑器状态栏的右端单击 Panels 按钮，在弹出的菜单中选择 Properties 选项，打开 Properties 面板。

Properties 面板的内容比较多，有 General、Parameters 和 Health Check 3 个标签。通常只需设置 General 标签中的参数值，Parameters 和 Health Check 标签中的参数值采用系统默认即可。

在 General 标签，有 Snap Options（捕捉选项）、Board Information（电路板信息）、Grid Manager（栅格管理器）、Guide Manager（向导管理器）和 Other（其他）等多个选项组。下面介绍各个选项组的功能。

1. Snap Options 选项组

展开 Snap Options 选项组，如图 6.17 所示。

在 Snap Options 选项组，可以设置是否启用捕捉功能。当启用捕捉功能时，可以设置捕捉参数。各个选项的功能如下。

（1）选中复选按钮 Grids，捕捉到栅格；选中复选按钮 Guides，捕捉到向导线；选中复选按钮 Axes，捕捉到对象的坐标。

（2）Snapping：选中单选按钮 All Layers，在所有层捕捉；选中单选按钮 Current Layers，在当前层捕捉；选中单选按钮 Off，关闭捕捉。

（3）Objects for snapping：用于设置捕捉的对象。若选中某个对象，则会捕捉该对象；否则，不捕捉该对象。

（4）Snap Distance：用于设置捕捉距离，以设置的参数值为半径进行捕捉。

（5）Axis Snap Range：用于设置坐标轴捕捉范围。

2. Board Information 选项组

展开 Board Information 选项组，如图 6.18 所示。

图 6.17　Snap Options 选项组

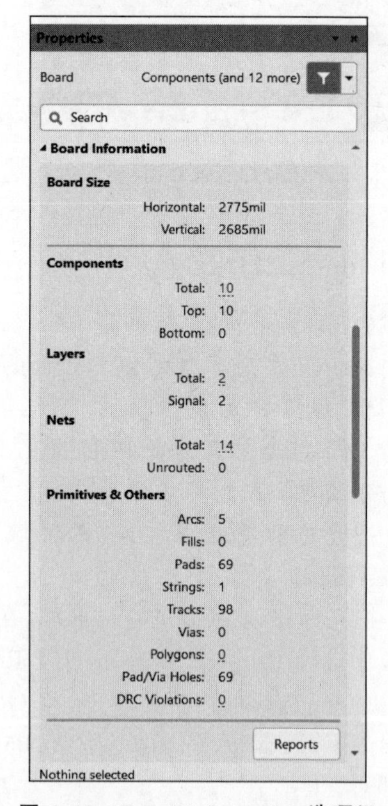

图 6.18　Board Information 选项组

在 Board Information 选项组，显示了电路板的相关信息。各个选项的功能如下。

（1）Board Size：显示电路板的长度和宽度。

（2）Components：显示电路板中元件的数量。

（3）Layers：显示电路板的层数。

（4）Nets：显示电路板中网络的数量。

（5）Primitives & Others：显示其他图件的数量。

（6）单击 Reports 按钮，弹出“板级报告”对话框，如图 6.19 所示。通过该对话框，可以生成 PCB 的报表文件。在对话框的列表框中，选择需要输出报表的条目，选中“仅选择的对象”复选框，报表文件将包含这些条目。单击“全部开启”按钮，报表文件将包含全部条目；单击“全部关闭”按钮，报表文件将不包含任何条目。

图 6.19 “板级报告”对话框

设置好对话框之后，单击“报告”按钮，AD 24 将生成报表文件 Board Information Report，并在工作区自动打开，如图 6.20 所示。

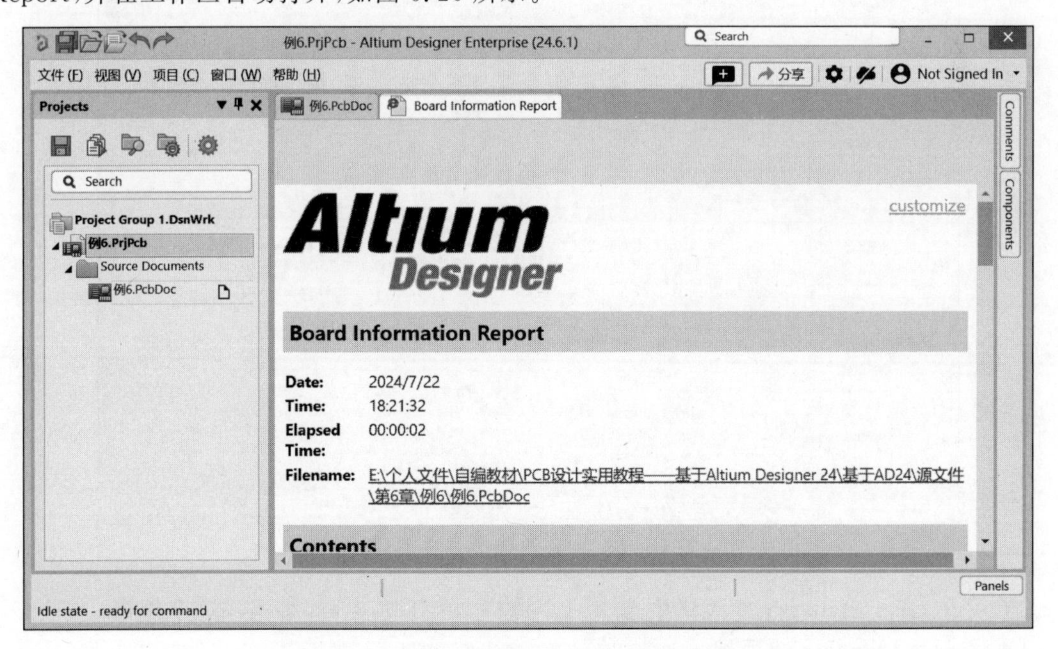

图 6.20 报表文件 Board Information Report

3. Grid Manager 选项组

展开 Grid Manager 选项组,如图 6.21 所示。

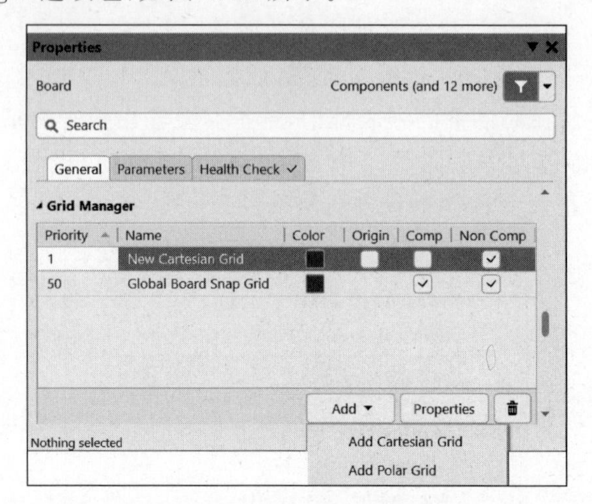

图 6.21 Grid Manager 选项组

在 Grid Manager 选项组,可以设置栅格参数。各个选项的功能如下。

(1) 单击 Add 下拉按钮,在下拉菜单中有两个选项,即 Add Cartesian Grid 和 Add Polar Grid,分别用于添加笛卡儿坐标下的栅格和极坐标下的栅格。添加的栅格将在 Grid Manager 的表格中显示出来。

(2) 在 Grid Manager 的表格中选中一个笛卡儿坐标下的栅格,单击 Properties 按钮,弹出 Cartesian Grid Editor 对话框,如图 6.22 所示。在这个对话框中,可以设置栅格的样式和间距。

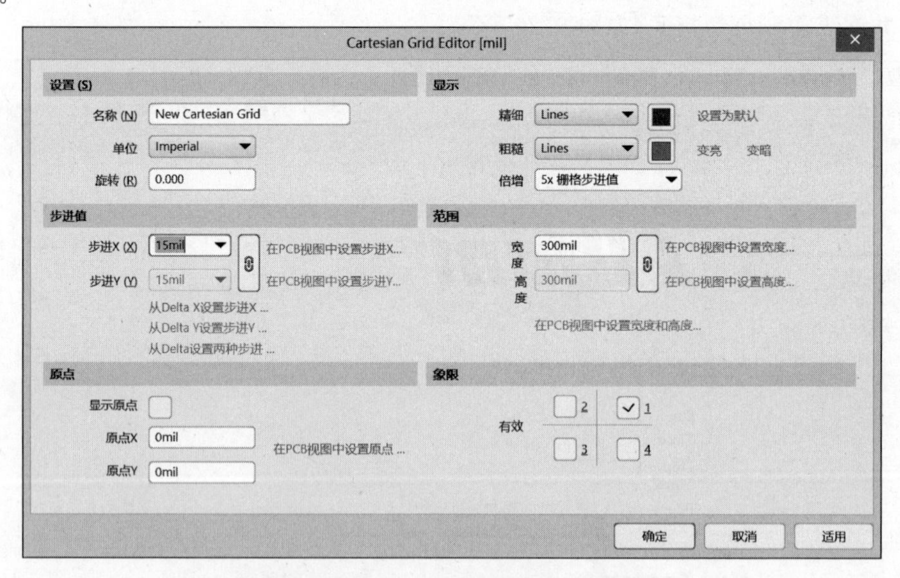

图 6.22 Cartesian Grid Editor 对话框

(3) 在 Grid Manager 的表格中选中一个栅格,单击按钮 ,将删除这个栅格。

4. Guide Manager 选项组

展开 Guide Manager 选项组,如图 6.23 所示。

在 Guide Manager 选项组,可以设置向导线。各个选项的功能如下。

(1) 单击 Add 下拉按钮,在下拉菜单中有 5 个选项,即 Add Horizontal Guide、Add Vertical Guide、Add +45 Guide、Add −45 Guide 和 Add Snap Point,分别用于添加水平的、竖直的、+45°、−45°和捕捉点的向导线。添加的向导线将在 Guide Manager 的表格中显示出来。

(2) 单击 Place 下拉按钮,在下拉菜单中有 5 个选项,即 Place Horizontal Guide、Place Vertical Guide、Place +45 Guide、Place −45 Guide 和 Place Snap Point,分别用于在 PCB 上放置水平的、竖直的、+45°、−45°和捕捉点的向导线。放置的向导线将在 Guide Manager 的表格中显示出来。

(3) 在 Guide Manager 的表格中选中一个向导线,单击按钮 ,将删除这个向导线。

5. Other 选项组

展开 Other 选项组,如图 6.24 所示。在 Other 选项组,可以选择公制或英制,设置 PCB 尺寸和坐标原点等。

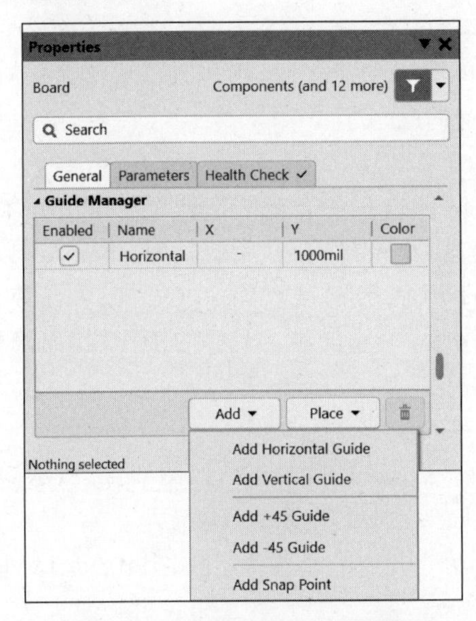

图 6.23 Guide Manager 选项组

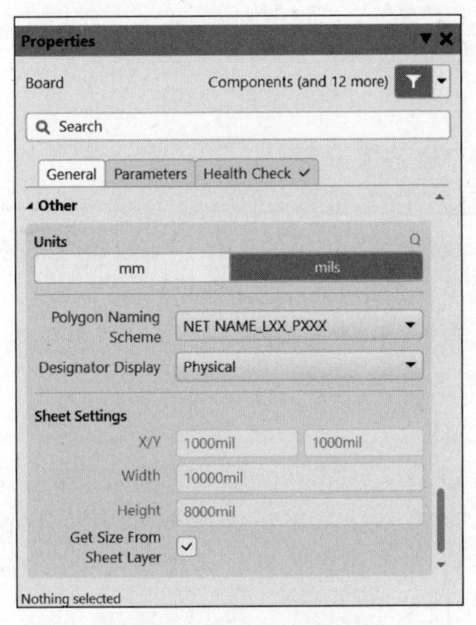

图 6.24 Other 选项组

6.1.5 工作层管理栏

在工作区的下部是工作层管理栏,如图 6.25 所示。通过工作层管理栏,可以切换工作区的当前工作层,设置各个工作层的颜色,选择在工作区显示的工作层。

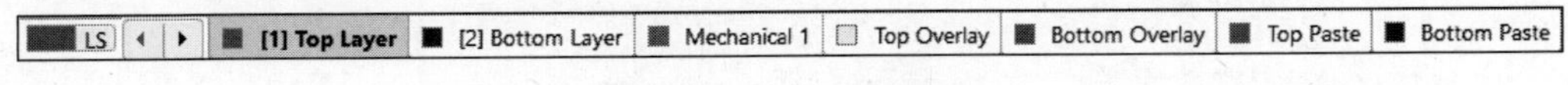

图 6.25 工作层管理栏

1. 工作层切换

PCB 是由多个工作层组成的,不同的工作层包含不同的设计信息。在进行 PCB 设计时,经常需要查看、编辑某个特定的工作层,为此,必须把该工作层切换为工作区的当前工作层。这个功能可以由工作层标签来实现。单击某个工作层标签,该工作层就变为工作区的当前工作层。

如果工作层管理栏中有很多工作层标签，那么有些工作层标签就不能显示出来。此时，可以通过单击左、右按钮◂▸，把隐藏的工作层标签移动出来。

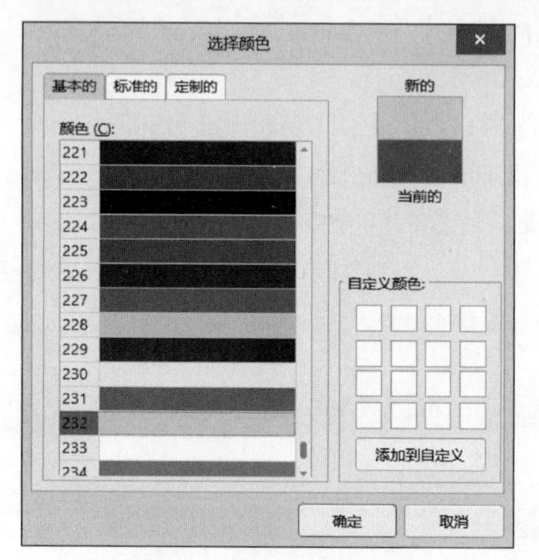

图 6.26 "选择颜色"对话框

2. 工作层颜色设置

为了使多个工作层容易区分，需要把工作层设置为不同的颜色。

下面以 Top Layer 为例，说明设置工作层颜色的步骤。

(1) 单击 Top Layer 标签，把 Top Layer 切换为工作区的当前工作层。

(2) 双击 Top Layer 标签左端的颜色块，弹出"选择颜色"对话框，如图 6.26 所示。

(3) 从颜色列表中选择一种颜色，作为当前工作层的新颜色。

(4) 单击"确定"按钮，则当前工作层的颜色就变成新设置的颜色了。

3. 层管理设置

虽然 PCB 可以有许多工作层，但是，在 PCB 设计过程中，经常用到的工作层并不多。就双面板而言，常用的工作层有 Top Layer(顶层)、Bottom Layer(底层)、Mechanical Layer(机械层)、Top Overlay(顶层覆盖)、Bottom Overlay(底层覆盖)、Keep-Out Layer(禁止布线层)和 Multi-Layer(多层)等。为了使设计更加高效，一般仅显示需要的工作层，而隐藏暂时不需要的工作层。

下面以 Top Layer 为例，说明显示/隐藏工作层的步骤。

(1) 在 Top Layer 标签上右击，弹出 Top Layer 标签的快捷菜单，如图 6.27 所示。

(2) 在快捷菜单中选择 Hide [1] Top Layer 选项，则隐藏 Top Layer。

(3) 在工作层管理栏中任意一个标签(如 Bottom Layer)上右击，弹出 Bottom Layer 标签的快捷菜单，如图 6.28 所示。

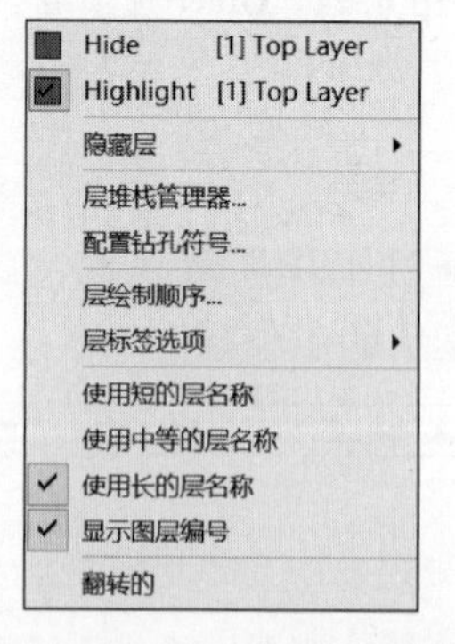

图 6.27 Top Layer 标签的快捷菜单

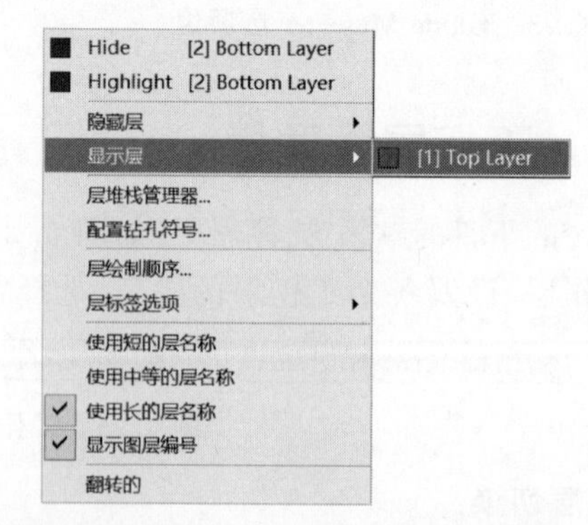

图 6.28 Bottom Layer 标签的快捷菜单

(4) 在快捷菜单中选择"显示层"→[1] Top Layer 选项，则显示 Top Layer。

在进行 PCB 设计时，有时只要显示几个特定的工作层。例如，在规划 PCB 外形时，只需显示 Mechanical 1，无须显示其他工作层。此时，单击工作层管理栏中的“层管理设置”按钮 LS，弹出“层管理设置”按钮的快捷菜单，如图 6.29 所示。在快捷菜单中选择 Mechanical Layers 选项，则只显示 Mechanical 1，隐藏其他工作层。

4. View Configuration 面板

上面关于工作层切换、工作层颜色设置和层管理设置等操作，都可以在 View Configuration（视图配置）面板中一次性设置完成。

单击工作层管理栏最左端的“当前层”按钮 ，弹出 View Configuration 面板，如图 6.30 所示。

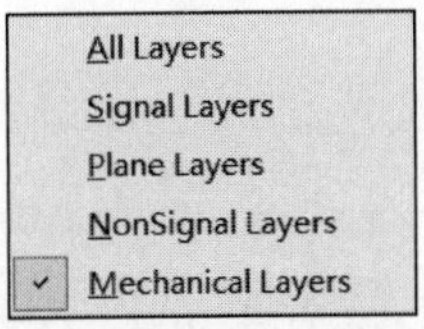

All Layers
Signal Layers
Plane Layers
NonSignal Layers
Mechanical Layers

图 6.29　“层管理设置”按钮的快捷菜单

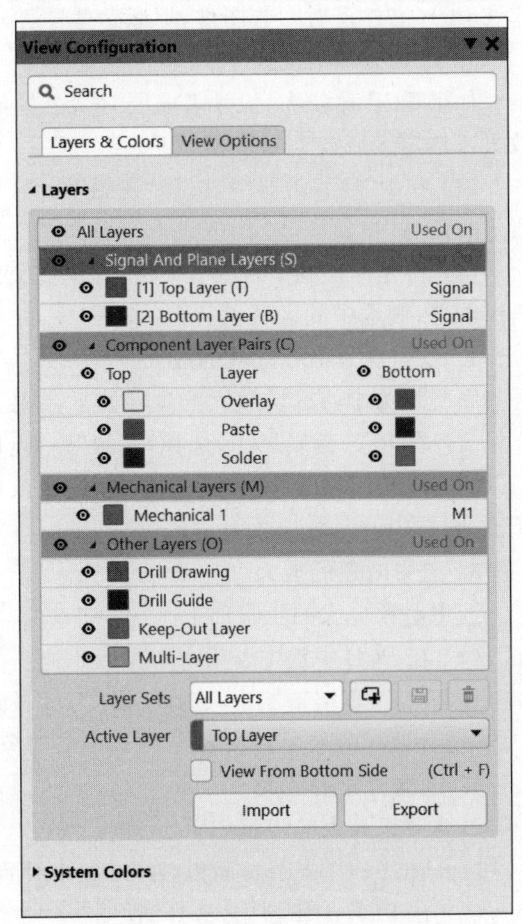

图 6.30　View Configuration 面板

在这个面板中，可以设置各层是否在工作区显示，可以设置各层的颜色，还可以选择当前层。若选中 View From Bottom Side 复选框，则将从底层视角来查看 PCB。

关于 View Configuration 面板的设置方法，请读者自己练习，这里不再赘述。

6.2 PCB 画面管理

PCB 画面管理是指 PCB 的放大、缩小和移动等。下面介绍 PCB 画面管理的基本操作。

6.2.1 区域缩放

1. 显示整个 PCB 设计文件

在 PCB 编辑器中，选择“视图”→“适合文件”选项，或者单击 PCB 标准工具栏中的“适合文件”按钮，则在工作区显示整个 PCB 设计文件。此时，如果在 PCB 之外还有一些图件，那么这些图件也会显示出来。

2. 显示整个 PCB

在 PCB 编辑器中，选择“视图”→“适合板子”选项，则在工作区显示整个 PCB。此时，如果在 PCB 之外还有一些图件，那么这些图件不会显示出来。

3. 选定区域的放大

如果 PCB 比较大，设计者需要对某个局部区域进行观察、修改，可以选定这个区域进行放大。选定区域放大的步骤如下。

(1) 在 PCB 编辑器中，选择“视图”→“区域”选项，或者单击 PCB 标准工具栏中的“适合指定的区域”按钮，光标变成十字形。

(2) 将光标移到 PCB 上，单击，确定放大区域的一角，拖动鼠标，确定放大区域的对角，再次单击，则选中的区域被放大。

4. 以一点为中心区域的放大

以一点为中心区域放大的步骤如下。

(1) 在 PCB 编辑器中，选择“视图”→“点周围”选项，光标变成十字形。

(2) 将光标移到 PCB 上，单击，确定放大区域的中心，拖动鼠标，确定放大的区域，再次单击，则选中的区域被放大。

5. 选中对象的放大

选中对象放大的步骤如下。

(1) 在 PCB 中选中若干个对象。

(2) 在 PCB 编辑器中，选择“视图”→“被选中的对象”选项，或者单击 PCB 标准工具栏中的“适合选择的对象”按钮，则选中的对象被放大。

6. 过滤对象的放大

过滤对象放大的步骤如下。

(1) 通过 PCB Filter 面板，在 PCB 中设置过滤的对象。

(2) 在 PCB 编辑器中，选择“视图”→“过滤的对象”选项，或者单击 PCB 标准工具栏中的“适合过滤的对象”按钮，则过滤的对象被放大。

6.2.2 画面缩放与移动

1. 画面放大

当设计者需要细致观察或修改 PCB 时，可以把 PCB 放大。使用如下方法之一，可以将当前的画面放大。

(1) 在 PCB 编辑器中，选择“视图”→“放大”选项。

(2) 把光标移到工作区，按住鼠标滚轮，向前推动鼠标。

(3) 把光标移到工作区，在键盘上按 PgUp 键。

2. 画面缩小

当设计者需要浏览整个PCB时，可以把画面缩小。使用如下方法之一，可以将当前的画面缩小。

(1) 在PCB编辑器中，选择"视图"→"缩小"选项。

(2) 把光标移到工作区，按住鼠标滚轮，向后拖动鼠标。

(3) 把光标移到工作区，在键盘上按PgDn键。

3. 上一次缩放

在PCB编辑器中，选择"视图"→"上一次缩放"选项，画面回到上一次缩放前的状态。

4. 翻转板子

在PCB编辑器中，选择"视图"→"翻转板子"选项，则PCB左右翻转。再次选择"视图"→"翻转板子"选项，则回到原来的画面。

5. 全屏显示

在PCB编辑器中，选择"视图"→"全屏"选项，则全屏显示工作区，此时，工程面板不显示。再次选择"视图"→"全屏"选项，则退出全屏显示。

6. 画面移动

如果放大后的PCB超过了工作区，那么PCB的某些部分就看不到了。把光标移到工作区，按住鼠标右键，拖动鼠标，可以移动画面。

6.3 PCB编辑器工作环境设置

PCB编辑器工作环境参数对PCB设计具有重要的影响，合理设置这些参数，可以提高PCB设计的质量和效率。设置PCB编辑器工作环境参数，一般在"优选项"对话框中进行。在PCB编辑器中，打开"优选项"对话框的方法有如下几种。

(1) 选择"工具"→"优先选项"选项。

(2) 把光标移到工作区，右击，在弹出的快捷菜单中选择"优先选项"选项。

(3) 单击菜单栏右端的"设置系统参数"按钮 。

"优选项"对话框如图6.31所示。

在对话框的左边窗格中，展开PCB Editor标签。该标签包括12个子标签：General(常规)、Display(显示)、Board Insight Display(电路板细节显示)、Board Insight Modes(电路板细节模式)、Board Insight Color Overrides(电路板细节颜色替代)、DRC Violations Display(DRC违规显示)、Interactive Routing(交互式布线)、Gloss And Retrace(光泽与追溯)、Defaults(默认)、Reports(报告)、Layer Colors(分层设色)和Models(模型)。下面介绍General、Display和Layer Colors三个标签中主要参数的意义。

6.3.1 General标签

如图6.31所示，在"优选项"对话框的左侧窗格中，选择PCB Editor→General标签，则在对话框的右侧窗格中有9个选项组，分别是编辑选项、其他、公制显示精度、自动平移选项、空间向导选项、铺铜重建、文件格式修改报告、从其他程序粘贴和Room移动选项。这里只介绍与PCB设计密切相关的选项，其余选项采用系统默认值即可。

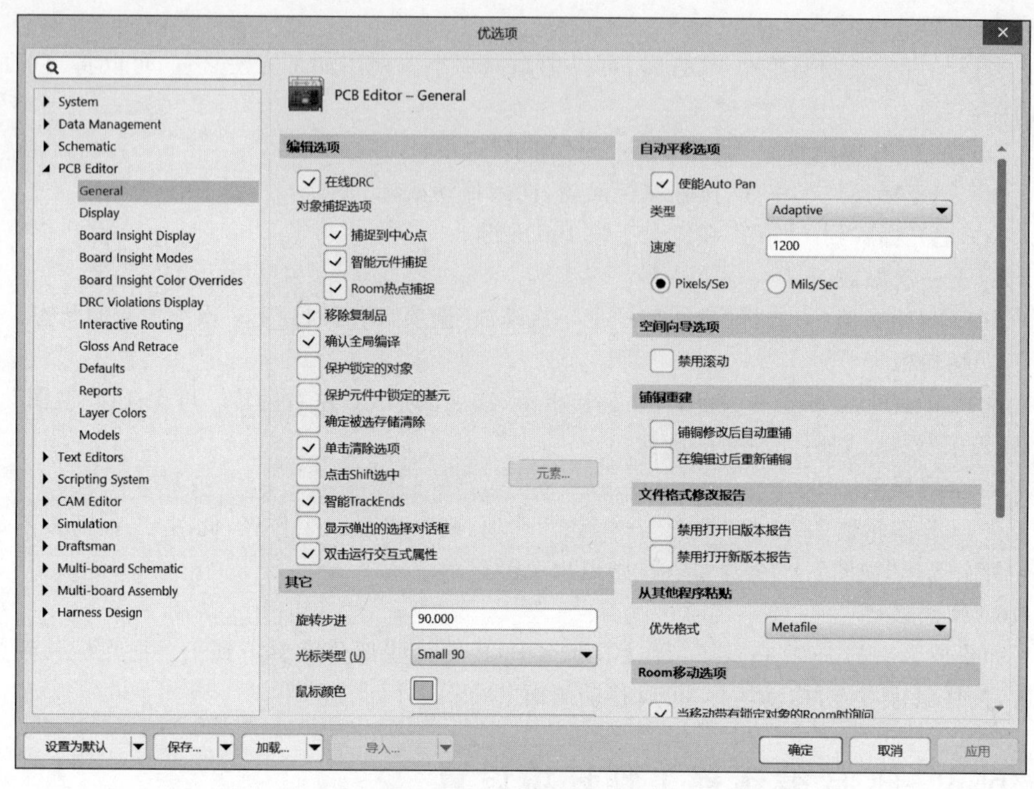

图 6.31　“优选项”对话框

(1) 单击清除选项：若选中该复选框，则在 PCB 中任意位置单击，都可以清除对选中对象的选中状态。建议选中该复选框。

(2) 点击 Shift 选中：若选中该复选框，则必须按下 Shift 键，才能在单击时选中对象。建议不要选中该复选框。

(3) 光标类型：设置正在操作的光标类型。光标类型有三种，即 Large 90(大十字形)、Small 90(小十字形)、Small 45(小叉形)。一般设置为 Small 90。

(4) 器件拖曳：若在下拉列表框中选择 none，则在移动某个对象时，与其相连的导线不随之移动。若在下拉列表框中选择 Connected Tracks，则在移动某个对象时，与其相连的导线也随之移动。

6.3.2　Display 标签

在“优选项”对话框的左侧窗格中，选择 PCB Editor→Display 标签，则在对话框的右侧窗格中有 3 个选项组，分别是“显示选项”“高亮选项”和“层绘制顺序”。“优选项”对话框的 Display 标签如图 6.32 所示。

各个选项组的功能如下。

(1) “显示选项”选项组：设置显示方式。若选中抗混叠复选框，则消除混叠现象，使图形保真。

(2) “高亮选项”选项组：设置选中对象的高亮显示或隐藏。

(3) “层绘制顺序”选项组：设置在设计 PCB 时 AD 24 刷新各层的顺序。

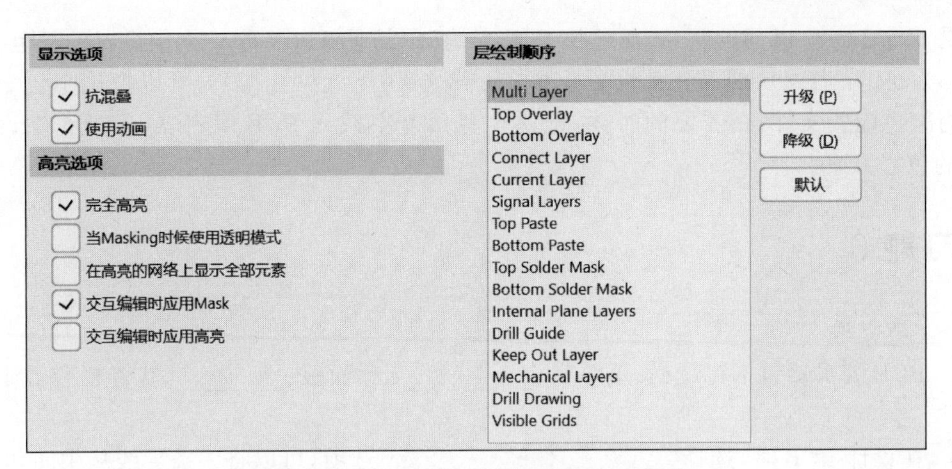

图 6.32 “优选项”对话框的 Display 标签

6.3.3 Layer Colors 标签

在“优选项”对话框的左侧窗格中，选中 PCB Editor→Layer Colors 标签，则在对话框的右侧窗格中只有一个选项组，即层颜色。“优选项”对话框的 Layer Colors 标签如图 6.33 所示。

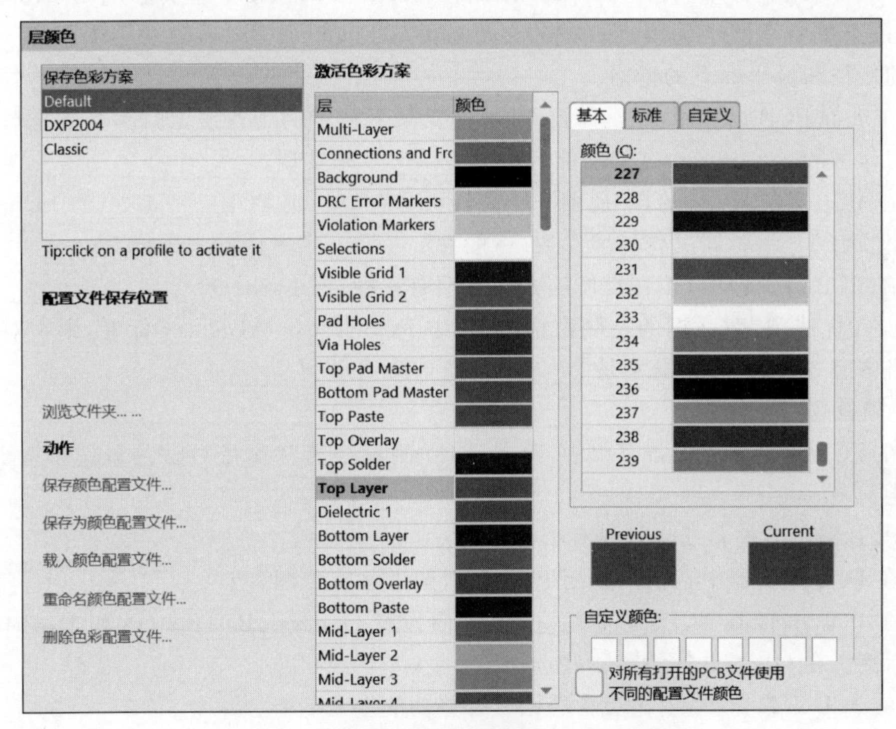

图 6.33 “优选项”对话框的 Layer Colors 标签

主要选项的功能如下。

(1) 保存色彩方案：该列表框用于保存 PCB 各层的色彩方案，AD 24 有三种默认的方案，即 Default、DXP2004 和 Classic。

(2) 配置文件保存位置：选择保存色彩方案的文件夹。

(3) 激活色彩方案：设置 PCB 各层的色彩。例如，选中 Top Layer，则色块 Previous 显示的是 Top Layer 以前的颜色,而色块 Current 显示的是 Top Layer 本次设置的颜色。

(4) 动作:若每层的颜色都设置完成了,则得到一个色彩方案。可以把这个色彩方案保存为颜色配置文件,在需要的时候,把这个色彩方案载入 PCB 编辑器,作为正在设计的 PCB 的色彩方案。

习题 6

一、填空题

1. PCB 编辑器包括标题栏、菜单栏、________、工程面板、________、状态栏和命令状态等部件。

2. 在设计 PCB 时,选择"________"→"________"选项,可以将一条导线从中间切断。

3. 在 PCB 编辑器中,选择"放置"→Keepout→"线径"选项,可以在________ Layer 绘制________区域的边界。

4. PCB 编辑器的工具栏包括 PCB 标准、________、导航、过滤器和________等工具栏。另外还有自定义工具栏和快捷工具栏。

5. 在 PCB 编辑器中,打开 Properties 面板,在 Grid Manager 选项组,单击 Add 下拉按钮,在下拉菜单中有两个选项,即 Add Cartesian Grid 和________,分别用于添加________坐标下的栅格和极坐标下的栅格。

6. 在进行 PCB 设计时,经常需要查看、编辑某个特定的工作层,为此,必须把该工作层切换为工作区的________。这个功能可以由________来实现。

7. 在 PCB 编辑器中,选择"视图"→"翻转板子"选项,则 PCB ________。

8. 设置 PCB 编辑器工作环境参数,一般在"________"对话框中进行。

9. 在 PCB 编辑器中,正在操作的光标类型有三种,即 Large 90、________、________。

10. 在"优选项"对话框的左侧窗格中,选中 PCB Editor→Display 标签,则在对话框的右侧窗格中有 3 个选项组,分别是________、高亮选项和________。

二、简答题

1. 在 PCB 编辑器的报告菜单中,菜单选项"测量距离""测量"和"测量选中对象"各有什么功能?

2. PCB 编辑器的布线工具栏有哪些工具?

3. 在 PCB 编辑器中,打开、关闭 PCB 面板的方法有哪两种?

4. 在 PCB 编辑器中,PCB 的 Properties 面板有 General、Parameters 和 Health Check 等 3 个标签。在 General 标签有哪些选项组?

5. 在 PCB 编辑器中,工作层管理栏有哪些功能?

6. 在 PCB 编辑器中,View Configuration(视图配置)面板有什么功能?

7. 在 PCB 编辑器中,对选中对象进行放大是如何操作的?

8. 当设计者需要浏览整个 PCB 时,可以把画面缩小。将当前的画面缩小的方法有哪些?

9. 在 PCB 编辑器中,如何实现电路原理图设计文件与 PCB 设计文件的同步更新?

10. 以 Bottom Layer 为例,利用工作层管理栏设置工作层颜色的步骤是什么?

11. 在 PCB 编辑器中，分别进行下面两种操作，结果有什么不同？

（1）选择“视图”→“适合文件”选项。

（2）选择“视图”→“适合板子”选项。

12. 在 PCB 编辑器中，打开“优选项”对话框的方法有哪几种？

三、设计题

1. 按照顺序完成如下操作。

（1）启动 AD 24，新建名为“实验 6. PrjPcb”的工程，把工程保存到桌面上。

（2）新建名为“实验 6. PcbDoc”的 PCB 设计文件，并打开 PCB 编辑器。

（3）打开 PCB 的 Properties 面板，设置 PCB 的参数：采用英制；选中复选按钮 Grids，捕捉到栅格；Snapping 选项，选中单选按钮 All Layers，在所有层捕捉；Snap Distance 选项，设置捕捉距离为 10mil；Sheet Settings 选项，X/Y = 1000mil/1000mil，Width = 10000mil，Height = 8000mil。

（4）保存 PCB 设计文件，退出 AD 24。

2. 在“优选项”对话框的左侧窗格中，展开 PCB Editor 标签。逐一打开该标签的如下 3 个子标签：DRC Violations Display（DRC 违规显示）、Interactive Routing（交互式布线）和 Reports（报告）。熟悉这 3 个标签中主要参数的意义。

第7章

CHAPTER 7

PCB 设计

本章介绍PCB设计的方法和技术，主要内容包括PCB设计概述、PCB设计准备、PCB布局、PCB布线和PCB设计实例等。通过对本章的学习，应该达到以下目标。

（1）了解PCB的基础知识，掌握PCB设计的一般流程和主要步骤。

（2）熟悉PCB设计准备的主要任务，掌握规划电路板的方法，掌握把电路原理图设计文件中的信息更新到PCB设计文件的方法。

（3）熟练掌握PCB布局和PCB布线的方法和技术。

（4）通过学习PCB设计实例，掌握PCB设计的方法和技术，能够独立设计中等复杂度的PCB。

7.1 PCB设计概述

7.1.1 PCB的基础知识

1. PCB的概念

印制电路板(Printed Circuit Board,PCB)是指采用分层印制方式制作的、用于放置和连接电子元件的电路板。PCB可以为所设计的电路提供机械支撑、容纳元件和连接元件，能够提高电路的稳定性和可靠性，辅助实现电子设备的功能，是现代电子产品中不可缺少的组成部分。

随着电子技术的发展，越来越多的控制电路必须基于PCB才能设计完成。一个完整的控制电路必须包含具有特定电气功能的元件，并且还要把这些元件连接起来。PCB的作用就是，借助于基板上的用于焊接元件的焊盘，以及建立元件连接关系的导线和过孔，为设计与实现具有特定功能的控制电路提供支持。

2. PCB的类型

按照导电层的多少，可以把PCB分为单面板、双面板和多层板。

（1）单面板是指只有一个导电层的PCB，即仅在电路板的一个工作层上有导电图件。单面板只需在电路板的一个工作层上放置导电图件，制作成本较低。由于电路板的所有走线都在一个工作层，因此，布线比较困难，有的电路无法完成布线。单面板只适合特别简单的电路，稍微复杂的电路不能采用单面板。

（2）双面板是指有两个导电层的PCB，在顶层和底层都有导电图件，中间为绝缘层。元件通常放置在顶层，顶层和底层通过导线、焊盘和过孔等进行电气连接。由于电路板的双面都可以走线，因此，布线难度大幅降低，绝大部分电路都能够完成布线。另外，双面板的成本适中，受到众多设计者的青睐。

(3) 多层板是指有 3 个以上导电层的 PCB。对于多层板，PCB 的导电层数基本上都是偶数。多层板增加了内电层，有的还增加了内部信号层，很好地解决了高度集成电路布线困难的问题，同时提高了电路板的抗干扰性能。不过，随着电路板层数的增加，电路板的制作难度增大，成本也随之增加。目前，常用的多层板为 4 层板，包含顶层(Top Layer)、底层(Bottom Layer)、内电层 1(Internal Plane 1，内部电源层)和内电层 2(Internal Plane 2，GND)。

在设计电路板时，必须根据实际需要与可能，选择合适类型的电路板。在选择电路板类型时，必须从电路板的可靠性、工艺水平和经济性等方面进行综合考虑，寻求这几方面的最佳结合点。

电路板的可靠性是影响电子设备可靠性的重要因素，而影响电路板可靠性的首要因素是电路板的类型，即电路板是单面板、双面板还是多层板。电路板的可靠性由高到低依次为单面板—双面板—多层板，而多层板的可靠性随着层数的增加而降低。

在设计 PCB 时，设计者必须考虑当前 PCB 制作和安装的工艺水平，使设计的 PCB 在当前的工艺水平下能够制作出来，并且便于安装。当布线密度较低时，可以考虑设计成单面板或双面板；当布线密度很高、制造困难、可靠性不易保证时，应该设计成多层板。多层板层数的选择，同样既要考虑可靠性，又要考虑制造和安装的工艺水平。

PCB 的经济性与电路板类型、基材选择、制造工艺和技术要求等密切相关。就电路板类型而言，其成本递增的顺序为单面板—双面板—多层板。

3. PCB 的结构

(1) PCB 的内部结构。PCB 包括多个工作层，结构非常复杂。PCB 包含一个或多个导电层。通过印制处理，在导电层形成电路图案。导电层之间通过通孔或盲孔(仅存在于某些导电层之间)进行电气连接。导电层之间的夹层是用玻璃纤维增强的环氧树脂制作的绝缘材料。6 层板的内部结构如图 7.1 所示。

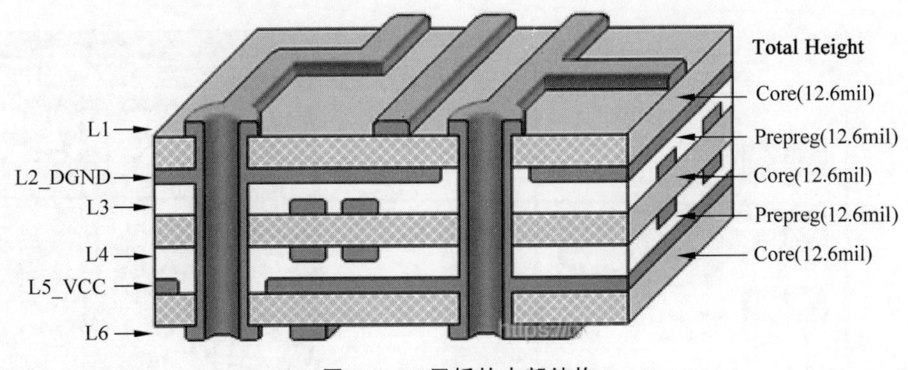

图 7.1 6 层板的内部结构

PCB 的主体由芯板(Core)和半固化片(Prepreg)组成。Core 的两个表面都铺有铜箔，用作导电层，两个表面之间是由玻璃纤维浸以环氧树脂制成的固态绝缘材料。Prepreg 的表面没有铜箔，由半固态树脂和玻璃纤维制成，比 Core 要软一些，在 PCB 中主要起填充作用，用以黏合芯板 Core。简单地说，Prepreg 的作用就相当于胶水，用 Prepreg 把几张 Core 用层压的方法连接成多层板。

L1～L6 是导电层，其中，L1 和 L6 分别是顶层（Top Layer）和底层（Bottom Layer），L2 和 L5 是内电层（Internal Plane Layer），L3 和 L4 是内部信号层（Internal Signal Layer）。

（2）Top Paste 层和 Bottom Paste 层。在顶层的上面有顶层焊锡膏（Top Paste）层，在底层的下面有底层焊锡膏（Bottom Paste）层。

如果用机器焊接贴片元件，那么需要制作钢网，钢网上的镂孔对应贴片元件的焊盘，用来漏焊锡膏。在 PCB 中，Top Paste 层和 Bottom Paste 层分别用于标记顶层、底层钢网上的镂孔。Top Paste 层和 Bottom Paste 层是 AD 24 根据 Top Layer 和 Bottom Layer 自动生成的，镂孔大小与 Top Layer 和 Bottom Layer 的焊盘一样，无须设计者设计和编辑。在制作钢网时，按照 Top Paste 层和 Bottom Paste 层的信息，把镂孔部分镂空。

例如，元件 Diac-PNP 的 PCB 脚印为 SOT89M，AD 24 根据它在 Top Layer 中的形状，生成它在 Top Paste 层中的形状。PCB 脚印 SOT89M 在 Top Paste 层中的形状如图 7.2 所示，即图中 PCB 脚印轮廓内部的灰色部分。在根据 Top Paste 层制作钢网时，把图中的灰色部分镂空。

在用机器焊接贴片元件时，首先，把钢网覆盖在电路板上，使钢网上的镂孔对准贴片元件的焊盘，在钢网上面涂上焊锡膏；接着，用刮片把多余的焊锡膏刮去，移去钢网，这样，贴片元件的焊盘就涂上了焊锡膏；然后，把贴片元件贴附到焊锡膏上；最后，使用回流焊机焊接贴片元件。

（3）Top Solder 层和 Bottom Solder 层。在顶层的上面有顶层焊锡（Top Solder）层，在底层的下面有底层焊锡（Bottom Solder）层。

在焊接电路板时，焊锡在高温下融化，具有流动性，因此，必须在不需要焊接的地方涂上一层阻焊物质，防止焊锡流动、溢出，避免短路。人们习惯于把这种涂料称为绿油，尽管现代的 PCB 涂料有绿色、蓝色、红色、粉色和黑色等各种颜色。在电路板上涂覆的绿油，除了能够阻止焊锡流动之外，还具有绝缘功能，它既是阻焊层又是保护层。下面通过实例加以说明。

没有涂覆绿油的裸板如图 7.3 所示。在电路板的表面，铜箔大面积裸露在外，非常容易短路。

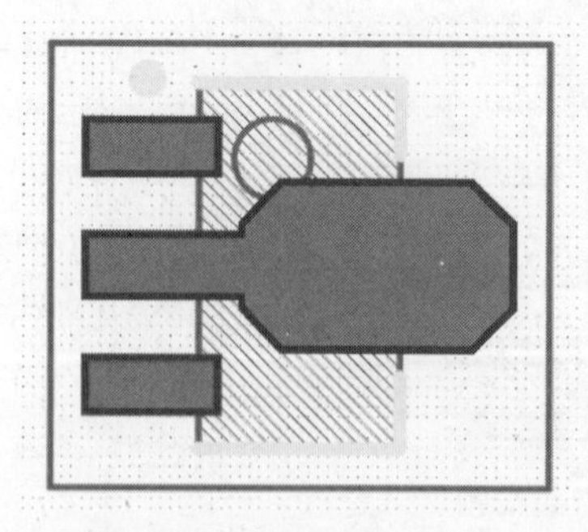

图 7.2　PCB 脚印 SOT89M 在 Top Paste 层中的形状

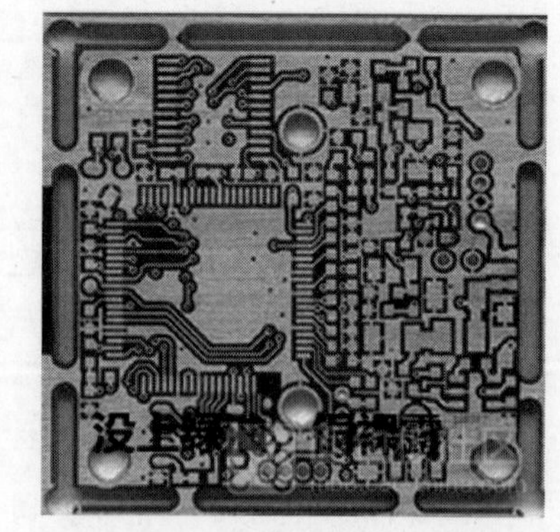

图 7.3　没有涂覆绿油的裸板

涂覆了绿油的电路板如图 7.4 所示。在电路板的表面，用绝缘涂料把铜箔覆盖起来，可以有效地防止短路问题。

对于电路板上的过孔，图 7.4 给出了两种涂覆方式，左边是过孔开窗，右边是过孔盖油。过孔开窗是为了方便测试，因为开窗的过孔是导电的，可以进行测试；而过孔盖油能够起到更好的绝缘作用，增加电路的可靠性。对于已经通过测试、证明是正确的电路板，在添加覆盖层的时候，应该采用过孔盖油的方式。

在为 PCB 涂覆绿油时，应注意一定不能涂覆焊盘，否则，元件就无法焊接到电路板了。为此，必须把焊盘覆盖起来，不涂绿油，这就是 Top Solder 层和 Bottom Solder 层的任务。在 PCB 中，Top Solder 层和 Bottom Solder 层是 AD 24 根据 Top Layer 和 Bottom Layer 自动生成的，其中，焊盘覆盖部分的大小比 Top Layer 和 Bottom Layer 的焊盘稍大一点，无须设计者设计和编辑。在制作 PCB 时，在涂覆绿油这一步，按照 Top Solder 层和 Bottom Solder 层的信息，对焊盘覆盖部分不涂绿油，其余的部分涂覆绿油。

例如，元件 Diac-PNP 的 PCB 脚印为 SOT89M，AD 24 根据它在 Top Layer 中的形状，生成它在 Top Solder 层中的形状。PCB 脚印 SOT89M 在 Top Solder 层中的形状如图 7.5 所示，即图中的黑色部分。在制作 PCB 时，在涂覆绿油这一步，图中的黑色部分不涂绿油，其余的部分涂覆绿油。

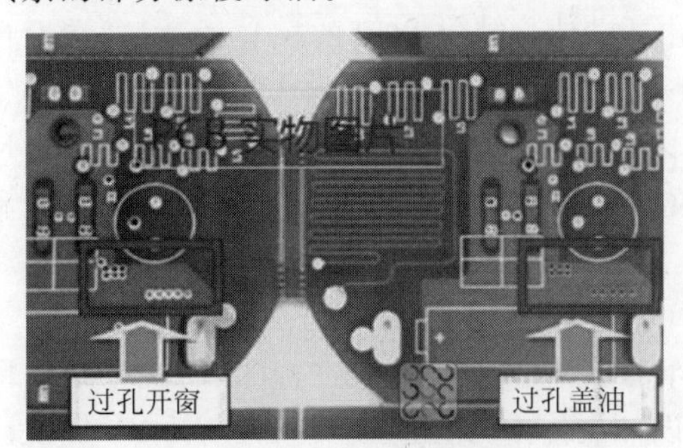

图 7.4 涂覆了绿油的电路板

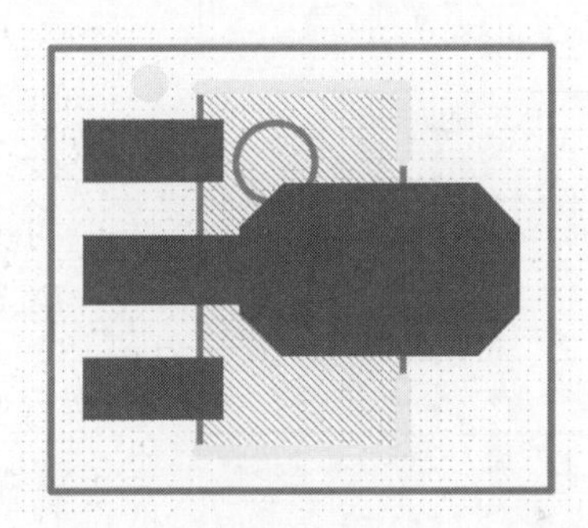

图 7.5 PCB 脚印 SOT89M 在 Top Solder 层中的形状

(4) Top Overlay 层和 Bottom Overlay 层。在顶层绿油的上面是 Top Overlay(顶层覆盖)层，在底层绿油的下面是 Bottom Overlay(底层覆盖)层。在这两层，可以印刷元件标识符、元件参数值、模块名称、模块功能说明或设计单位 Logo 等说明性图件。

4. PCB 的生产制作过程

设计好 PCB 之后，生成生产制造文件，把生产制造文件发送给 PCB 生产厂家，由生产厂家制作具有预定功能的电路板。生产制作 PCB 的主要过程简述如下。

(1) 分别制作各个 Core。

(2) 用 Prepreg 把几张 Core 层压连接成多层板。

(3) 在电路板 Top Layer 的上面，根据 Top Solder 层的信息涂覆绿油，根据 Top Overlay 层的信息印刷顶层标识。

(4) 在电路板 Bottom Layer 的下面，根据 Bottom Solder 层的信息涂覆绿油，根据 Bottom Overlay 层的信息印刷底层标识。

(5) 根据 PCB 的物理边界，裁剪电路板。

需要说明的是，Top Paste 层和 Bottom Paste 层是为机器焊接贴片元件而准备的，专门用于制作钢网，在生产制作 PCB 时，无须考虑这两层。

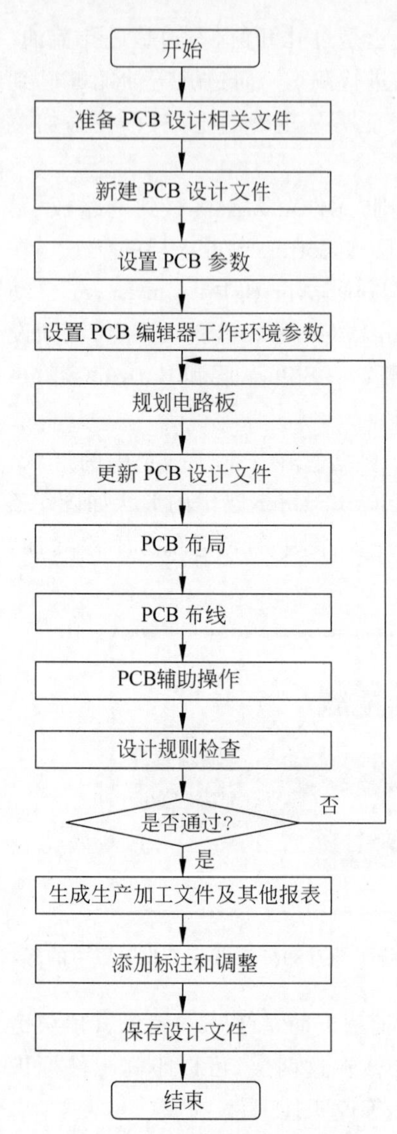

图 7.6 PCB设计的一般流程

7.1.2 PCB设计的一般流程

在电路原理图设计完成后，下一步工作就是把电路原理图设计文件中的网络表和PCB脚印等信息加载到PCB设计文件中，根据电路原理图进行PCB设计。PCB设计主要包括电路板选型、规划电路板、PCB布局、PCB布线、铺铜、补泪滴和设计规则检查等。

为了使PCB设计能够顺利进行，设计者必须熟悉PCB设计的流程。PCB设计的一般流程如图7.6所示。

7.1.3 PCB设计的主要步骤

下面简要介绍PCB设计一般流程中主要步骤的作用。

1. 准备PCB设计相关文件

PCB设计是设计与制作PCB的核心任务，而在设计PCB之前，必须把网络表和PCB脚印等信息加载到PCB设计文件中，因此，在设计PCB之前，需要准备PCB设计的相关文件，包括工程、电路原理图设计文件、网络表和PCB库等。

2. 新建PCB设计文件

PCB设计是在PCB编辑器中进行的，而设计结果也体现在PCB设计文件中，因此，需要新建一个PCB设计文件，打开PCB编辑器，在工作区显示PCB。新建PCB设计文件的方法参见1.2.4小节。

3. 设置PCB参数

在设计PCB之前，设计者可以根据自己的习惯设置PCB的参数，包括捕捉选项、栅格参数、向导线、公制/英制、PCB尺寸、坐标原点和工作层颜色等。设置方法参见6.1.4小节、6.1.5小节。

4. 设置PCB编辑器工作环境参数

PCB编辑器工作环境参数对PCB设计具有重要的影响，合理设置这些参数，可以提高PCB设计的质量和效率。在“优选项”对话框中，可以设置PCB编辑器工作环境参数。设置方法参见6.3节。

5. 规划电路板

规划电路板包括选择电路板的类型、确定电路板的外形、确定电路板的禁止布线区域、确定电路板与外界的接口形式和放置安装孔等。

6. 更新PCB设计文件

更新PCB设计文件就是把电路原理图设计文件中的网络表、PCB引脚等信息加载到PCB设计文件中。

7. PCB 布局

PCB 布局对电路板的功能和性能具有重要的影响。PCB 布局需要综合考虑电路板的机械结构、信号衰减、电磁干扰、散热、布线、电路板与外界连接等方面的问题。虽然 AD 24 具有自动布局的功能，但是，自动布局的结果往往不能令人满意，需要进行手工调整。

8. PCB 布线

PCB 布线对电路板的功能和性能也具有重要的影响。可以在 AD 24 自动布线的基础上，通过手工布线进行调整。

9. PCB 辅助操作

PCB 辅助操作包括铺铜、补泪滴、测量距离和测量导线长度等。对信号层的接地网络覆铜，可以提高 PCB 的抗干扰能力，增加电流的负载能力。通过补泪滴，可以增加导线和焊盘的连接面积，使导线和焊盘的连接更加牢固。对于差分对信号，两条导线的长度应该相等，为了检查这项设计要求，需要测量导线的长度。

10. 设计规则检查

利用 AD 24 提供的设计规则检查工具，按照设定的设计规则对 PCB 进行检查，根据检查反馈的信息，对 PCB 作进一步的调整与修改，确保 PCB 符合设计者制定的设计规则，保证所有网络都已正确连接。

11. 生成生产加工文件及其他报表

从设计完成的 PCB 设计文件生成网络表、元件清单、生产加工文件以及其他报表，为生产制作 PCB 作准备。

12. 添加标注和调整

在 PCB 设计基本完成之后，可以在 PCB 中添加一些说明、标注和 Logo 等非电性图件，以增加 PCB 的可读性；也可以进行必要的调整和修饰，使 PCB 更加整齐、美观。

13. 保存设计文件

把 PCB 设计文件、元件清单、生产加工文件以及系统生成的其他文件保存起来，备用。

7.2 PCB 设计准备

在设计 PCB 之前，设计者需要做很多准备工作，包括新建工程、新建电路原理图设计文件、设计电路原理图、确定元件的 PCB 引脚、生成网络表、新建 PCB 设计文件、设置 PCB 参数、设置 PCB 编辑器工作环境参数、规划电路板和更新 PCB 设计文件等。大部分准备工作在前面的章节已经介绍过了，这里不再重复，本节只介绍规划电路板和更新 PCB 设计文件。

7.2.1 规划电路板

1. 选择电路板的类型

在选择电路板类型时，必须从电路板的可靠性、工艺水平和经济性等方面进行综合考虑。双面板具有较高的可靠性，布线比较容易，成本也不太高，适合大多数 PCB 设计。但是，对于复杂的电路，双面板可能就不能满足设计要求了，此时，可以增加 PCB 的工作层。当然，对于一个正在设计的 PCB，如果它的工作层多了，也可以删除一些工作层。另外，还可以调整某个工作层在工作层栈中的位置。

增加/删除/移动PCB工作层的方法如下。

(1) 在PCB编辑器中,选择"设计"→"层叠管理器"选项,AD 24将新建一个层叠文件,如图7.7所示。

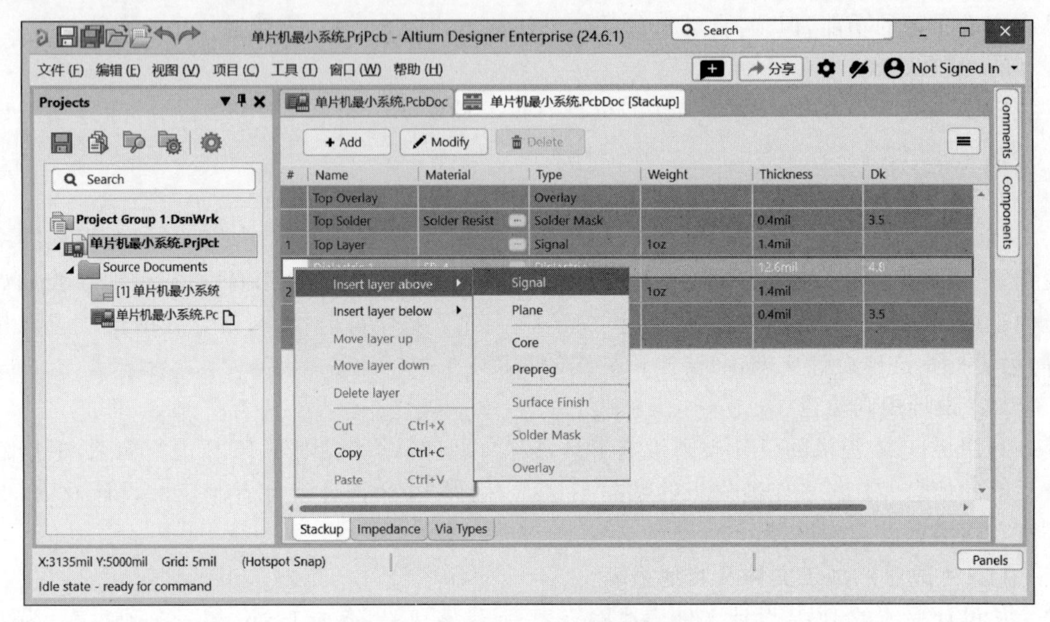

图7.7 PCB设计文件的层叠文件

(2) 在层叠文件中选中某层,右击,在弹出的快捷菜单中选择Insert layer above或Insert layer below选项,可以在该层的上面或下面增加某种层。可以增加的层包括Signal(内部信号层)、Plane(内电层)、Core(芯板)、Prepreg(半固化片)、Surface Finish(表面抛光层)、Solder Mask(焊锡罩)和Overlay(覆盖层)等。

(3) 在层叠文件中选中某层,右击,在弹出的快捷菜单中选择Delete Layer选项,可以删除该层。

(4) 在层叠文件中选中某层,右击,在弹出的快捷菜单中选择Move layer up或Move layer down选项,可以上移或下移该层。

2. 绘制电路板的物理边界

在进行PCB设计之前,一般需要初步设置电路板的形状与大小,即绘制电路板的物理边界。物理边界是PCB生产厂家制作板形的依据,必须在Mechanical(机械层)绘制。物理边界必须是一个封闭的图形,通常为矩形或圆角矩形。矩形或圆角矩形的物理边界由直线条或圆弧构成,在绘制物理边界时,可以把直线条和圆弧首尾相接,这样就可以得到封闭的图形了。

在PCB编辑器中,绘制PCB物理边界的步骤如下。

(1) 确定电路板的形状与大小。假设电路板是一个边长为150mm、100mm的矩形,四个顶点分别为(50,50)、(200,50)、(200,150)和(50,150)。

(2) 在工作层管理栏,单击Mechanical 1标签,把机械层切换成当前工作层。

(3) 选择"视图"→"切换单位"选项,把单位切换为公制。

(4) 选择"放置"→"线条"选项,或者单击快捷工具栏中的"放置线条"按钮,光标变成十字形，把光标移到 PCB 上，画一条直线段。

（5）选中这条直线段，双击，打开线条的属性面板，如图 7.8 所示。设置直线段起点坐标(50,50)和终点坐标(200,50)，关闭线条的属性面板，就画出了矩形的一条边。

（6）用同样的方法画出矩形的其他三条边，并使这四条边首尾相接，得到一个矩形。

（7）选中这个矩形，选择"设计"→"板子形状"→"按照选择对象定义"选项，使这个矩形成为 PCB 的物理边界。此时，工作区只显示 PCB 物理边界内的区域。

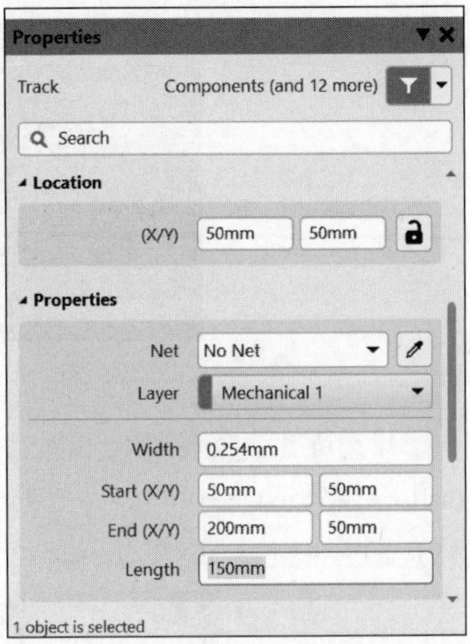

图 7.8 线条的属性面板

3. 绘制电路板的电气边界

在 PCB 自动布局和自动布线时，电气边界是必不可少的。电气边界限定了 PCB 引脚放置和布线的范围。PCB 的电气边界通常在物理边界的内部，电气边界所围的区域比物理边界所围的区域略小。电气边界必须在 Keep-Out Layer(禁止布线层)绘制。

在 PCB 编辑器中，绘制 PCB 电气边界的步骤如下。

（1）确定 PCB 电气边界的顶点。假设电路板的电气边界为一个边长为 140mm、90mm 的矩形，四个顶点分别为(55,55)、(195,55)、(195,145)和(55,145)。

（2）在工作层管理栏，单击 Keep-Out Layer 标签，把禁止布线层切换成当前工作层。

（3）选择"视图"→"切换单位"选项，把单位切换为公制。

（4）选择"放置"→Keepout→"线径"选项，光标变成十字形，把光标移到 PCB 上，画一条直线段。

（5）选中这条直线段，双击，打开线径的属性面板，如图 7.9 所示。设置直线段起点坐标(55,55)和终点坐标(195,55)，关闭线径的属性面板，就画出矩形的一条边。

（6）用同样的方法画出矩形的其他三条边。这样，就绘制出 PCB 的电气边界。

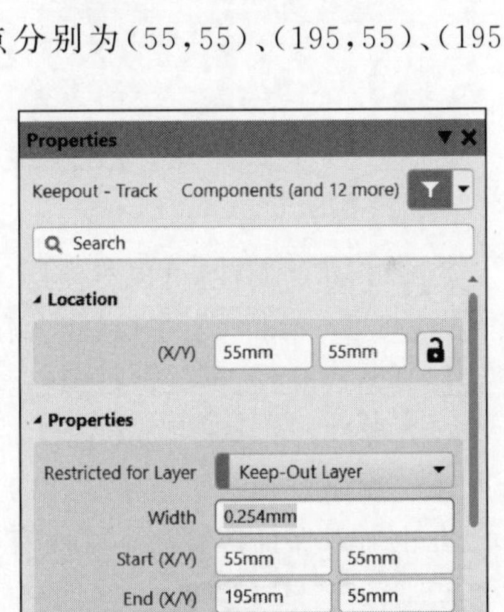

图 7.9 线径的属性面板

4. 放置安装孔

元件焊接完成的 PCB 一般都要嵌入其他系统中，作为大系统的一个模块。还有一种情况，就是把其他部件(比如散热器)装配到 PCB 上。不管哪种情况，都需要在 PCB 上放置安装孔。对于较小的 PCB，只需在它的四角各放一个安装孔即可；对于较大的 PCB，可能需要放置更多的安装孔。

常用的安装孔有 3 种，即非支持孔(Unsupported)、支持孔(Supported)和带过孔的支持孔(Supported with Via)。

（1）非支持孔。非支持孔的孔壁没有铜层，上下可能有也可能没有焊盘。非支持孔不连接地平面或其他网络，仅仅用于安装、固定PCB或其他部件。因此，在PCB上使用非支持孔时，除了考虑孔的直径外，还需要放置一个Keep-out(禁止布线)的圆，为螺钉头留出空间。典型的非支持孔如图7.10所示，由一个Multi-Layer的焊盘和一个Keep-out的圆构成，无须设置特殊的Paste和Solder。从3D视图可见，孔壁没有铜层。

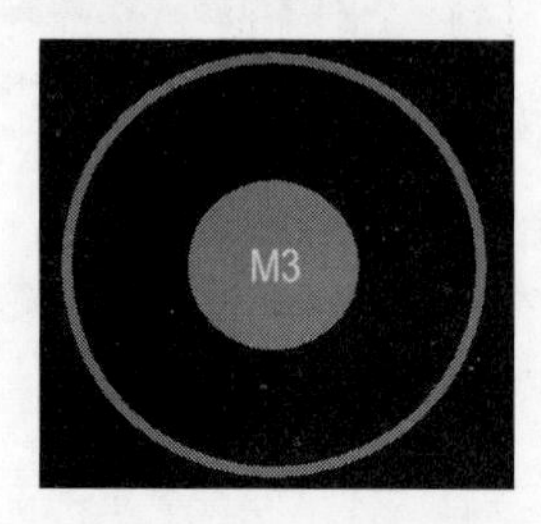

图7.10 典型的非支持孔

(2) 支持孔。支持孔的孔壁有镀层，上下都有焊盘，通常以直连的方式与地平面相连。支持孔不需要Keep-out，焊盘在每个层的直径可以不同。典型的支持孔如图7.11所示，只有一个Multi-Layer的焊盘。从3D视图可见，孔壁有铜层。

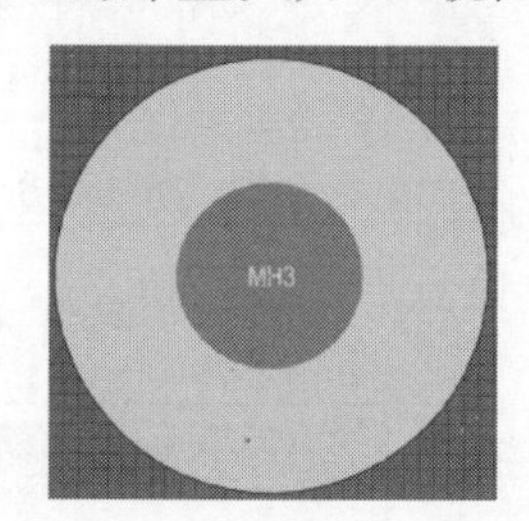

图7.11 典型的支持孔

至于Pad的属性，可以将内层的直径设置小一点，也可以与顶层、底层相同。由于需要接地，设置了Solder，便于螺钉与铜层充分接触。不过，当螺钉拧入安装孔时，可能会造成孔壁铜层剥落，此时就不能保证螺钉与地平面的连接了。

(3) 带过孔的支持孔，如图7.12所示。这种安装孔和支持孔类似，只是在安装孔周围添加了一组小过孔。对于带过孔的支持孔，当螺钉拧入安装孔时，即使孔壁铜层剥落，这组小过孔也可以保证螺钉与地平面有充分的连接。

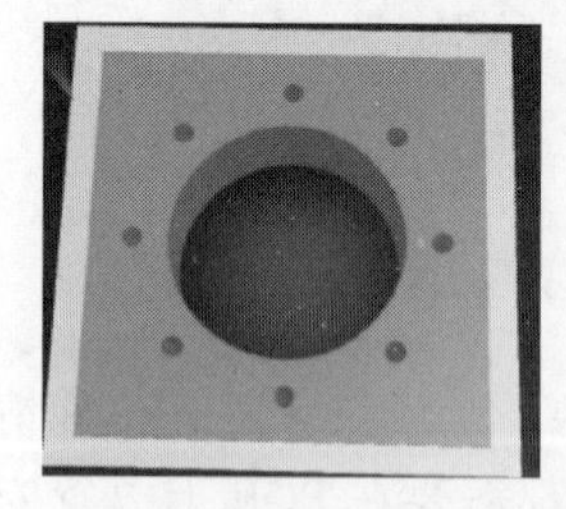

图7.12 带过孔的支持孔

下面以支持孔为例，说明放置安装孔的方法。例如，对于直径为3mm的螺钉，可以采用直径为4mm的圆形焊盘作为安装孔。

为PCB放置4个安装孔，步骤如下。

(1) 在PCB编辑器中，选择“放置”→“焊盘”选项，或者单击放置工具栏中的“放置焊盘”按钮，光标变成十字形，把光标移到PCB的一个拐角，单击，就放置了一个焊盘。

(2) 双击焊盘，弹出焊盘的属性面板，如图7.13所示。在焊盘的属性面板，设置焊盘的参数值，位置为(53,53)，形状为Round，直径为4mm。

(3) 用同样的方法，在PCB的其他3个拐角依次放置3个焊盘，并设置焊盘的参数值。这样，就为PCB的放置了4个安装孔。

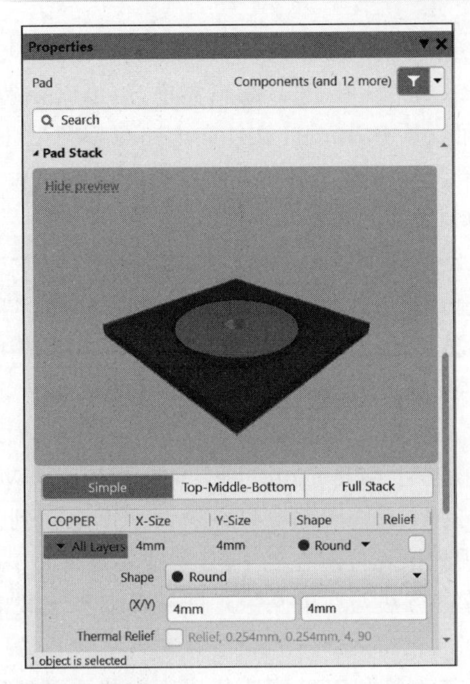

图 7.13 焊盘的属性面板

综合运用本小节介绍的技术，设置 PCB 为双层板，在机械层绘制 PCB 的物理边界，在禁止布线层绘制 PCB 的电气边界，放置 4 个安装孔，规划完成的 PCB 如图 7.14 所示。

图 7.14 规划完成的 PCB

7.2.2 更新 PCB 设计文件

AD 24 具有电路原理图设计文件与 PCB 设计文件双向同步的功能。一方面，可以从电路原理图设计文件向 PCB 设计文件同步。在电路原理图编辑器中，对电路原理图进行编辑后，通过更新PCB设计文件，可以把修改后的电路原理图设计文件中的设计信息传递到PCB设计文件中；在PCB编辑器中，也可以导入电路原理图设计文件中的设计信息。另一方面，也可以从PCB设计文件向电路原理图设计文件同步。在PCB编辑器中，对PCB设计文件进行编辑后，通过更新电路原理图设计文件，可以把修改后的PCB设计文件中的设计信息传递到原理图设计文件中。

在电路原理图设计和电路板规划工作完成之后，接下来需要将电路原理图设计文件的设计信息传递到PCB设计文件中，然后再进行PCB设计。从电路原理图设计文件向PCB设计文件传递的设计信息主要包括网络表和PCB脚印等。

在更新PCB设计文件之前，必须先载入PCB库，确保所用到的PCB脚印所在的PCB库已经加载到PCB编辑器了，否则将导致PCB设计文件更新的失败。在AD 24中，最常用的PCB库是Miscellaneous Devices. IntLib和Miscellaneous Connectors. IntLib，常用元件和连接器的PCB脚印都可以在这两个库中找到。在设计PCB时，如果需要使用某公司的元件，只需把该元件所在的PCB库或集成库加载到PCB编辑器即可。在PCB编辑器中，加载PCB库的方法与在电路原理图编辑器中加载电路原理图库的方法完全相同，这里不再叙述，请读者自己练习。

如果在已有的PCB库或集成库中找不到所需的PCB脚印，那么设计者应该事先手工制作该PCB脚印。手工制作PCB脚印的方法详见第10章。

下面以单片机最小系统为例，介绍更新PCB设计文件的两种方法。

1. 在原理图编辑器中更新PCB设计文件

在原理图编辑器中更新PCB设计文件的步骤如下。

(1) 打开电路原理图设计文件“单片机最小系统. SchDoc”，在电路原理图编辑器中，选择“设计”→“Update PCB Document 单片机最小系统. PcbDoc”选项，弹出“工程变更指令”对话框，如图7.15所示。

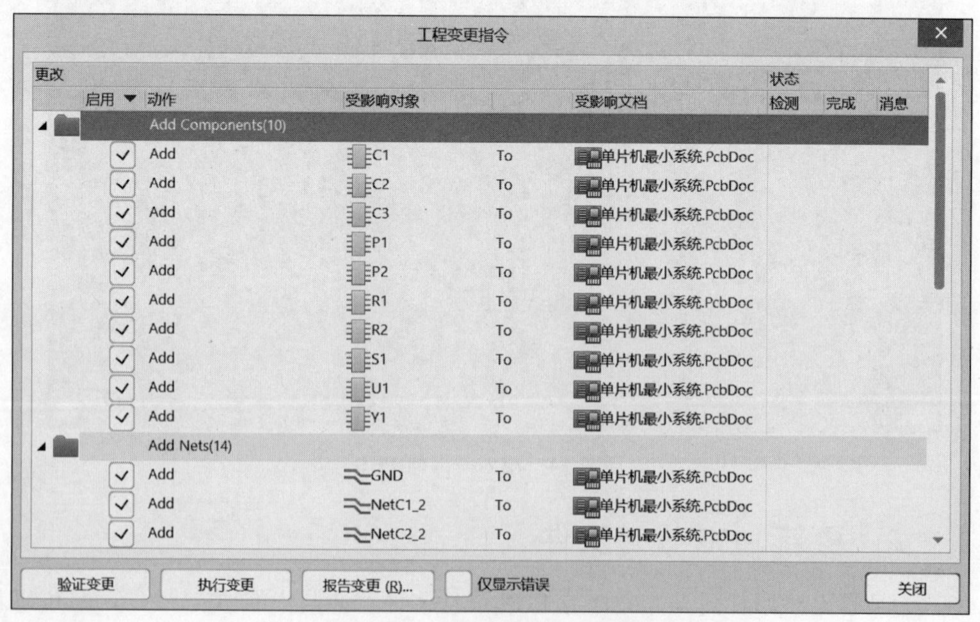

图7.15 “工程变更指令”对话框

"工程变更指令"对话框显示当前对电路原理图更改的内容,左边为更改列表,右边为相应更改的状态。更改主要有 Add Components、Add Nets、Add Component Class Members 和 Add Rules 等。

(2) 在图 7.15 中单击"验证变更"按钮,AD 24 将检查所有变更是否有效。若某个变更有效,则对应的"检测"栏显示绿色的对钩;若某个变更无效,则对应的"检测"栏显示红色的叉号。验证变更的结果如图 7.16 所示,在"检测"栏,全部显示绿色的对钩,说明所有变更都有效。

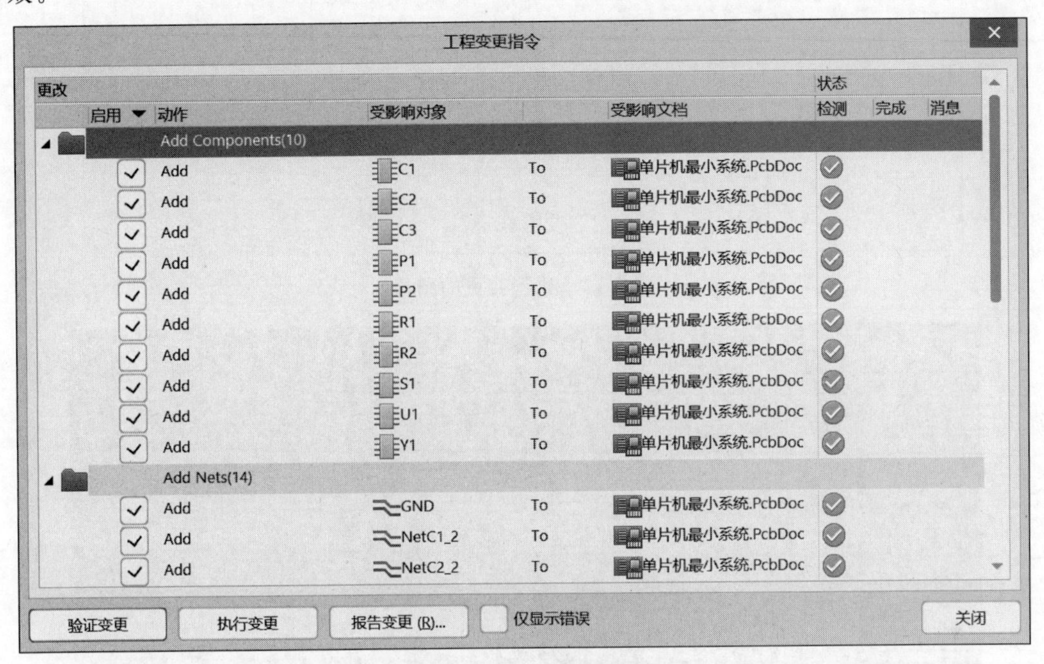

图 7.16　验证变更的结果

致使某个变更无效的原因可能是,某个电路原理图元件没有定义 PCB 脚印,某个 PCB 脚印定义不正确而使 AD 24 找不到所定义的 PCB 脚印,或者在 PCB 编辑器没有加载对应的 PCB 库等。若某个变更无效,则需要返回电路原理图编辑器,对报错的地方进行修改,然后再次验证变更,直到所有的变更都有效为止。

(3) 在图 7.16 中单击"执行变更"按钮,AD 24 将执行所有变更操作。若某个变更执行成功,则对应的"完成"栏显示绿色的对钩;若某个变更执行失败,则对应的"完成"栏显示红色的叉号。执行变更的结果如图 7.17 所示,在"完成"栏,全部显示绿色的对钩,说明所有变更执行成功。

(4) 在图 7.17 中单击"关闭"按钮,关闭"工程变更指令"对话框,此时,在工作区中 PCB 的右边出现了本工程所有电路原理图元件的 PCB 脚印,并且,这些 PCB 脚印通过飞线进行连接。这表明,AD 24 已经把电路原理图中的设计信息更新到 PCB 设计文件中了。更新 PCB 设计文件的结果如图 7.18 所示。

从图 7.18 可见,把电路原理图中的设计信息更新到 PCB 设计文件中,就是把电路原理图设计文件中的所有电路原理图元件以及它们的连接关系导入 PCB 设计文件中,表现为所有电路原理图元件的 PCB 脚印以及连接这些 PCB 脚印的飞线。此时,这些 PCB 脚印不在

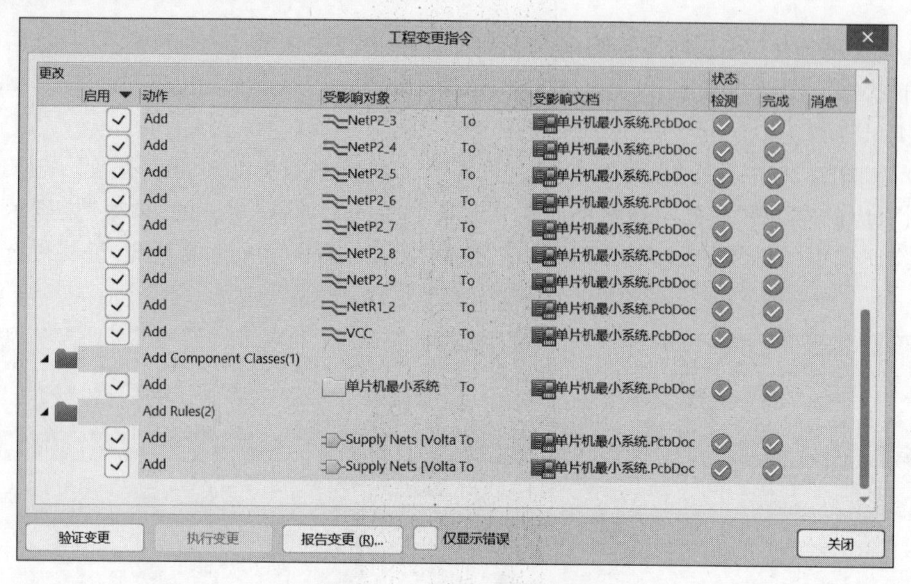

图 7.17　执行变更的结果

图 7.18　更新 PCB 设计文件的结果

PCB 的物理边界或电气边界内，需要通过 PCB 布局，把它们移到电气边界内。

2. 在 PCB 编辑器中更新 PCB 设计文件

在 PCB 编辑器中更新 PCB 设计文件的步骤如下。

(1) 打开 PCB 设计文件"单片机最小系统. PcbDoc"，在 PCB 编辑器中，选择"设计"→"Import Changes From 单片机最小系统. PcrjPcb"选项，弹出"工程变更指令"对话框，如图 7.15 所示。

(2) 后面的步骤与在电路原理图编辑器中更新 PCB 设计文件的步骤相同，不再赘述。

7.3　PCB 布局

更新 PCB 设计文件之后，需要对 PCB 进行布局。PCB 布局的好坏直接影响到后面的 PCB 布线，可能还会影响 PCB 的功能和性能，而且关系到 PCB 的安装、调试和检修。对于单面板，若 PCB 布局不合理，则可能无法完成布线操作。对于双面板或多层板，若 PCB 布局不合理，则布线时需要放置很多过孔，从而使 PCB 结构变得非常复杂，进而影响 PCB 的功能和性能。因此，必须对 PCB 布局进行研究，探索 PCB 布局的原则和方法。

7.3.1 PCB 布局的原则和方法

1. PCB 布局的基本原则

在进行 PCB 布局时，应该遵循如下基本原则。

(1) 先布置单片机、DSP 和存储器等核心元件，然后按照地址线、数据线和控制线的走向布置其他元件。

(2) 把关系密切的元件靠近放置。例如，把晶体振荡器或时钟信号发生器放置在单片机时钟输入端的旁边，在 ROM、RAM 等元件的旁边放置去耦电容。

(3) 为了保证足够的绝缘性能，在高压电路与低压电路之间应留出 4mm 以上的空间。带强电的元件尽量远离其他元件，布置在不易接触到的地方，并加装保护罩。

(4) 数字电路与模拟电路应该分区域布局，以免相互干扰。

(5) 从高频元件引脚引出的导线应该尽量短，以减少对其他元件与电路的影响。

(6) 把开关、按钮、电位器、可调电容和插拔件等经常操作的元件放置在 PCB 的边缘。

(7) 充分考虑后续的布线问题，对于导线较密的区域，应该留出足够的空间。

(8) 发热严重的元件尽量远离热敏元件，并加装散热片。

(9) 对于较大、较重的元件，应该加装固定支架，防止元件脱落。

(10) 尽量使 PCB 简洁、整齐、清楚、美观。

2. PCB 布局的方法

PCB 布局的方法有三种：自动布局、手工布局和交互式布局。

自动布局指只需设置 PCB 布局规则，AD 24 就能够自动完成 PCB 的布局。自动布局的优点是简单、快捷；缺点是布局结果未必合理，可能违背电路设计的一些基本常识，例如，把插拔件放置在 PCB 的中部。

手工布局指按照设计者的意图进行布局，布局结果比较符合实际应用的要求，也有利于后面的布线。但是，手工布局的速度慢，费时费力，对设计者的电路知识和工作经验要求较高，而且不能保证结构的优化。

交互式布局指自动布局与手工布局相结合，即首先对关键元件进行手工布局，然后对剩下的元件进行自动布局，最后进行手工调整。这种方法既省时省力，又比较符合实际应用的要求。下面主要介绍交互式布局方法。

3. 交互式布局的步骤

交互式布局的主要步骤如下。

(1) 手工布局。在全局范围内，对核心元件进行手工布局，并锁定这些元件。

(2) 自动布局。设置 PCB 布局设计规则，对剩下的元件进行自动布局。

(3) 手工调整。自动布局完成后，可能有一些元件的位置不够理想，设计者可以根据 PCB 设计的需要，进行手工调整。

(4) 调整元件标注。在 PCB 布局完成之后，把元件的标注放到便于查看的位置。

(5) 电路板密度分析。利用 AD 24 提供的密度分析工具，对布局后的 PCB 进行分析，并根据分析的结果对PCB进行优化。

7.3.2 核心元件的手工布局

核心元件主要包括芯片、占位较大的元件、有特殊装配要求的元件、高频时钟电路、对电磁干扰敏感的元件、发热量大的元件和热敏元件等。核心元件手工布局的主要操作就是移动元件和改变元件的方向。

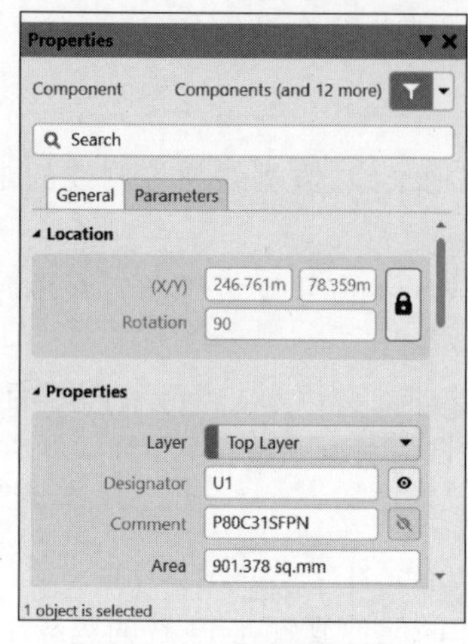

图7.19 元件属性面板

对核心元件手工布局后，要锁定该元件，以便于接下来的自动布局。锁定元件的方法是，把光标移到元件上，双击，打开元件属性面板，如图7.19所示。在元件属性面板的Location选项组，单击按钮🔒，即把元件锁定了。

若元件处于锁定状态，则在工作区中不能选中该元件，更不能对元件进行编辑。此时，如果需要对元件进行编辑，可以把光标移到元件上，双击，打开元件属性面板，在Location选项组，单击按钮🔓，把该元件解锁。

7.3.3 PCB自动布局

PCB自动布局分为两个步骤。第一步，设置PCB布局设计规则；第二步，选择PCB自动布局的方式，并进行自动布局。

1. 设置PCB布局设计规则

设置PCB布局设计规则的步骤如下。

(1) 在PCB编辑器中，选择“设计”→“规则”选项，弹出“PCB规则及约束编辑器”对话框，如图7.20所示。

在Placement标签下有6个子标签，分别是Room Definition、Component Clearance、Component Orientations、Permitted Layers、Nets to Ignore和Height。主要功能如下。

① Room Definition用于添加Room，设置Room的规则。在PCB编辑器中，Room是元件的容器，利用Room，可以把相关的元件集中在一起，归类管理，方便布线。

② Component Clearance用于设置元件的间距，包括水平距离和垂直距离。

③ Component Orientations用于设置元件的方向。

④ Permitted Layers用于设置允许放置元件的工作层。对于单面板，必须设置该项。对于双面板，可以在顶层和底层中的某一层放置元件，或在两层放置元件。如果PCB的元件不太多，建议把所有元件都放在顶层。

⑤ Nets to Ignore用于设置可以忽略的网络。在自动布局时，忽略一些网络可以提高自动布局的速度，但是，那样可能会带来其他问题，因此，建议不要忽略网络。

⑥ Height用于设置元件的最小高度、优先高度和最大高度。

通过这些子标签，可以设置PCB布局设计规则。一般情况下，只需设置元件的间距和方向这两个设计规则。

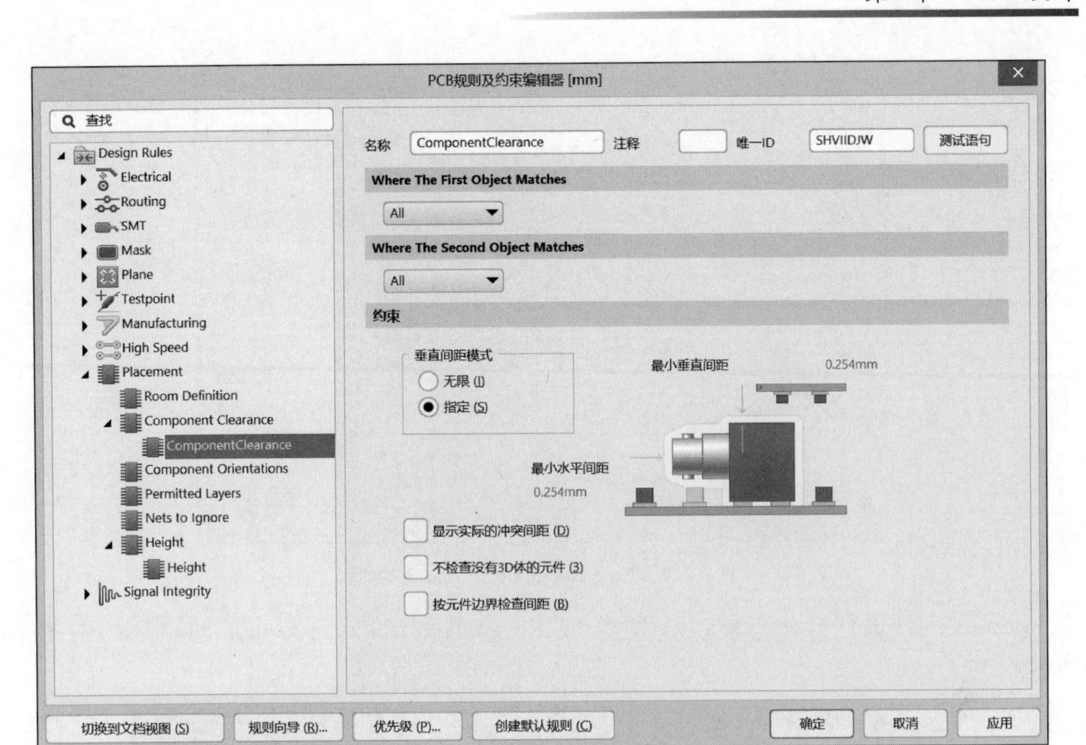

图 7.20 “PCB 规则及约束编辑器”对话框

(2) 设计规则设置完成之后，单击“确定”按钮，保存 PCB 布局设计规则，关闭“PCB 规则及约束编辑器”对话框。

2. 自动布局的方式

在 PCB 编辑器中，选择“工具”→“器件摆放”选项，其子菜单如图 7.21 所示。

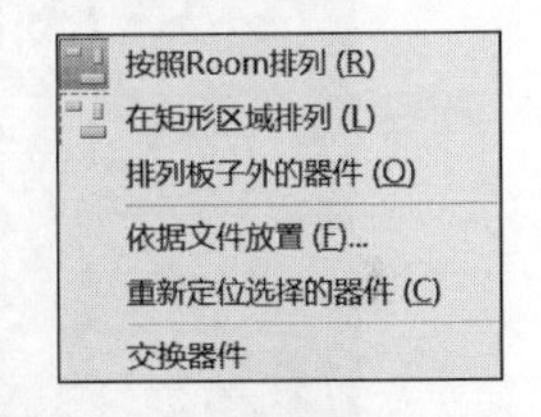

图 7.21 “器件摆放”选项的子菜单

在这个子菜单中，列举了 PCB 自动布局的方式，即按照 Room 排列、在矩形区域排列、排列板子外的器件和依据文件放置。下面以 PCB 设计文件“单片机最小系统.PcbDoc”为例，说明 4 种 PCB 自动布局方式的特点。

1) 按照 Room 排列

采用“按照 Room 排列”方式，目的是把位置靠近的元件放在同一个 Room，使这些元件之间的布线更加容易。

采用“按照 Room 排列”方式进行自动布局的步骤如下。

(1) 在 PCB 编辑器中，选择“设计”→Room→“放置矩形 Room”选项，光标变成十字形，并黏着一个 Room。

(2) 把光标移到工作区，单击，确定 Room 的一个顶点；移动光标，确定 Room 的对角顶点；单击，放置一个 Room。

(3) 双击 Room，弹出 Edit Room Definition 对话框，如图 7.22 所示。在这个对话框中，可以设置 Room 的名称、大小和所在的工作层等参数，选择需要放置在 Room 的元件。

(4) 在 PCB 编辑器中，选择“工具”→“器件摆放”→“按照 Room 排列”选项，光标变成十字形，把光标移到要放置元件的 Room，单击，AD 24 就在这个 Room 内对需要放置在这

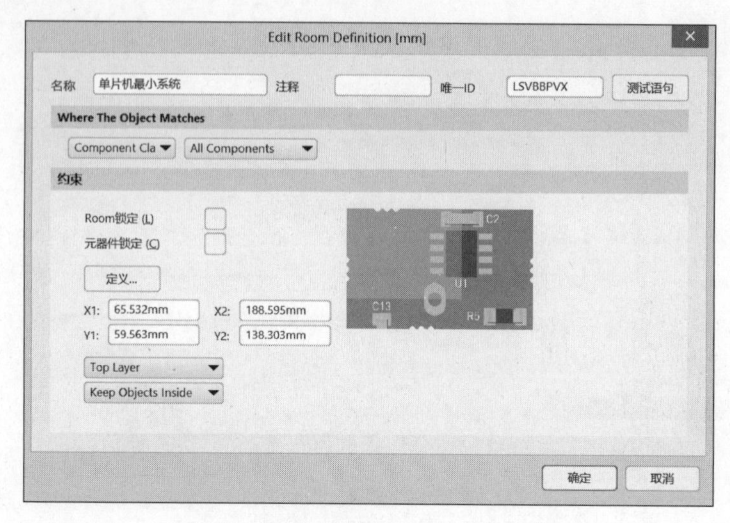

图 7.22　Edit Room Definition 对话框

个 Room 的元件进行自动布局。采用“按照 Room 排列”方式进行布局的结果如图 7.23 所示。

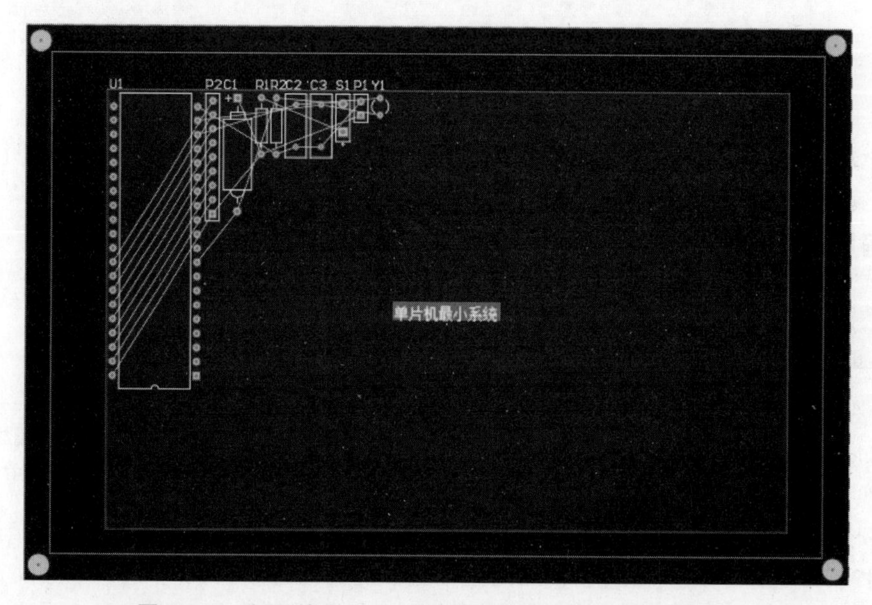

图 7.23　采用“按照 Room 排列”方式进行自动布局的结果

2) 在矩形区域排列

采用“在矩形区域排列”方式进行自动布局的步骤如下。

(1) 在 PCB 中，选中需要布局的元件。

(2) 在 PCB 编辑器中，选择“工具”→“器件摆放”→“在矩形区域排列”选项，光标变成十字形。

(3) 把光标移到 PCB，单击，确定矩形区域的一个顶点；移动光标，确定矩形区域的对角顶点；单击，AD 24 就在这个矩形区域内对选中的元件进行自动布局。采用“在矩形区域排列”方式进行自动布局的结果如图 7.24 所示。

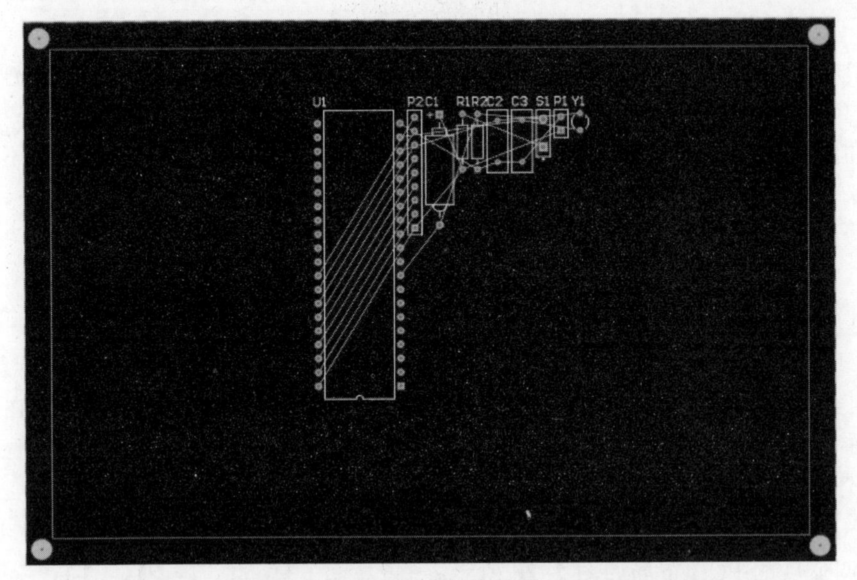

图 7.24　采用“在矩形区域排列”方式进行自动布局的结果

3）排列板子外的器件

对于复杂的 PCB，自动布局涉及大量的计算，需要较长的时间。此时，可以采取分组布局的方法，即把某些元件放置到 PCB 的外部，在自动布局时，首先对 PCB 内部的元件进行布局，然后再对 PCB 外部的元件进行布局。

采用“排列板子外的器件”方式进行自动布局的步骤如下。

（1）在 PCB 中，选中需要排到板子外的元件。

（2）在 PCB 编辑器中，选择“工具”→“器件摆放”→“排列板子外的器件”选项。

（3）AD 24 自动把选中的元件放置到 PCB 物理边界的外侧。布局结果如图 7.25 所示。

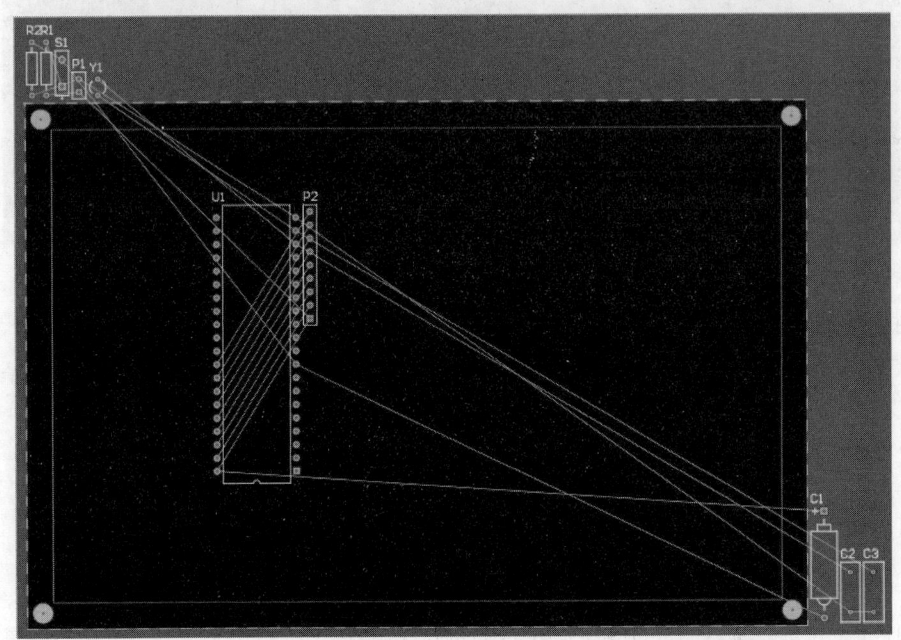

图 7.25　采用“排列板子外的器件”方式进行自动布局的结果

4）依据文件放置

采用“依据文件放置”方式进行自动布局，其本质就是导入自动布局策略，这种布局方式在常规的PCB设计中比较少见，这里就不作介绍了。

应该指出，虽然PCB自动布局的速度比较快，但是，自动布局的结果一般都不能令人满意，在很多情况下，必须对布局结构进行调整。设计者可以根据PCB设计的要求，在自动布局的基础上，进行必要的调整。

7.3.4 PCB布局手工调整

在PCB自动布局后，一般都需要手工调整。手工调整涉及的操作主要有调整PCB的边界、确定安装孔的位置、调整元件的位置和方向、调整元件的序号和注释等。在手工调整PCB布局时，应该遵循PCB布局的基本原则，综合考虑PCB的性能和外观。例如，在调整元件的序号时，应该做到大小适中、简洁清晰、易于查找、整齐美观等。

基于图7.24所示的采用“在矩形区域排列”方式进行自动布局的结果，通过手工调整，得到手工调整后的PCB布局如图7.26所示。

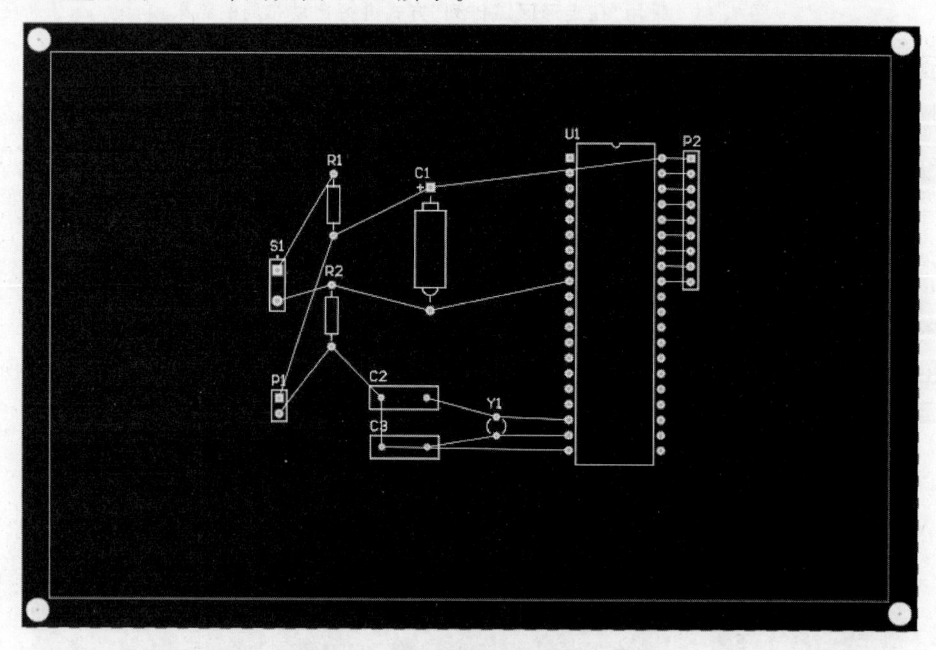

图7.26 手工调整后的PCB布局

在PCB设计过程中，手工调整具有十分重要的意义，而在进行手工调整操作时，设计者需要具有丰富的PCB设计经验。读者要多参考PCB设计的成功案例，在理解的基础上勤加练习，在反复的实践中逐步积累经验，做到熟能生巧。

7.4 PCB布线

7.4.1 PCB布线的原则和方法

PCB布局完成之后，就可以进行PCB布线了。所谓PCB布线，就是用导线将具有相同网络连接的焊盘、过孔等导电图件连接在一起。在制作完成的 PCB 上,这些导线就是使相连的焊盘、过孔等导电图件在电气上连接在一起的铜箔。

1. PCB 布线的原则

PCB 布线应该遵循如下基本原则。

(1) MCU 的地址线和数据线尽量平行布线。

(2) 导线尽量粗短,以提高电流通过能力;导线宽度通常在 15mil 以上,不能小于 10mil;导线宽度不要突变。

(3) 导线尽量少拐弯,确实需要拐弯时,把导线拐弯设计成钝角或圆角。

(4) 适当增加导线间距以减少线间串扰,导线间距一般不能小于 12mil。

(5) 连线尽量不要从 IC 芯片的引脚间穿过,以免焊接时造成短路。

(6) 对于高频元件,输入端与输出端导线尽量避免相邻平行,最好添加线间接地线,以免发生反馈耦合。

(7) 电源线与接地线尽量粗一些,且尽可能靠近。

(8) 数字地与模拟地分开。若电路板仅有数字电路,则可以把接地线布置成闭环,以提高抗噪声能力。

2. PCB 布线的经验

通过阅读 PCB 设计的相关文献,结合多年的 PCB 设计实践,总结了 PCB 布线的一些经验,仅供参考。

(1) 根据电源线上通过电流的大小设置电源线的宽度,一般应该在 1mm 以上。

(2) 尽量加大地线的宽度,使之能够通过 PCB 允许通过电流的 3 倍。如果可能,把接地线宽度设置为 2mm 以上。

(3) 导线的最小宽度主要由流过的电流决定。对于集成电路,通常把导线宽度设计为 0.02~0.3mm。在可能的情况下,尽量增加导线的宽度。

(4) 导线之间的最小距离主要由最坏情况下的线间绝缘电阻和击穿电压决定。可以把普通信号传输导线的安全距离设置为 0.3~0.5mm。若电路板上存在高压,则安全距离应该在 2mm 以上。

3. PCB 布线的方法

PCB 布线的方法有三种:自动布线、手工布线和交互式布线。自动布线只需设置布线规则,AD 24 就能够自动完成 PCB 布线。自动布线简单、快捷,但是,布线结果有时不够理想。手工布线可以按照设计者的意图进行布线,布线结果比较符合实际应用的要求,但是,手工布线速度慢、效率低、耗时长,对设计者的电路知识和工作经验要求较高。交互式布线结合二者的优点,在整个布线过程中,交替使用自动布线和手工布线。下面主要介绍交互式布线方法。

4. 交互式布线的步骤

交互式布线的主要步骤如下。

(1) 重要网络预布线。对重要的网络进行预布线,并且锁定这些预布线。

(2) 自动布线。设置 PCB 布线设计规则,对预布线之外的网络进行自动布线。

(3) 手工调整。自动布线完成之后,如果布线结果不够理想,可以根据设计的需要,进行手工调整。

(4) 地线铺铜。对导电层中的接地线网络铺铜,以增加 PCB 的抗干扰能力。

(5) 设计规则检查。在 PCB 布线完成之后,必须进行设计规则检查,确保 PCB 的电气连接符合设计规则的要求。

7.4.2 重要网络预布线

在布线时,有些导线需要事先布置,以满足特殊的要求,并方便后面的自动布线。例如,可以预先布置电源线和地线等。对于这些预布的导线,还需要锁定它们,否则,在自动布线时,这些导线会被重新调整,从而失去预布线的意义。

下面对 PCB 设计文件"单片机最小系统. PcbDoc"中的电源线进行预布线,并把它们锁定,操作步骤如下。

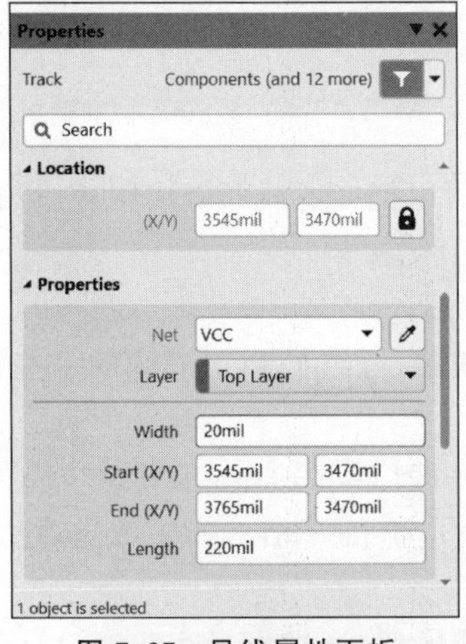

图 7.27 导线属性面板

(1) 在 PCB 编辑器中,把 Top Layer 切换为当前工作层,用导线把 PCB 中的 VCC 网络全部连接,作为预布线。

(2) 选中预布线中的任意一段导线,双击,打开导线属性面板,如图 7.27 所示。在属性面板中,设置线宽为 20mil,并把它锁定。对于其余导线,如法炮制。

(3) 关闭导线属性面板,可以看到 VCC 网络预布线并锁定的结果,如图 7.28 所示。在下面的自动布线过程中,这些锁定的预布线将保持不动。

用同样的方法,可以对"单片机最小系统. PcbDoc"中的接地线进行预布线。为了降低布线难度,减少电源线与接地线之间的干扰,可以把接地线布置到 Bottom Layer,并且把接地线的线宽设置为 50mil。

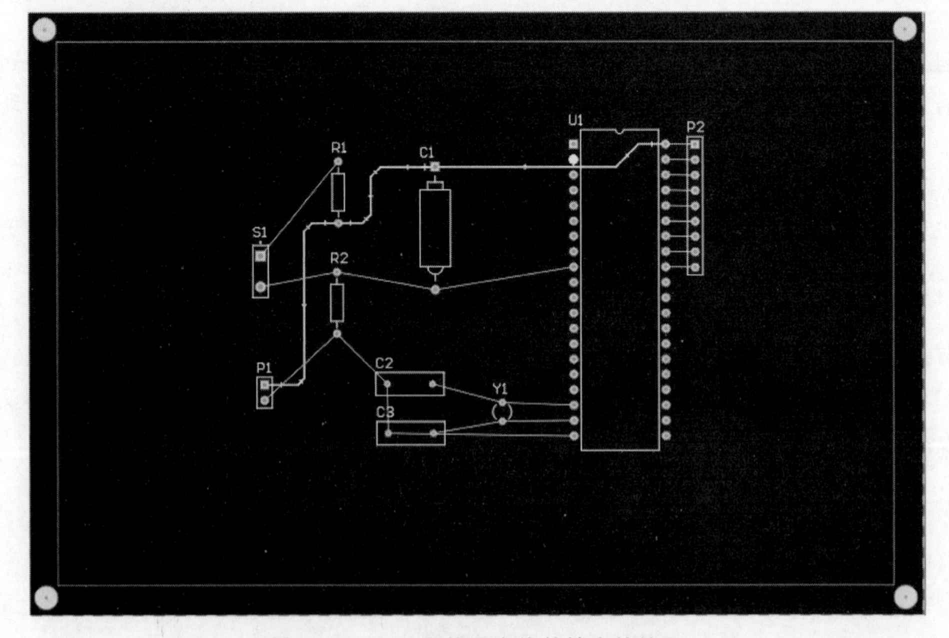

图 7.28 VCC 网络预布线并锁定的结果

7.4.3 设置 PCB 布线设计规则

PCB 布线规则是自动布线的依据，布线规则直接影响到自动布线的质量与成功率。这里只介绍几项常用的 PCB 布线规则的设置方法，其余布线规则采用默认设置即可。

设置 PCB 布线设计规则的步骤如下。

(1) 在 PCB 编辑器中，选择“设计”→“规则”选项，弹出“PCB 规则及约束编辑器”对话框，如图 7.29 所示。

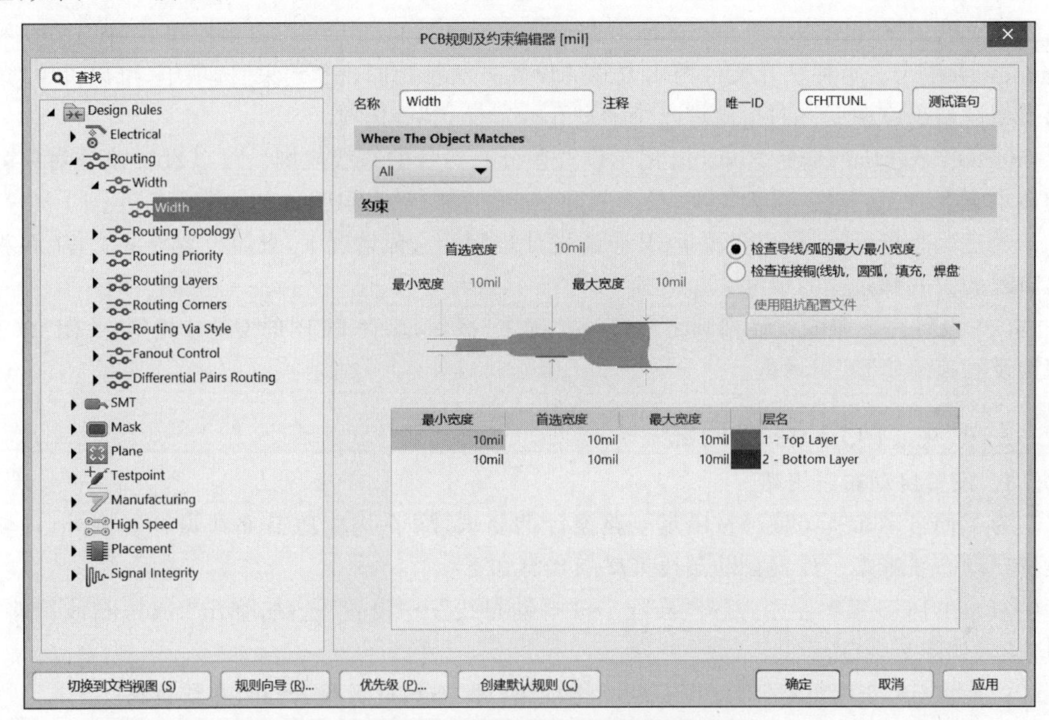

图 7.29 “PCB 规则及约束编辑器”对话框

在 Routing 标签下有 8 个子标签，分别是 Width、Routing Topology、Routing Priority、Routing Layers、Routing Corners、Routing Via Style、Fanout Control 和 Differential Pairs Routing。各子标签的功能如下。

① Width 用于设置导线宽度。可以设置电层导线的最小宽度、首选宽度和最大宽度。该规则在自动布线、设计规则检查等过程中起作用。若 PCB 上的导线宽度小于设定的最小导线宽度或大于设定的最大导线宽度，则在自动布线时或进行设计法则检查时，AD 24 将会报错。

② Routing Topology 用于设置布线拓扑结构。AD 24 提供了 7 种布线拓扑结构，即 Shortest(导线总长度最短)、Horizontal(尽可能选择水平走线)、Vertical(尽可能选择竖直走线)、Daisy Simple(简单链状)、Daisy-MidDriven(中点链状)、Daisy-Balanced(平衡链状)和 Starburst(星形)等。

③ Routing Priority 用于设置选定对象的布线优先级。可以设置布线优先级的对象有 Net、Net Class、Layer、Net and Layer 或全部对象。布线优先级的范围为 0～100，数值越大，优先级越高。

④ Routing Layers 用于设置自动布线过程中允许布线的导电层。对于双面板，允许在 Top Layer 和 Bottom Layer 两层布线。

⑤ Routing Corners 用于设置在拐角布线的方式。有 3 种拐角方式，即 45°、90°和圆形。

⑥ Routing Via Style 用于设置过孔的尺寸。可以设置过孔直径（外径）和过孔孔径（内径）的最小值、最大值和优先值。注意，外径和内径的差值不宜过小，一般要求在 10mil 以上，否则不方便加工。

⑦ Fanout Control 用于设置贴片元件的扇出方式。AD 24 可以对 5 种贴片元件设置扇出方式，即 Fanout-BGA、Fanout-LCC、Fanout-SOIC、Fanout-Small（引脚数小于 5）和 Fanout-Default。每种贴片元件扇出方式的设置方法都相同，在"约束"选项组，可以设置"扇出类型""扇出方向""方向指向焊盘"和"过孔放置模式"等选项。

⑧ Differential Pairs Routing 用于设置差分对信号的布线规则。可以设置差分对信号的最小宽度、首选宽度、最大宽度、最小间隙、首选间隙、最大间隙和最大耦合长度。

通过这些子标签，可以设置 PCB 布线设计规则。一般情况下，只需设置导线宽度、在拐角布线的方式和过孔的尺寸。

(2) 设置完成布线设计规则之后，单击"确定"按钮，保存 PCB 布线设计规则，关闭"PCB 规则及约束编辑器"对话框。

7.4.4 PCB 自动布线

1. 设置自动布线策略

为了使自动布线结果尽量满足电路设计的要求，除了设置 PCB 布线设计规则外，还要设置自动布线策略。设置自动布线策略的步骤如下。

(1) 在 PCB 编辑器中，选择"布线"→"自动布线"→"设置"选项，弹出"Situs 布线策略"对话框，如图 7.30 所示。

(2) "Situs 布线策略"对话框有两个选项组，即"布线设置报告"和"布线策略"。

在"布线设置报告"选项组，对布线设计规则进行汇总报告。单击"编辑规则"按钮，弹出"PCB 规则及约束编辑器"对话框，可以对布线设计规则进行编辑。

在"布线策略"选项组，可以选择布线策略。AD 24 提供了 6 种布线策略，即 Cleanup（简洁布线策略）、Default 2 Layer Board（默认双面板布线策略）、Default 2 Layer With Edge Connectors（带边界连接器的默认双面板布线策略）、Default Multi Layer Board（默认多层板布线策略）、General Orthogonal（常规直角布线策略）和 Via Miser（过孔最少布线策略）。

(3) 选中"锁定已有布线"复选框。

(4) 设置完成之后，单击 OK 按钮，保存这些设置，关闭"Situs 布线策略"对话框。

2. 自动布线

AD 24 自动布线的方式灵活多样，既可以对整块电路板进行全局布线，又可以对指定的网络、区域自动布线，甚至可以对指定的连接、元件自动布线。下面简要介绍两种自动布线方式的操作步骤，其余自动布线方式的操作，请读者自己练习。

对"单片机最小系统. PcrjPcb"全局布线的步骤如下。

(1) 在 PCB 编辑器中，选择"布线"→"自动布线"→"设置"选项，弹出"Situs 布线策略"对话框。在设置自动布线策略之后，单击 OK 按钮，保存这些设置，关闭"Situs 布线策略"对话框。

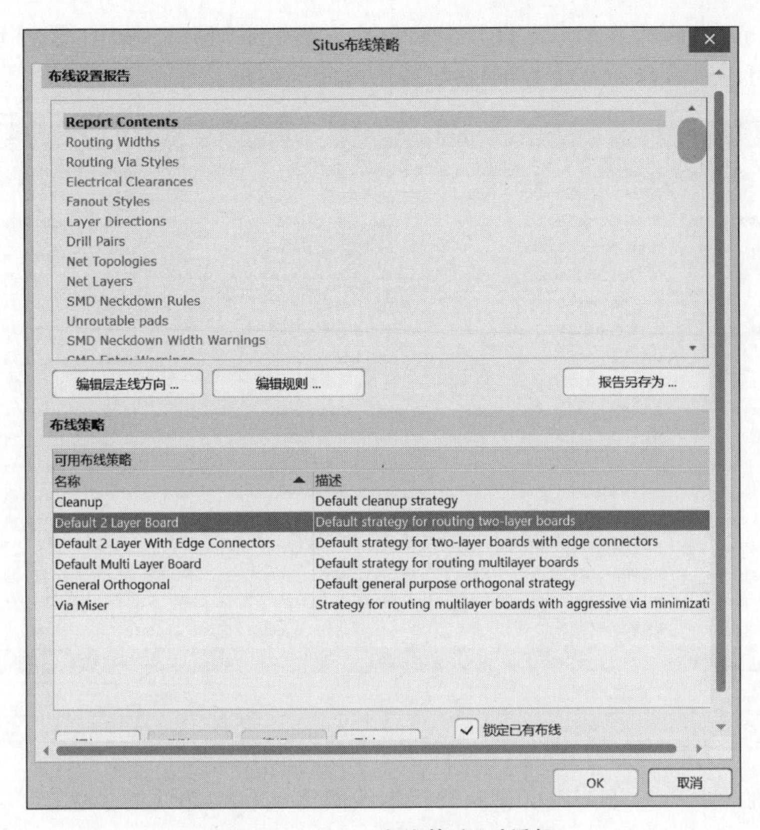

图 7.30 “Situs 布线策略”对话框

(2) 在 PCB 编辑器中，选择“布线”→“自动布线”→“全部”选项，弹出“Situs 布线策略”对话框，单击 Route All 按钮，AD 24 开始对整块 PCB 进行全局布线。全局布线的结果如图 7.31 所示，此时，所有电气连接点都有导线连接。

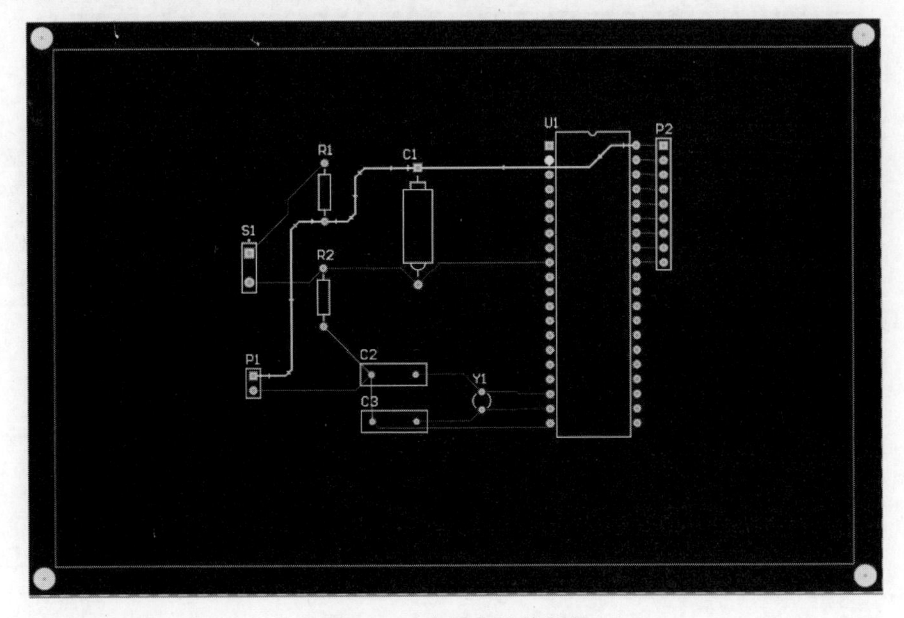

图 7.31 全局布线的结果

(3) 自动布线结束后，AD 24 打开全局自动布线结果消息框，如图 7.32 所示。从该消息框，设计者可以查看自动布线的布通率、所用时间等信息。

Messages

Class	Document	Source	Message	Time	Date	No.
Situs Event	单片机最小系统.PcbDoc	Situs	Routing Started	18:18:20	2024/7/25	1
Routing Status	单片机最小系统.PcbDoc	Situs	Creating topology map	18:18:21	2024/7/25	2
Situs Event	单片机最小系统.PcbDoc	Situs	Starting Fan out to Plane	18:18:21	2024/7/25	3
Situs Event	单片机最小系统.PcbDoc	Situs	Completed Fan out to Plane in 0 Seconds	18:18:21	2024/7/25	4
Situs Event	单片机最小系统.PcbDoc	Situs	Starting Memory	18:18:21	2024/7/25	5
Situs Event	单片机最小系统.PcbDoc	Situs	Completed Memory in 0 Seconds	18:18:21	2024/7/25	6
Situs Event	单片机最小系统.PcbDoc	Situs	Starting Layer Patterns	18:18:21	2024/7/25	7
Routing Status	单片机最小系统.PcbDoc	Situs	Calculating Board Density	18:18:21	2024/7/25	8
Situs Event	单片机最小系统.PcbDoc	Situs	Completed Layer Patterns in 0 Seconds	18:18:21	2024/7/25	9
Situs Event	单片机最小系统.PcbDoc	Situs	Starting Main	18:18:21	2024/7/25	10
Routing Status	单片机最小系统.PcbDoc	Situs	Calculating Board Density	18:18:21	2024/7/25	11
Situs Event	单片机最小系统.PcbDoc	Situs	Completed Main in 0 Seconds	18:18:21	2024/7/25	12
Situs Event	单片机最小系统.PcbDoc	Situs	Starting Completion	18:18:21	2024/7/25	13
Situs Event	单片机最小系统.PcbDoc	Situs	Completed Completion in 0 Seconds	18:18:21	2024/7/25	14
Situs Event	单片机最小系统.PcbDoc	Situs	Starting Straighten	18:18:21	2024/7/25	15
Situs Event	单片机最小系统.PcbDoc	Situs	Completed Straighten in 0 Seconds	18:18:21	2024/7/25	16
Routing Status	单片机最小系统.PcbDoc	Situs	21 of 21 connections routed (100.00%) in 0 S	18:18:21	2024/7/25	17
Situs Event	单片机最小系统.PcbDoc	Situs	Routing finished with 0 contentions(s). Failed	18:18:21	2024/7/25	18

图 7.32　全局自动布线结果消息框

对"单片机最小系统.PcrjPcb"指定的接地线网络(GND)布线的步骤如下。

(1) 在 PCB 编辑器中，选择"布线"→"自动布线"→"网络"选项，光标变成十字形。

(2) 单击 P1 的第 2 个引脚，确定所要自动布线的网络 GND，AD 24 开始对指定网络自动布线。指定网络布线的结果如图 7.33 所示，此时，网络 GND 的所有电气连接点都有导线连接。

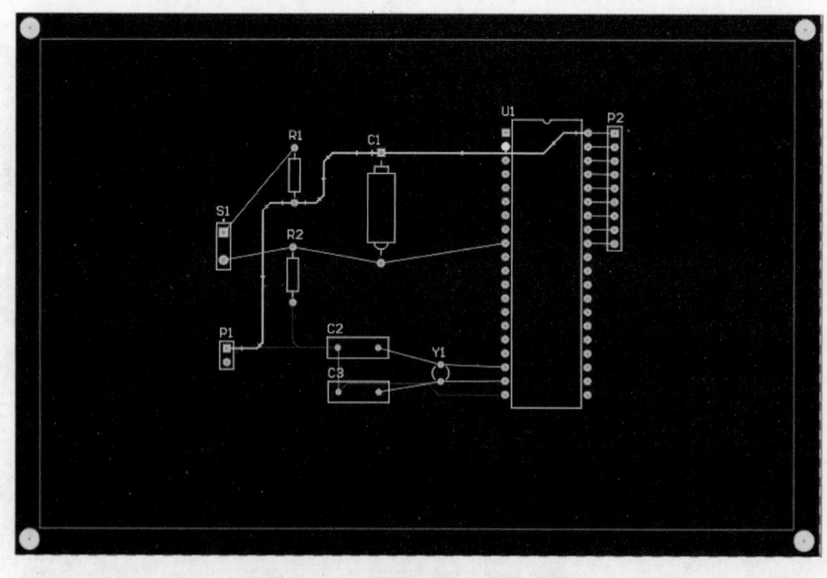

图 7.33　指定网络布线的结果

(3) 自动布线结束后，系统仍处于对指定网络自动布线状态，可以继续选定其他网络进行自动布线。右击，退出对指定网络自动布线状态。AD 24 打开指定网络自动布线结果消息框，显示自动布线的布通率、所用时间等信息，如图 7.34 所示。

Messages

Class	Document	Source	Message	Time	Date	No.
Situs Event	单片机最小系统.PcbDoc	Situs	Routing Started	18:30:43	2024/7/25	1
Routing Status	单片机最小系统.PcbDoc	Situs	4 of 21 connections routed (19.05%) in 6 Seconds	18:30:49	2024/7/25	2
Situs Event	单片机最小系统.PcbDoc	Situs	Routing finished with 0 contentions(s). Failed to cc	18:30:49	2024/7/25	3

图 7.34　指定网络自动布线结果消息框

7.4.5　PCB 布线手工调整

自动布线是根据网络表提供的元件及元件的连接关系、依据设计者设定的布线设计规则、按照选定的布线策略，实现元件电气连接的过程。自动布线的主要功能是实现元件的电气连接，而对特殊的电气、机械、散热、制作等方面的问题考虑很少，自动布线的结果未必能够满足设计要求，因此，自动布线之后，一般还需要进行手工调整。

1. 手工调整 PCB 布局

在手工调整时，需要调整 PCB 布局。例如，在图 7.31 中，连接 S1 与 R2 的导线呈折线状，这不符合 PCB 布线的基本原则。其原因是 S1 的第 2 引脚与 R2 的第 2 引脚没对齐，因此，应该手工调整 S1 或 R2 的位置。调整元件的布局之后，再自动布线，布线结果如图 7.35 所示。此时，连接 S1 与 R2 的导线是一条直线。

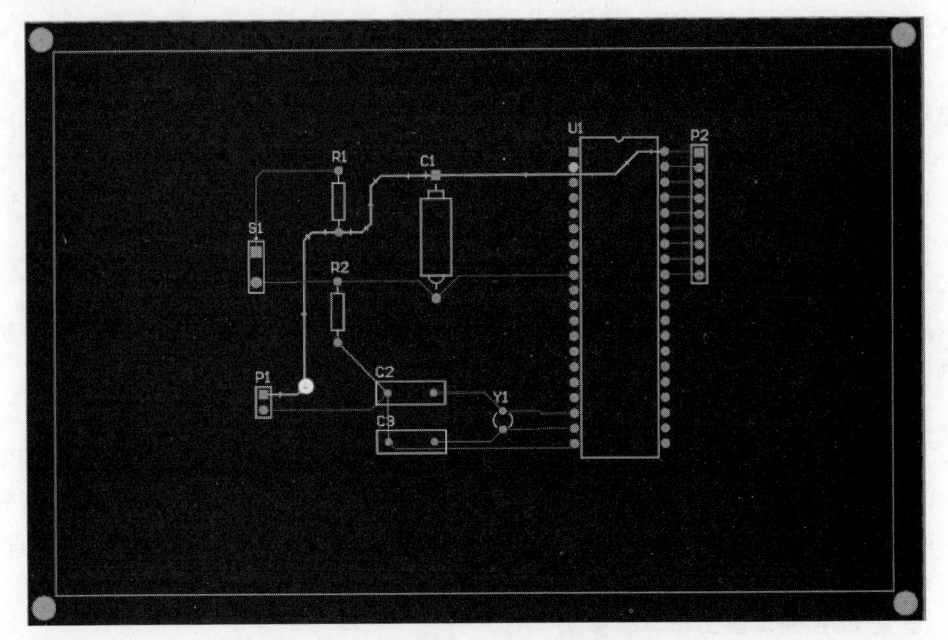

图 7.35　调整元件布局后全局布线的结果

通过观察可以看出，电路板中元件比较稀疏，所有导线的总长度比较大，这说明元件的位置还不是最佳。再次调整元件的位置，然后再调整走线。

调整元件位置后，又发现电路板的尺寸比较大，可以减小一些。调整好电路板的尺寸之后，再次调整元件的位置、走线。如此反复地进行调整，直到整个电路板的综合指标基本符合设计者的期望为止。

2. 删除已经布置的导线

在手工调整时，有时还需要删除已经布置的导线。删除导线的一种方法是，把光标移到需要删除的导线上，单击，选中这段导线，按 Delete 键，即可删除这段导线。

这种方法简单易学，但是，当网络连线较多时，逐段删除导线的工作量很大。利用 AD 24 的拆线功能，可以提高工作效率。

在 PCB 编辑器中，选择“布线”→“取消布线”选项，显示其子菜单。该子菜单包含全部、网络、连接、器件和 Room 5 个菜单选项。它们分别用于对整个 PCB 进行拆线操作，或对指定的网络、连接、器件和 Room 进行拆线操作。

例如，选择“布线”→“取消布线”→“网络”选项，光标变成十字形光标。把光标移到某段导线上，单击，系统就会拆除该段导线所在网络中的所有导线。

7.5 PCB 设计实例

本节通过音量控制电路的 PCB 设计实例，详细说明 PCB 设计的完整过程。在学习这个设计实例时，读者应该自己动手，灵活运用前面介绍的方法，勤加练习。

7.5.1 PCB 设计准备

1. 准备 PCB 设计相关文件

在设计 PCB 之前，准备 PCB 设计的相关文件，包括工程、电路原理图设计文件、网络表和 PCB 库等。在 3.5.1 小节，已经新建了音量控制电路的工程和电路原理图设计文件，设计了电路原理图，生成了网络表。音量控制电路中的元件都包括在通用元件库 Miscellaneous Devices. IntLib 中，连接器都包括在通用连接器库 Miscellaneous Connectors. IntLib 中，库中包含了所有元件和连接器的 PCB 引脚。AD 24 没有这两个集成库，需要把它们加载到 PCB 编辑器中。

2. 新建 PCB 设计文件

按照 1.2.4 小节介绍的操作步骤，新建 PCB 设计文件“音量控制电路. PcbDoc”，并把它保存到工程“音量控制电路. PrjPcb”中。

3. 设置 PCB 参数

按照 6.1.4 小节、6.1.5 小节介绍的操作步骤，设置 PCB 的图纸参数。打开 PCB 的 Properties 面板，选中 Grids 按钮，捕捉到栅格；在 Snapping 选项，选中单选按钮 All Layers，在所有层捕捉；单位采用英制；PCB 长为 4000mil，高为 3000mil，坐标原点为(1000，1000)；工作层颜色采用 AD 24 默认设置。

4. 设置 PCB 编辑器工作环境参数

按照 6.3 节介绍的操作步骤，在“优选项”对话框中，设置 PCB 编辑器工作环境参数。

5. 规划电路板

电路板类型选择双面板；在 Mechanical 1 绘制电路板的外形，矩形的四个顶点分别为

(2000,2000)、(6000,2000)、(6000,5000)和(2000,5000)；Keep-Out Layer 绘制电路板的禁止布线区域，矩形的四个顶点分别为(2050,2050)、(5950,2050)、(5950,4950)和(2050,4950)；在 Multi-Layer 放置四个圆形焊盘作为安装孔，坐标分别为(2150,2150)、(5850,2150)、(5850,4850)和(2150,4850)，直径为 100mil。

6. 更新 PCB 设计文件

在 PCB 编辑器中更新 PCB 设计文件，步骤如下。

(1) 选择"设计"→"Import Changes From 音量控制电路. PrjPcb"选项，弹出"工程变更指令"对话框。

(2) 在对话框中单击"验证变更"按钮，AD 24 将检查所有变更是否有效。在"检测"栏全部显示绿色的对钩，说明所有变更都有效。

(3) 单击"执行变更"按钮，AD 24 将执行所有变更操作。在"完成"栏全部显示绿色的对钩，说明所有变更执行成功。

(4) 单击"关闭"按钮，关闭"工程变更指令"对话框，此时，在工作区中 PCB 的右侧出现了本工程所有元件的 PCB 脚印，并且，这些 PCB 脚印通过飞线进行连接。更新后的 PCB 设计文件如图 7.36 所示。

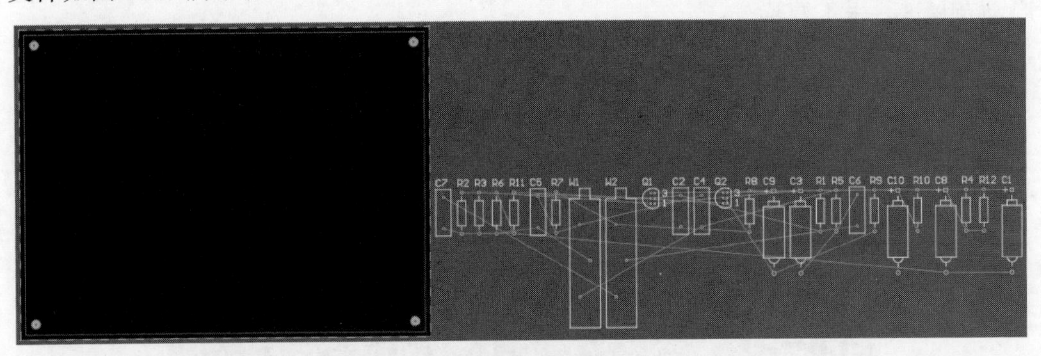

图 7.36 更新后的 PCB 设计文件

7.5.2 PCB 布局

1. 设置 PCB 布局设计规则

(1) 在 PCB 编辑器中，选择"设计"→"规则"选项，弹出"PCB 规则及约束编辑器"对话框，在 Placement 标签设置元件的间距。

(2) 设置完成设计规则之后，单击"确定"按钮，保存 PCB 布局设计规则，关闭"PCB 规则及约束编辑器"对话框。

2. 自动布局

(1) 在 PCB 中，选中全部元件。

(2) 在 PCB 编辑器中，选择"工具"→"器件摆放"→"在矩形区域排列"选项，光标变成十字形。

(3) 把光标移到 PCB，单击，确定矩形区域的一个顶点；移动光标，确定矩形区域的对角顶点；单击，AD 24 就在这个矩形区域内对选中的元件进行自动布局。采用"在矩形区域排列"方式进行自动布局的结果如图 7.37 所示。

从图 7.37 可见，自动布局的结果不能令人满意，不能根据这种布局直接进行布线，必须

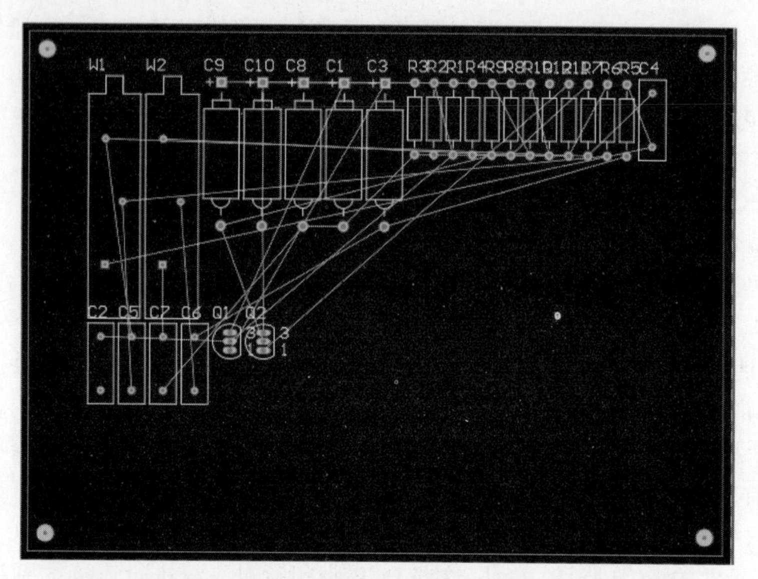

图 7.37　采用“在矩形区域排列”方式进行自动布局的结果

对自动布局进行手工调整。

3. 手工调整

手工调整后的 PCB 布局如图 7.38 所示。

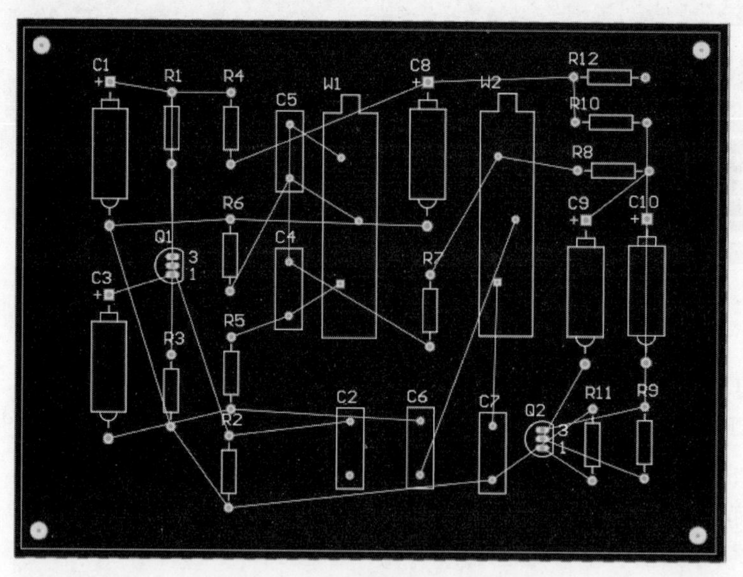

图 7.38　手工调整后的 PCB 布局

7.5.3　PCB 布线

1. 设置 PCB 布线设计规则

(1) 在 PCB 编辑器中,选择“设计”→“规则”选项,弹出“PCB 规则及约束编辑器”对话框。在 Routing 标签设置导线宽度、在拐角布线的方式和过孔的尺寸。

(2) 设置完成布线设计规则之后,单击“确定”按钮,保存 PCB 布线设计规则,关闭“PCB 规则及约束编辑器”对话框。

2. 自动布线

(1) 在 PCB 编辑器中,选择“布线”→“自动布线”→“设置”选项,弹出“Situs 布线策略”对话框。在“布线策略”选项组中,选择 Default 2 Layer Board 选项。

(2) 在 PCB 编辑器中,选择“布线”→“自动布线”→“全部”选项,弹出“Situs 布线策略”对话框,单击 Route All 按钮,AD 24 开始对整块 PCB 进行全局布线。全局布线的结果如图 7.39 所示,所有的电气连接点都有导线连接。

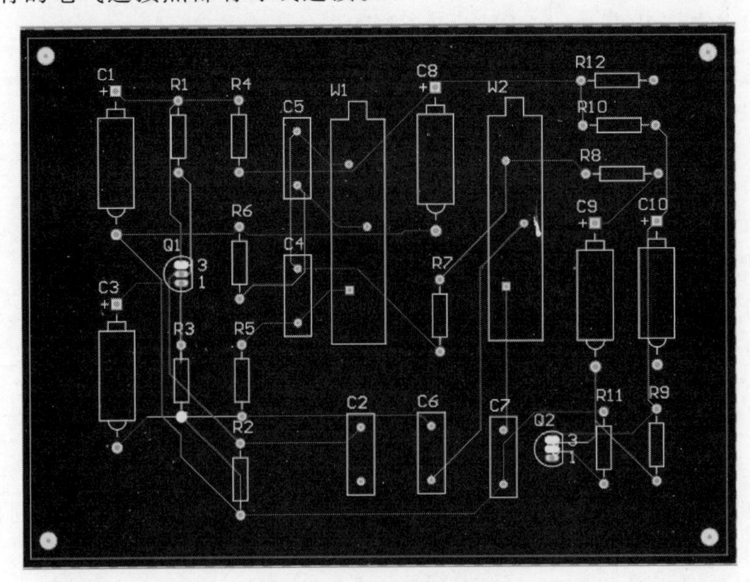

图 7.39 全局布线的结果

3. 手工调整

在图 7.39 中,线路显得有一些凌乱,需要进行手工调整。通过手工调整,得到的 PCB 如图 7.40 所示。

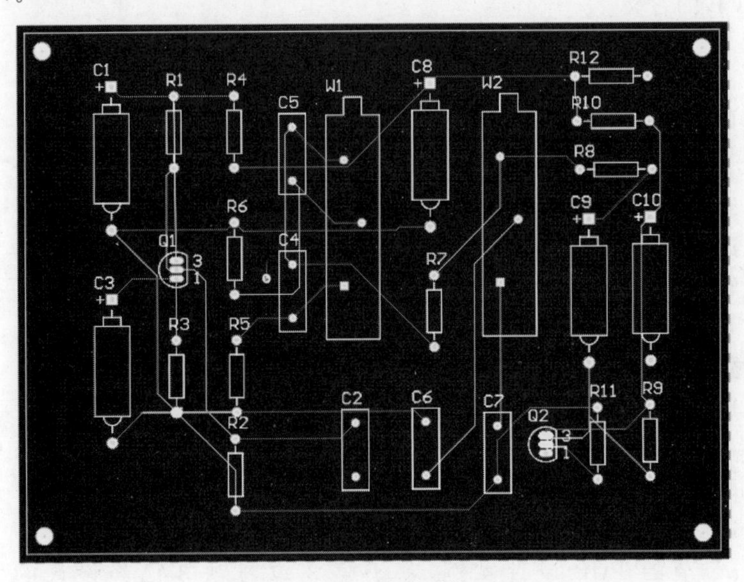

图 7.40 手工调整后的 PCB

习题 7

一、填空题

1. 按照导电层的多少，可以把 PCB 分为单面板、________和________。

2. 目前，常用的多层板为 4 层板，包含________、________、内电层 1(Internal Plane 1，内部电源层)和内电层 2(Internal Plane 2，GND)。

3. PCB 包含一个或多个导电层。通过印制处理，在导电层形成________。导电层之间通过________或盲孔进行电气连接。

4. 在设计 PCB 之前，需要准备 PCB 设计的相关文件，包括________、电路原理图设计文件、网络表和________等。

5. 更新 PCB 设计文件就是把在电路原理图编辑器中生成的________、电路原理图元件的________等信息加载到 PCB 设计文件中。

6. PCB 的物理边界是 PCB 生产厂家________的依据，必须在________绘制。

7. PCB 的________限定了 PCB 引脚放置和布线的范围，必须在________绘制。

8. 常用的安装孔有 3 种，即________、________和带过孔的支持孔。

9. PCB 自动布局分为两个步骤。第一步，设置 PCB 布局________；第二步，选择 PCB 自动布局的________，并进行自动布局。

10. PCB 自动布局的方式有按照 Room 排列、在________区域排列、排列板子外的器件和依据________放置。

11. PCB 布线的方法有三种：自动布线、________布线和________布线。

12. 自动布线是根据网络表提供的元件及元件的连接关系、依据设计者设定的________规则、按照选定的________，实现元件电气连接的过程。

二、简答题

1. 简述 PCB 的含义。

2. 为什么 PCB 普遍采用双面板？

3. 简述生产制作 PCB 的主要过程。

4. 简述采用“排列板子外的器件”方式进行自动布局的步骤。

5. 简述对 PCB 进行全局布线的步骤。

6. 在 AD 24 对 PCB 自动布线之后，为什么还要进行手工调整？

7. 详细叙述 PCB 的结构。

8. 怎么理解 AD 24 具有电路原理图设计与 PCB 设计双向同步的功能？

9. 叙述交互式布线的主要步骤。

三、设计题

1. 详细叙述绘制 PCB 物理边界的步骤。

2. 以 PCB 设计文件“单片机最小系统. PcbDoc”为例，详细叙述在 PCB 编辑器中更新 PCB 设计文件的步骤。

3. 详细叙述交互式布局的主要步骤。

4. 参照 7. 5 节的 PCB 设计实例，基于第 3 章习题 3 已经设计的“看门狗电路. SchDoc”，完整设计“看门狗电路. PcbDoc”。

第 8 章 PCB 后续处理

CHAPTER 8

本章介绍 PCB 后续处理，主要内容包括 PCB 设计的辅助操作、PCB 设计规则检查、生成报表文件、文件输出和 PCB 后续处理实例等。通过对本章的学习，应该达到以下目标。

（1）学会 PCB 设计常用的辅助操作。

（2）掌握 PCB 设计规则检查的方法。

（3）掌握生成 PCB 常用报表文件的方法。

（4）熟练掌握生成 PCB 制造文件的方法。

8.1 PCB 设计的辅助操作

PCB 布局、布线结束之后，PCB 设计的主要工作就完成了。但是，为了提高 PCB 的抗干扰能力，彰显 PCB 设计者的个性，还需要做一些辅助操作，例如，地线铺铜、补泪滴、测量距离和添加 Logo 等。

8.1.1 地线铺铜

为了提高 PCB 的可靠性，在 PCB 布线结束之后，应该对 PCB 进行铺铜处理。在铺铜时，可以把铜箔连接到某个指定的网络，例如，VCC 或 GND 等网络。常见的是地线铺铜。地线铺铜是指把 PCB 上闲置的空间用铜箔覆盖，并使其与地线网络 GND 连接。

1. 地线铺铜的意义

地线铺铜的意义主要体现在以下几点。

（1）电磁屏蔽。地线铺铜可以构建一个良好的接地平面，提高地线网络的电流通过能力，从而形成一个屏蔽层，有助于抵消电磁干扰。

（2）提供电源/信号的参考面。在高速通信电路中，信号的传输速度非常快，需要一个稳定的参考面，以保持信号的完整性。地线铺铜可以提供一个低噪声的参考面，有助于减小信号引起的噪声和抖动。

（3）降低信号的反射和串扰。在 PCB 中，信号传输路径上可能存在信号的反射和串扰，从而影响信号的完整性。通过地线铺铜，可以使信号传输路径周围的环境变得均匀，减少信号的反射和串扰。

（4）散热。一些高功率器件会产生较多的热量，需要进行散热处理。在 PCB 中，地线铺铜可以作为一个热传导介质，将热量从器件传输到 PCB 表面，加速散热。

2. 地线铺铜的方法

为了提高地线铺铜的效果，地线铺铜需要注意很多细节，例如，铺铜与其他导电图件的分离、铺铜的连通和去除死铜等。

在单片机最小系统的 PCB 上进行地线铺铜的步骤如下。

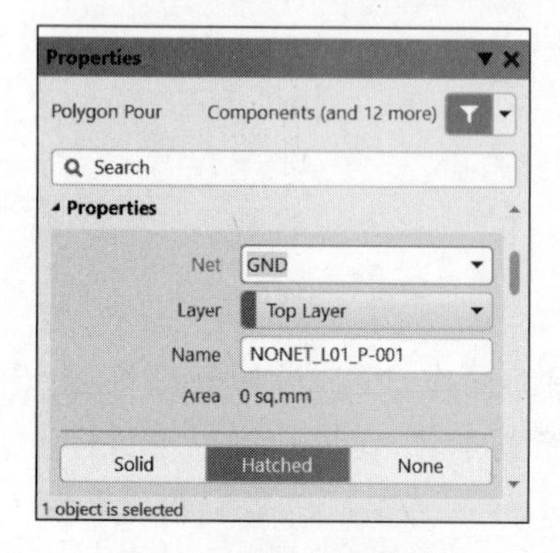

图 8.1 Properties 面板

(1) 打开 PCB 设计文件“单片机最小系统. PcbDoc”。

(2) 在 PCB 编辑器中，选择“放置”→“铺铜”选项，或者单击快捷工具栏中的“放置多边形平面”按钮，光标变成十字形。

(3) 把光标移到 PCB 上，按 Tab 键，弹出 Properties 面板，如图 8.1 所示。

(4) 在 Properties 选项组中，可以设置铺铜所连接的网络、铺铜所在的层、铺铜名称和铺铜的填充模式等参数。

铺铜有三种填充模式，即 Solid、Hatched 和 None。铺铜的填充模式如图 8.2 所示。

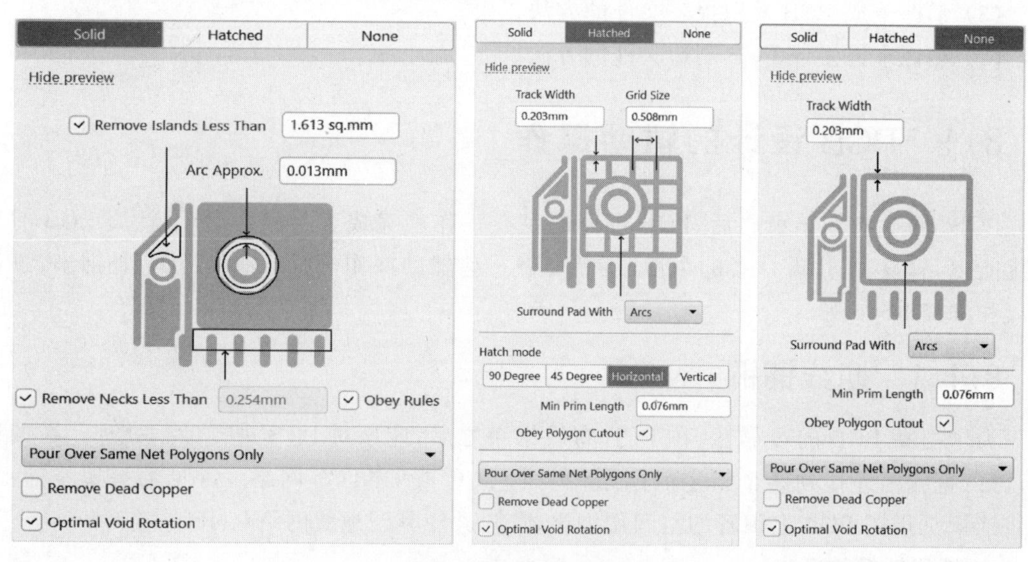

图 8.2 铺铜的填充模式

① Solid 为实心填充，即把铺铜区域全部用铜箔填充。该填充模式需要设置的参数有 Remove Islands Less Than(移除孤铜的面积下限值)、Arc Approx.(焊盘周围绝缘圆弧的近似值)和 Remove Necks Less Than(移除引脚之间铺铜的铜箔宽度下限值)。

② Hatched 为影线化填充，即把铺铜区域用栅格状铜箔填充。该填充模式需要设置的参数有 Track Width(栅格线宽度)、Grid Size(栅格大小)、Surround Pad With(围绕焊盘的线形：圆或八角形)、Hatch mode(栅格类型)和 Min Prim Length(最小图件长度。在铺铜过程中，小于这个长度的走线或圆弧周围不铺铜)。

③ None 为不填充，即只保留铺铜区域的边界，内部不填充。该填充模式需要设置的参数有 Track Width、Surround Pad With 和 Min Prim Length。

在三种铺铜模式中，都可以选择铺铜与同网络对象的连接方式，包括 Don't Pour Over Same Net Objects（铺铜不与同网络的对象相连）、Pour Over Same Net Polygons Only（铺铜仅与铺铜边界线及同网络的焊盘相连）和 Pour Over All Same Net Objects（铺铜与同网络的所有对象相连）。

Remove Dead Copper 复选框用于选择是否除去没有连接到指定网络上的铺铜。

（5）在 Outline Vertices 选项组中，可以设置铺铜区域的顶点。通常把铺铜区域设置为矩形，此时，只需设置 4 个顶点的坐标。设置铺铜区域的顶点，如图 8.3 所示。

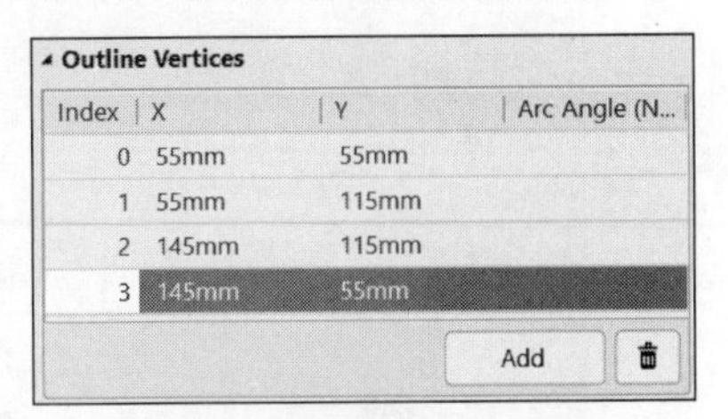

图 8.3　设置铺铜区域的顶点

（6）设置好参数以后，关闭 Properties 面板，把光标移到 PCB，按 Esc 键，退出铺铜属性设置状态。

（7）此时，十字形光标黏着一个矩形，把光标移到 PCB 的左下角，捕捉到点（55，55），单击，放置一个矩形铺铜，铺铜结果如图 8.4 所示。

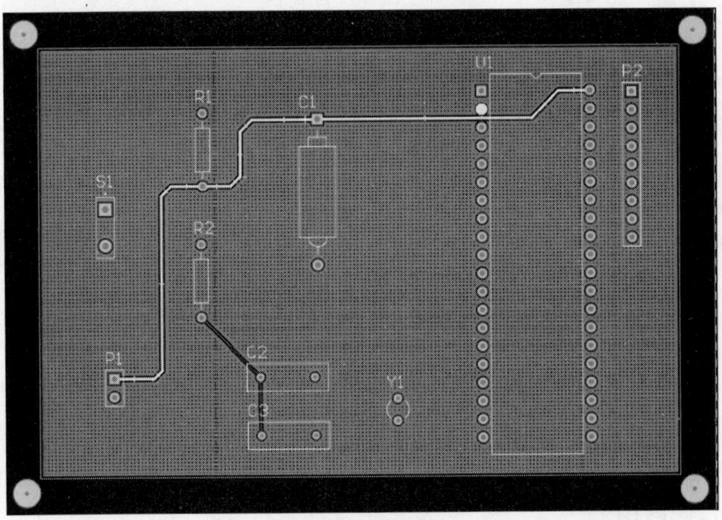

图 8.4　铺铜的结果

从图 8.4 可见，地线网络都与铺铜连接在一起了。经过铺铜处理，大幅提高了地线通过电流的能力，减小了地线的总长度，增强了电路的可靠性。

8.1.2　补泪滴

1. 补泪滴的意义

泪滴就是在导线和焊盘连接处的过渡段补加的铜箔。

泪滴至少有以下三点好处。

（1）在导线和焊盘连接处，电流通过更加顺畅。

（2）在制作 PCB 的过程中，可以避免钻孔定位偏差导致焊盘与导线断裂。

（3）在安装和使用 PCB 的过程中，可以避免用力不当导致焊盘与导线断裂。

在制作 PCB 的过程中，为了加固导线和焊盘之间连接的牢固度，提高在导线和焊盘连接处通过电流的能力，通常需要补泪滴。

2. 补泪滴的方法

在单片机最小系统的PCB上补泪滴的步骤如下。

(1) 打开PCB设计文件“单片机最小系统.PcbDoc”。

(2) 在PCB编辑器中,选择“工具”→“滴泪”选项,弹出“泪滴”对话框,如图8.5所示。

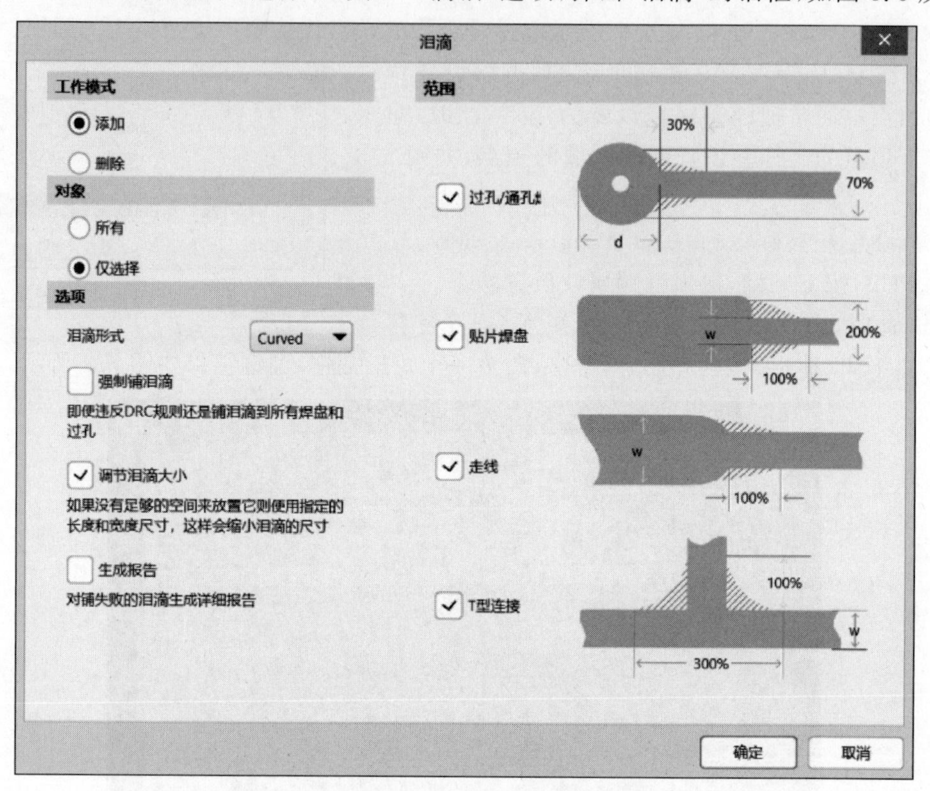

图8.5 “泪滴”对话框

① “工作模式”选项组用于设置泪滴工作模式。选择“添加”单选按钮,添加泪滴;选择“删除”单选按钮,删除泪滴。

② “对象”选项组用于设置操作对象。选择“所有”单选按钮,对所有对象添加泪滴;选择“仅选择”单选按钮,只为选择的对象添加泪滴。

③ “选项”选项组用于设置泪滴形式、是否强制铺泪滴、是否调节泪滴大小、是否生成报告等。在“泪滴形式”下拉列表中可以选择Curved(弧形)或Line(线)两种形式的滴泪。

④ “范围”选项组用于设置补泪滴操作的范围,有4个复选项,即过孔/通孔焊盘、贴片焊盘、走线和T型连接。

(3) 设置好参数以后,单击“确定”按钮,退出“泪滴”对话框,AD 24即为PCB补泪滴,补泪滴结果如图8.6所示。

从图8.6可见,在导线和焊盘连接处的过渡段,AD 24补加了铜箔,使连接处更加牢固、顺滑、可靠。

8.1.3 距离测量

在AD 24中,测量距离对电路原理图和PCB的意义是不同的。对于电路原理图来说,

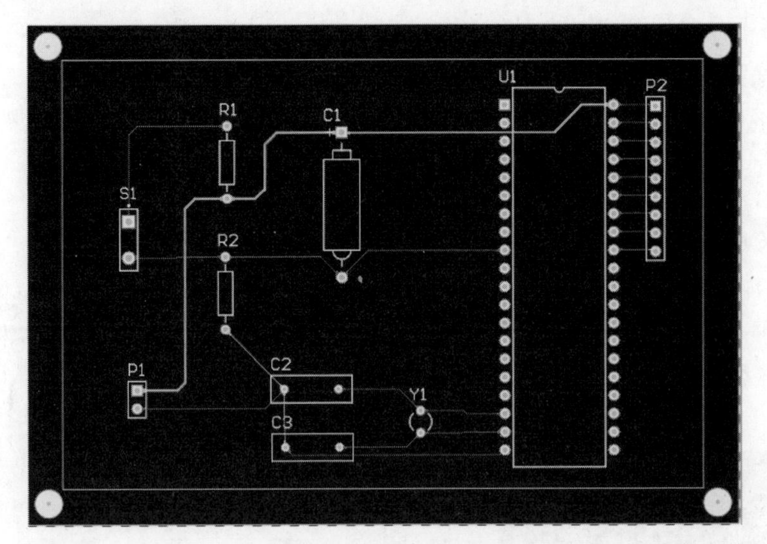

图 8.6　补泪滴的结果

距离测量不是很重要。电路原理图的功能主要是说明电路的基本工作原理，即说明电路中有哪些电路原理图元件，以及这些电路原理图元件之间的连接关系，而不是直接用于制作实际的电路板，因此，它对图件之间的距离、导线的长度等要求较低，甚至可以不予考虑。但是，对于 PCB 来说，距离测量就很重要了。PCB 直接用于制作实际的电路板，PCB 中图件之间的距离就是实际电路板中图件之间的距离，而图件之间的距离可能影响到电路板的功能和性能，因此，PCB 对图件之间距离的要求就严格多了。

在 PCB 布局、PCB 布线时，对导线长度和导线间距等都有要求。例如，对于差分对导线，要求两根导线的长度相等。又如，高频器件与其他器件连接的导线应尽量粗短。因此，在 PCB 设计过程中，经常需要测量距离。测量距离的常见应用有以下几种：测量 PCB 上任意两点之间的距离，测量两个导电图件之间的距离，测量导线的长度等。

AD 24 提供了一些专门的距离测量命令，用于测量相应的距离。

1. 任意两点间距的测量

测量工作区中任意两点之间距离的步骤如下。

(1) 在 PCB 编辑器中，选择“报告”→“测量距离”选项，光标变成十字形。

(2) 把光标移到工作区中的一点，单击，确定第一个测量点；再把光标移到工作区中的另一点，确定第二个测量点；单击，弹出 Measure Distance 对话框，如图 8.7 所示。在对话框中，报告了两点之间的横向距离、竖向距离和欧氏距离。

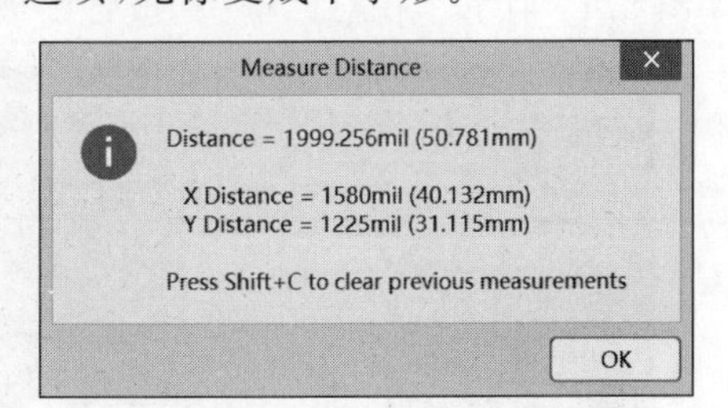

图 8.7　Measure Distance 对话框

(3) 在 Measure Distance 对话框中，单击 OK 按钮，退出 Measure Distance 对话框。此时，AD 24 仍处于测量距离状态，可以继续进行测量。右击，退出测量距离状态。

(4) 在工作区中，用图形方式显示两点之间的横向距离、竖向距离和欧氏距离。在工作区中显示的距离信息如图 8.8 所示。把输入法切换到英文输入法，按下组合键 Shift+C，可以清除工作区中显示的距离信息。

2. 两个导电图件间距的测量

在PCB设计过程中，经常需要测量PCB中两个导电图件之间的距离，例如，两个焊盘之间的距离。

测量PCB中两个导电图件之间距离的步骤如下。

(1) 在PCB编辑器中，选择"报告"→"测量"选项，光标变成十字形。

(2) 把光标移到PCB中的一个导电图件，当显示捕捉成功标记后，单击，确定第一个测量点；再把光标移到PCB中的另一个导电图件，确定第二个测量点；单击，弹出Clearance对话框，如图8.9所示。在对话框中，报告了两个导电图件的坐标以及它们之间的欧氏距离。

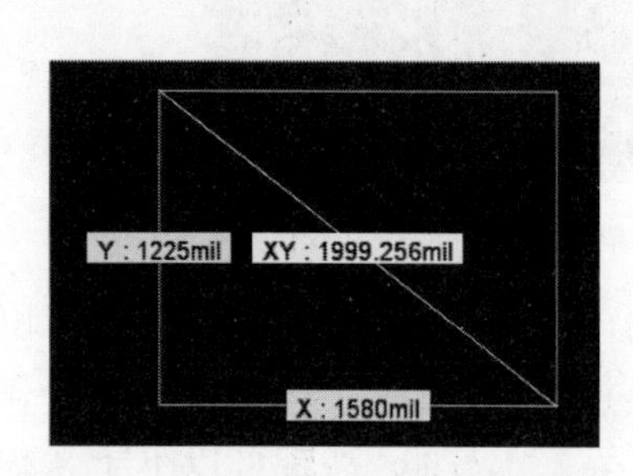

图8.8 在工作区中显示的距离信息

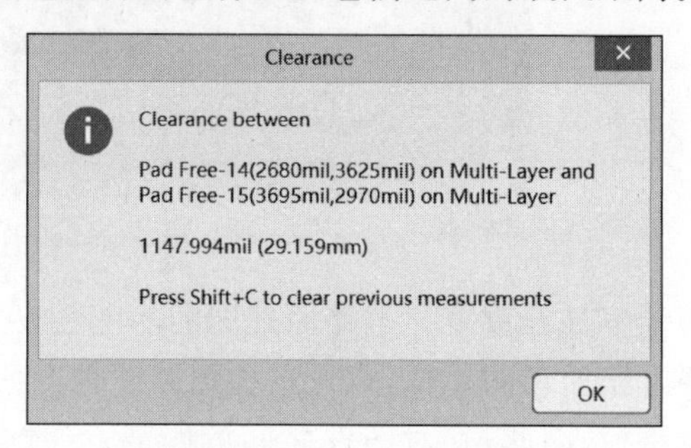

图8.9 Clearance对话框

(3) 在Clearance对话框中，单击OK按钮，退出Clearance对话框。此时，AD 24仍处于测量距离状态，可以继续进行测量。右击，退出测量距离状态。

(4) 在PCB中，用图形方式显示两个导电图件之间的横向距离、竖向距离和欧氏距离，如图8.10所示。把输入法切换到英文输入法，按Shift+C组合键，可以清除PCB上显示的距离信息。

3. 导线长度的测量

测量导线长度的步骤如下。

(1) 在PCB中，选取需要测量长度的导线。

(2) 在PCB编辑器中，选择"报告"→"测量选中对象"选项，弹出Information对话框，如图8.11所示。在对话框中，报告了被测导线的长度。

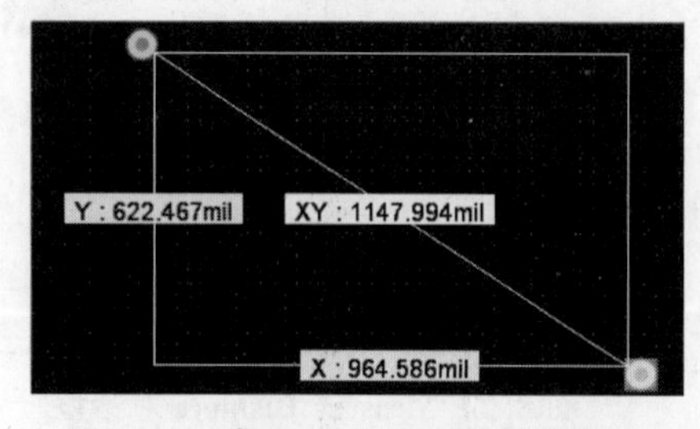

图8.10 在PCB上显示的距离信息

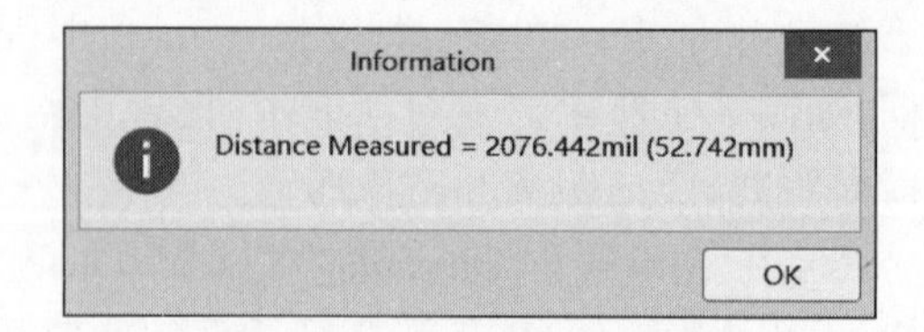

图8.11 Information对话框

8.1.4 添加Logo

Logo就是标志，商品的Logo就是商标，企业的Logo就是企业徽标。例如，Altium公司有代表性的 Logo 如图 8.12 所示。

图 8.12 Altium 公司有代表性的 Logo

PCB 设计完成之后,很多设计者都喜欢在 PCB 上添加本单位的 Logo,或者添加自己的 Logo,为 PCB 烙上个性化的印记。

在 PCB 上添加 Logo,需要借助于脚本文件 PCBLogoCreator.PRJSCR。AD 24 没有这个脚本文件,需要从网上下载。为了方便读者,我们把这个脚本文件放到源文件中,读者可以直接使用。

在单片机最小系统的 PCB 上添加 Logo 的步骤如下。

(1) 使用计算机自带的画图软件,把要添加的 Logo 图片另存为单色位图.bmp 格式,保存之后,变成黑白图片。

(2) 在 PCB 编辑器中,选择"文件"→"运行脚本"选项,弹出"选择条目运行"对话框。此时,对话框中的文本框是空的。空白的"选择条目运行"对话框如图 8.13 所示。

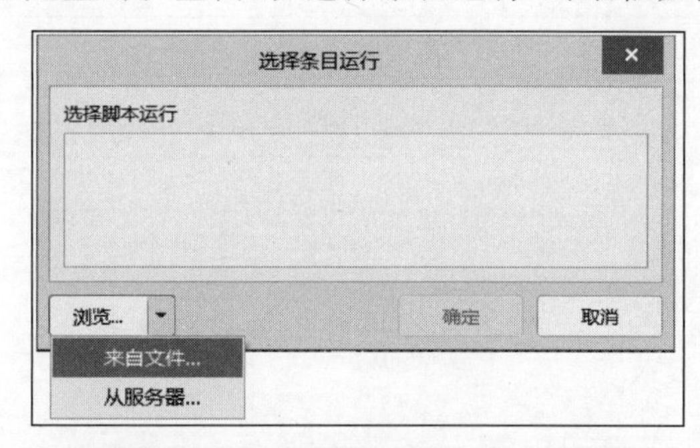

图 8.13 空白的"选择条目运行"对话框

(3) 单击"浏览"下拉按钮,在下拉列表中选择"来自文件"选项,弹出 Select project to open 对话框,如图 8.14 所示。

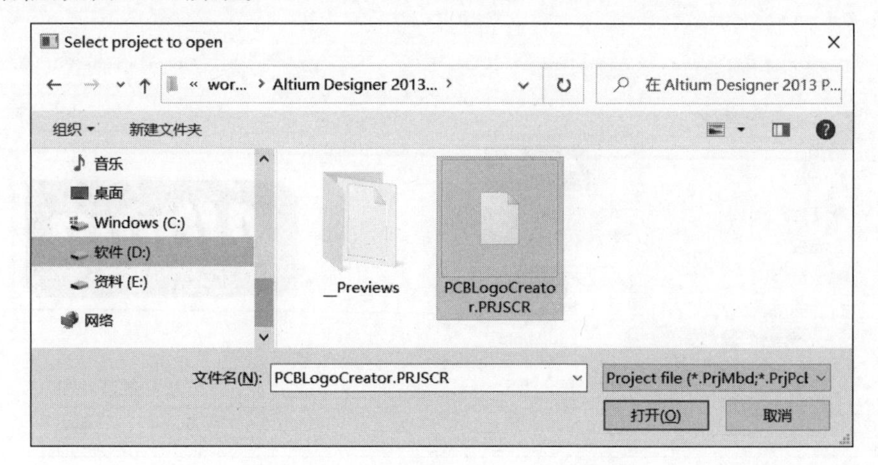

图 8.14 Select project to open 对话框

(4) 选择脚本文件 PCBLogoCreator. PRJSCR，单击“打开”按钮，回到“选择条目运行”对话框，此时，对话框中加载了脚本文件。加载了脚本文件的“选择条目运行”对话框如图 8.15 所示。

图 8.15 加载了脚本文件的“选择条目运行”对话框

(5) 在对话框中选择 RunConvertScript 选项，单击“确定”按钮，弹出 PCB Logo Creator 对话框。此时，对话框的左边部分是空白的。空白的 PCB Logo Creator 对话框如图 8.16 所示。在 Board Layer 下拉列表框中选择 Top Overlay 选项，在 Scaling Factor 列表框中选择对 Logo 图片的放大倍数，Negative 用于使图片黑白反相，Mirror X 用于使图片左右翻转，Mirror Y 用于使图片上下翻转。

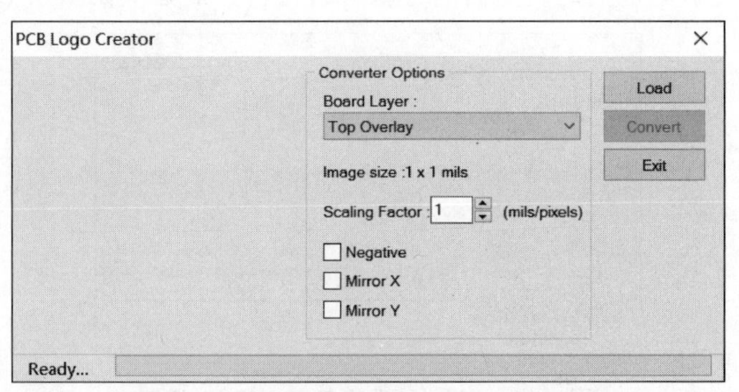

图 8.16 空白的 PCB Logo Creator 对话框

(6) 单击 Load 按钮，弹出“打开”对话框，如图 8.17 所示。

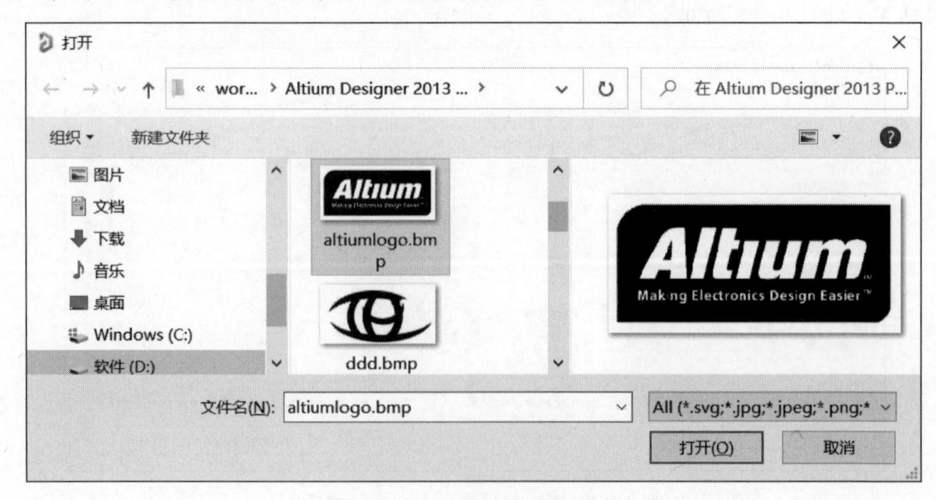

图 8.17 “打开”对话框

（7）选择要添加的 Logo 图片，单击“打开”按钮，回到 PCB Logo Creator 对话框，此时，对话框的左边部分加载了 Logo 图片，如图 8.18 所示。

（8）单击 Convert 按钮，AD 24 开始转换图片，同时在进度条显示转换进度。转换完成之后，单击 Exit 按钮，退出 PCB Logo Creator 对话框。

（9）AD 24 自动新建一个 PCB 设计文件，Logo 图片出现在新建的 PCB 上，如图 8.19 所示。

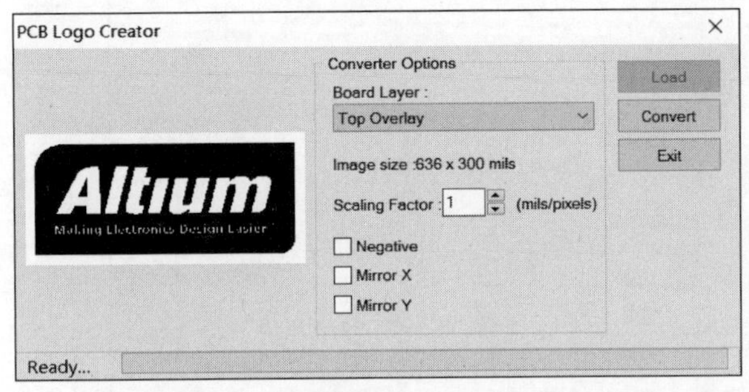

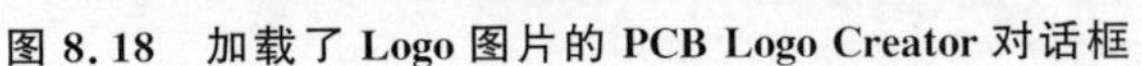
图 8.18 加载了 Logo 图片的 PCB Logo Creator 对话框

图 8.19 Logo 图片出现在新建的 PCB 上

（10）在新建的 PCB 上，选中 Logo 图片，把它复制到单片机最小系统的 PCB。在单片机最小系统的 PCB 上添加 Logo 的结果如图 8.20 所示。

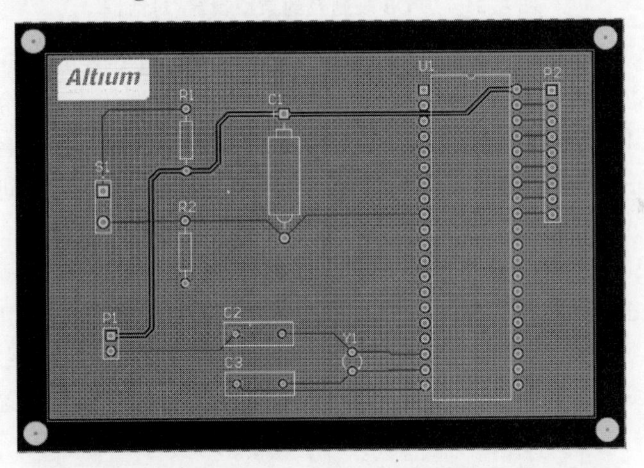

图 8.20 在单片机最小系统的 PCB 上添加 Logo 的结果

8.2 PCB 设计规则检查

PCB 设计完成后，为了保证电路的正确性，还需要进行设计规则检查（Design Rule Check，DRC）。利用 AD 24 提供的设计规则检查功能，可以检查 PCB 在电气、布局和布线等方面是否符合设计规则。

8.2.1 设置 PCB 设计规则

在 PCB 编辑器中，选择“设计”→“规则”选项，弹出“PCB 规则及约束编辑器”对话框，如图 8.21 所示。

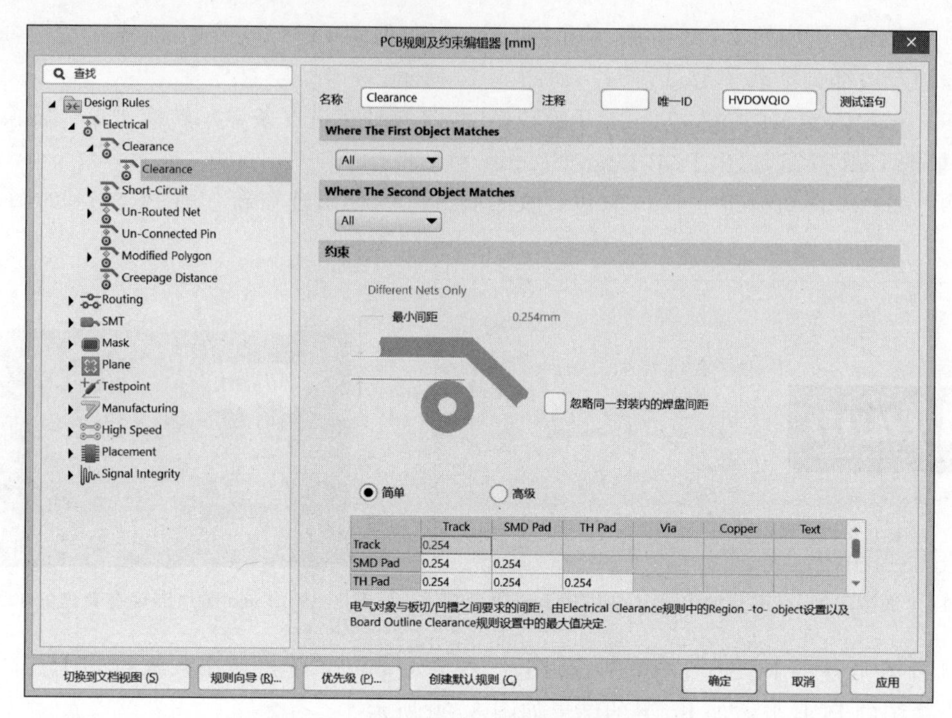

图 8.21 “PCB 规则及约束编辑器”对话框

Electrical 标签有 6 个子标签，分别是 Clearance、Short-Circuit、Un-Routed Net、Un-Connected Pin、Modified Polygon 和 Creepage Distance。标签的主要功能如下。

(1) Clearance 用于设置安全距离。安全距离是指导线、焊盘、过孔、铺铜和文本框等对象之间的最小距离。在“约束”选项组的表格中，可以设置各种对象之间最小距离的数值，AD 24 默认值为 10mil。

(2) Short-Circuit 用于设置是否允许导线短路，AD 24 默认不允许短路。

(3) Un-Routed Net 用于设置未布线网络规则。若在“约束”选项组中选中“检查不安全连接”，则检查网络布线是否成功。如果某导线布线不成功，那么该导线仍用飞线连接。

(4) Un-Connected Pin 用于设置未连接引脚规则。AD 24 没有设置默认的规则，一般不设置。

(5) Modified Polygon 用于设置在铺铜时是否允许修改铺铜区域的外形。

(6) Creepage Distance 用于设置漏电距离。AD 24 没有设置默认的规则，设计者可以自己新建新规则。

Placement 标签和 Routing 标签分别在 7.3.3 小节和 7.4.3 小节介绍过了，这里不再重复。其余标签中的选项采用 AD 24 默认设置即可。

8.2.2 执行 PCB 设计规则检查

在 PCB 编辑器中，选择“工具”→“设计规则检查”选项，弹出“设计规则检查器”对话框，如图 8.22 所示。

Report Options 标签用于设置 DRC 报表选项。在“DRC 报告选项”选项组，可以选择生成哪些 DRC 报告，以及生成报告的条件。在“停止检测”输入框中，可以设置违规的上限。

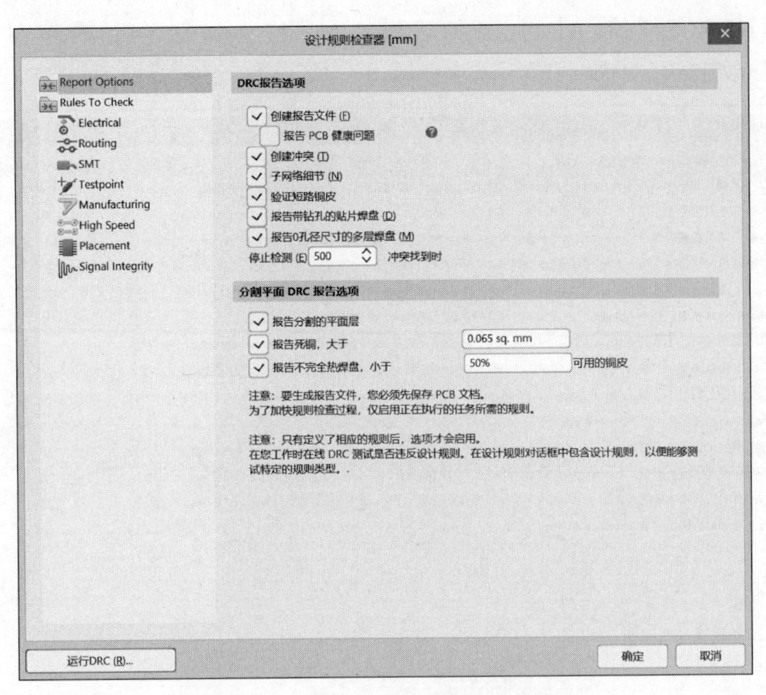

图 8.22 “设计规则检查器”对话框

在进行设计规则检查时,若违规数目超过上限,则 AD 24 将自动停止检查。

Rules To Check 标签如图 8.23 所示。“规则”栏列出了可以进行检查的所有规则,这些规则都是在“PCB 规则和约束编辑器”对话框中定义过的。“在线”表示在设计 PCB 时同步进行设计规则检查,“批量”表示只有在设计者执行 DRC 时才报告设计规则检查结果。

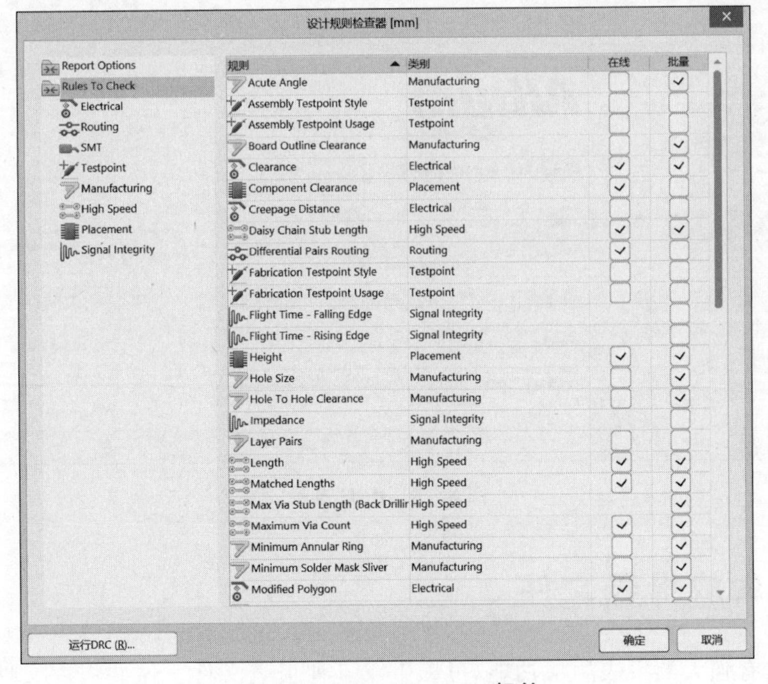

图 8.23 Rules To Check 标签

单击“运行 DRC”按钮，AD 24 开始进行检查。检查完成之后，若存在违规，则弹出 Messages 面板，如图 8.24 所示。

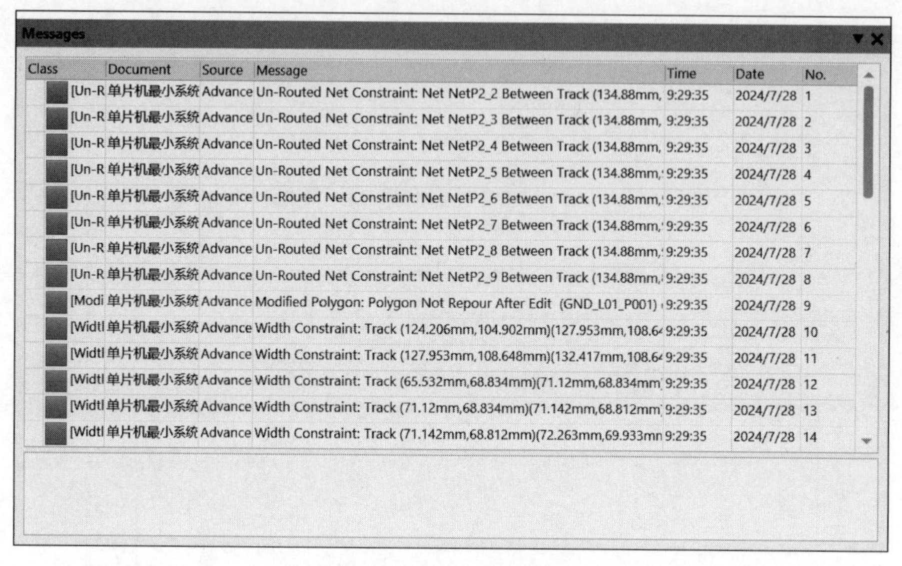

图 8.24　Messages 面板

在 Messages 面板中，列出了所有违规信息，包括违反的设计规则的种类、所在文件和错误信息等，同时，在 PCB 中标出违规的位置。设计者应该返回 PCB，根据错误信息对 PCB 进行修改。修改完成后，再次进行设计规则检查，直到没有错误为止。

设计规则检查完成后，AD 24 生成 DRC 报告，如图 8.25 所示。

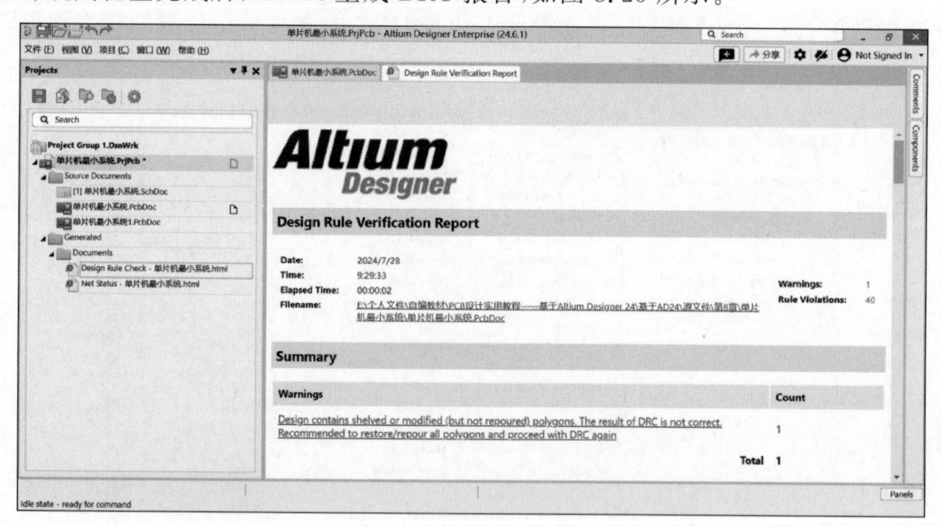

图 8.25　DRC 报告

8.3　生成报表文件

AD 24 具有强大的报表生成功能，可以生成多种报表文件。这些报表文件有不同的用途，为 PCB 制作、元件采购和同行交流等提供了便利。在生成这些报表文件之前，打开 PCB

设计文件，并把它切换成当前文件。

8.3.1 生成 PCB 信息报表

PCB 信息报表对 PCB 中的各种图件、元件、网络和其他信息进行汇总报告，为设计者提供详细的电路板信息。

下面以 PCB 设计文件“单片机最小系统. PcbDoc”为例，介绍生成 PCB 信息报表的步骤。

(1) 打开 PCB 设计文件“单片机最小系统. PcbDoc”，把光标移到 PCB 的空白处，选择“视图”→“面板”→Properties 选项，打开 PCB 的 Properties 面板，如图 8.26 所示。在 Board Information 选项组中，罗列了电路板的基本信息，例如，电路板的尺寸、元件数、导电层、网络数和其他图件等。

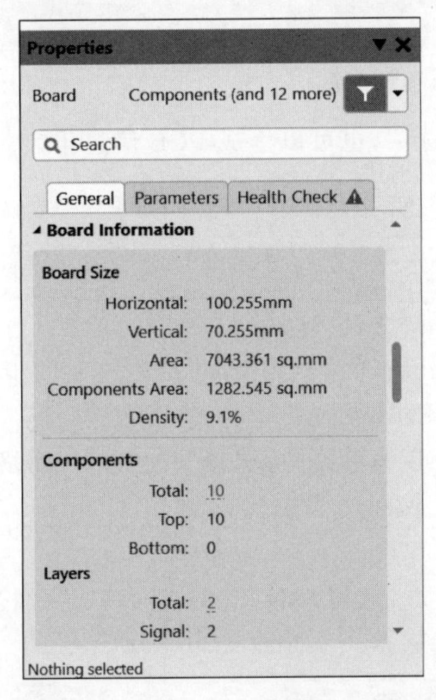

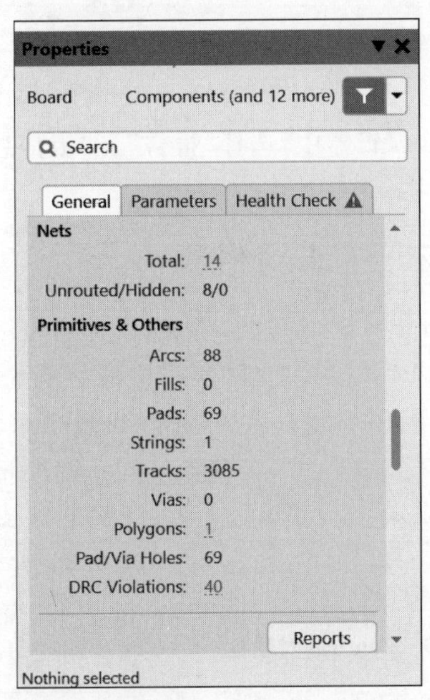

图 8.26 PCB 的 Properties 面板

(2) 单击 Reports 按钮，弹出“板级报告”对话框，如图 8.27 所示。通过该对话框，可以生成 PCB 信息报表。

(3) 在对话框的列表框中，可以选择包含在 PCB 信息报表文件中的内容。选中“仅选择对象”复选框，PCB 信息报表只列出当前 PCB 中处于选中状态对象的信息。

(4) 单击“报告”按钮，AD 24 生成 PCB 信息报表文件 Board Information Report，并在工作区打开该文件。PCB 信息报表如图 8.28 所示。PCB 信息报表分类列举了电路板的尺寸、元件、布线、工作层、钻孔和其他图件的详细信息。

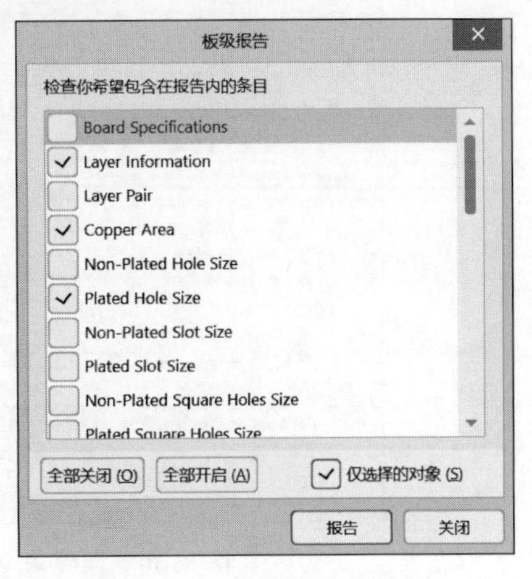

图 8.27 “板级报告”对话框

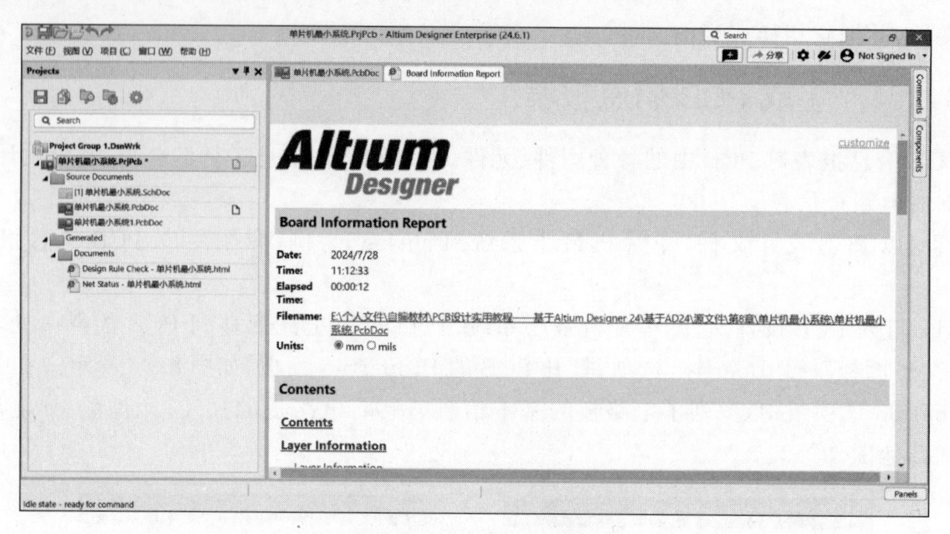

图 8.28 PCB 信息报表

在 PCB 编辑器中,选择“报告”→“板信息”选项,也可以生成 PCB 信息报表。读者自己练习。

8.3.2 生成网络表

在 PCB 设计时,通过网络表,设计者可以方便地查看网络上的连线。

下面以 PCB 设计文件“单片机最小系统.PcbDoc”为例,介绍生成网络表的步骤。

(1) 打开 PCB 设计文件“单片机最小系统.PcbDoc”。

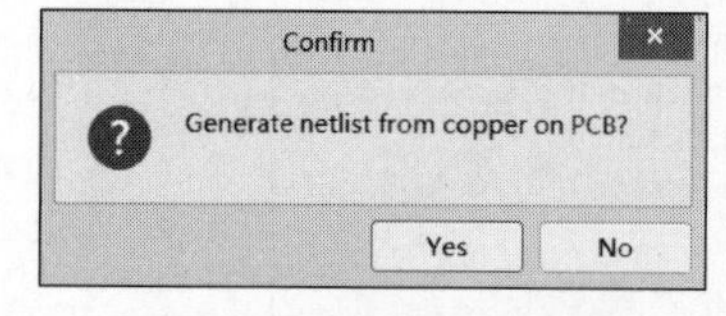

图 8.29 Confirm 对话框

(2) 在 PCB 编辑器中,选择“设计”→“网络表”→“从连接的铜皮生成网络表”选项,弹出 Confirm 对话框,如图 8.29 所示。

(3) 单击 Yes 按钮,AD 24 生成网络表文件“Generated 单片机最小系统.Net”,如图 8.30 所示。

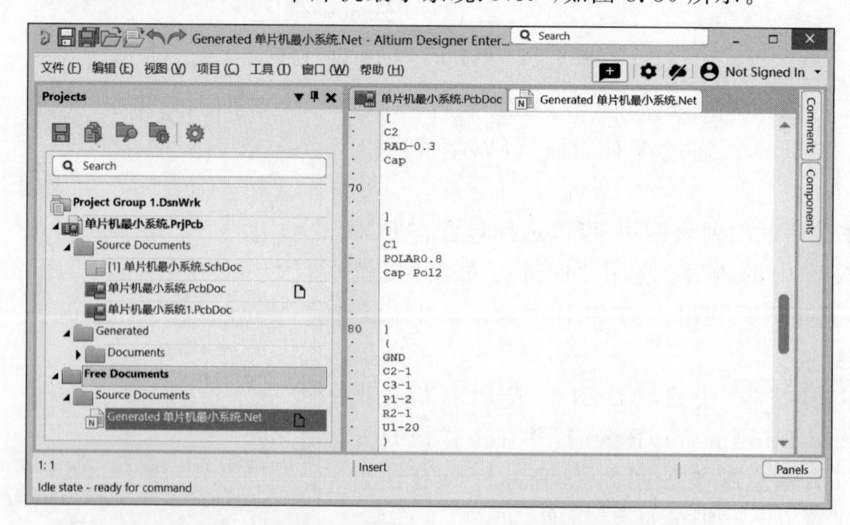

图 8.30 网络表文件“Generated 单片机最小系统.Net”

通过对比不难发现，在 PCB 编辑器中生成的网络表文件“Generated 单片机最小系统.Net”与在原理图编辑器中生成的网络表文件“单片机最小系统.Net”内容完全一样。换句话说，对于一个工程来说，可以从电路原理图生成网络表文件，也可以从 PCB 生成网络表文件。

8.3.3 生成网络状态报表

网络状态报表列出了当前 PCB 中的所有网络名称，说明它们所在的工作层，并显示网络中导线的总长度。

下面以 PCB 设计文件“单片机最小系统.PrjPcb”为例，介绍生成网络状态报表的步骤。

(1) 打开 PCB 设计文件“单片机最小系统.PrjPcb”。

(2) 在 PCB 编辑器中，选择“报告”→“网络表状态”，即生成名为 Net Status Report 的网络状态报表，如图 8.31 所示。

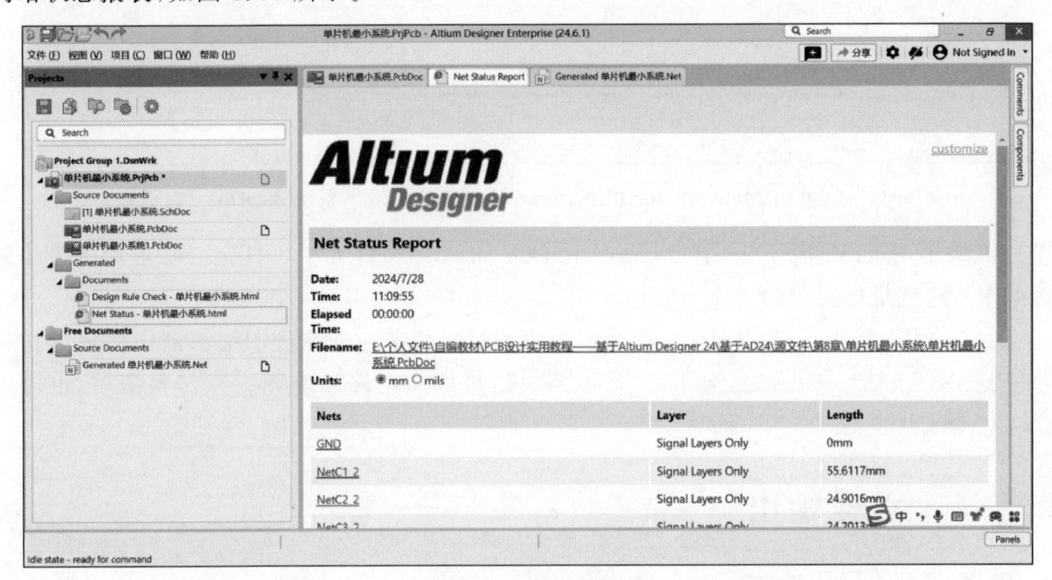

图 8.31 网络状态报表

8.3.4 生成材料清单报表

下面以 PCB 设计文件“单片机最小系统.PcbDoc”为例，介绍生成材料清单的步骤。

(1) 打开 PCB 设计文件“单片机最小系统.PcbDoc”。

(2) 在 PCB 编辑器中，选择“报告”→Bill of Materials 选项，弹出“Bill of Materials for PCB Document [单片机最小系统.PcbDoc]”对话框，如图 8.32 所示。在对话框的左边，列出了该 PCB 的材料清单。清单共有 8 行，每一行显示一类元件信息。

(3) 为了方便阅读和使用，可以把元件材料清单导出，生成 Excel 表格。在对话框中，选择 General 标签，在 Export Options 选项组，可以设置 File Format(文件格式)、Template(模板)，选中 Add to Project 复选框。

(4) 设置完成后，单击 Export 按钮，弹出“另存为”对话框。

(5) 在“另存为”对话框中，选择保存文件的文件夹，单击“保存”按钮，此时，在工程文件

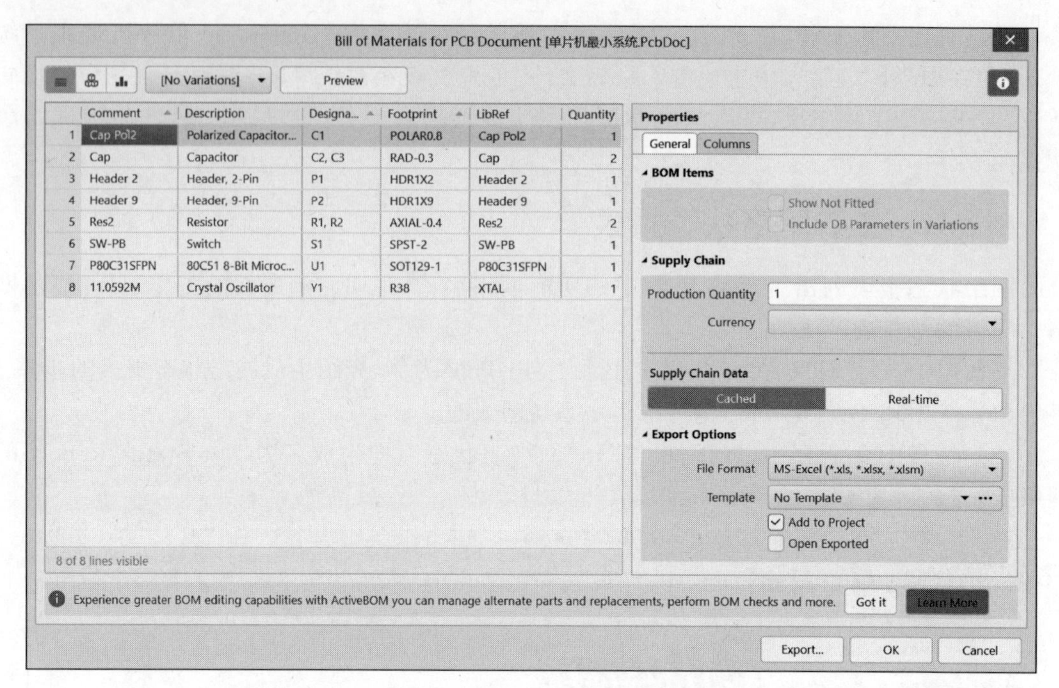

图 8.32 "Bill of Materials for PCB Document [单片机最小系统.PcbDoc]"对话框

"单片机最小系统.PrjPcb"下的"Generated/Documents"文件夹中,可以看到"单片机最小系统.xlsx",这就是材料清单。

通过对比不难发现,在PCB编辑器中生成的材料清单与在原理图编辑器中生成的材料清单内容完全一样。换言之,对于一个工程来说,可以从电路原理图生成材料清单,也可以从PCB生成材料清单。

8.4 文件输出

8.4.1 打印PCB

为了方便阅读PCB,同时便于合作者交流,可以把PCB打印出来。

下面以单片机最小系统的PCB为例,介绍打印PCB的步骤。

(1) 打开PCB设计文件"单片机最小系统.PcbDoc"。

(2) 在PCB编辑器中,选择"文件"→"打印"选项,弹出"Preview PCB [单片机最小系统.PcbDoc]"对话框,如图8.33所示。在对话框的左边有General、Pages和Advanced三个标签。一般情况下,只需设置General标签中的打印参数,其余两个标签的参数值采用系统默认即可。

(3) General标签有4个选项组。在Printer & Presets Settings选项组中,设置打印机、打印份数和打印范围;在Page Settings选项组中,设置颜色、纸张大小和图纸方向;在Scale & Position Settings选项组中,设置电路原理图的缩放比例和位置;在Area to Print选项组中,设置打印图纸的区域。

(4) 设置完成后,通过对话框右边窗格进行预览,确认没有问题,单击Print按钮,开始

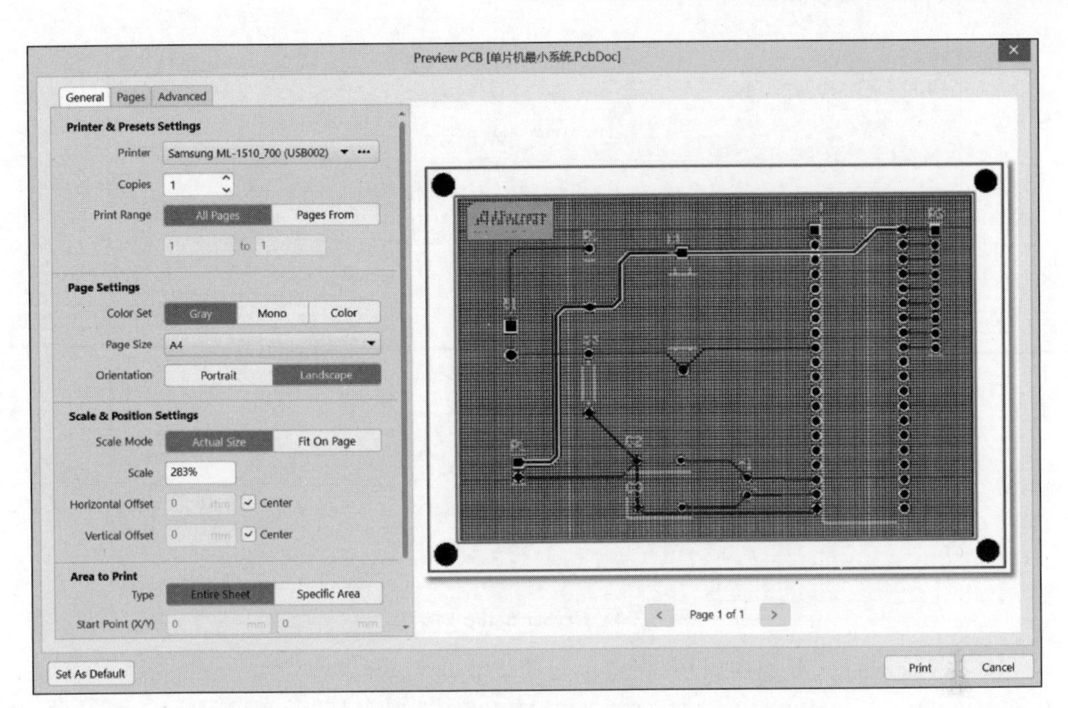

图 8.33 "Preview PCB [单片机最小系统.PcbDoc]"对话框

打印电路原理图。

8.4.2 生成 PCB 制造文件

设计 PCB 的目的就是把 PCB 的信息提供给 PCB 生产厂家，由生产厂家制作 PCB。但是，随着社会的发展，人们的知识产权意识越来越强，对知识产权的保护也越来越重视。PCB 的设计者一般都不愿意把自己设计的工程全盘交给他人。这样，就出现了一个问题。一方面，制作 PCB 需要相关的设计文件；另一方面，设计者要保护自己的知识产权，不愿意交付这些设计文件。那么怎么解决这个问题呢？AD 24 提供了一个很好的解决方案，那就是根据 PCB 设计文件生成 Gerber 文件。

前文介绍过，在制作 PCB 时，首先分层加工各个 Core 层，接着把各个 Core 层按照顺序粘贴在一起，然后涂覆绝缘保护层，最后印刷说明性的信息。基于这种制作工序，设计者无须交付设计文件，只需提供导电层、Mechanical、Keep-Out Layer、Top Solder、Bottom Solder、Top Overlay、Bottom Overlay、Drill Guide、Drill Drawing、Multi-Layer 等层的信息，这些数据的集合，就是 Gerber 文件。一方面，根据这些分层信息，生产厂家能够制作 PCB。另一方面，由于从这些数据很难获取 PCB 设计的核心思路和关键信息，因此，这种方案能够很好地保护知识产权。

1. 生成 Gerber 文件

对于 PCB 设计文件"单片机最小系统.PcbDoc"，生成 Gerber 文件的步骤如下。

(1) 打开 PCB 设计文件"单片机最小系统.PcbDoc"。

(2) 在 PCB 编辑器中，选择"文件"→"制造输出"→Gerber Files 选项，弹出 Gerber Setup 对话框，如图 8.34 所示。

(3) 在 Units 选项组中，设置 PCB 的单位。可以选择英制单位或国际单位。

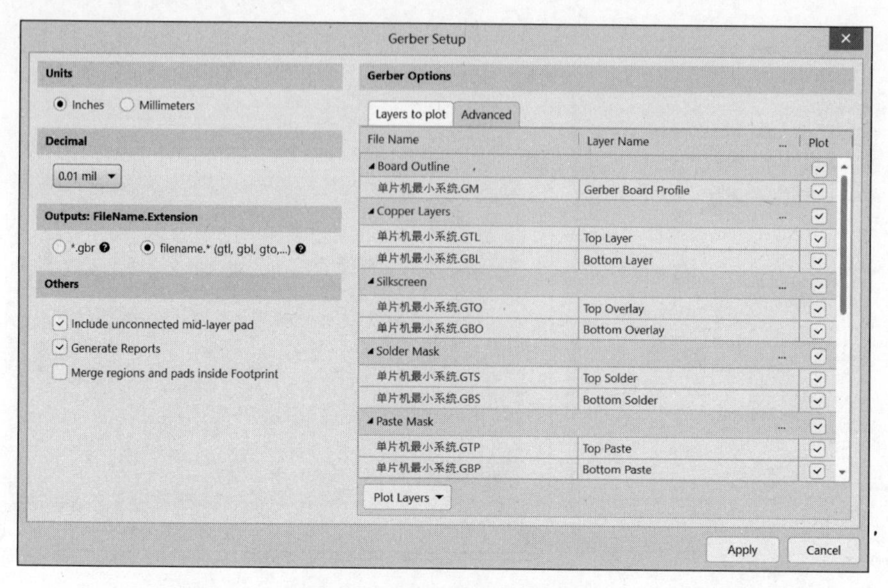

图 8.34　Gerber Setup 对话框

(4) 在 Decimal 选项组中,设置保留小数的位数。

(5) 在 Outputs: FileName. Extension 选项组中,设置文件名与文件扩展名的格式,有两种选择。当选择一种格式时,在 Gerber Options 选项组的标签 Layers to plot 中,可以看到 PCB 中各层的文件名与文件扩展名。

(6) Gerber Options 选项组的 Advanced 标签如图 8.35 所示。在 Aperture Tolerances 选项组中,设置光圈的增加值和减小值。在 Leading/Trailing Zeroes 选项组中,设置是否保留小数前面或后面的零。其他选项采用系统默认设置即可。

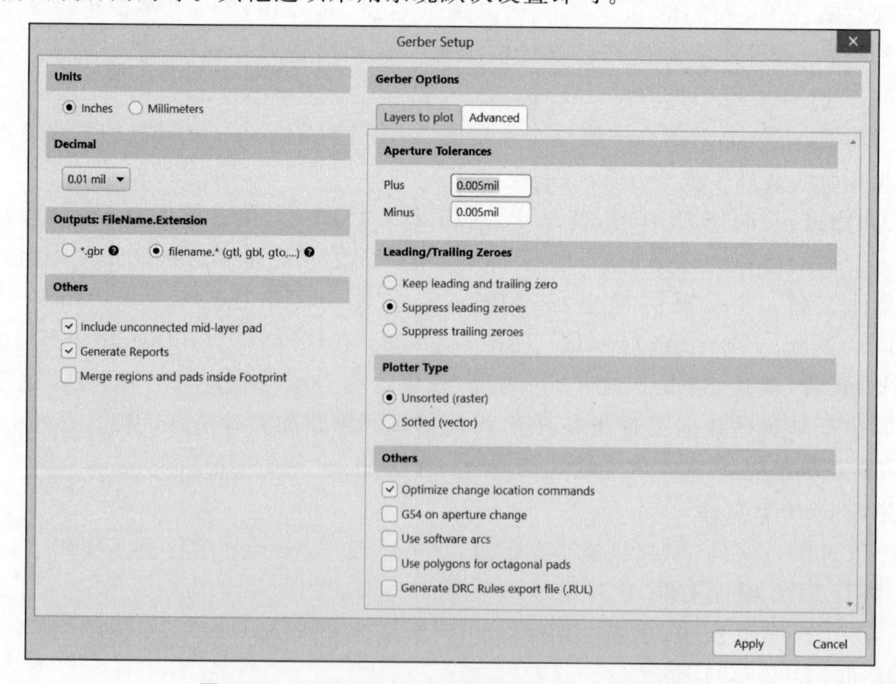

图 8.35　Gerber Options 选项组的 Advanced 标签

（7）设置完成之后，单击 Apply 按钮，AD 24 生成 CAMtastic1. Cam，即“单片机最小系统. PcbDoc”的 CAM 文件，如图 8.36 所示，它集成了所选择的各层的信息。

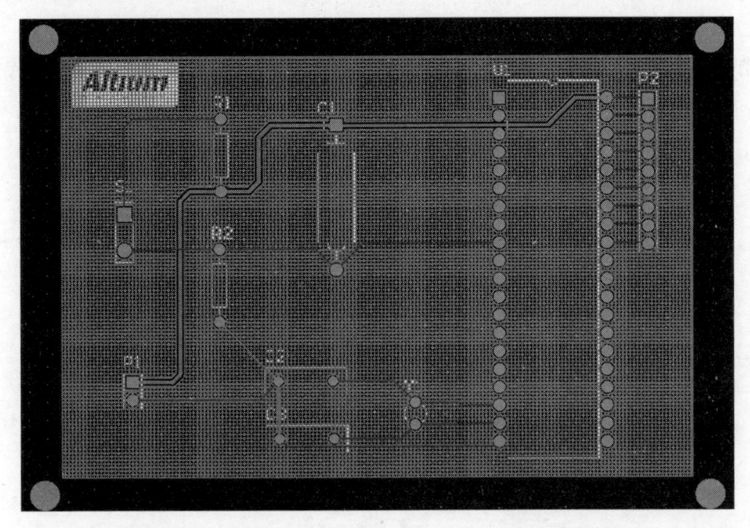

图 8.36 “单片机最小系统. PcbDoc”的 CAM 文件

（8）在工程的文件夹 Generated\CAMtastic! Documents 中，包含了所选择各层的文件。这就是“单片机最小系统. PcbDoc”的 Gerber 文件，如图 8.37 所示。

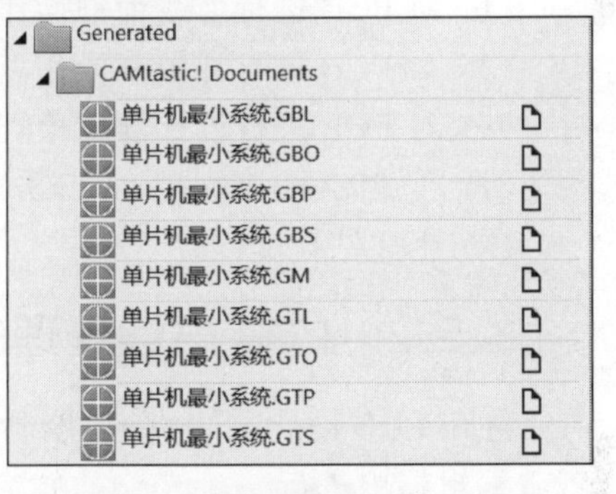

图 8.37 “单片机最小系统. PcbDoc”的 Gerber 文件

2. 导出 Gerber 文件

对于 PCB 设计文件“单片机最小系统. PcbDoc”，导出 Gerber 文件的步骤如下。

（1）打开“CAMtastic1. Cam”，选择“文件”→“导出”→Gerber 选项，弹出“输出 Gerber”对话框，如图 8.38 所示。

（2）单击“确定”按钮，弹出“Write Gerber(s)”对话框，如图 8.39 所示。

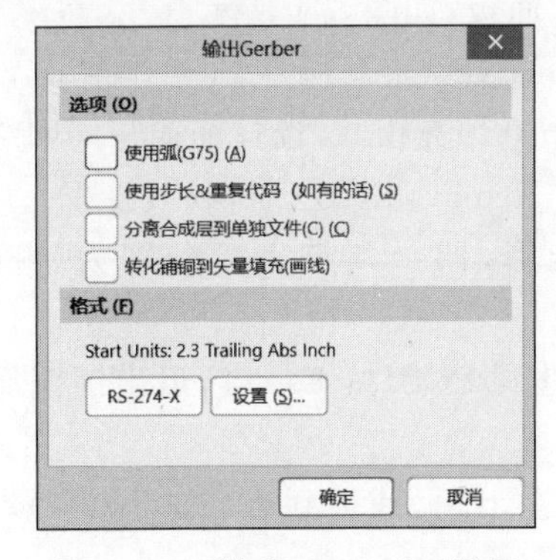

图 8.38 “输出 Gerber”对话框

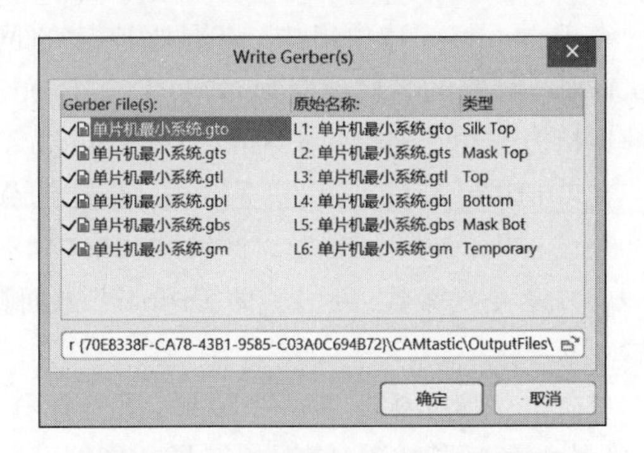

图 8.39 “Write Gerber(s)”对话框

（3）单击“确定”按钮，AD 24 将导出所有选中的 Gerber 文件。

3. 生成和导出钻孔文件

打开PCB设计文件，在PCB编辑器中，选择“文件”→“制造输出”→NC Drill Files选项，AD 24将生成钻孔文件CAMtastic2. Cam。

打开生成的钻孔文件CAMtastic2. Cam，选择“文件”→“导出”→“保存钻孔”选项，AD 24将导出钻孔文件。

生成和导出钻孔文件的方法与生成和导出Gerber文件类似，不再赘述。

4. Gerber文件和钻孔文件的使用

把生成的Gerber文件和钻孔文件一起打包，发送给PCB厂家进行PCB的制作。

至此，PCB设计工作全部完成。

8.5 PCB后续处理实例

8.5.1 PCB后续处理的任务

在第7章，设计了音量控制电路的PCB，如图7.40所示。要求对音量控制电路的PCB进行后续处理，具体任务如下。

(1) 对PCB进行地线铺铜操作。

(2) 对PCB进行补泪滴操作。

(3) 对PCB进行设计规则检查。

(4) 生成Gerber文件。

(5) 生成钻孔文件。

8.5.2 PCB后续处理的实施

打开PCB设计文件“音量控制电路. PcbDoc”，同时打开PCB编辑器。以下操作都在PCB编辑器中进行。

1. 地线铺铜

(1) 选择“放置”→“铺铜”选项，光标变成十字形。

(2) 把光标移到PCB上，按Tab键，弹出Properties面板，如图8.1所示。

在Properties选项组中，铺铜所连接的网络设置为GND，铺铜所在的工作层设置为Top Layer，铺铜的名称设置为GND_L01_P000，选择Hatched填充模式，选择铺铜与同网络对象的连接方式为Pour Over Same Net Polygons Only，选中Remove Dead Copper复选框。

在Outline Vertices选项组中，设置铺铜区域为矩形，四个顶点坐标分别为(2200，2200)、(5800，2200)、(5800，4800)和(2200，4800)。

(3) 设置好参数以后，关闭Properties面板，把光标移到PCB，按Esc键，退出铺铜属性设置状态。

(4) 十字形光标黏着一个矩形，把光标移到PCB的左下角，捕捉到点(2200，2200)，单击，放置一个矩形铺铜，铺铜的结果如图8.40所示。

2. PCB补泪滴

(1) 选择“工具”→“滴泪”选项，弹出“泪滴”对话框，如图8.5所示。

(2) 在“工作模式”选项组中，选择“添加”单选按钮，添加泪滴。在“对象”选项组中，选

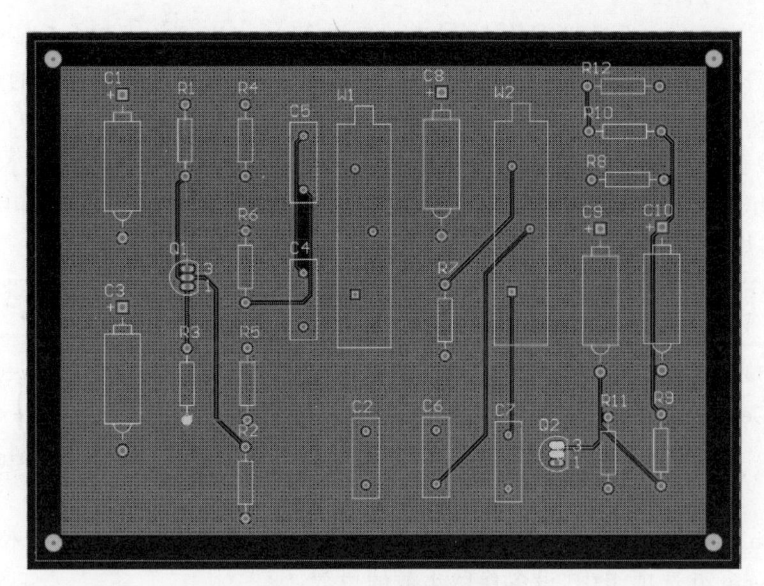

图 8.40 铺铜的结果

择“所有”单选按钮，对所有对象添加泪滴。在“选项”选项组中，设置泪滴形式为 Curved，选中“强制补泪滴”和“调节泪滴大小”复选框。在“范围”选项组中，选中“圆孔/通孔焊盘”“贴片焊盘”“走线”和“T 型连接”复选框。

(3) 设置好参数以后，单击“确定”按钮，退出“泪滴”对话框，AD 24 即为 PCB 补泪滴，补泪滴结果如图 8.41 所示。

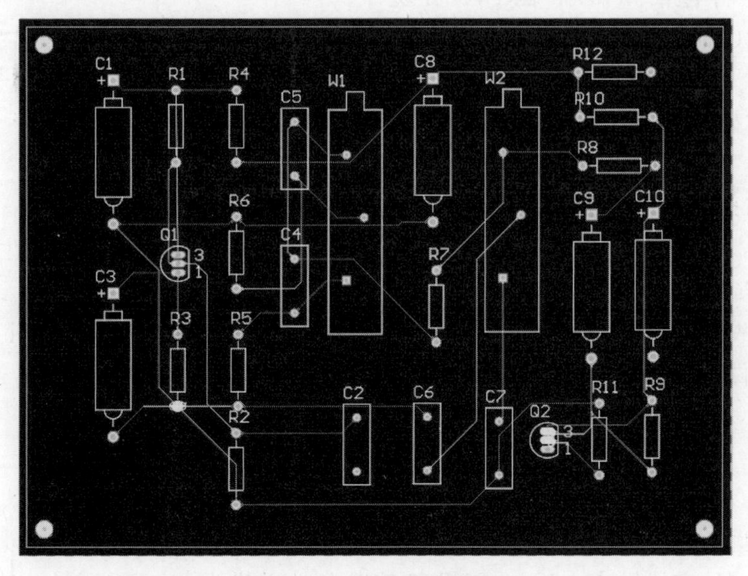

图 8.41 补泪滴的结果

3. 设计规则检查

(1) 选择“设计”→“规则”选项，弹出“PCB 规则及约束编辑器”对话框，如图 8.21 所示。参考 8.2.1 小节、7.4.3 小节和 7.3.3 小节，分别设置 Electrical、Routing 和 Placement 三个标签中的选项，其余标签中的选项采用 AD 24 默认设置。

(2) 选择“工具”→“设计规则检查”选项，弹出“设计规则检查器”对话框，如图 8.22 所示。参考 8.2.2 小节，分别设置 Report Options 和 Rules To Check 标签中的选项。

(3) 设置好设计规则之后，在“设计规则检查器”对话框中，单击“运行 DRC”按钮，AD 24 开始进行检查。检查完成之后，弹出 Messages 面板，如图 8.24 所示。在 Messages 面板中，列出了所有违规信息，包括违反的设计规则的种类、所在文件和错误信息等，同时，在 PCB 中标出违规的位置。

(4) 返回 PCB，根据错误信息对 PCB 进行修改，修改完成后，再次进行设计规则检查，直到没有错误为止。

(5) 设计规则检查完成后，AD 24 生成 DRC 报告。

4. 生成 Gerber 文件

(1) 选择“文件”→“制造输出”→Gerber Files 选项，弹出 Gerber Setup 对话框，如图 8.34 所示。

(2) 在 Units 选项组中，设置 PCB 的单位。可以选择英制单位或国际单位。

(3) 在 Decimal 选项组中，设置保留小数的位数。

(4) 在 Outputs：FileName. Extension 选项组中，设置文件名与文件扩展名的格式。

(5) 在 Gerber Options 选项组的 Advanced 标签中，所有选项采用系统默认设置。

(6) 设置完成之后，单击 Apply 按钮，AD 24 生成“音量控制电路. PcbDoc”的 CAM 文件 CAMtastic1. Cam，它集成了所选各层的信息。

(7) 在工程的文件夹 Generated\CAMtastic! documents 中，包含了所选各层的信息。这就是“音量控制电路. PcbDoc”的 Gerber 文件。

(8) 打开“CAMtastic1. Cam”，选择“文件”→“导出”→Gerber 选项，弹出“输出 Gerber”对话框。

(9) 单击“确定”按钮，弹出“Write Gerber(s)”对话框。

(10) 单击“确定”按钮，AD 24 将导出所有选中的 Gerber 文件。

5. 生成钻孔文件

(1) 选择“文件”→“制造输出”→NC Drill Files 选项，AD 24 将生成钻孔文件 CAMtastic2. Cam。

(2) 打开钻孔文件 CAMtastic2. Cam，选择“文件”→“导出”→“保存钻孔”选项，AD 24 将导出钻孔文件。

习题 8

一、填空题

1. PCB 布局、布线结束之后，为了提高 PCB 的抗干扰能力，还需要做一些辅助操作，例如，________、________和测量距离等。

2. 地线铺铜是指把 PCB 上闲置的空间用________覆盖，并使其与地线网络连接。

3. 在制作 PCB 的过程中，为了加固导线和焊盘之间连接的________，提高在导线和焊盘连接处________的能力，通常需要补泪滴。

4. 在 PCB 设计过程中，经常需要测量 PCB 上任意两点之间的距离，测量两个________

之间的距离,测量________的长度等。

5. 利用 AD 24 提供的设计规则检查功能,可以检查 PCB 在________、________、布线等方面是否符合设计规则。

6. 对于一个工程来说,可以从________生成网络表文件,也可以从________生成网络表文件。

二、简答题

1. 简述为 PCB 补泪滴的步骤。

2. 简述测量 PCB 中两个导电图件之间距离的步骤。

3. 简要介绍打印 PCB 的步骤。

4. 地线铺铜有什么重要意义?

5. 在 AD 24 中,测量距离对电路原理图和 PCB 的意义有什么不同?

6. 在设计 PCB 与制作 PCB 之间,可能会出现一个问题。一方面,生产厂家制作 PCB 需要相关的设计文件;另一方面,设计者要保护自己的知识产权,不愿意交付这些设计文件。怎么解决这个问题呢?

三、设计题

1. 详细叙述在单片机最小系统的 PCB 上进行地线铺铜的步骤。设计要求如下:

(1) 铺铜所在的工作层为 Top Layer。

(2) 填充模式为 Hatched。

(3) 铺铜与同网络对象的连接方式为 Pour Over Same Net Polygons Only。

(4) 铺铜区域为矩形,四个顶点坐标分别为(55,55)、(55,115)、(145,115)和(145,55)。

2. 在音量控制电路的 PCB 上,添加自己的 Logo。

3. 对于 PCB 设计文件"音量控制电路. PcbDoc",详细叙述生成 Gerber 文件的步骤。

第 9 章 电路原理图元件制作

CHAPTER 9

本章介绍电路原理图元件的基础知识和制作电路原理图元件的基本技术，主要内容包括电路原理图库编辑器、电路原理图元件概述和电路原理图元件制作实例等。通过对本章的学习，应该达到以下目标。

（1）了解电路原理图库编辑器的结构与功能。

（2）理解电路原理图元件的基础知识。

（3）掌握制作电路原理图元件的基本技术。

9.1 电路原理图库编辑器

9.1.1 电路原理图库编辑器的主要部件

新建电路原理图库设计文件，或者打开已有的电路原理图库设计文件，可以启动电路原理图库编辑器，如图 9.1 所示。电路原理图库编辑器是一个标准的 Windows 窗口，包括标题栏、菜单栏、工具栏、工程面板、工作区、状态栏和命令状态等部件。下面介绍电路原理图库编辑器主要部件的功能。

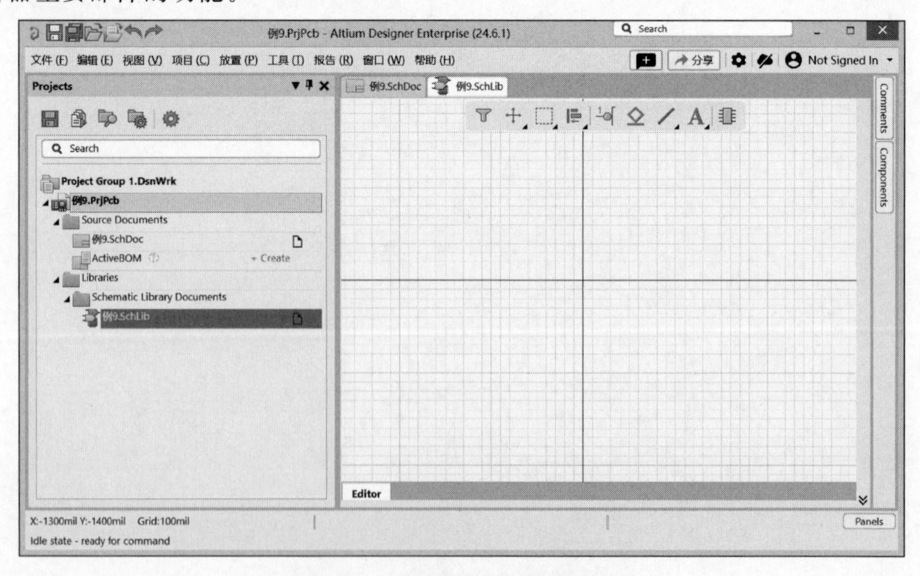

图 9.1 电路原理图库编辑器

1. 菜单栏

电路原理图库编辑器的菜单栏包括文件、编辑、视图、项目、放置、工具、报告、窗口和帮助 9 个主菜单项，每个主菜单项都有一个下拉菜单，每个下拉菜单包含若干个菜单选项或子菜单。

电路原理图库编辑器菜单栏的主菜单项及其菜单选项与电路原理图编辑器相似，这里不再一一介绍了，请读者对照学习，在使用过程中逐渐熟悉主要菜单选项和子菜单。

2. 工具栏

为了提高制作电路原理图元件的效率，电路原理图库编辑器提供了丰富的工具，并且对这些工具进行分类管理，将同类工具制成一个工具栏。

在电路原理图库编辑器中，选择"视图"→"工具栏"选项，出现工具栏的子菜单，如图 9.2 所示。工具栏的子菜单包含"导航""模式""应用工具"和"原理图库标准"等工具栏。其中，常用工具栏是"应用工具"和"原理图库标准"。

在制作电路原理图元件时，设计者可以打开需要用到的工具栏，也可以关闭暂时不用的工具栏。如果某个工具栏没有打开，那么选择相应的菜单选项，就会打开该工具栏；如果某个工具栏处于打开状态，那么选择相应的菜单选项，就会关闭该工具栏。例如，在电路原理图库编辑器中，选择"视图"→"工具栏"→"原理图库标准"选项，打开"原理图库标准"工具栏，如图 9.3 所示；再次选择这条菜单选项，则关闭该工具栏。

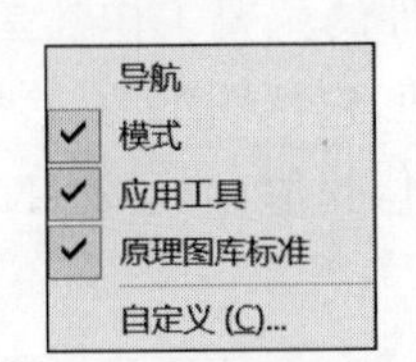

图 9.2　工具栏的子菜单

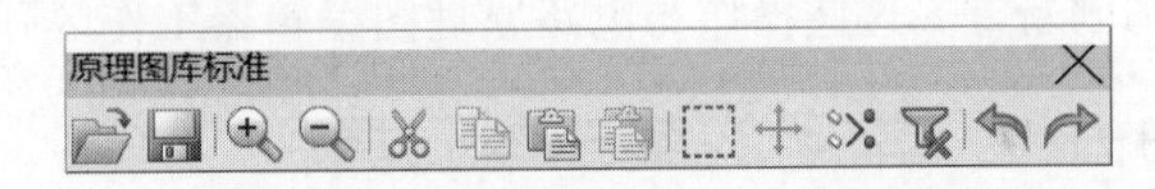

图 9.3　"原理图库标准"工具栏

在工作区的中上部有一个快捷工具栏，包括一些最常用的工具。把鼠标移到某个工具按钮，右击，弹出对应的下拉菜单，如图 9.4 所示。

3. 工程面板

工程面板在电路原理图库编辑器的左边。工程面板的功能，以及打开、关闭等操作方法，参见第 2 章的 2.1.3 小节。

4. 电路原理图库面板

在电路原理图库编辑器中，选择"视图"→"面板"→SCH Library 选项，就可以打开电路原理图库面板；再次选择该菜单选项，就可以关闭电路原理图库面板。

单击状态栏右端的 Panels 按钮，在弹出的快捷菜单中选择 SCH Library 选项，也可以打开电路原理图库面板。

电路原理图库面板在电路原理图库编辑器的左边，如图 9.5 所示。电路原理图库面板是电路原理图库编辑器的专用面板，用于对电路原理图库设计文件及电路原理图元件进行管理。电路原理图库面板列出了当前电路原理图库设计文件中的所有电路原理图元件，包含电路原理图元件的 Design Item ID(设计标识符)与描述等信息。

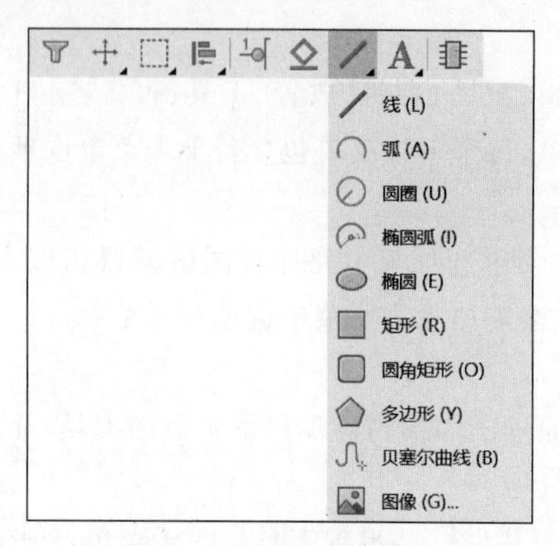

图 9.4 快捷工具栏

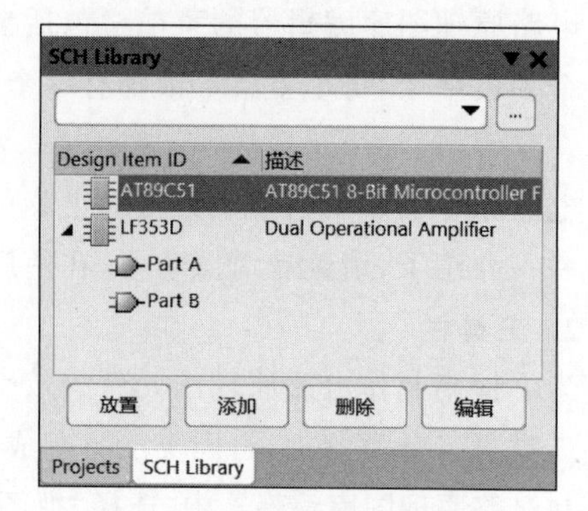

图 9.5 电路原理图库面板

电路原理图库面板的下部有 4 个按钮，分别是“放置”“添加”“删除”和“编辑”。

“放置”按钮用于把选定的电路原理图元件放置到当前打开的电路原理图中。

“添加”按钮用于在电路原理图库设计文件中添加一个电路原理图元件。

“删除”按钮用于从电路原理图库设计文件中删除选定的电路原理图元件。

“编辑”按钮用于编辑选定电路原理图元件的属性。

5. 工作区

电路原理图库编辑器右边的窗格是工作区，制作电路原理图元件的主要工作都是在工作区进行的。在电路原理图库编辑器中，可以对工作区的画面进行管理，包括图纸的放大、缩小、移动和刷新等。这些操作与电路原理图编辑器工作区画面管理的操作相似，请读者自己练习。

9.1.2 常用的菜单与工具栏

在制作电路原理图元件时，需要新建电路原理图元件及其子部件，绘制电路原理图元件的轮廓，放置电路原理图元件的引脚，设置电路原理图元件的设计标识符、标号和注释等参数。在电路原理图库编辑器中，通过工具菜单、放置菜单、应用工具工具栏，可以进行电路原理图元件制作的基本操作。例如，新建电路原理图元件及其子部件，绘制直线、圆、椭圆、圆弧、矩形、多边形和曲线等几何图形，放置 IEEE 符号、电路原理图元件引脚、文本字符串、文本框和图像等对象。

1. 工具菜单

工具菜单如图 9.6 所示。常用的菜单选项有“新器件”和“新部件”。菜单选项“新器件”用于向电路原理图库设计文件添加新的电路原理图元件，菜单选项“新部件”用于添加电路原理图元件的子部件。

2. 放置菜单

放置菜单如图 9.7 所示。放置菜单有 14 个菜单选项，选择某菜单选项，可以进行对应的基本操作。其中，菜单选项“IEEE 符号”包含子菜单，子菜单有 34 个菜单选项。

3. 应用工具工具栏

单击应用工具栏中的“IEEE 符号”按钮，弹出“IEEE 符号”工具栏。“IEEE 符号”工具栏有 34 个工具，如图 9.8 所示。这些工具与“IEEE 符号”子菜单中的菜单选项相对应。各

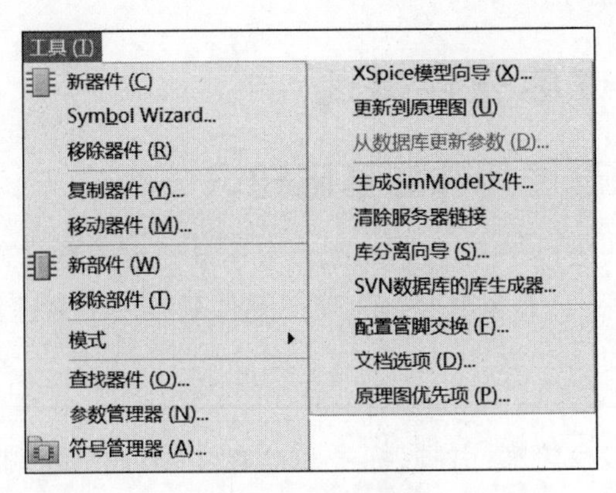

图 9.6　工具菜单

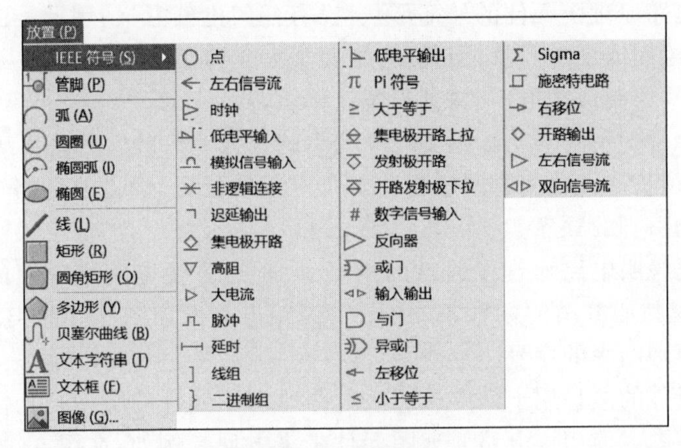

图 9.7　放置菜单

个工具的功能参见图 9.7 中的说明。

单击应用工具栏中的“实用工具”按钮，弹出“实用工具”工具栏，如图 9.9 所示。其中主要工具与“放置”菜单中的菜单命令相对应。各个工具的功能参见图 9.7 中的说明。

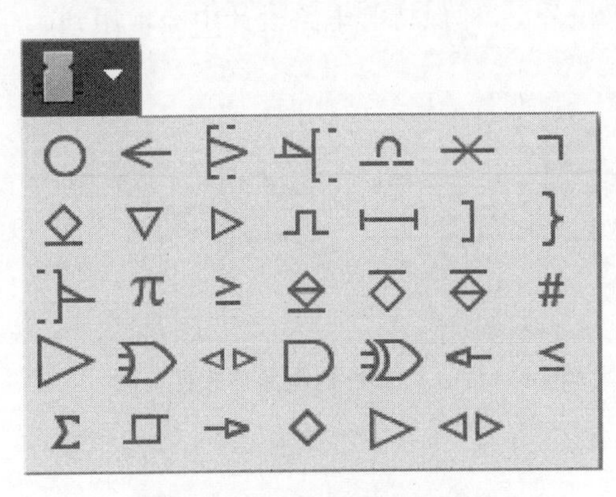

图 9.8　“IEEE 符号”工具栏

图 9.9　“实用工具”工具栏

9.2 电路原理图元件概述

9.2.1 电路原理图元件的基础知识

电路原理图元件是代表电子元件引脚的电气分布关系的符号，除了表示引脚的电气分布外，没有其他的实际意义。大多数电路原理图元件只有一个部件，少数电路原理图元件含有多个部件。

1. 电路原理图元件

电路原理图元件一般由轮廓、引脚、标号和注释4部分构成。例如，5键拨码开关的电路原理图元件的构成如图9.10所示。

轮廓仅表示电路原理图元件的外部形状，没有任何电气意义，因此，在绘制电路原理图元件轮廓时，可以绘制成任意形状，但是，为了美观大方和交流方便，应该尽量采用大众化的轮廓。例如，把芯片绘制成矩形，并使其长宽比例协调。

电路原理图元件的引脚与实际电子元件的引脚具有一一对应的关系，因此，在制作电路原理图元件时，必须正确设置引脚的序号。至于引脚的位置，以方便电路连接为准，不必拘泥于电子元件实物引脚的顺序。

标号用以简要说明电路原理图元件的类型和序号，方便电路原理图的设计。例如，在图9.10中，S1就是拨码开关的标号，S(Switch)说明电路原理图元件的类型，1是该电路原理图元件在电路原理图中的序号。

电路原理图元件的注释用于简要说明该电路原理图元件的类型与功能，可以为其他设计者阅读电路原理图或使用该电路原理图元件带来方便。例如，在图9.10中，给拨码开关加上与之功能相关的注释"SW DIP-5"，可以简要说明该电路原理图元件的类型与功能。SW(Switch)说明电路原理图元件的类型，DIP-5说明电路原理图元件是采用DIP封装的5键拨码开关。

有的电路原理图元件含有多个子部件，每个部件具有电路原理图元件的形式，但是，这几个部件构成一个完整的电路原理图元件，是一个有机整体，作为一个电路原理图元件使用。例如，LF353D的电路原理图元件如图9.11所示，它含有Part A和Part B两个子部件。LF353D是美国TI公司生产的双运算放大器，在高速积分、采样保持等电路设计中经常用到。

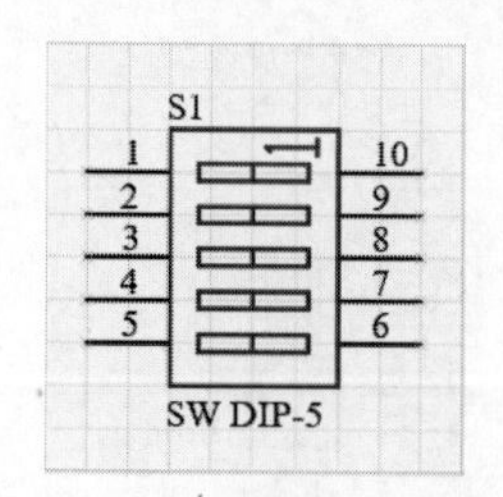

图9.10　电路原理图元件的构成

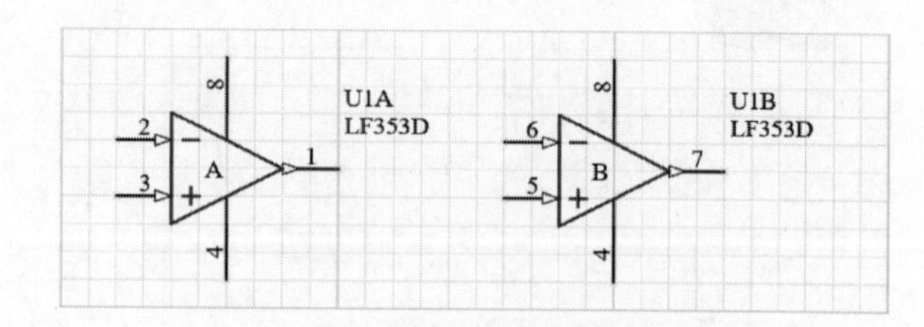

图9.11　LF353D的电路原理图元件

2. 制作电路原理图元件的一般流程

制作电路原理图元件的一般流程如图9.12所示。

1.2.4小节介绍了新建电路原理图库设计文件的方法，下面介绍其余步骤的操作方法。

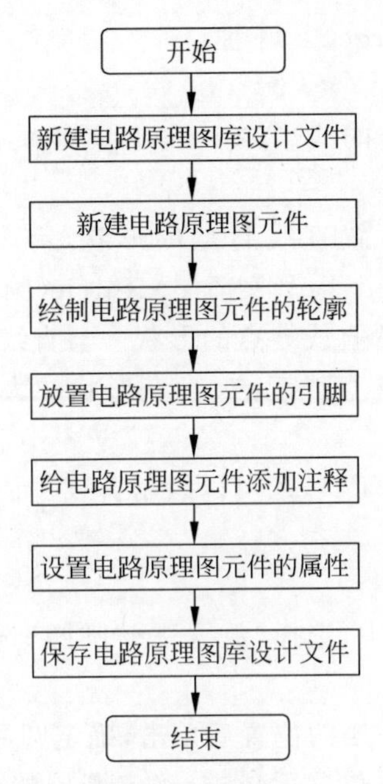

图 9.12 制作电路原理图元件的一般流程

9.2.2 制作电路原理图元件的基本操作

制作电路原理图元件，一般需要绘制电路原理图元件的轮廓，放置电路原理图元件的引脚，设置电路原理图元件的标号和注释。下面介绍制作电路原理图元件的基本操作。

1. 绘制直线

绘制直线的步骤如下。

(1) 在电路原理图库编辑器中，选择"放置"→"线"选项，或者单击实用工具工具栏中的"放置线"按钮，光标变成十字形。

(2) 把光标移到图纸上，在适当的位置后单击，确定直线的起点。

(3) 移动鼠标，把光标移到合适位置，使之形成一条直线，在适当的位置单击，确定直线的终点，同时绘制了一条直线。

(4) 绘制完一条直线之后，AD 24 仍处于绘制直线的状态，可以继续绘制直线。右击或按 Esc 键，退出绘制直线状态。

(5) 设置直线的属性。在绘制直线的状态下按 Tab 键，或在绘制完成后双击直线，弹出直线的 Properties 面板，如图 9.13 所示。

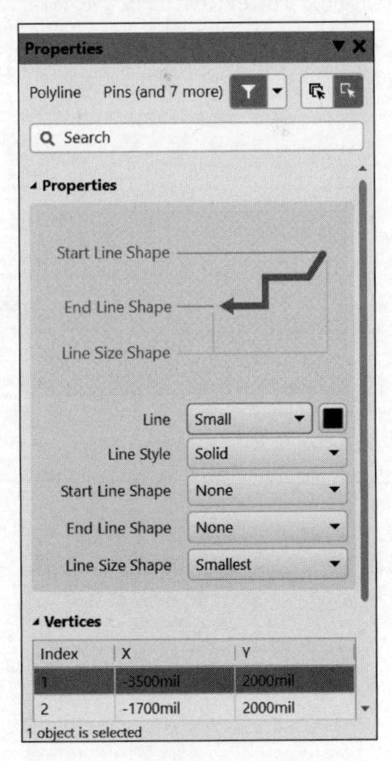

图 9.13 直线的 Properties 面板

直线属性主要参数的意义如下。

① Line 用于设置直线的线宽，有 Smallest(最小)、

Small(小)、Medium(中等)和 Large(大)4 种。

② ■用于设置直线的颜色。

③ Line Style 用于设置直线的线型,有 Solid(实线)、Dashed(虚线)、Dotted(点线)和 Dash dotted(点画线)4 种。

④ Start Line Shape 用于设置直线起点的形状,有 None(无)、Arrow(箭头)、Solid Arrow(实箭头)、Tail(箭尾)、Solid Tail(实箭尾)、Circle(圆形)和 Square(方形)7 种。

⑤ End Line Shape 用于设置直线终点的形状。与直线起点一样,也有 7 种。

⑥ Line Size Shape 用于设置直线起点、终点形状的大小,有 Smallest、Small、Medium 和 Large 4 种。

使用绘制直线的菜单选项或工具,还可以绘制折线。请读者自己练习。

2. 绘制圆周

绘制圆周的步骤如下。

(1) 在电路原理图库编辑器中,选择"放置"→"圆圈"选项,光标变成十字形,并黏着一个圆周。

(2) 把光标移到图纸上,在适当的位置后单击,确定圆周的圆心。

(3) 移动鼠标,使之移到合适位置后单击,确定圆周的半径,同时绘制了一个圆周放置圆周的操作过程如图 9.14 所示。

(4) 绘制完一个圆周之后,AD 24 仍处于绘制圆周的状态,可以继续绘制圆周。右击或按 Esc 键,退出绘制圆周的状态。

(5) 设置圆周的属性。在绘制圆周的状态下按 Tab 键,或在绘制完成后双击圆周,弹出圆周的 Properties 面板,如图 9.15 所示。

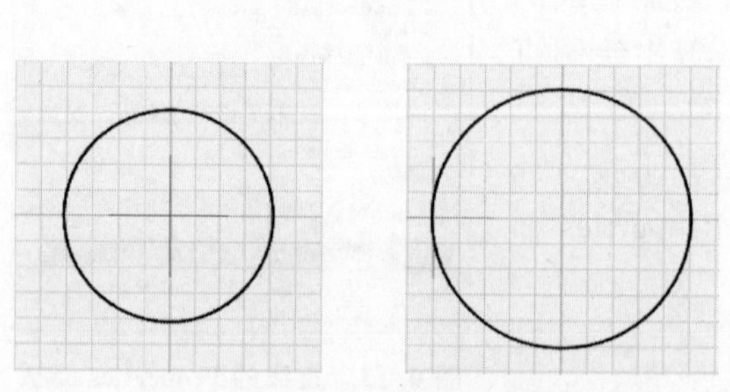

图 9.14 放置圆周的操作过程

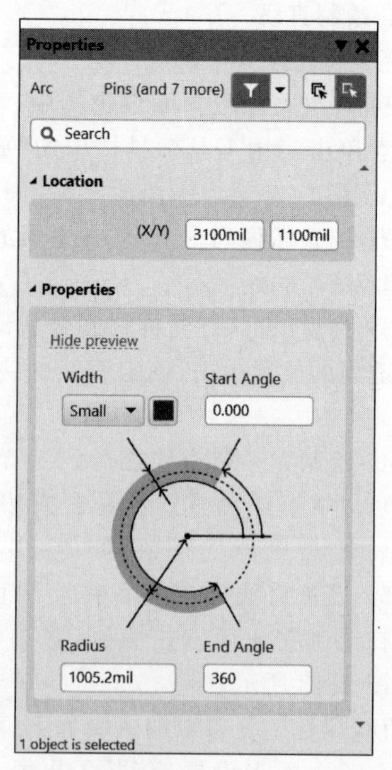

图 9.15 圆周的 Properties 面板

圆周属性主要参数的意义如下。

① (X/Y)用于设置圆心的坐标。

② Width 用于设置圆周的线宽，有 Smallest、Small、Medium 和 Large 4 种。

③ 用于设置圆周的颜色。

④ Radius 用于设置圆周的半径。

⑤ Start Angle 用于设置圆弧起点的角度。

⑥ End Angle 用于设置圆弧终点的角度。

这里绘制的是空心的圆周，通过设置参数 Start Angle 和 End Angle，可以绘制圆弧。

3. 绘制圆弧

绘制圆弧的步骤如下。

(1) 在电路原理图库编辑器中，选择“放置”→“弧”选项，或者单击实用工具工具栏中的“放置椭圆弧”按钮，光标变成十字形，并黏着一个圆弧。

(2) 把光标移到图纸上，在适当的位置后单击，确定圆弧的圆心。

(3) 移动鼠标，使之移到合适位置后单击，确定圆弧的半径。

(4) 移动鼠标，使之移到合适位置后单击，确定圆弧的起点。

(5) 移动鼠标，使之移到合适位置后单击，确定圆弧的终点，同时绘制了一个圆弧。绘制圆弧。放置圆弧的操作过程如图 9.16 所示。

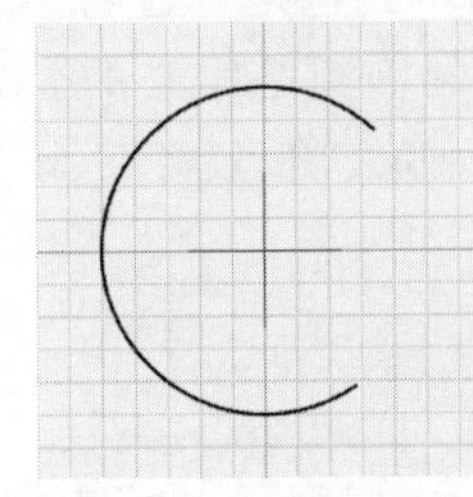
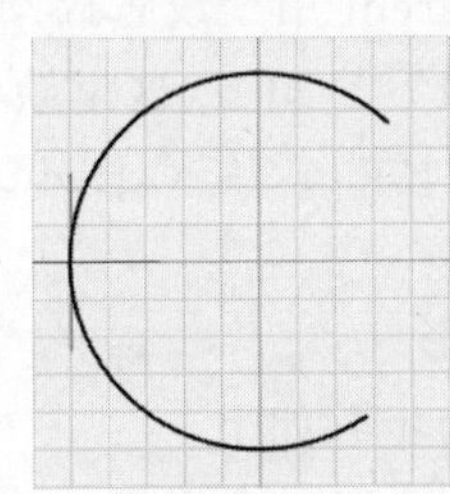
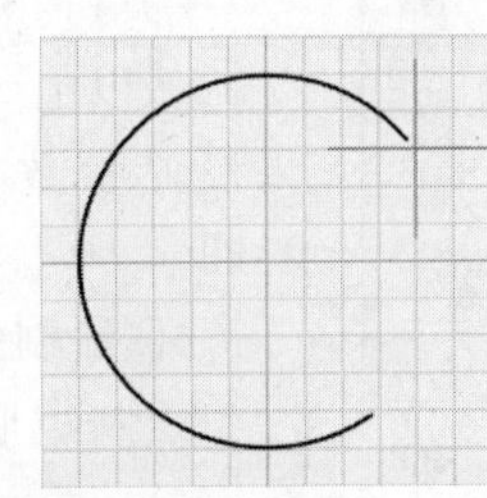
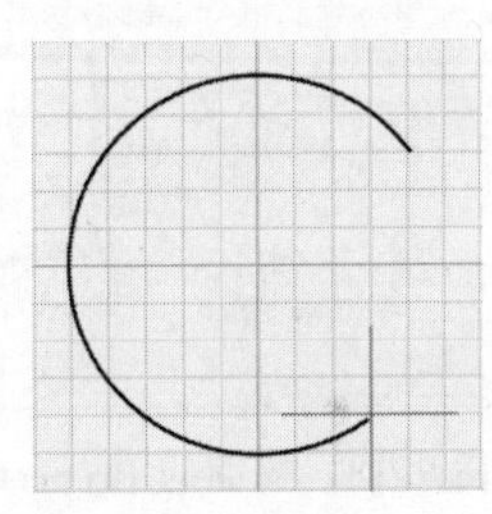

图 9.16 放置圆弧的操作过程

(6) 绘制完一个圆弧之后，AD 24 仍处于绘制圆弧的状态，可以继续绘制圆弧。右击或按 Esc 键，退出绘制圆弧的状态。

(7) 设置圆弧的属性。在绘制圆弧的状态下按 Tab 键，或在绘制完成后双击圆弧，弹出圆弧的 Properties 面板，如图 9.15 所示，圆弧的属性面板与圆周是一样的。

如果设置参数 Start Angle=0、End Angle=360，那么将绘制一个圆周。

4. 绘制椭圆

绘制椭圆的步骤如下。

(1) 在电路原理图库编辑器中，选择“放置”→“椭圆”选项，或者单击实用工具工具栏中的“放置椭圆”按钮，光标变成十字形，并黏着一个椭圆。

(2) 把光标移到图纸上，在适当的位置后单击，确定椭圆的中心。

(3) 移动鼠标，使之移到合适位置后单击，确定椭圆水平方向的半径。

(4) 移动鼠标，使之移到合适位置后单击，确定椭圆垂直方向的半径，同时绘制了一个椭圆。放置椭圆的操作过程如图 9.17 所示。

(5) 绘制完一个椭圆之后，AD 24 仍处于绘制椭圆的状态，可以继续绘制椭圆。右击或按 Esc 键，退出绘制椭圆的状态。

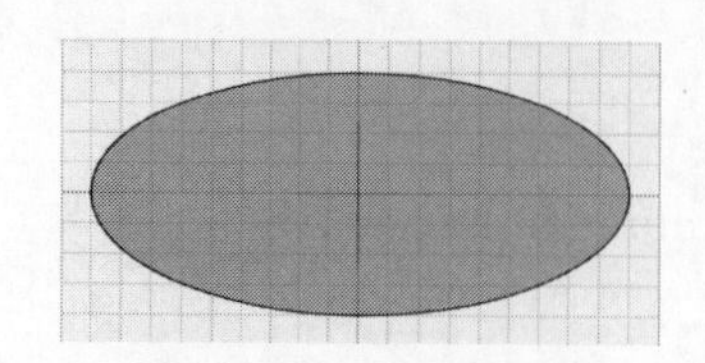
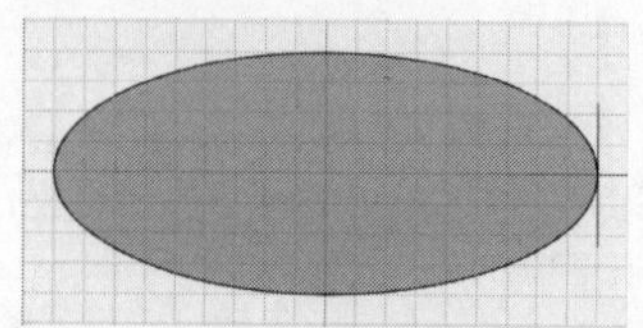
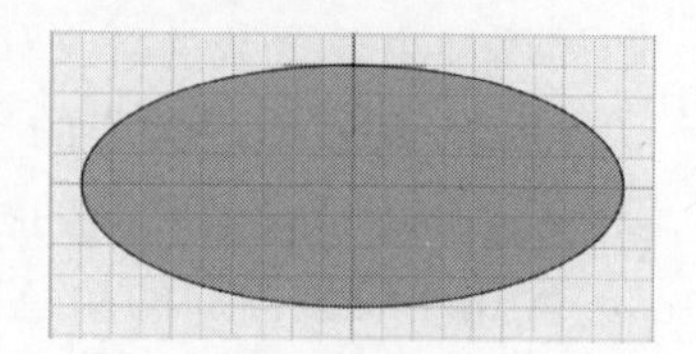

图 9.17 放置椭圆的操作过程

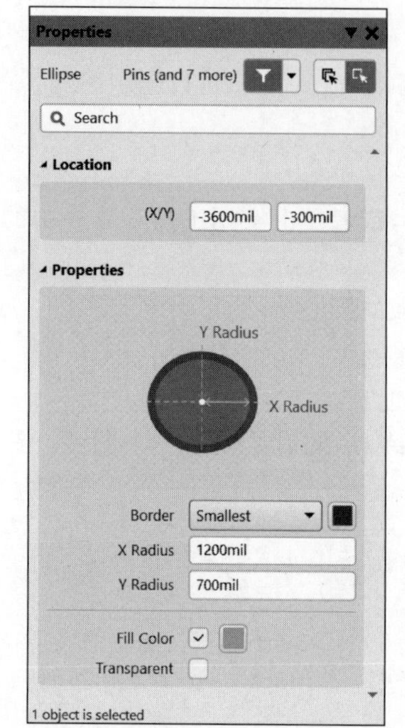

图 9.18 椭圆的 Properties 面板

(6) 设置椭圆的属性。在绘制椭圆的状态下按 Tab 键,或在绘制完成后双击椭圆,弹出椭圆的 Properties 面板,如图 9.18 所示。

椭圆属性主要参数的意义如下。

① (X/Y)用于设置椭圆中心的坐标。

② Border 用于设置椭圆边界的线宽,有 Smallest、Small、Medium 和 Large 4 种。

③ ■用于设置椭圆边界的颜色。

④ X Radius 用于设置椭圆水平方向的半径。

⑤ Y Radius 用于设置椭圆垂直方向的半径。

⑥ Fill Color 用于设置是否显示椭圆的填充色。

⑦ Transparent 用于设置椭圆的填充色是否透明。

从以上参数容易知道,这里绘制的椭圆是实心的。如果设置参数 X Radius = Y Radius,那么将绘制一个实心圆。

5. 绘制矩形

绘制矩形的步骤如下。

(1) 在电路原理图库编辑器中,选择"放置"→"矩形"选项,或者单击实用工具工具栏中的"放置矩形"按钮■,光标变成十字形,并黏着一个矩形。

(2) 把光标移到图纸上,在适当的位置后单击,确定矩形的一个顶点。

(3) 移动鼠标,使之移到合适位置后单击,确定矩形的对角顶点,同时绘制了一个矩形。放置矩形的操作过程如图 9.19 所示。

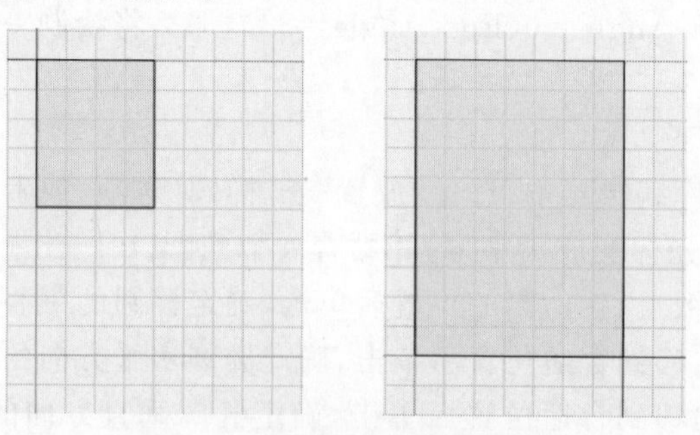

图 9.19 放置矩形的操作过程

(4) 绘制完一个矩形之后,AD 24 仍处于绘制矩形的状态,可以继续绘制矩形。右击或按 Esc 键,退出绘制矩形的状态。

(5) 设置矩形的属性。在绘制矩形的状态下按 Tab 键,或在绘制完成后双击矩形,弹出矩形的 Properties 面板,如图 9.20 所示。

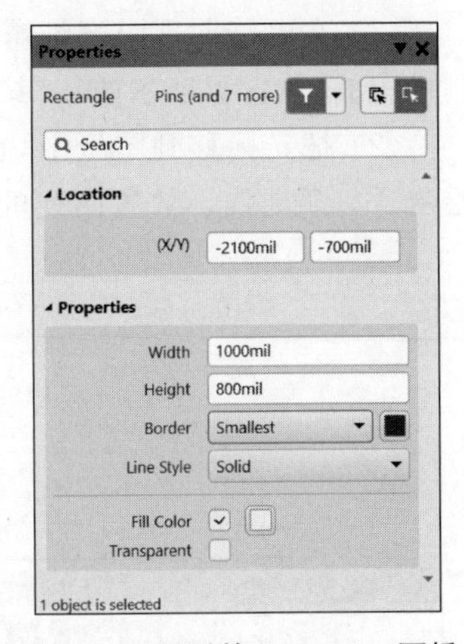

图 9.20　矩形的 Properties 面板

矩形属性主要参数的意义如下。

① (X/Y)用于设置矩形左下角的坐标。

② Width 用于设置矩形的宽度。

③ Height 用于设置矩形的高度。

④ Border 用于设置矩形边界的线宽,有 Smallest、Small、Medium 和 Large 4 种。

⑤ ■用于设置矩形边界的颜色。

⑥ Fill Color 用于设置是否显示矩形的填充色。

⑦ Transparent 用于设置矩形的填充色是否透明。

用同样的方法,可以绘制圆角矩形。读者自己练习。

6. 绘制多边形

绘制多边形的步骤如下。

(1) 在电路原理图库编辑器中,选择"放置"→"多边形"选项,或者单击实用工具工具栏中的"放置多边形"按钮⬠,光标变成十字形。

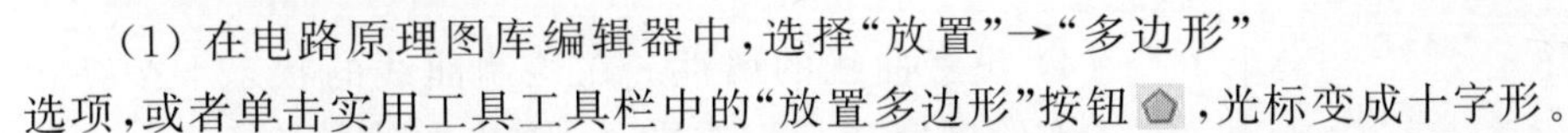

(2) 把光标移到图纸上,在适当的位置后单击,确定多边形的一个顶点。

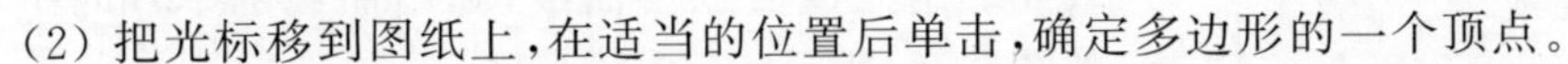

(3) 移动鼠标,使之移到合适位置后单击,确定多边形的下一个顶点。用同样的方法,确定多边形的各个顶点。在最后一个顶点处,右击,就绘制了一个多边形。放置多边形的操作过程如图 9.21 所示。

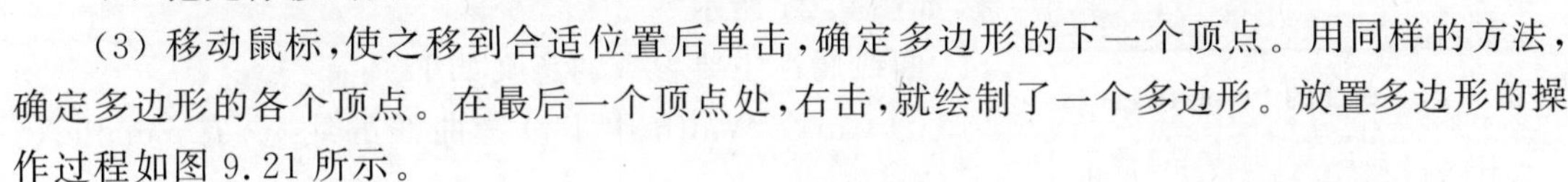

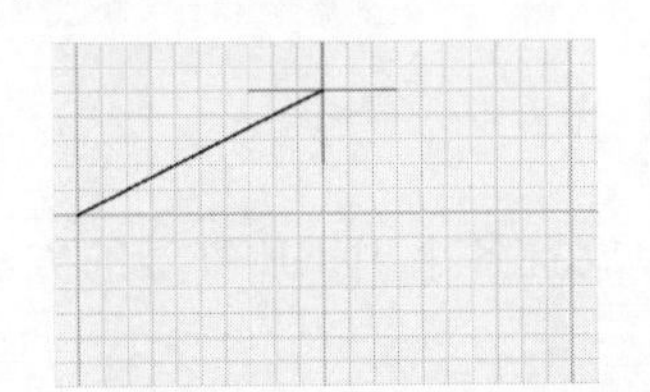 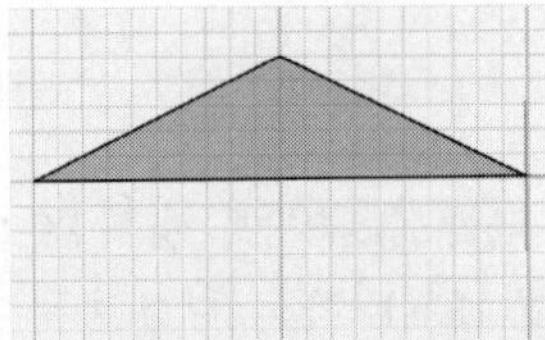 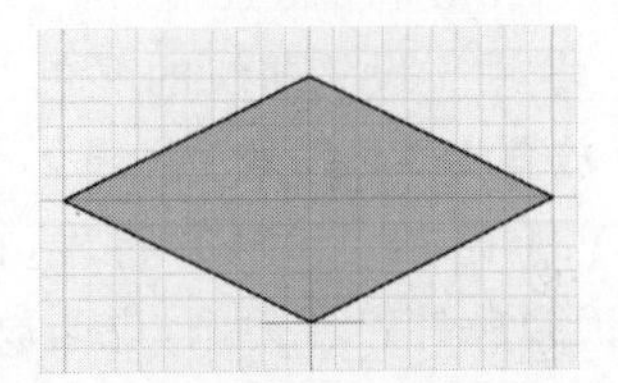

图 9.21　放置多边形的操作过程

(4) 绘制完一个多边形之后,AD 24 仍处于绘制多边形的状态,可以继续绘制多边形。右击或按 Esc 键,退出绘制多边形的状态。

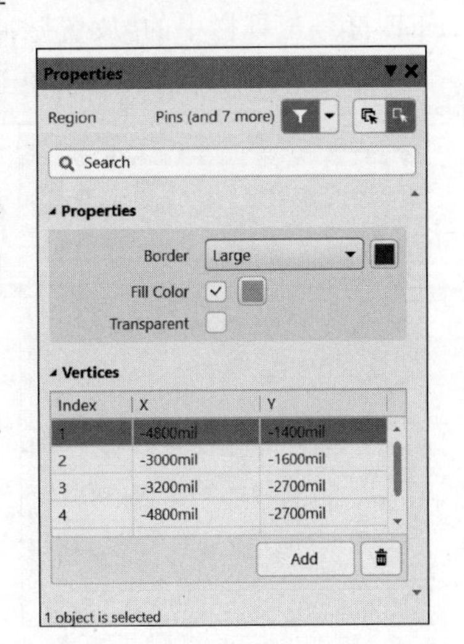

图 9.22　多边形的 Properties 面板

(5) 设置多边形的属性。在绘制多边形的状态下按 Tab 键,或在绘制完成后双击多边形,弹出多边形的 Properties 面板,如图 9.22 所示。

多边形属性主要参数的意义如下。

① Border 用于设置多边形边界的线宽,有 Smallest、Small、Medium 和 Large 4 种。

② ■用于设置多边形边界的颜色。

③ Fill Color 用于设置是否显示多边形的填充色。

④ Transparent 用于设置多边形的填充色是否透明。

⑤ Vertices 用于设置多边形各个顶点的坐标。

7. 绘制曲线

绘制曲线的步骤如下。

(1) 在电路原理图库编辑器中,选择“放置”→“贝塞尔曲线”选项,或者单击实用工具工具栏中的“放置贝塞尔曲线”按钮,光标变成十字形。

(2) 把光标移到图纸上,在4个不同的位置单击,确定4个点,在最后一个点,右击,就绘制了一条曲线。放置曲线的操作过程如图9.23所示。

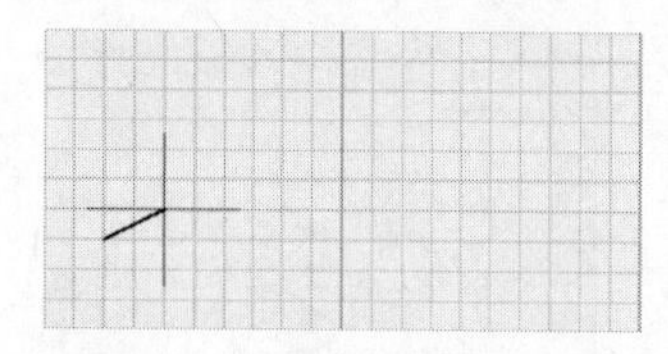
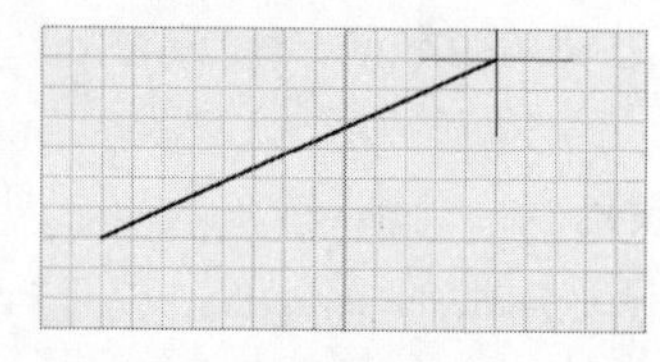
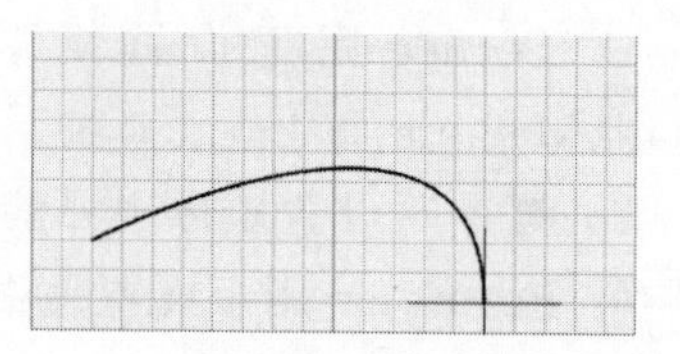

图 9.23 放置曲线的操作过程

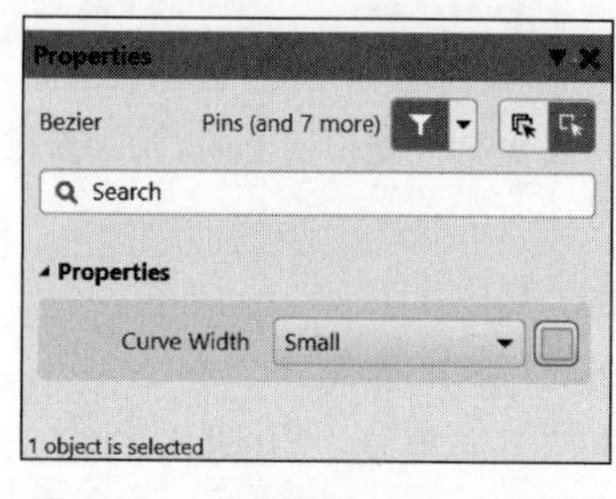

图 9.24 曲线的 Properties 面板

(3) 绘制完曲线之后,AD 24 仍处于绘制曲线的状态,可以继续绘制曲线。右击或按 Esc 键,退出绘制曲线的状态。

(4) 设置曲线的属性。在绘制曲线的状态下按 Tab 键,或在绘制完成后双击曲线,弹出曲线的 Properties 面板,如图9.24所示。

曲线属性主要参数的意义如下。

① Curve Width 用于设置曲线的线宽,有 Smallest、Small、Medium 和 Large 4 种。

② 用于设置曲线的颜色。

8. 放置 IEEE 符号

AD 24 有34个 IEEE 符号,在电路原理图库编辑器中放置各个 IEEE 符号的方法都相同。下面以脉冲符号为例,说明放置 IEEE 符号的方法。

(1) 在电路原理图库编辑器中,选择“放置”→“IEEE 符号”→“脉冲”选项,或者单击 IEEE 符号工具栏中的“放置脉冲符号”按钮,光标变成十字形,并黏着一个脉冲符号。

(2) 把光标移到图纸上,在适当的位置,单击,就放置了一个脉冲符号。

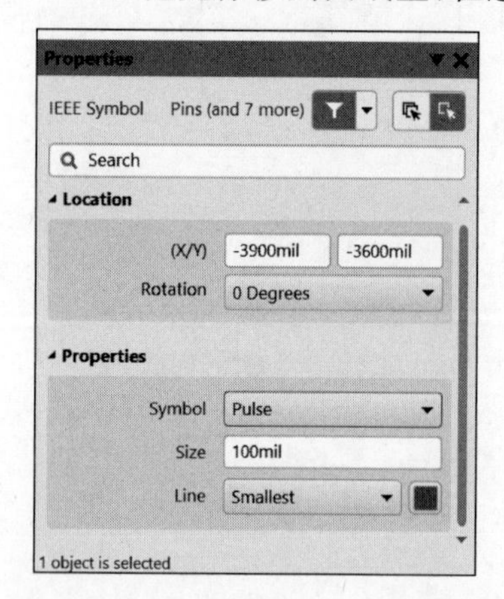

图 9.25 脉冲符号的 Properties 面板

(3) 放置一个脉冲符号之后,AD 24 仍处于放置脉冲符号的状态,可以继续放置脉冲符号。右击或按 Esc 键,退出放置脉冲符号的状态。

(4) 设置脉冲符号的属性。在放置脉冲符号的状态下按 Tab 键,或在放置完成后双击脉冲符号,弹出脉冲符号的 Properties 面板,如图9.25所示。

脉冲符号属性主要参数的意义如下。

① (X/Y)用于设置脉冲符号左下角的坐标。

② Rotation 用于设置脉冲符号的旋转角度。

③ Symbol 用于设置 IEEE 符号的类型,这里选择 Pulse。

④ Size 用于设置脉冲符号的大小。

⑤ Line 用于设置脉冲符号线的粗细，有 Smallest、Small、Medium 和 Large 4 种。

⑥ ■ 用于设置脉冲符号线的颜色。

9. 放置引脚

引脚是电路原理图元件中唯一具有电气属性的部件。放置电路原理图元件引脚的步骤如下。

(1) 在电路原理图库编辑器中，选择“放置”→“管脚”选项，或者单击实用工具工具栏中的“放置管脚”按钮 ，光标变成十字形，并黏着一个引脚。

(2) 把光标移到图纸上，在适当的位置单击，就放置了一个引脚。在放置引脚时，必须使具有电气属性的一端(带×的一端)朝外。

(3) 放置一个引脚之后，AD 24 仍处于放置引脚的状态，可以继续放置引脚。右击或按 Esc 键，退出放置引脚的状态。

(4) 设置引脚的属性。在放置引脚的状态下按 Tab 键，或在放置完成后双击引脚，弹出引脚的 Properties 面板，如图 9.26 所示。

引脚属性主要参数的意义如下。

① (X/Y)用于设置引脚具有电气属性一端的坐标。

② Rotation 用于设置引脚的旋转角度。

③ Designator 用于设置引脚序号。序号是引脚最重要的属性，它与 PCB 脚印中焊盘序号一一对应。若引脚序号与 PCB 脚印中焊盘序号的对应关系出错，则将导致电路板电气功能的错误。

④ Name 用于设置引脚的名称，说明引脚的电气功能。

⑤ Electrical Type 用于设置引脚的电气类型，有 Input、I/O、Output、Open Collector、Passive、HiZ、Open Emitter 和 Power 8 种。

⑥ Description 用于设置引脚的描述。

⑦ Pin Package Length 用于设置引脚封装的长度。

⑧ Pin Length 用于设置引脚的长度。

⑨ ■ 用于设置引脚的颜色。

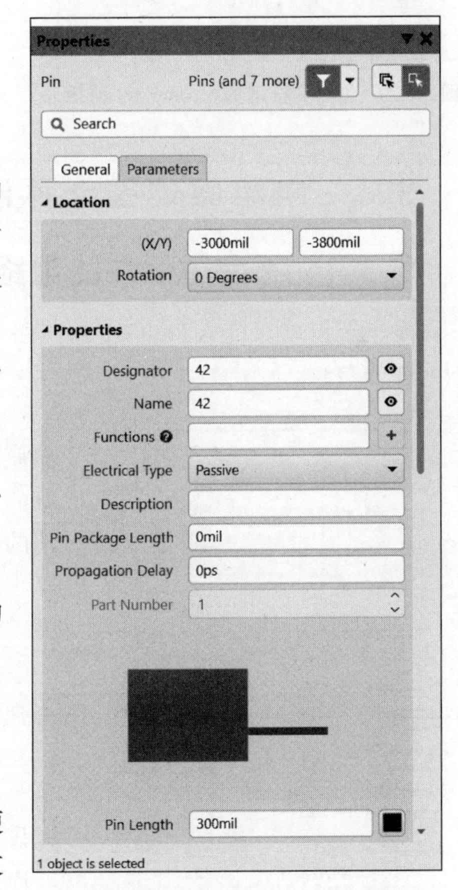

图 9.26 引脚的 Properties 面板

10. 添加文本字符串

在进行电路设计时，为了使图纸容易阅读，方便交流，常常给电路原理图元件添加说明。一般用文本字符串对电路原理图元件进行说明。添加文本字符串的步骤如下。

(1) 在电路原理图库编辑器中，选择“放置”→“文本字符串”选项，或者单击实用工具工具栏中的“放置文本字符串”按钮 A ，光标变成十字形，并带着一个 Text。

(2) 把光标移到电路原理图元件上,在适当的位置单击,就放置了一个文本字符串。

Properties
Text　Pins (and 7 more)
Search
Location
(X/Y) -2100mil -3400mil
Rotation 0 Degrees
Properties
Text AT89C51
URL
Font Times... 10
B I U
Justification
1 object is selected

图 9.27　文本字符串的 Properties 面板

(3) 放置一个文本字符串之后,AD 24 仍处于放置文本字符串的状态,可以继续放置文本字符串。右击或按 Esc 键,退出放置文本字符串的状态。

(4) 设置文本字符串的属性。在放置文本字符串的状态下按 Tab 键,或在放置完成后双击文本字符串,弹出文本字符串的 Properties 面板,如图 9.27 所示。

文本字符串属性主要参数的意义如下。

① (X/Y)用于设置文本字符串左下角的坐标。

② Rotation 用于设置文本字符串的旋转角度。

③ Text 用于设置文本字符串的内容。

④ Font 用于设置文本字符串的字体、字号和字形。

⑤ ■用于设置文本字符串的颜色。

⑥ Justification 用于调整文本字符串的位置。

用类似的方法,可以放置文本框。读者自己练习。

9.3　电路原理图元件制作实例

9.3.1　不含子部件的电路原理图元件的制作

本小节以单片机 AT89C51 的电路原理图元件为例,介绍制作不含子部件的电路原理图元件的步骤。

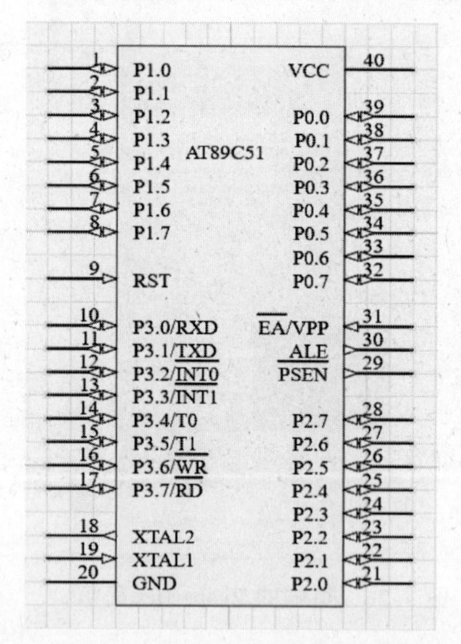

图 9.28　AT89C51 电路原理图元件的预期制作结果

假设 AT89C51 采用 SOT129-1 封装,AT89C51 电路原理图元件的预期制作结果如图 9.28 所示。把制作好的 AT89C51 电路原理图元件保存在工程“例 9.PrjPcb”下的电路原理图库设计文件“例 9.SchLib”中。

制作 AT89C51 电路原理图元件的步骤如下。

1. 新建工程

启动 AD 24,按照 1.2.3 小节介绍的操作步骤,新建工程“例 9.PrjPcb”,并把工程保存在桌面上。

2. 新建电路原理图库设计文件

按照 1.2.4 小节介绍的操作步骤,新建电路原理图库设计文件“例 9.SchLib”,并把它保存到工程“例 9.PrjPcb”中。

3. 新建电路原理图元件

(1) 打开电路原理图库面板。电路原理图库面板列出了当前电路原理图库设计文件中的所有电路原理图元件。对于新建的电路原理图库设计文件“例 9. SchLib”来说，电路原理图库面板中有一个默认的电路原理图元件，如图 9.29 所示，Design Item ID(设计标识符)为 Component_1，“描述”为空。

(2) 在电路原理图库面板中，选择 Component_1，单击“编辑”按钮，弹出电路原理图元件的 Properties 面板，设置电路原理图元件的属性，如图 9.30 所示。

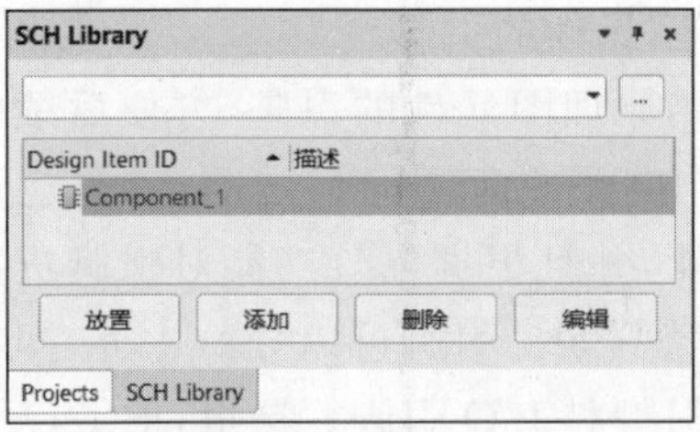

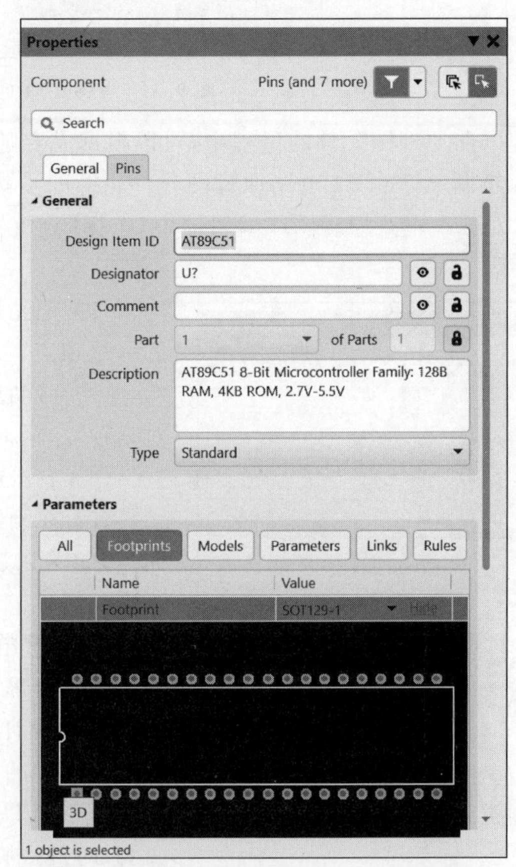

图 9.29　默认的电路原理图元件

图 9.30　电路原理图元件的 Properties 面板

在制作电路原理图元件时，如果设置了电路原理图元件的属性，那么在电路原理图中放置电路原理图元件时就可以省去很多工作。例如，在制作 AT89C51 的电路原理图元件时，若设置了元件的默认序号为 U1，则在设计电路原理图时，对于重复放置的 AT89C51 的电路原理图元件，其序号将自动增加。又如，在制作电路原理图元件时，若设置了默认的 PCB 脚印，则在设计电路原理图时，就不必再次添加 PCB 脚印，只需采用默认的 PCB 脚印即可。

(3) 关闭电路原理图元件的 Properties 面板，此时，电路原理图元件的 Design Item ID 改为了 AT89C51，“描述”为单片机 AT89C51 的基本功能信息，如图 9.31 所示。

此时，AT89C51 只是电路原理图元件的设计标识符，还没有电路原理图元件的相关内容，详细内容需要在下面的制作步骤中进行充实。

4. 绘制电路原理图元件轮廓

集成电路芯片的轮廓通常为一个矩形，在矩形的周边放置元件的引脚。矩形的大小应该根据元件引脚的数目和引脚名称的长短来确定。开始可以画一个差不多大小的矩形，在

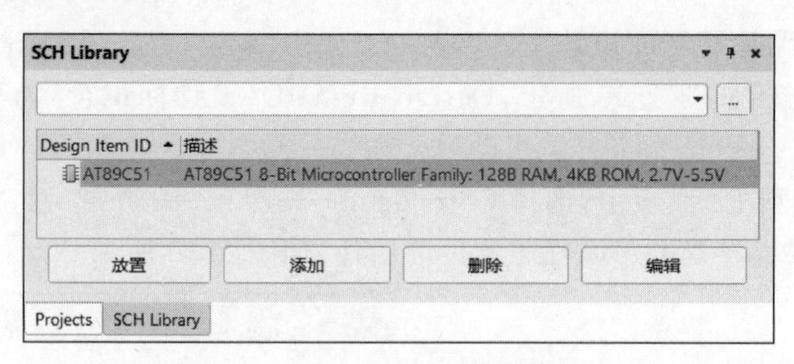

图 9.31 AT89C51 的电路原理图元件

绘制电路原理图元件的过程中,可以根据需要随时调整矩形的大小。

绘制 AT89C51 电路原理图元件轮廓的步骤如下。

(1) 在电路原理图库编辑器中,选择"放置"→"矩形"选项,光标变成十字形,并黏着一个矩形。

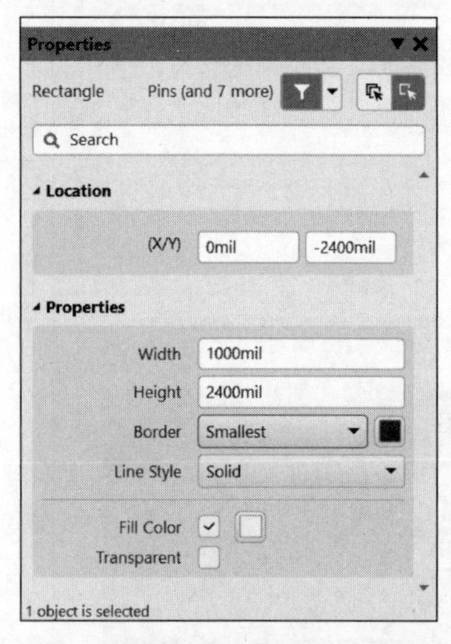

图 9.32 矩形的 Properties 面板

(2) 把光标移到图纸上,在适当的位置单击,确定矩形的一个顶点。

(3) 移动鼠标,使之移到合适位置后单击,确定矩形的对角顶点,同时绘制了一个矩形。

(4) 右击或按 Esc 键,退出绘制矩形的状态。

(5) 在绘制完成后,双击矩形,弹出矩形的 Properties 面板,如图 9.32 所示。在矩形的 Properties 面板中,设置矩形的属性。

5. 放置电路原理图元件的引脚

为了合理排列电路原理图元件的引脚,方便后续电路原理图的设计,在制作电路原理图元件之前,首先应该分析元件引脚的电气功能,并且根据电气功能对引脚进行分类。对于 AT89C51 来说,元件引脚可以分为 4 类,即电源引脚、时钟引脚、控制引脚和 I/O 引脚。这里,把 I/O 引脚分成 4 组,即 P0、P1、P2 和 P3,其余引脚的位置与顺序以方便电路原理图布线为目标。

需要说明的是,在设计电路原理图时,电路原理图元件只是一种逻辑符号,其引脚仅仅用于表明电路原理图元件与外界的连接关系,因此,引脚的位置与顺序不必拘泥于 AT89C51 实物引脚的位置与顺序。

放置 AT89C51 电路原理图元件引脚的步骤如下。

(1) 在电路原理图库编辑器中,选择"放置"→"管脚"选项,光标变成十字形,并黏着一个引脚。

(2) 把光标移到图纸上,在适当的位置单击,就放置了一个引脚。

(3) 放置一个引脚之后,AD 24 仍处于放置引脚的状态,继续放置引脚。放置 40 个引脚之后,右击或按 Esc 键,退出放置引脚的状态。

(4) 放置引脚完成后,双击第 31 引脚,弹出引脚的 Properties 面板,如图 9.33 所示。在设置引脚的 Name 属性时,对于低电平有效的名称,在每个字母的后面加一个反斜杠(\)。

(5) 用同样的方法,设置其余引脚的属性。P0、P1、P2 和 P3 的电气类型是 I/O,RST、

XTAL1 和 EA/VPP 的电气类型是 Input，XTAL2、ALE 和 PSEN 的电气类型是 Output，VCC 和 GND 的电气类型是 Passive。

设置引脚属性的 AT89C51 电路原理图元件如图 9.34 所示。

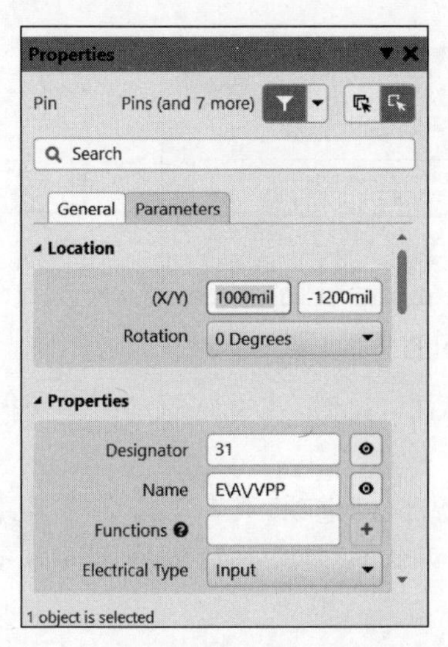

图 9.33 第 31 引脚的 Properties 面板

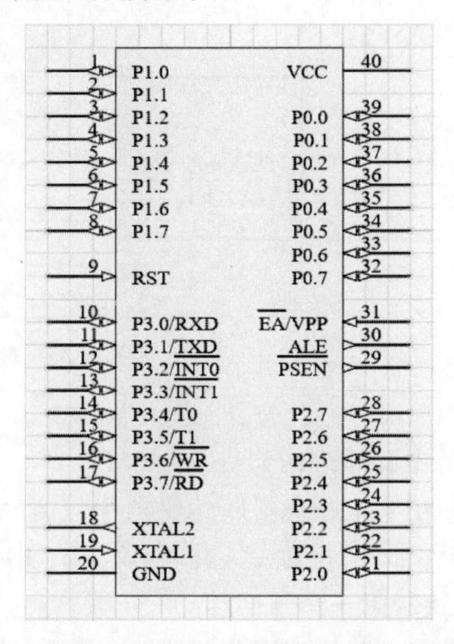

图 9.34 设置引脚属性的 AT89C51 电路原理图元件

6. 给电路原理图元件添加说明

给 AT89C51 电路原理图元件添加说明的步骤如下。

(1) 在电路原理图库编辑器中，选择“放置”→“文本字符串”选项，光标变成十字形，并带着一个文本字符串。

(2) 在矩形的中上部单击，放置一个文本字符串。

(3) 放置文本字符串完成后，双击文本字符串，弹出文本字符串的 Properties 面板，如图 9.27 所示，在 Text 栏输入 AT89C51，用于说明该芯片是一款 51 单片机。

添加了说明的 AT89C51 电路原理图元件如图 9.28 所示。至此，已经制作完成 AT89C51 电路原理图元件。

7. 保存电路原理图库设计文件

在电路原理图库编辑器中，选择“文件”→“保存”选项，或者单击工具栏中的“保存活动文档”按钮 ，保存电路原理图库设计文件，备用。

9.3.2 含有子部件的电路原理图元件的制作

本小节以双运算放大器 LF353D 的电路原理图元件为例，介绍制作含有子部件的电路原理图元件的步骤。

假设 LF353D 采用 DIP8 封装，LF353D 电路原理图元件的预期制作结果如图 9.11 所示。把制作好的电路原理图元件 LF353D 保存在工程“例 9.PrjPcb”下的电路原理图库设计文件“例 9.SchLib”中。

制作 LF353D 电路原理图元件的步骤如下。

1. 新建电路原理图元件

(1) 顺序打开工程“例 9.PrjPcb”、电路原理图库设计文件“例 9.SchLib”和电路原理图库面板。

(2) 在电路原理图库编辑器中，选择“工具”→“新器件”选项，或者单击应用工具栏中的“创建器件”按钮，弹出 New Component 对话框，如图 9.35 所示。在 Design Item ID 文本框中输入 LF353D。

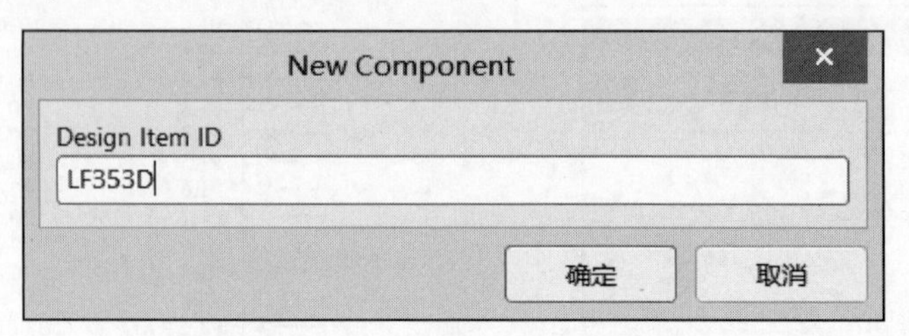

图 9.35 New Component 对话框

(3) 单击“确定”按钮，退出 New Component 对话框，此时，在电路原理图库面板中出现了新建的电路原理图元件 LF353D。

(4) 在电路原理图库编辑器中，选择“工具”→“新部件”选项，或者单击应用工具栏中的“添加器件部件”按钮，此时，文件夹 LF353D 包含两个子部件，分别是 Part A 和 Part B。

2. 绘制第一个子部件

(1) 在电路原理图库面板中，展开文件夹 LF353D，选择 Part A。

(2) 在电路原理图库编辑器中，选择“放置”→“多边形”选项，或者单击应用工具栏中的“放置多边形”按钮，光标变成十字形，在图纸上绘制一个三角形。

(3) 在电路原理图库编辑器中，选择“放置”→“管脚”选项，或者单击应用工具栏中的“放置管脚”按钮，光标变成十字形，并黏着一个引脚。在三角形边缘的适当位置单击，放置一个引脚。用同样的方法，放置其余 4 个引脚。

3. 绘制第二个子部件

用同样的方法绘制第二个子部件 Part B。

4. 设置电路原理图元件的属性

设置电路原理图元件的属性的步骤如下。

(1) 在电路原理图库面板中，选择 LF353D 的 Part A，单击“编辑”按钮，弹出 Part A 的 Properties 面板。在 Properties 面板中，单击 General 标签，Properties 面板的 General 标签如图 9.36 所示。在 General 标签中设置 Part A 的属性，用同样的方法设置 Part B 的属性。

(2) 在 Properties 面板中，单击 Pins 标签，Properties 面板的 Pins 标签如图 9.37 所示。

(3) 选择 Pin 1，右击，在弹出的快捷菜单中选择 Edit Pin 选项，弹出“元件管脚编辑器”对话框，如图 9.38 所示。在对话框中设置各个引脚的属性。在设置引脚属性时需要注意，由于引脚 4 与引脚 8 是 Part A、Part B 的公共引脚，因此，应该把它们的 Owner 属性值设置为 0。

(4) 添加说明。在电路原理图库编辑器中，选择“放置”→“文本字符串”选项，或者单击应用工具栏中的“放置文本字符串”按钮 A，光标变成十字形，并黏着一个 Text。在 Part A 的适当位置放置说明“A”“+”和“-”，在 Part B 的适当位置放置说明“B”“+”和“-”。

制作完成的 LF353D 电路原理图元件如图 9.11 所示。

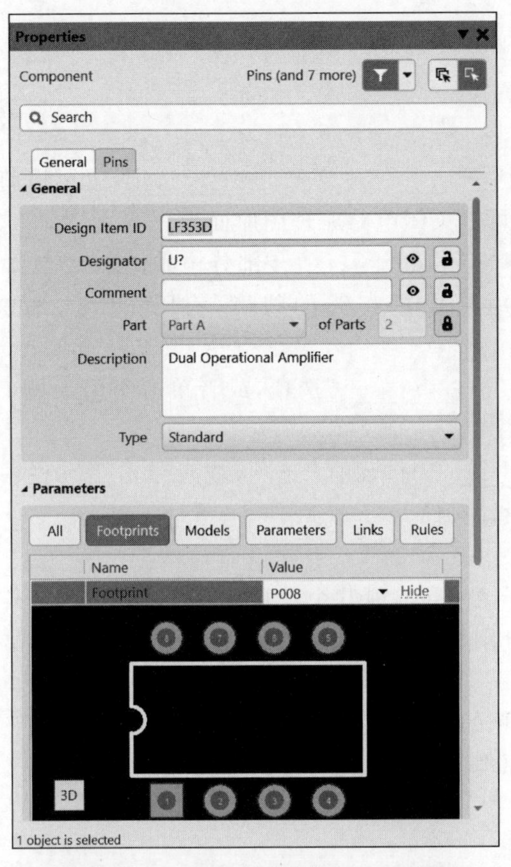

图 9.36　Properties 面板的 General 标签

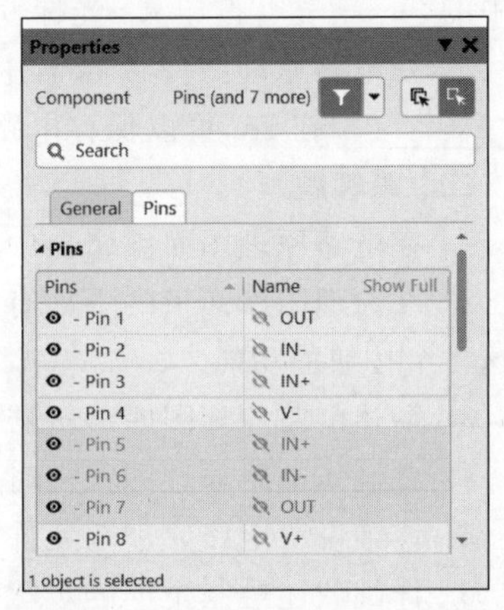

图 9.37　Properties 面板的 Pins 标签

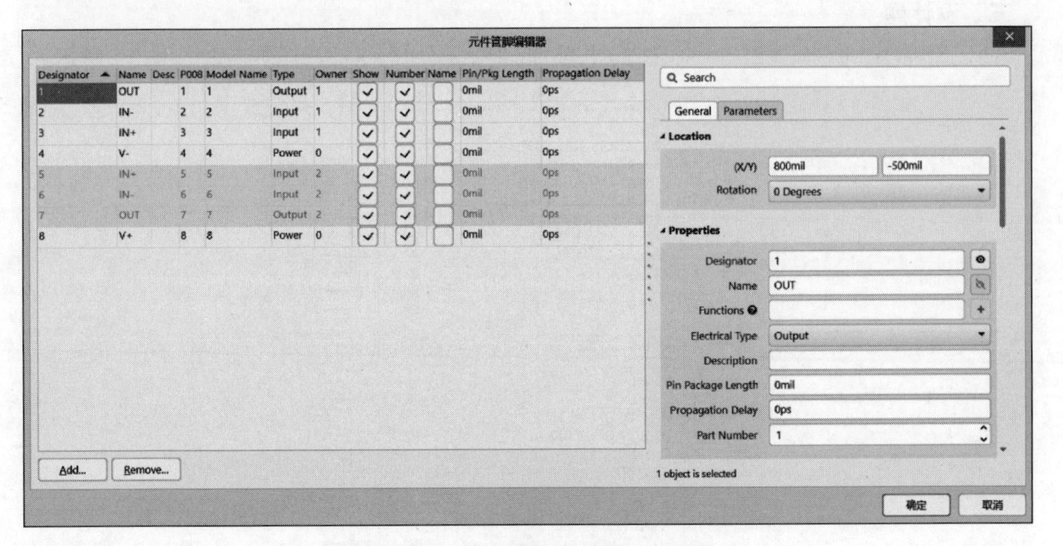

图 9.38　“元件管脚编辑器”对话框

习题 9

一、填空题

1. 在电路原理图库编辑器中，选择“视图”→“________”→________选项，就可以打开电路原理图库面板；再次选择该菜单选项，就可以关闭电路原理图库面板。

2. 电路原理图元件一般由轮廓、________、标号和________4 部分构成。

3. 在直线的 Properties 面板中，Line 用于设置直线的线宽，有 Smallest、Small、________和________4 种。

4. 在电路原理图库编辑器中，选择“放置”→“________”选项，或者单击实用工具工具栏中的“________”按钮 A，光标变成十字形，并带着一个文本字符串。

5. 在电路原理图库编辑器中，选择“________”→“保存”选项，或者单击工具栏中的“________”按钮，可以保存电路原理图库设计文件。

二、简答题

1. 在电路原理图库编辑器中，工具栏的子菜单包含哪几个工具栏？

2. 在原理图库面板的下部有 4 个按钮，分别是“放置”“添加”“删除”和“编辑”。简要说明这 4 个按钮的功能。

3. 简述电路原理图库编辑器中“工具”菜单的菜单选项“新器件”和“新部件”的功能。

4. 在制作电路原理图元件时，设置电路原理图元件属性有什么意义？

5. 详细说明电路原理图元件的构成。

6. 详细叙述绘制矩形的步骤。

7. 详细叙述放置电路原理图元件引脚的步骤。

三、设计题

1. 设计单片机 STC12C5A60S2 的电路原理图元件，预期设计结果如图 9.39 所示。

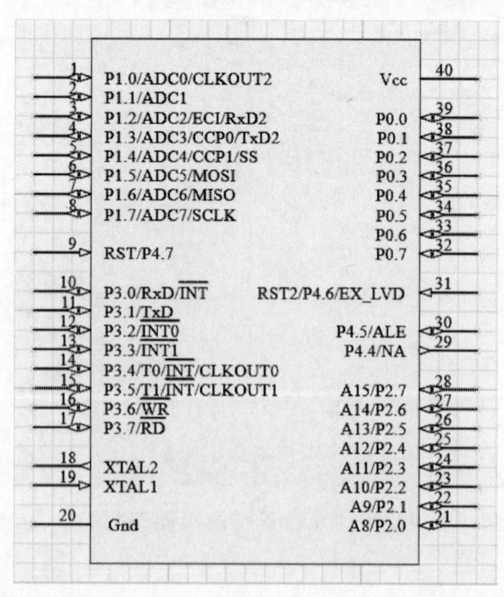

图 9.39　STC12C5A60S2 的电路原理图元件的预期设计结果

2. 设计含有子部件的汽车控制芯片 ATtiny85-15MZ 的电路原理图元件,预期设计结果如图 9.40 所示。

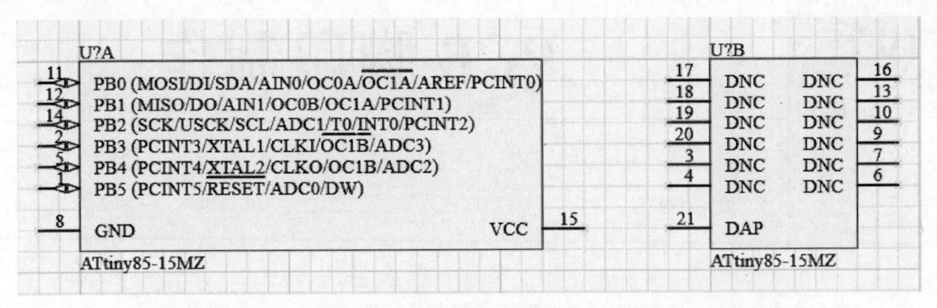

图 9.40　ATtiny85-15MZ 的电路原理图元件的预期设计结果

第10章 PCB脚印制作

CHAPTER 10

本章介绍PCB脚印的基础知识和制作PCB脚印的基本技术，主要内容包括PCB库编辑器、PCB脚印基础知识和制作PCB脚印的方法等。通过对本章的学习，应达到以下目标。

（1）了解PCB库编辑器的结构与功能。

（2）理解PCB脚印的基础知识。

（3）掌握制作PCB脚印的基本技术。

10.1 PCB库编辑器

10.1.1 PCB库编辑器的主要部件

新建PCB库设计文件，或者打开已有的PCB库设计文件，可以启动PCB库编辑器，如图10.1所示。PCB库编辑器是一个标准的Windows窗口，包括标题栏、菜单栏、工具栏、工程面板、工作区、状态栏和命令状态等部件。下面介绍PCB库编辑器主要部件的功能。

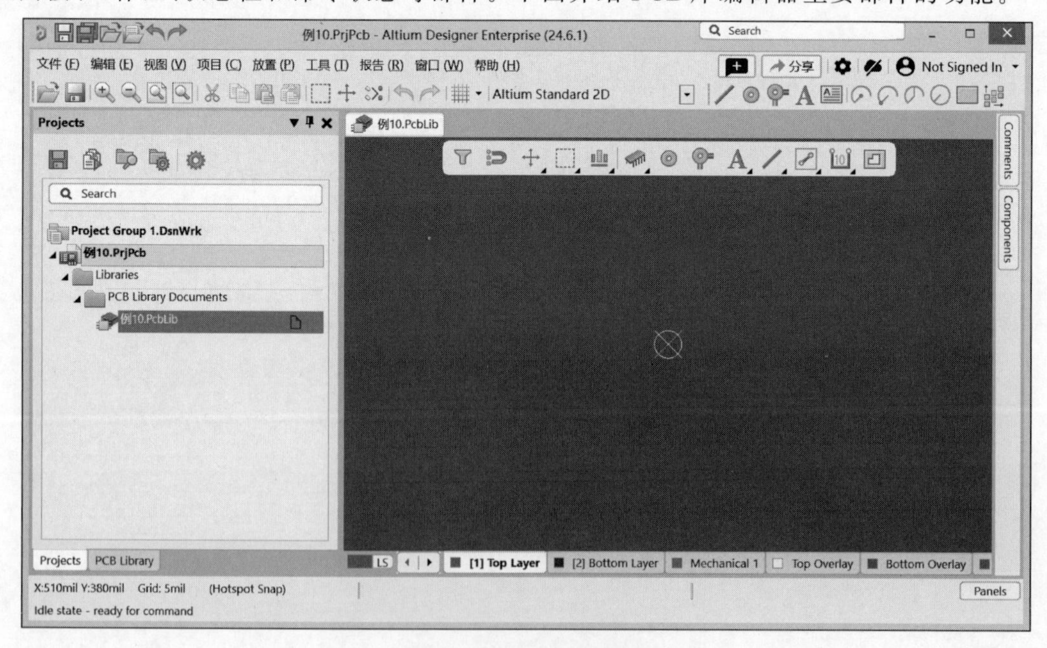

图10.1 PCB库编辑器

1. 菜单栏

菜单栏有文件、编辑、视图、项目、放置、工具、报告、窗口和帮助9个主菜单项,每个主菜单项都有一个下拉菜单,每个下拉菜单包含若干个菜单选项或子菜单。

PCB库编辑器菜单栏的主菜单项及其菜单选项与PCB编辑器相似,这里不再一一介绍了,请读者对照学习,在使用过程中逐渐熟悉主要菜单选项和子菜单。

2. 工具栏

为了提高PCB脚印制作的效率,PCB库编辑器提供了丰富的设计工具,并且对这些工具进行分类管理,将同类工具制成一个工具栏。

在PCB库编辑器中,选择"视图"→"工具栏"选项,出现"工具栏"的子菜单,如图10.2所示。"工具栏"子菜单包含"PCB库标准""PCB库放置"和"导航"3个工具栏。其中,常用工具栏是"PCB库标准"和"PCB库放置"。

图10.2 "工具栏"的子菜单

在制作PCB脚印时,设计者可以打开需要用到的工具栏,也可以关闭暂时不用的工具栏。如果某个工具栏没有打开,那么选择相应的菜单选项,就会打开该工具栏;如果某个工具栏处于打开状态,那么选择相应的菜单选项,就会关闭该工具栏。例如,选择"视图"→"工具栏"→"PCB库标准"选项,打开"PCB库标准"工具栏,如图10.3所示;再次选择该菜单选项,则关闭该工具栏。

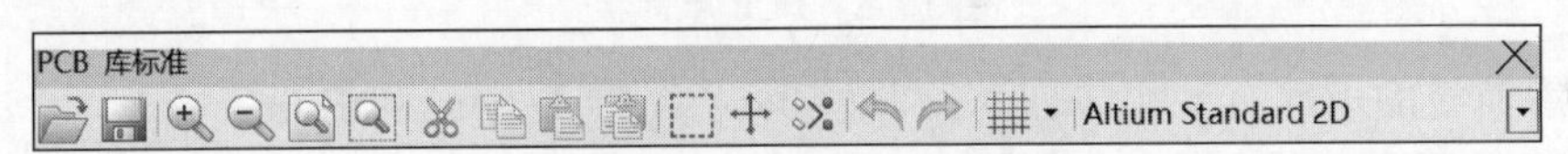

图10.3 "PCB库标准"工具栏

在工作区的中上部有一个快捷工具栏,包括一些最常用的工具。把鼠标移到某个工具按钮,右击,弹出对应的下拉菜单,如图10.4所示。

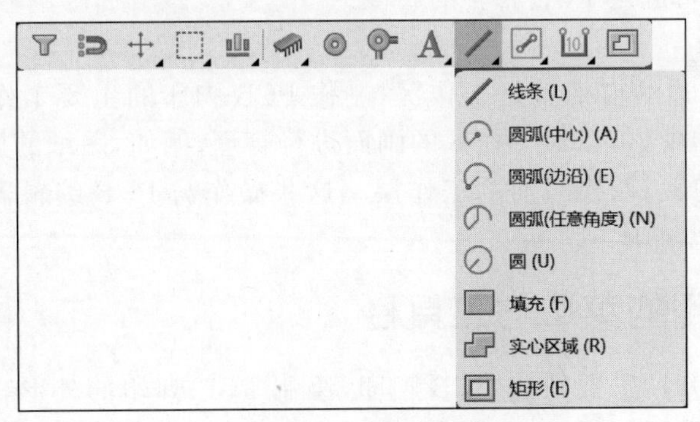

图10.4 快捷工具栏

3. 工程面板

工程面板在PCB库编辑器的左边。工程面板的功能,以及打开、关闭等操作方法,参见第2章的2.1.3小节。

4. PCB 库面板

在 PCB 库编辑器中，选择“视图”→“面板”→PCB Library 选项，可以打开 PCB 库面板；再次选择该菜单选项，可以关闭 PCB 库面板。

单击状态栏右端的 Panels 按钮，在弹出的快捷菜单中选择 PCB Library 选项，可以打开 PCB 库面板；再次选择该菜单选项，可以关闭 PCB 库面板。

PCB 库面板也在 PCB 库编辑器的左边，如图 10.5 所示。PCB 库面板是 PCB 库编辑器的专用面板，用于对 PCB 库设计文件及 PCB 脚印进行管理。PCB 库面板列出了当前 PCB 库设计文件中的所有 PCB 脚印，包含 PCB 脚印的 Name(名称)、Pads(焊盘数)与 Primitives(子元件数)等信息。

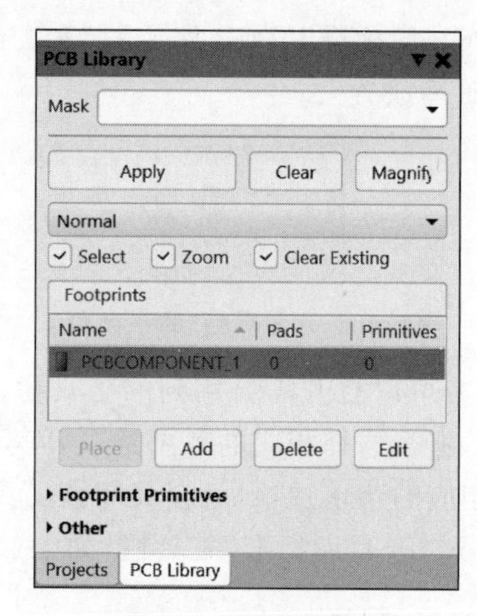

图 10.5 PCB 库面板

PCB 库面板的下部有 4 个按钮，分别是 Place、Add、Delete 和 Edit。

(1) Place 用于把选定的 PCB 脚印放置到当前打开的 PCB 设计文件中。

(2) Add 用于在 PCB 设计文件中添加一个 PCB 脚印。

(3) Delete 用于从 PCB 设计文件中删除选定的 PCB 脚印。

(4) Edit 用于编辑选定 PCB 脚印的属性。

5. 工作区

PCB 库编辑器右边的窗格就是工作区，制作 PCB 脚印的主要工作都是在工作区进行的。在 PCB 库编辑器中，可以对工作区的画面进行管理，例如，图纸的放大、缩小、移动和刷新等；也可以显示、隐藏、切换当前的工作层。这些操作与 PCB 编辑器工作区画面管理的操作相似，请读者自己练习。

10.1.2 常用的菜单与工具栏

在制作 PCB 脚印时，需要新建 PCB 脚印，绘制 PCB 脚印的外形，放置 PCB 脚印的焊盘，设置 PCB 脚印的注释。在 PCB 库编辑器中，通过工具菜单、放置菜单、PCB 库放置工具栏，可以进行 PCB 脚印制作的基本操作。例如，新建 PCB 脚印，绘制直线、圆、椭圆、圆弧、矩形、多边形和曲线等几何图形，放置焊盘、文本字符串、文本框和图像等对象。

1. 工具菜单

PCB 库编辑器的工具菜单如图 10.6 所示。常用的菜单选项有“新的空元件”和“元器件向导”。“新的空元件”用于向 PCB 库设计文件添加新的 PCB 脚印；执行“元器件向导”菜单选项，弹出 Footprint Wizard 对话框，根据 PCB 脚印向导提示的步骤，逐步制作电子元件的 PCB 脚印。

2. 放置菜单

PCB 库编辑器的放置菜单如图 10.7 所示。选择某条菜单选项，可以进行对应的基本操作，例如，放置矩形填充、线条、字符串、焊盘和过孔等。

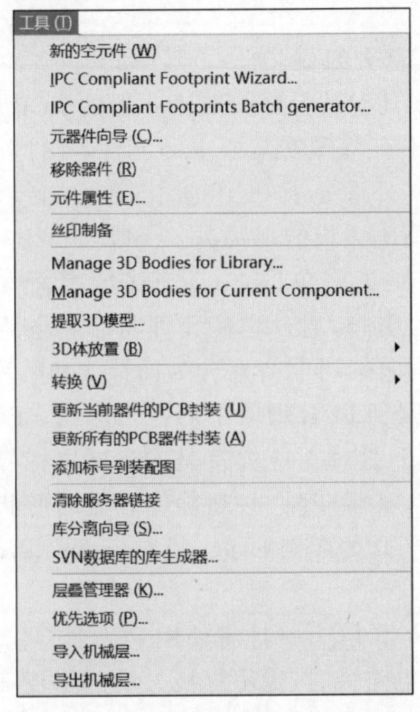

图 10.6　PCB 库编辑器的工具菜单

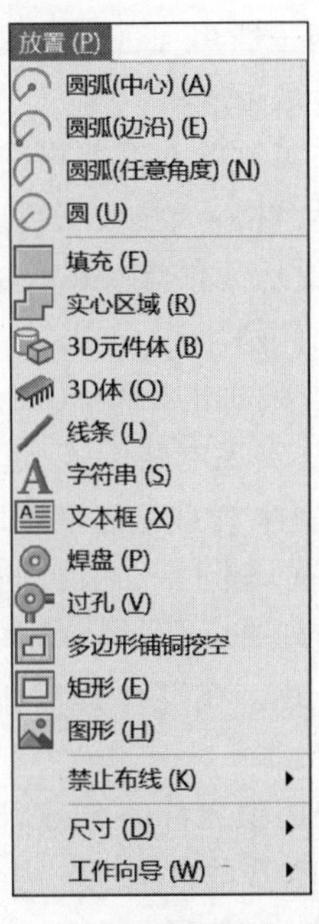

图 10.7　PCB 库编辑器的放置菜单

3. PCB 库放置工具栏

PCB 库编辑器的 PCB 库放置工具栏如图 10.8 所示，其功能与放置菜单类似。

图 10.8　PCB 库编辑器的 PCB 库放置工具栏

10.2　PCB 脚印基础知识

10.2.1　PCB 脚印的基本概念

1. 元件封装与 PCB 脚印

在电子设计领域，元件封装是任何人都绕不过的概念。在不同的语境下，元件封装有不同的含义。

在通常情况下，元件封装(Component Package)是指把元件包装起来的外壳。元件封装对元件具有固化、密封和保护的作用。通过引申到元件封装外面的引脚，可以实现元件内部世界与外部电路的连接。

在进行 PCB 设计时，人们常说的元件封装实际上指的是 Footprint(脚印)。按照 Altium Designer 软件的约定，把元件焊接到电路板时，在电路板上显示的外形与焊盘位置关系的总和称为 Footprint。在 Altium Designer 软件中，一直都把 PCB 上的元件称为 Footprint，但是，在早期中文翻译时，有人把它译为元件封装，后来大家以讹传讹，习惯成自然了。实际上，这种称谓是不合适的，一方面会冲淡元件封装的本意，另一方面也给 PCB 设计带来不便。为了纠正这个错误，本书把 PCB 上的元件称为 PCB 脚印。

2. PCB 脚印的结构

PCB 脚印一般由元件外形、焊盘和注释 3 部分组成。

元件外形是指安装到 PCB 上的元件在 PCB 上的投影。对于一般的 PCB 脚印，元件外形不必与元件实物的外形严格一致，但是，对于有特殊安装要求的元件，元件外形必须与元件实物的外形严格一致。在设计 PCB 时，元件外形处于 PCB 的 Top Overlay 层，主要起指示作用，用于提示元件焊接的位置和方向，方便电路板的焊接。

焊盘是元件引脚在 PCB 上的投影，这就是英文单词 Footprint 的字面意思。焊盘是 PCB 脚印最重要的组成部分，用于焊接元件的引脚，通过它使元件与印制电路板上的其他元件相连，最终实现电路的连接。根据元件引脚的不同，焊盘分为插针式和贴片式两种。在 PCB 脚印中，每个焊盘都有唯一的序号，用以区别 PCB 脚印中的各个焊盘。PCB 脚印焊盘的序号与电路原理图元件引脚的序号一一对应，这种对应关系是通过网络标签实现的。焊盘的形状和排列是元件封装的关键，在制作 PCB 脚印时，必须确保焊盘的形状和排列与元件实物严格一致。在设计 PCB 时，焊盘处于 PCB 的 Top Layer 或 Bottom Layer 等电层，用于焊接元件。

注释用于标识元件的名称、型号等信息，方便 PCB 设计者使用 PCB 脚印。在设计 PCB 时，注释处于 PCB 的 Top Overlay 层，在焊接电路板时，提示焊接人员选择正确的元件。对于 PCB 脚印来说，注释可有可无，不是必需的。

10.2.2 元件封装的类型

本小节所说的元件封装，是指 Component Package。随着电子技术和材料技术的发展，已经出现了数十种元件封装类型，例如，SIP、DIP、SOP、QFP 和 BGA 等。下面分类介绍当前主流元件封装的外形、引脚和封装材料等。

1. SIP 封装

单列直插式封装(Single In-line Package，SIP)是一种插装型芯片封装，欧洲半导体厂家大多采用 SIL(Single In-Line)这个名称。引脚从封装的一个侧面引出，排列成一条直线。SIP 封装如图 10.9 所示。引脚中心距为 2.54mm，引脚数从 2～23。SIP 封装形状各异，多数为定制产品，适用于较小的芯片，易于插拔和维修。SIP 封装的元件插到印制电路板时，通常呈侧立状。

2. DIP 封装

双列直插式封装(Dual In-line Package，DIP)是一种插装型芯片封装，欧洲半导体厂家多用 DIL(Dual In-Line)这个名称。DIP 封装如图 10.10 所示，引脚从封装两侧引出。引脚中心距为 2.54mm，引脚数为偶数，从 4～64 不等。

封装宽度多为 15.24mm。有时把宽度为 10.16mm 的封装称为苗条 DIP(Slim Dual

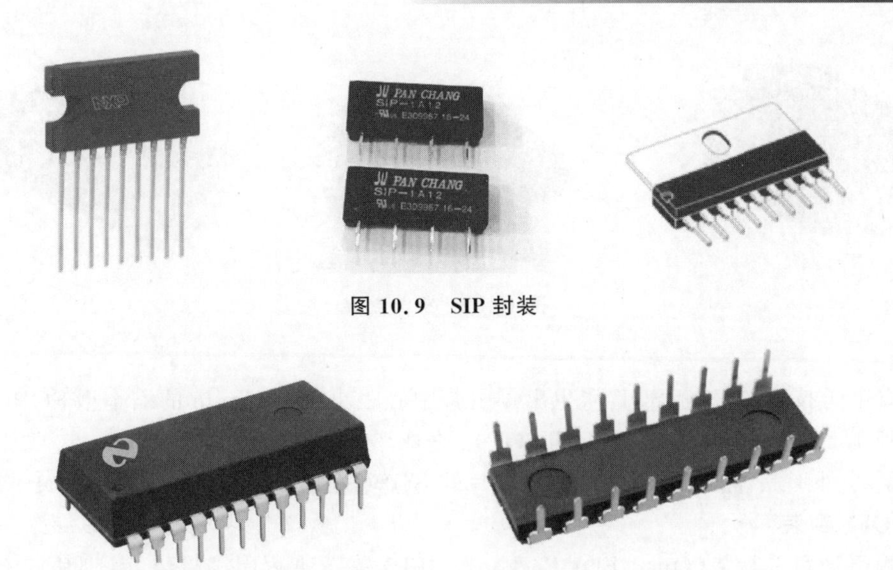

图 10.9　SIP 封装

图 10.10　DIP 封装

In-line Package,SL-DIP),而把宽度为 7.62mm 的封装称为极瘦 DIP(Skinny Dual In-line Package,SK-DIP)。通常情况下,对这些封装不加区分,统称为 DIP 封装。DIP 封装是最常见的封装形式之一,应用非常广泛。DIP 的封装材料有塑料和陶瓷两种,PDIP 表示塑料 DIP,CDIP 表示陶瓷 DIP。

3. QUIP 封装

四列引脚直插式封装(QUad In-line Package,QUIP)是一种插装型芯片封装,引脚从封装两个侧面引出,每隔一根交错向下弯曲,一个侧面两列引脚,两个侧面共四列引脚。QUIP 封装如图 10.11 所示。在封装的正面,引脚中心距为 1.27mm,是一种比标准 DIP 更小的封装。在封装的背面,引脚中心距就变成了 2.54mm,可以用于标准的印制电路板。日本电气公司在台式计算机和家电产品等 MCU 中采用了这种封装,引脚数为 64。QUIP 封装材料有陶瓷和塑料两种。

图 10.11　QUIP 封装

4. SOP 封装

小外形封装(Small Out-line Package,SOP)是一种贴片式封装,引脚从封装两侧引出,呈 L 形。SOP 封装如图 10.12 所示。引脚中心距为 1.27mm,引脚数从 8～44 不等。对于引脚数不超过 40 的芯片,SOP 是最常用的贴片式封装。SOP 的封装材料有塑料和陶瓷两种。

国外的半导体厂家也把这种封装称为 SOL(Small Out-line L-leaded package)、DFP(Dual Flat Package)、SOIC(Small Out-line Integrated Circuit)或 DSO(Dual Small Out-

图 10.12　SOP 封装

line)。

随着电子技术的发展，SOP 派生出了引脚中心距小于 1.27mm 的缩小型 SOP(SSOP)、高度不到 1.27mm 的薄外形 SOP(TSOP)、薄外形缩小型 SOP(TSSOP)、甚小外形 SOP(VSOP)、小外形晶体管(SOT)、带有散热片的 SOP(SOP with Heat sink，HSOP)等。

5. QFP 封装

四侧引脚扁平封装(Quad Flat Package，QFP)是一种贴片式封装，引脚从四个侧面引出，呈 L 形。QFP 封装如图 10.13 所示。引脚中心距有 1.0mm、0.8mm、0.65mm、0.5mm、0.4mm 和 0.3mm 等多种。在引脚中心距为 0.65mm 的芯片中，引脚数最多为 304。目前，引脚中心距为 0.4mm、引脚数为 348 的产品已经问世。

图 10.13　QFP 封装

有的半导体厂家把引脚中心距为 0.65mm、0.5mm 和 0.4mm 的 QFP 称为缩小型 QFP(SQFP、VQFP)。日本电子机械工业会根据封装厚度把 QFP 分为 QFP(2.0～3.6mm)、LQFP(1.4mm)和 TQFP(1.0mm)三种。

当引脚中心距小于 0.65mm 时，QFP 的引脚容易弯曲变形。为了解决这个问题，科学家发明了几种改进的 QFP。例如，封装四角带缓冲垫的 BQFP(Quad Flat Package with Bumper)，用树脂保护环覆盖引脚前端的 GQFP(Quad Flat Package with Guard ring)，在封装内设置测试凸点、放在防止引脚变形的专用夹具里就可进行测试的 TPQFP 等。

按照美国联合电子设备委员会(JEDEC)标准，把引脚中心距为 0.65mm、厚度为 3.8～2.0mm 的 QFP 称为 MQFP(Metric Quad Flat Package)。美国 Olin 公司开发的一种 QFP 封装，基板与封盖均采用铝材，用黏合剂密封，在自然空气冷却条件下，可以容许 2.5～2.8W 的功率，日本新光电气工业公司于 1993 年获得特许开始生产。

QFP 的封装材料有塑料、陶瓷和金属 3 种，大多数为塑料封装。塑料 QFP 不仅用于微处理器、门陈列等数字逻辑电路，也用于录像机、音响的模拟信号处理电路。

6. SOJ 封装

J 形引脚小外型封装(Small Out-Line J-Leaded Package，SOJ)是一种贴片式封装，引脚

从封装两侧引出，向下呈J形。SOJ封装如图10.14所示。引脚中心距为1.27mm，引脚数从20～40。SOJ封装材料通常为塑料，多用于DRAM和SRAM等存储器芯片。

图10.14　SOJ封装

7. QFJ封装

四侧J形引脚扁平封装(Quad Flat J-leaded package，QFJ)是一种贴片式封装，引脚从封装四个侧面引出，向下呈J形，引脚中心距为1.27mm。QFJ封装如图10.15所示。

图10.15　QFJ封装

QFJ封装材料有塑料和陶瓷两种。塑料QFJ一般称为PLCC(Plastic Leaded Chip Carrier)，用于微机、门陈列、DRAM、ASSP和OTP等电路，引脚数从18～84。陶瓷QFJ也称为CLCC(Ceramic Leaded Chip Carrier)或JLCC(J-Leaded Chip Carrier)，带窗口的封装用于紫外线擦除型EPROM，引脚数从32～84。

8. QFN封装

四侧无引脚扁平封装(Quad Flat Non-leaded package，QFN)是一种贴片式封装，封装四侧配置有电极触点。QFN封装如图10.16所示。电极触点数从14～100。由于没有引脚，因此，QFN占据面积比QFP小，高度比QFP低。

QFN封装材料有陶瓷和塑料两种。当有LCC标记时，基本上都是陶瓷QFN，电极触点中心距为1.27mm。塑料QFN是以玻璃环氧树脂为基材的低成本封装，电极触点中心距有1.27mm、0.65mm和0.5mm 3种。塑料QFN也称为PCLP(Printed Circuit board Leadless Package)、P-LCC(Plastic Leadless Chip Carrier)等。

图 10.16　QFN 封装

9. BGA 封装

球形触点网格阵列(Ball Grid Array,BGA)是一种贴片式封装,也称为球形顶部焊盘阵列载体(Globe top Pad Array Carrier,GPAC)。BGA 封装如图 10.17 所示。在印刷基板的正面装配芯片,背面按阵列方式制作出球形凸点以代替引脚。BGA 封装是美国 Motorola 公司开发的,用模压树脂密封的封装称为 MPAC,用灌封方法密封的封装称为 GPAC。

图 10.17　BGA 封装

BGA 封装的引脚可以超过 200,封装本体可以做得比 QFP 小。例如,引脚中心距为 1.5mm、360 引脚的 BGA 封装边长仅有 31mm,而引脚中心距为 0.5mm、304 引脚的 QFP 封装边长达 40mm。BGA 封装的缺点是回流焊后外观检查比较困难。

BGA 封装首先用在便携式电话等设备中,随后在个人计算机中得到普及。最初,BGA 的凸点中心距为 1.5mm,引脚数为 225。现在,有一些芯片厂家正在开发 500 引脚的 BGA 封装。

10. PGA 封装

引脚网格阵列(Pin Grid Array,PGA)是一种插装型封装,底面的引脚呈阵列排列。引脚中心距通常为 2.54mm,引脚长约为 3.4mm,引脚数从 64～447。PGA 封装如图 10.18 所示。

封装基材大多数采用多层陶瓷基板,用于高速大规模逻辑电路,成本较高。为降低成本,封装基材可以用玻璃环氧树脂印刷基板代替,也有 64～256 引脚的塑料 PGA。有一种引脚中心距为 1.27mm、引脚长度为 1.5～2.0mm 的短引脚贴片式 PGA,引脚数从 250～528。

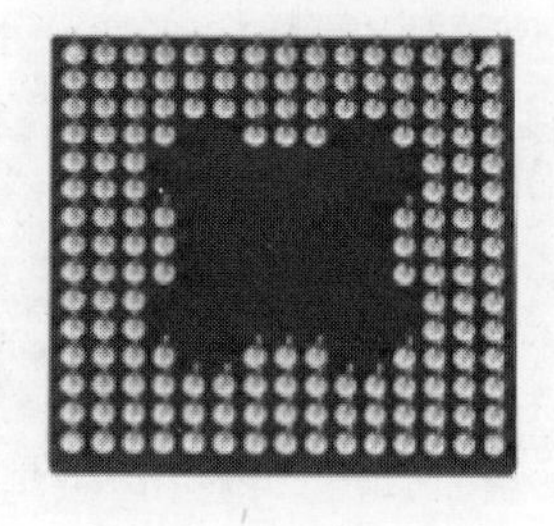

图 10.18　PGA 封装

11. LGA 封装

接地网格阵列(Land Grid Array,LGA)是一种插装型封装,在底面有阵列状的电极触点。LGA 封装如图 10.19 所示。装配时,只需把元件插入插座即可。现有中心距为 1.27mm、227 触点和中心距为 2.54mm、447 触点的陶瓷 LGA。LGA 封装应用于高速逻辑芯片,具有良好的散热性能和可靠性。

图 10.19　LGA 封装

12. SIMM 封装

单列直插式存储模块(Single In-line Memory Module,SIMM)是一种插装型封装,在印刷基板的表面配有存储芯片。SIMM 封装如图 10.20 所示。装配时,只需把元件插入插槽即可。在印刷基板表面装有 DDRAM 的 SIMM 封装已经在个人计算机、工作站等设备中获得广泛的应用。

图 10.20　SIMM 封装

13. DIMM 封装

双列直插式存储模块(Dual In-line Memory Module,DIMM)与 SIMM 类似,不同的是,SIMM 两面的金手指是两两互连的,而 DIMM 两面的金手指各自独立,因此,可以引出更多的引脚,从而可以传送更多位的信号。DIMM 封装如图 10.21 所示。

图 10.21　DIMM 封装

14. TCP 封装

带式载体封装(Tape Carrier Package,TCP)主要用于 Intel Mobile Pentium MMX 上。TCP 封装非常薄,多数为定制品。采用 TCP 封装的 CPU,其发热量比普通 PGA 封装的 CPU 小得多,用在笔记本电脑上,可以减小附加散热装置的体积,提高主机的空间利用率,多见于超轻薄笔记本电脑。由于 TCP 封装的 CPU 直接焊接在主板上,因此,普通用户不能更换。

双侧带式载体封装(Dual Tape Carrier Package,DTCP)是 TCP 的一种,引脚制作在绝缘带上,并从封装两个侧面引出。DTCP 封装如图 10.22 所示,常用于液晶显示驱动芯片。

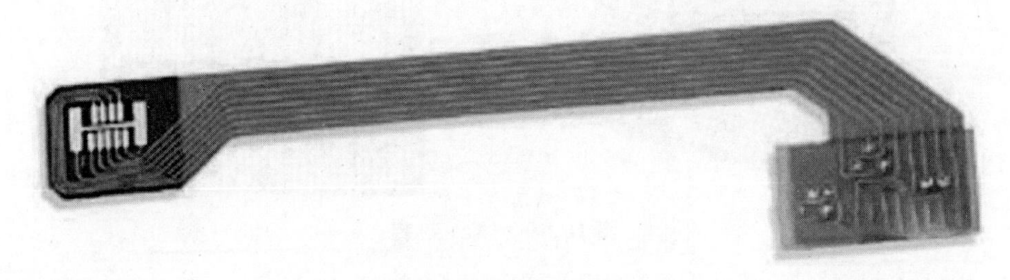

图 10.22　DTCP 封装

四侧带式载体封装(Quad Tape Carrier Package,QTCP)是 TCP 的一种,在绝缘带上形成引脚,并从封装四个侧面引出。QTCP 封装如图 10.23 所示。

图 10.23　QTCP 封装

15. Flip-Chip 封装

倒焊芯片(Flip-Chip)是裸芯片封装技术之一,在芯片的电极区制作金属凸点,然后把金属凸点与印刷基板上的电极区进行压焊连接。Flip-Chip 封装如图 10.24 所示。封装占有的面积基本上与芯片尺寸相同，是所有封装技术中体积最小、最薄的一种。如果基板的热膨胀系数与芯片不同，就会影响连接的可靠性，因此，必须用树脂来加固芯片，并使用热膨胀系数基本相同的基板材料。

16. COB 封装

板上芯片封装(Chip On Board，COB)是裸芯片贴装技术之一，把芯片贴装在印制电路板上，芯片与基板的电气连接用引线实现，并用树脂覆盖。COB 封装如图 10.25 所示。

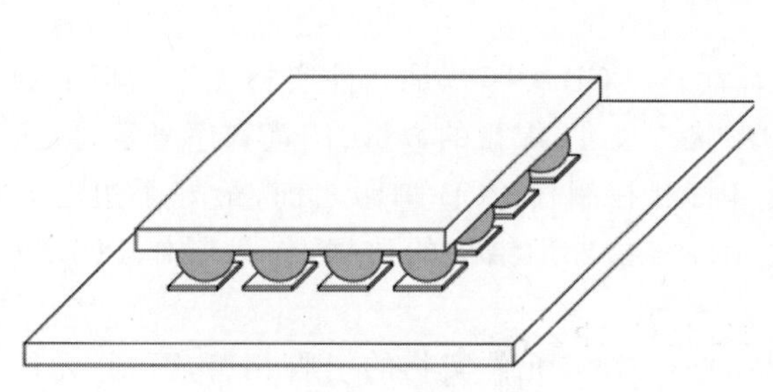

图 10.24 Flip-Chip 封装

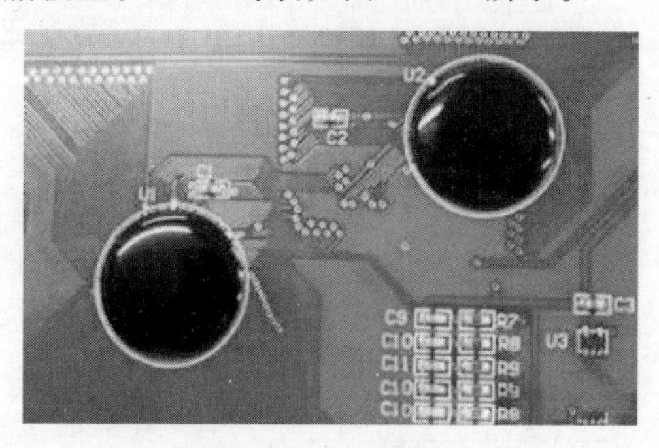

图 10.25 COB 封装

17. MCM 封装

多芯片模块(Multi-Chip Module，MCM)是将多块裸芯片组装在一块印刷基板上的封装。MCM 封装如图 10.26 所示。

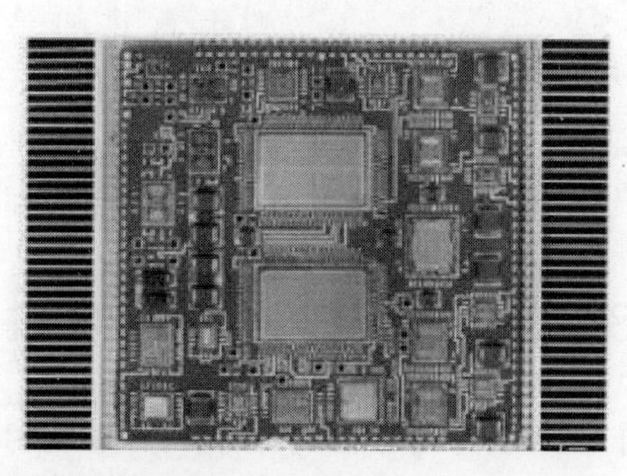

图 10.26 MCM 封装

根据基板材料，可把 MCM 分为 MCM-L、MCM-C 和 MCM-D 三类。MCM-L 使用玻璃环氧树脂作为基板，布线密度不高，成本较低。MCM-C 使用厚膜技术形成多层布线，以氧化铝或玻璃陶瓷等陶瓷作为基板，布线密度高于 MCM-L。MCM-D 使用薄膜技术形成多层布线，以氧化铝或氮化铝灯陶瓷作为基板，布线密度最高，成本也高。

10.2.3 制作 PCB 脚印的一般流程

在设计 PCB 时，涉及的主要对象就是 PCB 脚印。AD 24 的库文件包含了世界著名半导体厂家的元件库，包括电路原理图库和 PCB 库。这些厂家的电路原理图元件一般都有相应的 PCB 脚印，设计者直接使用即可，无须自己制作 PCB 脚印。但是，对于普通半导体厂家生产的电子元件，或者设计者自己制作电路原理图元件，在 AD 24 的 PCB 库中很可能找不到相应的 PCB 脚印，此时，设计者必须自己制作该元件的 PCB 脚印。

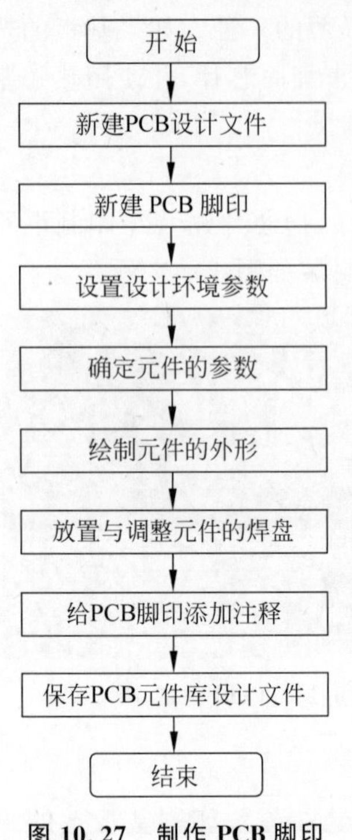

图 10.27　制作 PCB 脚印的一般流程

制作 PCB 脚印的一般流程如图 10.27 所示。

1.2.4 小节已经介绍了新建 PCB 库设计文件的方法，下面简要介绍其余操作的基本要求，这些操作的详细步骤将在后面介绍。

为了提高制作 PCB 脚印的效率，在制作 PCB 脚印之前，设计者可以根据自己的习惯设置图纸区域的工作参数，包括可视栅格、电气捕捉栅格、元件捕捉栅格、公制/英制和工作层颜色等。

对于 PCB 设计而言，PCB 脚印就是元件实物在电路板上的投影，PCB 脚印的形状与尺寸，焊盘的数量、位置和序号等，应该与元件实物相符。因此，在制作 PCB 脚印之前，最好手边有元件实物，精确收集元件实物外形结构的数据，作为制作 PCB 脚印的依据。

焊盘的位置与大小必须与元件实物的引脚相符，否则，元件将难以焊接到电路板上。焊盘孔径要略大于元件引脚的孔径，同时要精确调整焊盘之间的距离。

在进行电路板设计时，为了使图纸容易阅读，方便同行交流，常常给 PCB 脚印添加一些注释性文字进行说明。

对于新建的第一个 PCB 脚印，系统默认的名称为 PCBCOMPONENT_1。后面新建的 PCB 脚印，系统默认名称的序号会逐次增加。为了见名知义，在保存 PCB 库设计文件时，应该对新建的 PCB 脚印重命名。在重命名时，PCB 脚印的名称最好与该元件实物的电路原理图元件的名称相同。

10.3　制作 PCB 脚印的方法

在制作 PCB 脚印时，可以利用向导制作，也可以手工制作。

10.3.1　利用向导制作 PCB 脚印

1. AD 24 提供的标准 PCB 脚印

AD 24 提供了如下 12 种标准 PCB 脚印。

(1) Ball Grid Arrays(BGA)：球形触点网格阵列。

(2) Capacitors：电容型。

(3) Diodes：二极管型。

(4) Dual In-line Package(DIP)：双列直插式。

(5) Edge Connectors：边缘连接器型。

(6) Leadless Chip Carrier(LCC)：无引线芯片载体。

(7) Pin Grid Arrays(PGA)：引脚网格阵列。

(8) Quad Packs(QUAD)：四侧引脚扁平塑料。

(9) Resistors：电阻型。

(10) Small Outline Package(SOP)：小外形。

(11) Staggered Ball Grid Array(SBGA)：错列球形触点网格阵列。

(12) Staggered Pin Grid Array(SPGA)：错列引脚网格阵列。

如果需要制作的PCB脚印属于上述12种标准PCB脚印之一，就可以利用向导进行制作。例如，如果在电路板中某电阻通过的电流比较大，那么该电阻就会因为功率较大而自身发热，此时，使用普通电阻就不合适了，应该使用功率电阻。因为PCB脚印库中没有功率电阻的PCB脚印，所以，需要设计者自己制作。而系统提供的标准PCB脚印中包含电阻型，因此，可以用向导来制作。

2. 利用向导制作PCB脚印的步骤

PCB脚印向导通过一系列对话框，允许用户输入参数，AD 24根据这些参数自动制作一个PCB脚印。下面以制作功率电阻的PCB脚印为例，介绍利用向导来制作PCB脚印的步骤。

(1) 在PCB库编辑器中，选择"工具"→"元器件向导"选项，弹出Footprint Wizard对话框(一)，如图10.28所示。

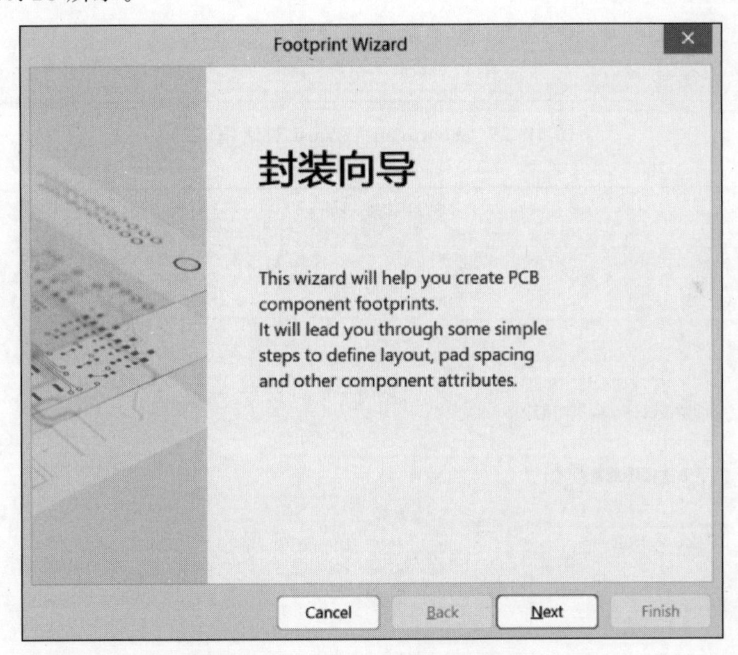

图10.28 Footprint Wizard对话框(一)

(2) 单击Next按钮，弹出Footprint Wizard对话框(二)，如图10.29所示。在该对话框中可以选择PCB脚印的类型。这里选择Resistors(电阻型)，并把单位设置为Metric(mm)。

(3) 单击Next按钮，弹出Footprint Wizard对话框(三)，如图10.30所示。在该对话框中可以选择电阻的类型。这里选择Through Hole(插针式)。

(4) 单击Next按钮，弹出Footprint Wizard对话框(四)，如图10.31所示。在该对话框中，可以设置焊盘的尺寸。

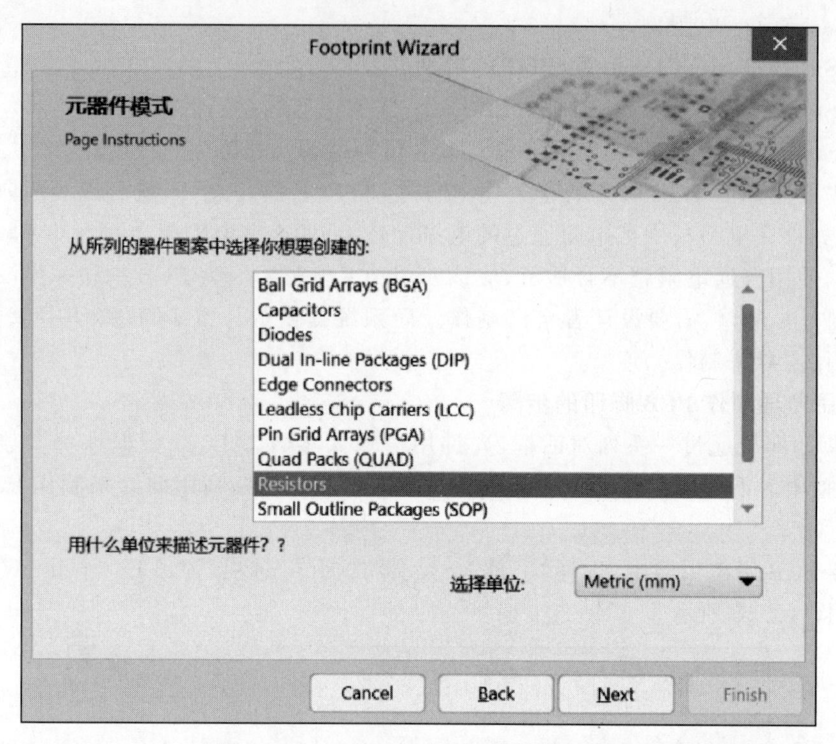

图 10.29　Footprint Wizard 对话框(二)

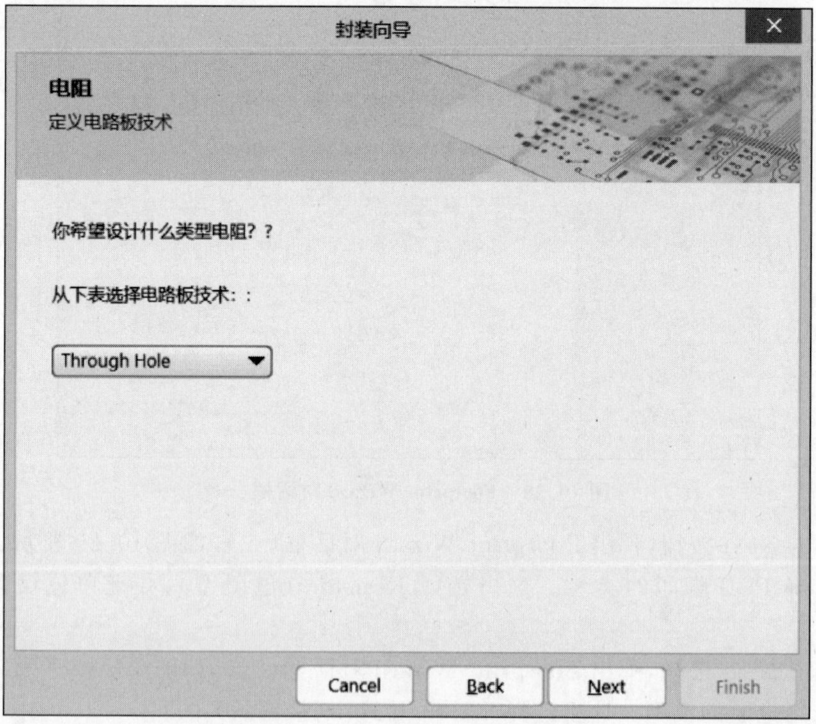

封装向导
电阻
定义电路板技术
你希望设计什么类型电阻? ?
从下表选择电路板技术: :
Through Hole
Cancel
Back
Next
Finish

图 10.30　Footprint Wizard 对话框(三)

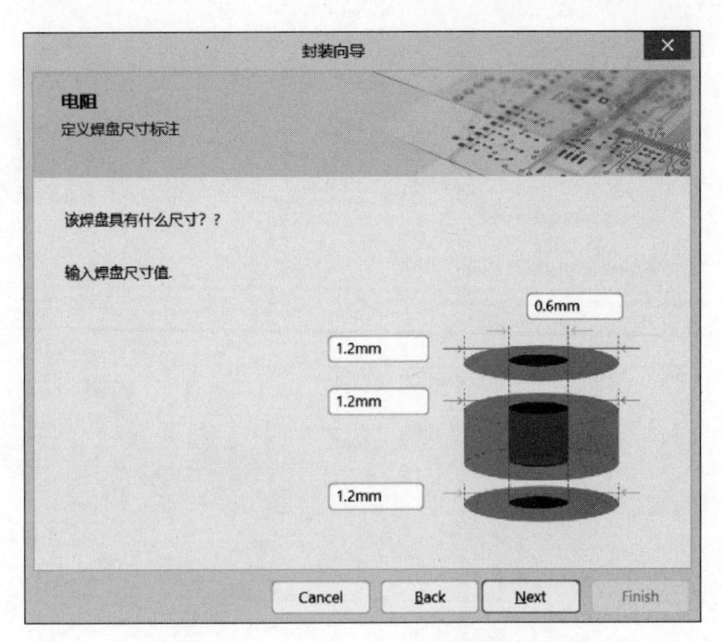

图 10.31 Footprint Wizard 对话框(四)

(5) 单击 Next 按钮,弹出 Footprint Wizard 对话框(五),如图 10.32 所示。在该对话框中,可以设置焊盘的间距。

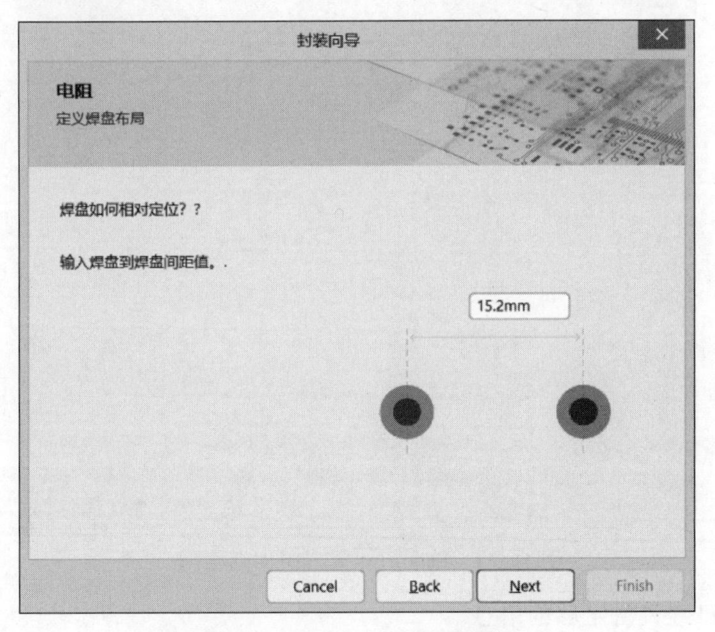

图 10.32 Footprint Wizard 对话框(五)

(6) 单击 Next 按钮,弹出 Footprint Wizard 对话框(六),如图 10.33 所示。在该对话框中,可以设置电阻外形的高度和线宽。

(7) 单击 Next 按钮,弹出 Footprint Wizard 对话框(七),如图 10.34 所示。在该对话框中,可以给新建的 PCB 脚印命名。

(8) 单击 Next 按钮,弹出 Footprint Wizard 对话框(八),如图 10.35 所示。在该对话框

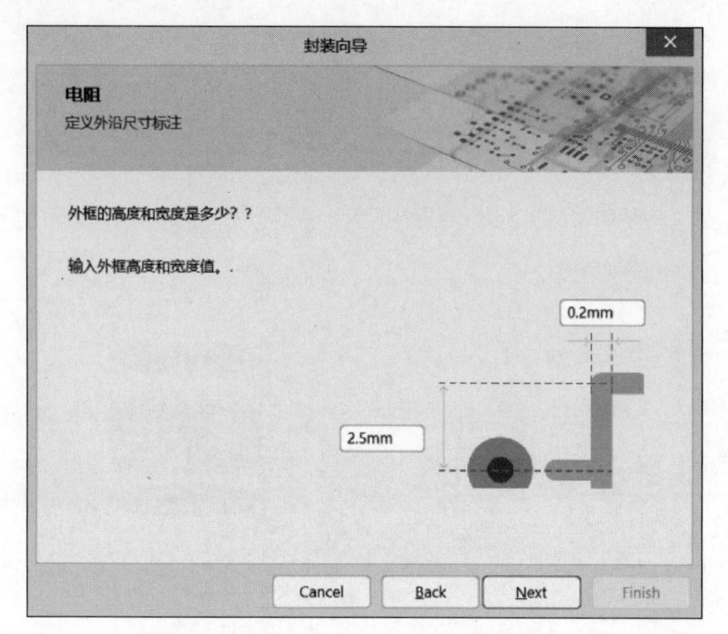

图 10.33　Footprint Wizard 对话框（六）

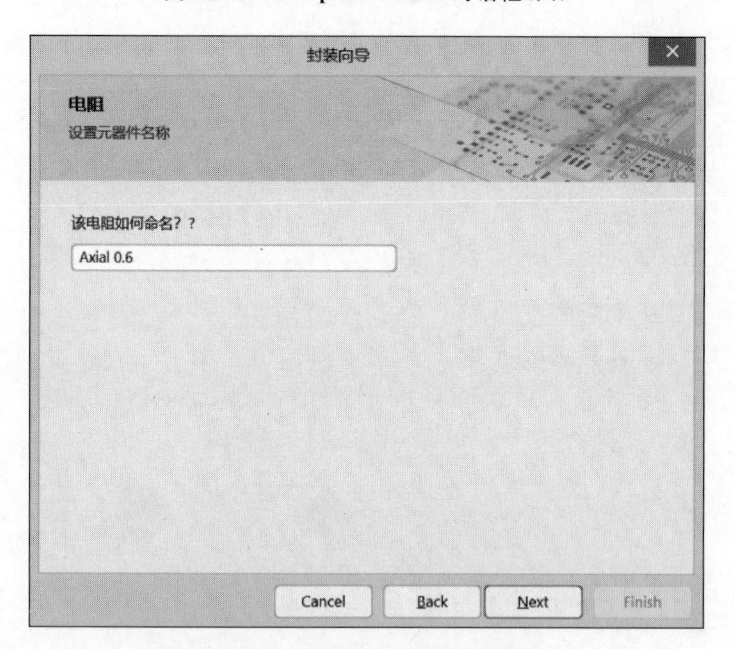

图 10.34　Footprint Wizard 对话框（七）

框中，提示向导已经具备足够的信息。

(9) 单击 Finish 按钮，AD 24 将根据设计者设置的参数自动生成一个 PCB 脚印，如图 10.36 所示。

10.3.2　手工制作 PCB 脚印

对于某些异形电子元件，或者最新出品的电子元件，PCB 库中没有对应的 PCB 脚印，没有现成的 PCB 脚印可用。如果其 PCB 脚印不属于 AD 24 提供的 12 种标准 PCB 脚印之

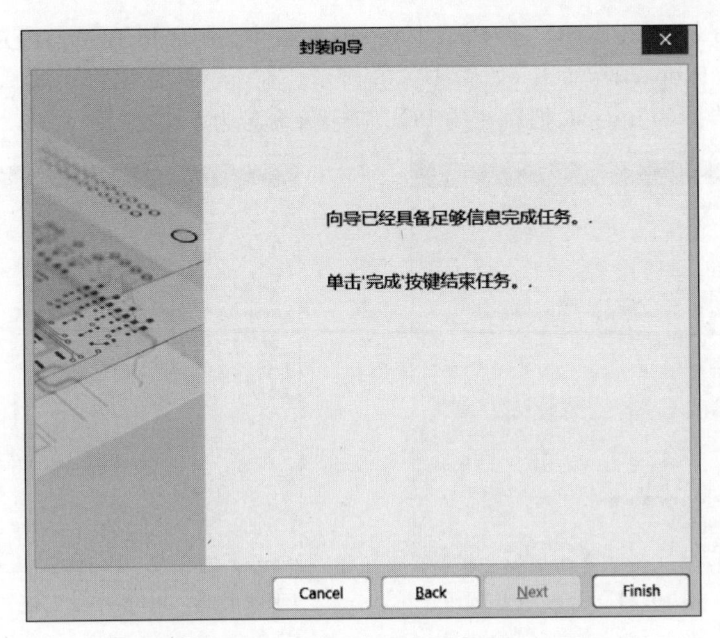

图 10.35 Footprint Wizard 对话框（八）

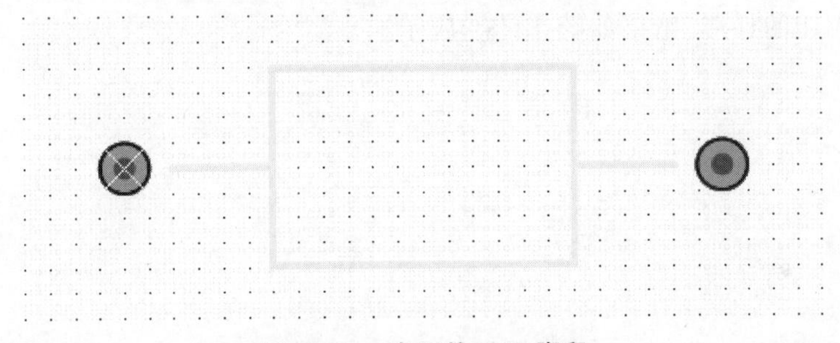

图 10.36 电阻的 PCB 脚印

一，那么无法用 PCB 脚印向导来制作它的 PCB 脚印。此时，必须根据该元件的实际参数手工制作。

手工制作 PCB 脚印时，首先绘制元件外形，然后放置焊盘，最后添加注释。元件外形只能在 Top Overlay 层绘制；焊盘通常放置在 Top Layer、Bottom Layer 等电层上，对于插装型 PCB 脚印，应该把焊盘的 Layer 参数设置为 Multi-Layer；注释可以放置在 Top Overlay 层。把 PCB 脚印放置到 PCB 设计文件时，元件外形、焊盘和注释将分别位于预设的层上。

假设有一个异形插装型元件，通过测量得知其外形和尺寸数据如下：元件封装的主体呈矩形，长为 20mm，高为 10mm；在主体一边的中间位置有一个小矩形，长为 6mm，高为 2mm；6 个相同的圆角矩形焊盘，X 方向的长度为 2mm，Y 方向的长度为 3mm；焊盘之间的水平距离为 5.5mm，竖直距离为 5mm。要求手工制作该元件的 PCB 脚印，并把它命名为 CN6。

手工制作该元件 PCB 脚印的步骤如下。

(1) 新建 PCB 脚印。在 PCB 库编辑器中，选择“工具”→“新的空元件”选项，在 PCB Library 面板中出现一个空白的 PCB 脚印，默认名称为 PCBCOMPONENT_1，如图 10.37 所示。

(2) 重新命名PCB脚印。在PCB Library面板中，选择PCBCOMPONENT_1，单击Edit按钮，弹出Properties面板，如图10.38所示。在Name文本框中输入CN6，在Type下拉列表框中选择Standard，把新建的PCB脚印重命名为CN6。

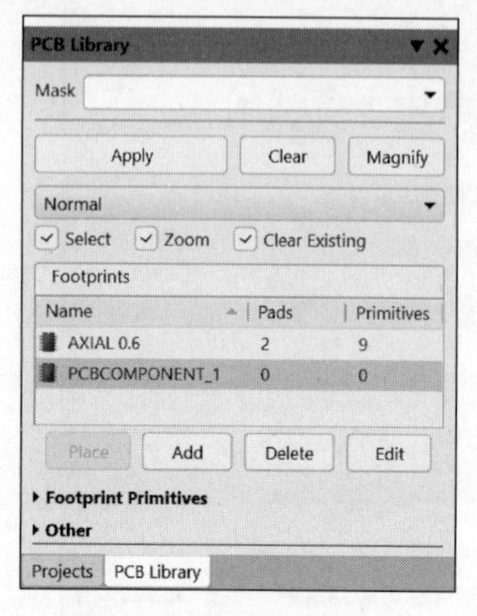

图10.37 新建PCB脚印

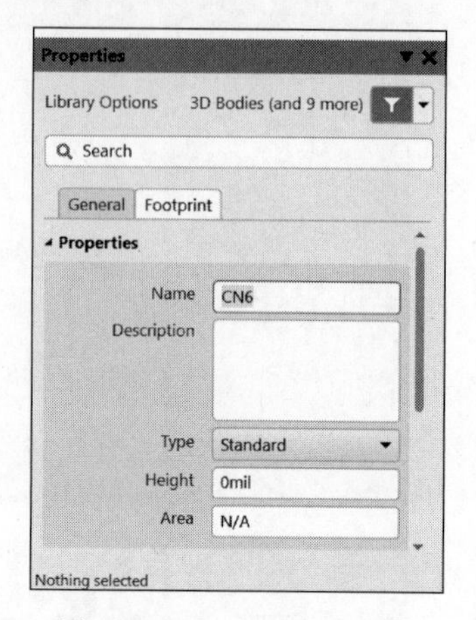

图10.38 Properties面板

(3) 绘制PCB脚印的外形。把工作层面切换到Top Overlay，根据元件外形和尺寸数据，绘制PCB脚印的外形，结果如图10.39所示。

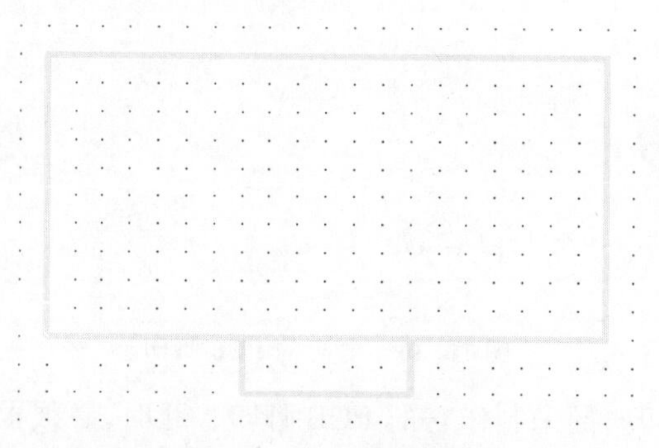

图10.39 PCB脚印的外形

(4) 放置焊盘。把工作层切换到Top Layer，选择"放置"→"焊盘"选项，或者单击PCB库放置工具栏中的"放置焊盘"按钮，光标变成十字形，并黏着一个焊盘。按Tab键，打开焊盘的Properties面板，设置焊盘属性。在焊盘的Properties面板中，主要设置焊盘的序号、所在图层、电气类型、位置、大小、形状、过孔形状与大小等参数，设置结果如图10.40所示。

关闭焊盘的Properties面板，进入放置焊盘状态。在PCB脚印的适当位置连续放置6个焊盘，序号分别为1～6。放置焊盘后的PCB脚印如图10.41所示。

(5) 调整焊盘的位置。根据元件的尺寸和焊盘的间距，调整焊盘的位置。调整焊盘位置后的PCB脚印如图10.42所示。

(6) 设置PCB脚印的参考点。选择"编辑"→"设置参考"→"1脚"选项，把序号为1的焊盘设置为参考点，如图10.43所示。此时，焊盘1的坐标为(0,0)。

(7) 设置焊盘形状。把参考点焊盘的形状设置为矩形，把其他焊盘的形状设置为圆角矩形，以示区别。设置了焊盘形状的PCB脚印如图10.44所示。至此，手工制作PCB脚印就完成了。

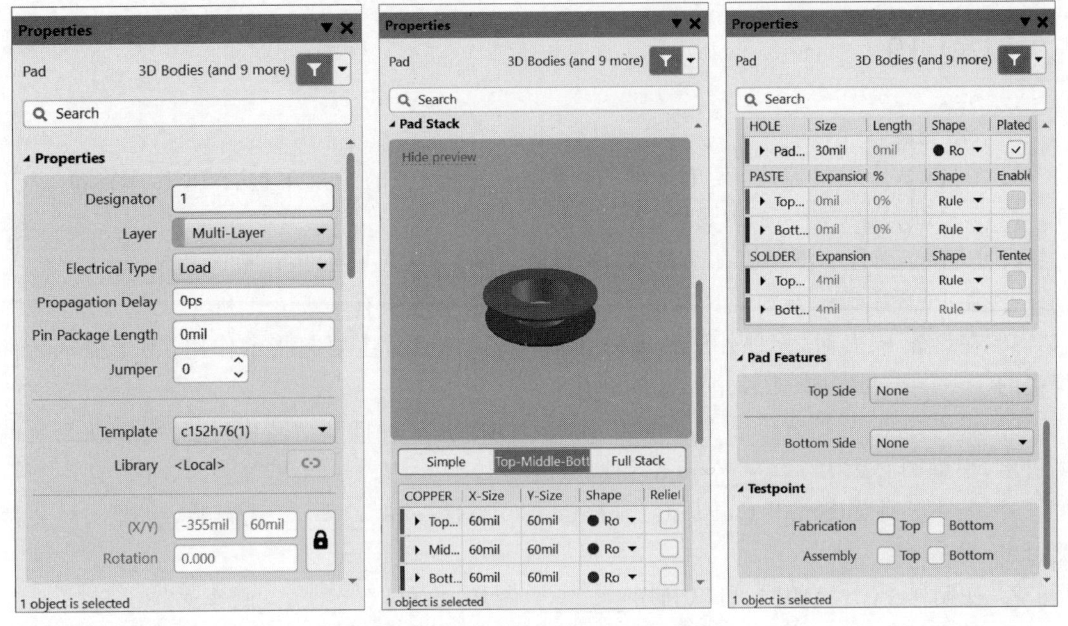

图 10.40　焊盘的 Properties 面板

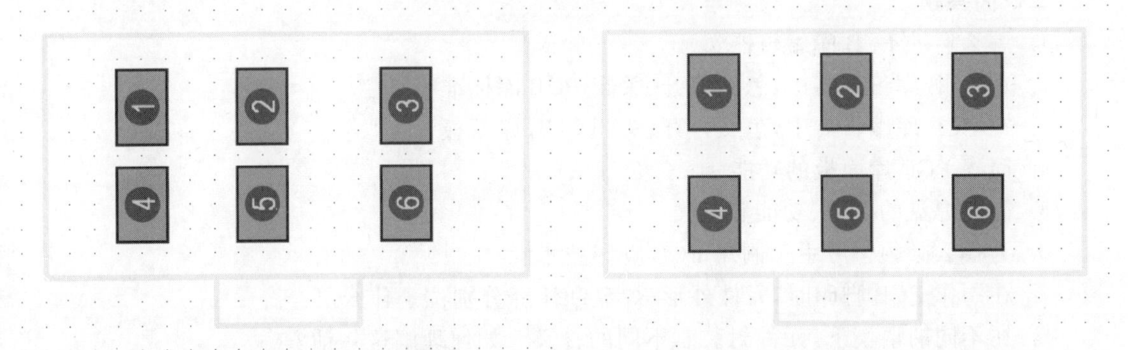

图 10.41　放置焊盘后的 PCB 脚印　　　图 10.42　调整焊盘位置后的 PCB 脚印

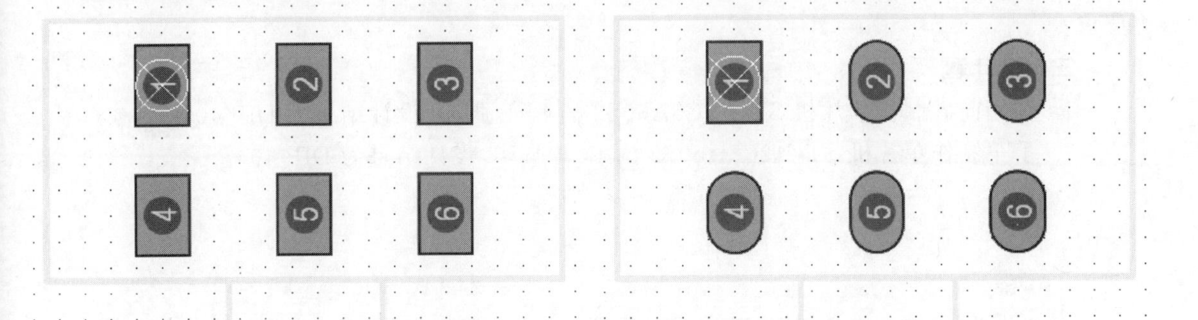

图 10.43　设置 PCB 脚印的参考点　　　图 10.44　设置了焊盘形状的 PCB 脚印

(8) 单击 PCB 库标准工具栏中的“保存”按钮，把制作好的 PCB 脚印保存到 PCB 库中。

习题 10

一、填空题

1. 在 PCB 库编辑器中，菜单选项“视图”→“工具栏”的子菜单包含 PCB 库标准、PCB 库________和________ 3 个工具栏。

2. PCB 库面板的下部有 4 个按钮，分别是________、Add、Delete 和________。

3. 在 PCB 库编辑器的工具菜单中，最常用的菜单选项有________和________。

4. 在设计 PCB 时，元件外形处于 PCB 的________层，主要起指示作用，用于提示元件焊接的________和方向，方便电路板的焊接。

5. 双列直插式封装(Dual In-line Package，DIP)是一种插装型芯片封装，引脚从封装两侧引出，引脚中心距为________ mm，引脚数为________，从 4～64 不等。

6. 小外形封装(Small Out-line Package，SOP)是一种________式封装，引脚从封装两侧引出，呈________形。

7. 在制作 PCB 脚印时，可以利用________制作，也可以________制作。

8. 手工制作 PCB 脚印时，首先绘制________，然后放置________，最后添加注释。

二、简答题

1. 怎么启动 PCB 库编辑器？

2. 在 PCB 库编辑器中，怎么打开、关闭 PCB 库标准工具栏？

3. 在 PCB 库编辑器中，怎么打开、关闭 PCB 库面板？

4. 简述 PCB 库面板的功能。

5. 简述焊盘的含义、功能和分类。

6. 为什么必须学习手工制作 PCB 脚印技术？

7. 在制作 PCB 脚印时，元件外形、焊盘和注释分别位于什么层？

8. 在不同的语境下，元件封装有不同的含义。如何理解这句话？

9. 焊盘是 PCB 脚印最重要的组成部分。试述设计焊盘时应该注意的事项。

10. 在绘制 PCB 脚印外形、放置焊盘、保存 PCB 库设计文件时，应该遵守哪些基本要求？

三、设计题

1. 利用向导制作单片机 STC12C5A60S2 的 PCB 脚印，设计结果为 DIP 40。

2. 手工制作单片机 STC12C5A60S2 的 PCB 脚印，设计结果为 DIP 40。

第11章 信号完整性分析

CHAPTER 11

本章介绍信号完整性的基础知识和信号完整性分析的基本方法，主要内容包括信号完整性分析概述、设置信号完整性规则、设置元件的信号完整性模型、信号完整性分析器和信号完整性分析实例等。通过本章学习，应该达到以下目标。

(1) 理解信号完整性的概念，了解信号完整性分析的意义。

(2) 掌握设置信号完整性规则的方法。

(3) 掌握设置元件的信号完整性模型的方法。

(4) 了解信号完整性分析器的结构与功能，学会使用信号完整性分析器。

(5) 学会利用信号完整性分析器进行信号完整性分析，能够利用信号完整性分析结果对电路原理图和PCB进行改进和优化。

11.1 信号完整性分析概述

11.1.1 信号完整性的概念

所谓信号完整性(Signal Integrity, SI)，是指信号通过信号线传输后仍能保持其正确功能的特性，用以衡量信号在电路中以正确的时序和电压到达接收端的能力。若信号能够以正确的时序、规定的持续时间和电压幅度进行传输，并且到达接收端，则该信号具有良好的信号完整性；否则，该信号的信号完整性变差。

信号完整性变差往往不是单一因素影响的结果，而是多种因素共同作用的结果。仿真实验证明，信号传输速率过快、元件位置不正确、元件连接不合理或元件参数不匹配等都会使信号完整性变差。具体来说，导致信号完整性变差的常见因素有传输延迟、信号反射、信号串扰和接地反弹等。

1. 传输延迟

信号的传输延迟(Transmission Delay)主要是由线路过载或线路过长引起的，传输线上的电容、电感也会使信号切换产生延迟。传输延迟可能使数据或时钟信号没有在规定的时间内以规定的持续时间到达接收端。

数字电路必须按照规定的时序接收数据或时钟信号，传输延迟过长将导致芯片无法正确判断，从而使电路不能正常工作，甚至完全不能工作。为了使电路能够正常工作，必须使传输延迟小于延迟容限(Delay Tolerance)。所谓延迟容限，是指在保证电路能够正常工作的前提下，允许信号时序的最大变化量。

2. 信号反射

在信号传输过程时，信号功率的大部分经传输线传给终端，除此之外，还有一部分返回到源端，这种现象称为信号反射(Reflection)。信号反射是信号在传输线上的回波，它可能导致信号出现严重的过冲或下冲，从而使信号波形畸变、逻辑混乱。

引起信号反射的主要原因是信号传输线阻抗不匹配。如果信号的传输线阻抗与终端负载阻抗相等，即信号传输线阻抗匹配，那么终端不会产生信号反射；反之，如果信号传输线阻抗失配，那么终端将产生信号反射。为了减小信号反射，一般在电路的相关结点添加电阻或RC网络等终端元件，对传输线阻抗不匹配进行补偿。此外，在PCB布线时，考虑适当的传输线阻抗也是减小信号反射的一种方法。

信号传输线的某些几何形状、不适当的端接方式、经过连接器的传输、电源平面不连续等也会引起信号反射。

3. 信号串扰

信号串扰(Crosstalk)是指没有电气连接的信号传输线之间的电磁耦合导致的感应电压和感应电流，感性电磁耦合会导致耦合电压，容性电磁耦合会导致耦合电流。这种电磁耦合使信号传输线具有天线的功能，当信号传输线上有交变电流通过时，产生交变的磁场，处于该磁场的其他信号传输线将产生感应电动势。

随着时钟频率的增高和电路设计尺寸的减小，信号串扰将会增大。另外，PCB的板层参数、信号传输线的间距、信号源端与终端的电气特性、信号传输线的连接方式等都会影响信号串扰的严重程度。在设计PCB时，遵守PCB布局和布线的基本原则，可以降低信号串扰的影响。

4. 接地反弹

接地反弹(Ground Bounce)是指由于电路中较大的电流涌动而在电源与接地平面间产生大量噪声的现象。

产生接地反弹的环境很多。例如，大量芯片同步切换时，会产生较大的瞬间电流，这些电流从芯片与电源平面之间流过；芯片封装与电源之间的寄生电容、寄生电感和寄生电阻，使零电位平面上出现较大的电压波动，有时可能高达2V；把接地平面分割为数字地、模拟地和屏蔽地，数字信号传到模拟地时，会产生接地平面回流反弹；信号终端负载容性的增加、阻性的减小和切换速度的增大，都可能影响接地反弹的严重程度。

11.1.2 信号完整性分析的意义

随着微电子技术的快速发展，新型电子元件不断涌现，各种高速电子元件广泛应用于现代电路中。在现代电路中，系统的时钟频率很高，数据传输速率很快。由于新型电子元件的体积微小，电路的功能复杂多样，而整个电路板的面积有限，因此，现代电路的密度很大。众多高速电子元件密密麻麻地排列在面积有限的电路板上，它们之间难免会产生信号串扰，因此，在设计PCB时，即使电路原理是正确的，所设计的电路系统也可能无法正常工作。

大家知道，一个数字信号系统能否正确工作，关键在于能否保持所有信号的完整性，即信号的时序是否准确，以及信号的强度是否在规定的范围之内，而信号时序、信号强度与信号在传输线上的传输延迟、信号波形的失真程度等密切相关。在高速率、大密度的现代电路中，信号传输延迟、信号波形失真等问题尤其突出。

除此之外，在现代电路中，还存在其他一些影响信号完整性的问题，如电路板上的网络阻抗、电磁兼容性等。

由此可见，就电路设计的着重点而言，现代电路设计与传统电路设计之间存在很大的区别。传统电路设计着重要求元件布局合理、导线连接正确，而现代电路设计不仅要求元件布局合理、导线连接正确，还应该充分考虑信号的完整性，对电路进行信号完整性分析。

在一个已经制作好的 PCB 板上检测信号的完整性是一件非常困难的事情，即使找到了信号完整性方面的问题，要修改一个已经制作成型的 PCB 也不太实际，因此，信号完整性分析必须在 PCB 制作之前进行。

在 AD 24 中，可以在电路原理图中进行信号完整性分析，也可以在 PCB 中进行信号完整性分析。设想一下，如果等 PCB 设计完成之后才对电路进行信号完整性分析，那么当发现问题需要修改电路时，将会影响整个 PCB 的布局与布线，既费时又容易出错。为了解决这个问题，可以在电路原理图设计完成之后就对电路进行信号完整性分析。这样，当发现问题需要修改时，可以直接在电路原理图中进行操作。对电路原理图进行修改之后，再对电路进行信号完整性分析，直到没有颠覆性的问题，再根据该电路原理图设计 PCB。

在 PCB 设计完成之后，也不能立即制作 PCB，还应该对 PCB 进行信号完整性分析，发现不满足设计要求的信号，分析导致信号完整性变差的原因，然后修改 PCB，再次进行信号完整性分析，直至所有信号都符合信号完整性的要求为止。

总之，在制作 PCB 之前进行信号完整性分析，可以提高电路设计的可靠性，降低设计成本，减小设计风险，用最小的代价发现并解决电路中存在的电磁兼容性问题和电磁干扰问题，因此，信号完整性分析是十分必要的，也是非常重要的。

Altium 公司引进了 EMC 公司的 INCASES 技术，在 AD 24 中集成了信号完整性分析工具，以帮助用户方便快捷地进行信号完整性分析，缩短 PCB 的开发周期。

11.1.3 信号完整性分析工具

AD 24 内置了一个信号完整性分析器，它提供精确的板级分析，可以检查板级的信号反射、信号串扰、信号过冲、信号下冲、信号斜率、上升时间、下降时间和传输线阻抗等问题。如果电路中某个信号的参数不符合设计要求，可以利用信号完整性分析器对电路进行信号完整性分析，找出信号完整性问题出现的原因。设计者可以针对这些原因，对电路进行修改和优化，直至电路满足设计要求为止。

AD 24 信号完整性分析器具有如下特点。

(1) 可以像在 PCB 编辑器中设置设计规则一样，设置信号完整性规则。

(2) 通过运行 DRC，可以快速定位不符合设计要求的网络。

(3) 支持 I/O 缓冲器模型的 IBIS2 工业标准子集。利用 I/O 缓冲器宏模型，无须额外的 SPICE 或模拟仿真知识。

(4) 采用信号完整性宏模型逼近技术，允许自定义模型，使仿真分析更加快速。

(5) 提供 IC 模型库，支持元件 SI 模型的自动配置。

(6) 采用成熟的传输线特性计算方法和仿真算法，仿真分析结果精确。

(7) 能够进行快速的信号反射分析和信号串扰分析。

(8) 用不同的电阻值和电容值对终端补偿策略进行假设分析,为设计者提供修改建议。

(9) 可以直接对电路进行信号完整性分析,操作简单,无须特殊经验。

(10) 用波形显示信号完整性分析的结果,直观、形象、易懂。

11.2 设置信号完整性规则

11.2.1 设置信号完整性规则的方法

AD 24 包含了很多信号完整性规则,在对电路进行信号完整性分析之前,需要设置信号完整性规则。根据设置的规则,信号完整性分析器检测电路中是否存在信号完整性问题。

设置信号完整性规则的方法如下。

(1) 打开一个 PCB 设计文件。

(2) 在 PCB 编辑器中,选择"设计"→"规则"选项,弹出"PCB 规则及约束编辑器"对话框,如图 11.1 所示。

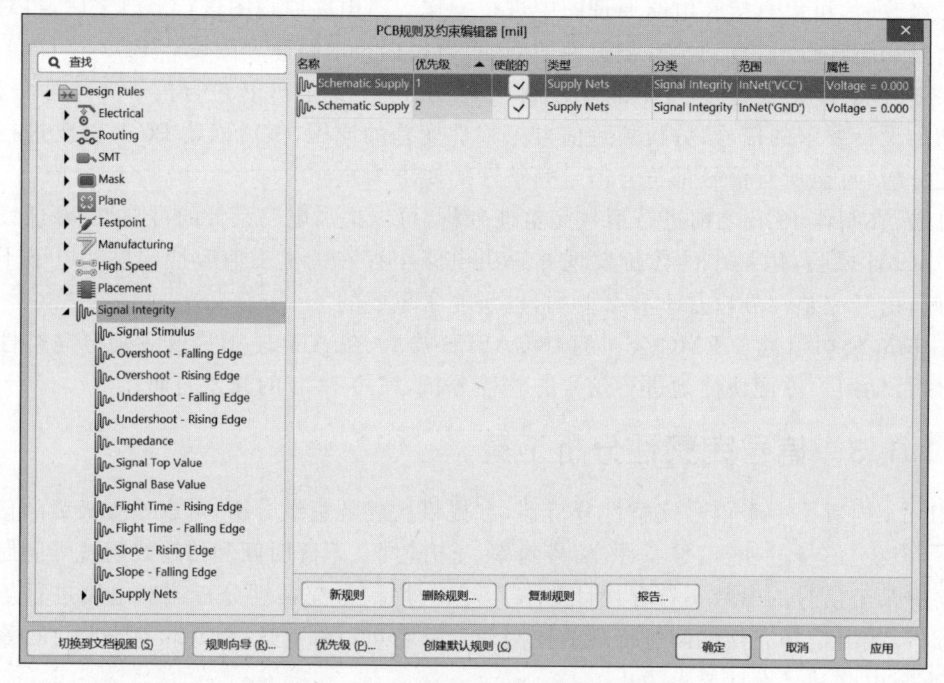

图 11.1 "PCB 规则及约束编辑器"对话框

(3) 在对话框左边的窗格中,Signal Integrity 标签有 13 个子标签,对应 13 条信号完整性规则。

(4) 可以根据设计要求,选择设置某些信号完整性规则。

信号完整性规则设置完成后,在电路原理图编辑器或 PCB 编辑器中,选择"工具"→Signal Integrity 选项,信号完整性分析器即根据设置的规则,对电路进行信号完整性分析。

11.2.2 信号完整性规则介绍

AD 24 有 13 条信号完整性规则,分别是 Signal Stimulus(激励信号)、Overshoot-

Falling Edge(信号下降沿过冲)、Overshoot-Rising Edge(信号上升沿过冲)、Undershoot-Falling Edge(信号下降沿下冲)、Undershoot-Rising Edge(信号上升沿下冲)、Impedance(阻抗)、Signal Top Value(信号高电平)、Signal Base Value(信号基准值)、Flight Time-Rising Edge(信号上升沿的上升时间)、Flight Time-Falling Edge(信号下降沿的下降时间)、Slope-Rising Edge(信号上升沿斜率)、Slope-Falling Edge(信号下降沿斜率)和 Supply Nets(电源网络)等规则。

下面分别介绍各条规则的意义。

1. 激励信号规则

选择 Signal Stimulus 标签,在右边窗格中出现激励信号规则设置界面,如图 11.2 所示。

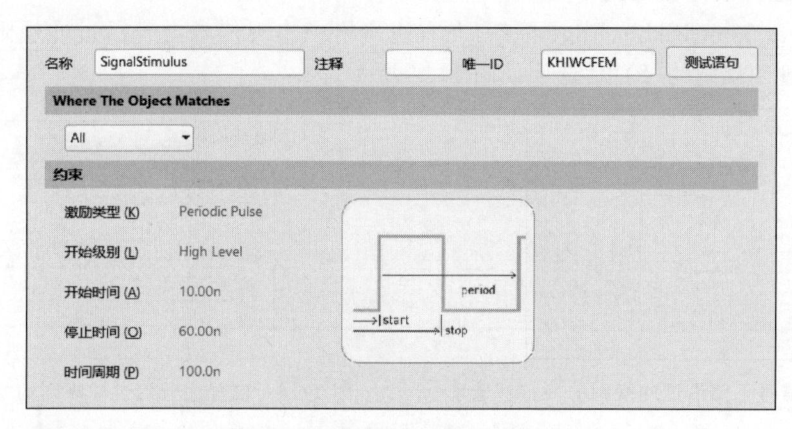

图 11.2 激励信号规则设置界面

激励信号规则设置界面中各个参数的意义如下。

(1) 名称。用于为规则取一个便于理解的名称。在对电路进行信号完整性分析时,若电路违反该规则,则以该名称报错。

(2) 注释。用于为规则添加说明。

(3) 唯一 ID。系统自动为该规则生成一个随机的 ID 号,无须设置。

(4) Where The Object Matches。用于设置规则适用的范围。有 6 个选项,各个选项的含义如下。

① All:规则在指定的电路都有效。

② Net:规则在指定的电气网络中有效。

③ Net Class:规则在指定的电气网络类中有效。

④ Layer:规则在指定的电路板层中有效。

⑤ Net and Layer:规则在指定的电气网络和电路板层中有效。

⑥ Custom Query:用户自定义规则适用的范围。

对于每条信号完整性规则,规则设置对话框中前四个参数的意义都是类似的,后面不再重复介绍。

(5) 约束。用于设置激励信号的参数。有 5 个参数,各个参数的含义如下。

① 激励类型:设置激励信号的类型。Constant Level 为常数电平,Single Pulse 为单脉冲信号,Periodic Pulse 为周期脉冲信号。

② 开始级别：设置激励信号的初始电平。Low Level 为低电平，High Level 为高电平。该参数只对 Single Pulse 和 Periodic Pulse 类型的激励信号有效。

③ 开始时间：设置激励信号的高电平脉宽的起始时间。

④ 停止时间：设置激励信号的高电平脉宽的终止时间。

⑤ 时间周期：设置激励信号的周期。

2. 信号下降沿过冲规则

选择 Overshoot-Falling Edge 标签，在右边窗格中出现信号下降沿过冲规则设置界面。信号下降沿过冲规则的"约束"选项如图 11.3 所示。在"约束"选项中，可以设置信号下降沿允许的最大过冲，即信号下降沿低于信号基值的最大值，单位是伏特(Volt)。

3. 信号上升沿过冲规则

选择 Overshoot-Rising Edge 标签，在右边窗格中出现信号上升沿过冲规则设置界面。信号上升沿过冲规则的"约束"选项如图 11.4 所示。

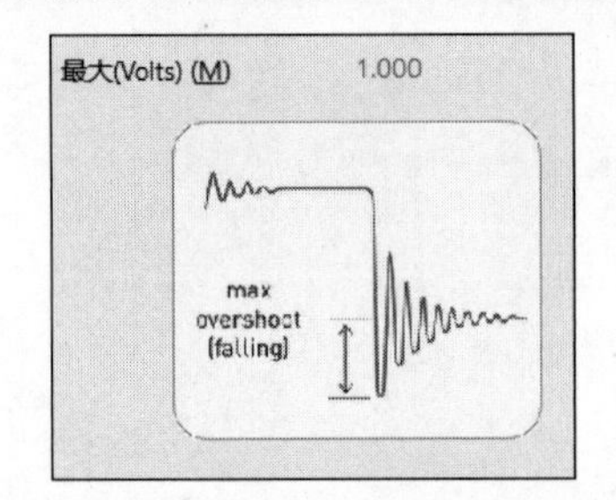

图 11.3 信号下降沿过冲规则的"约束"选项

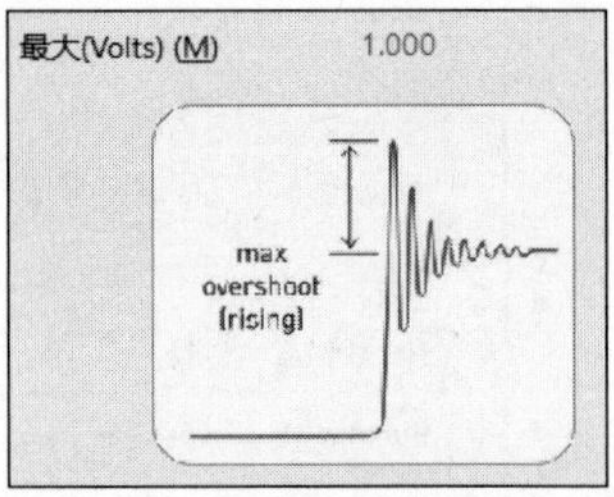

图 11.4 信号上升沿过冲规则的"约束"选项

在"约束"选项中，可以设置信号上升沿允许的最大过冲，即信号上升沿高于信号基值的最大值，单位是伏特。

4. 信号下降沿下冲规则

选择 Undershoot-Falling Edge 标签，在右边窗格中出现信号下降沿下冲规则设置界面。信号下降沿下冲规则的"约束"选项如图 11.5 所示。

在"约束"选项中，可以设置信号下降沿允许的最大下冲，即信号下降沿高于信号基值的最大值，单位是伏特。

5. 信号上升沿下冲规则

选择 Undershoot-Rising Edge 标签，在右边窗格中出现信号上升沿下冲规则设置界面。信号上升沿下冲规则的"约束"选项如图 11.6 所示。

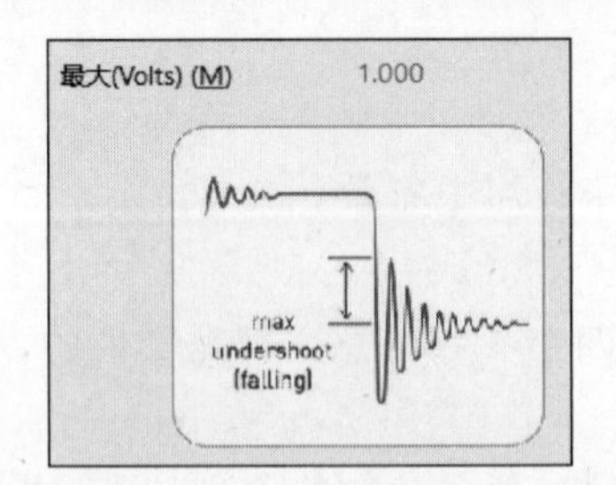

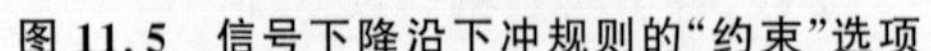

图 11.5 信号下降沿下冲规则的"约束"选项

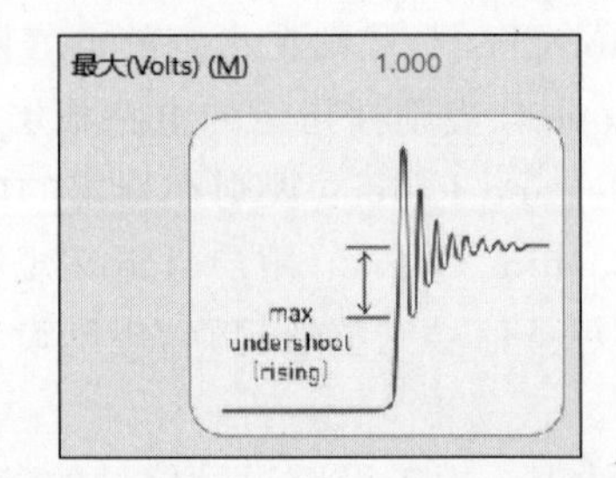

图 11.6 信号上升沿下冲规则的"约束"选项

在"约束"选项中，可以设置信号上升沿允许的最大下冲，即信号下降沿低于信号基值的最大值,单位是伏特。

6. 阻抗规则

选择 Impedance 标签,在右边窗格中出现阻抗规则设置界面。阻抗规则的“约束”选项如图 11.7 所示。

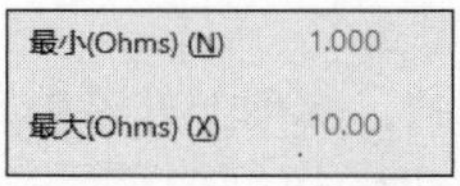

最小(Ohms) (N) 1.000
最大(Ohms) (X) 10.00

图 11.7 阻抗规则的“约束”选项

在“约束”选项中,可以设置允许阻抗的最大值和最小值,单位是欧姆(Ohm)。

7. 信号高电平规则

选择 Signal Top Value 标签,在右边窗格中出现信号高电平规则设置界面。信号高电平规则的“约束”选项如图 11.8 所示。

在“约束”选项中,可以设置信号在高电平状态下的稳定值,单位是伏特。

8. 信号基准值规则

选择 Signal Base Value 标签,在右边窗格中出现信号基准值规则设置界面。信号基准值规则的“约束”选项如图 11.9 所示。

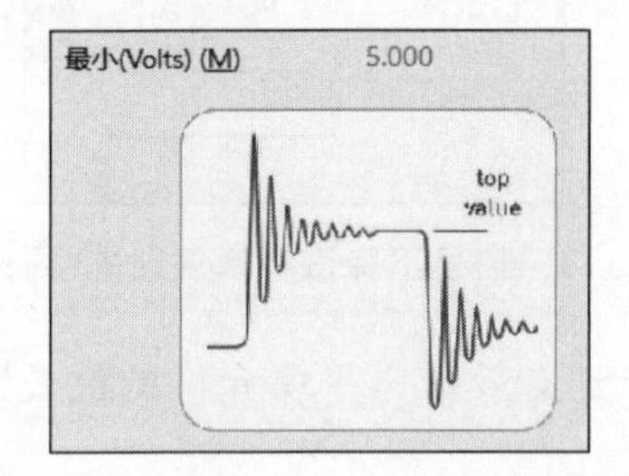

图 11.8 信号高电平规则的“约束”选项

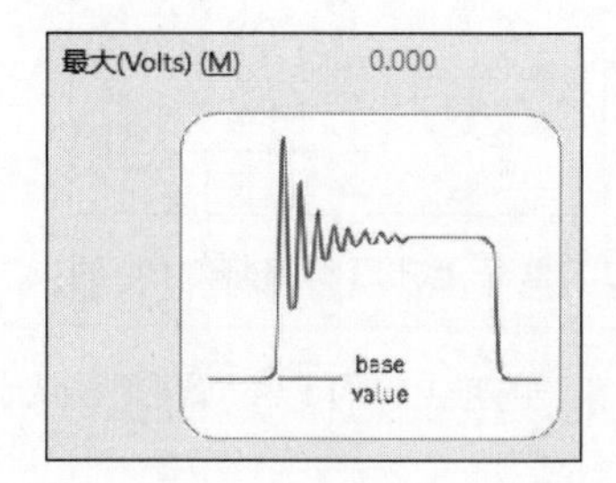

图 11.9 信号基准值规则的“约束”选项

在“约束”选项中,可以设置信号的基准值,即信号地线的电势,单位是伏特。

9. 信号上升沿的上升时间规则

选择 Flight Time-Rising Edge 标签,在右边窗格中出现信号上升沿的上升时间规则设置界面。信号上升沿的上升时间规则的“约束”选项如图 11.10 所示。

在“约束”选项中,可以设置信号上升沿达到设定值的 50%所允许的最长时间,单位是秒。

10. 信号下降沿的下降时间规则

选择 Flight Time-Falling Edge 标签,在右边窗格中出现信号下降沿的下降时间规则设置界面。信号下降沿的下降时间规则的“约束”选项如图 11.11 所示。

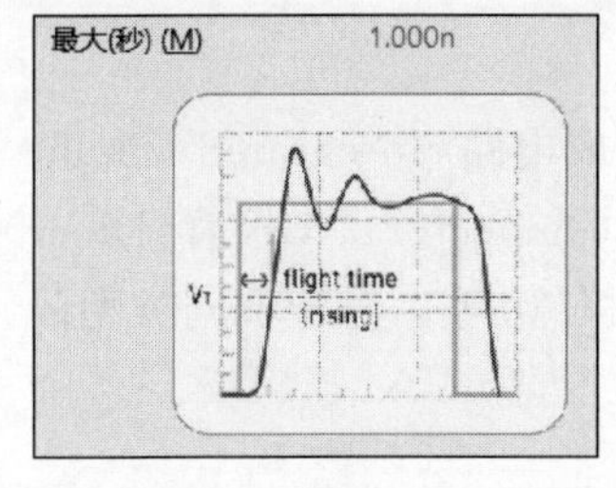

图 11.10 信号上升沿的上升时间规则的“约束”选项

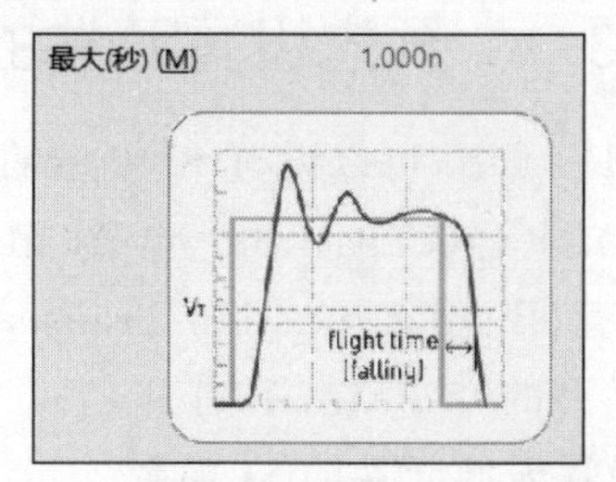

图 11.11 信号下降沿的下降时间规则的“约束”选项

在"约束"选项中，可以设置信号下降沿达到设定值的50%所允许的最长时间，单位是秒。

11. 信号上升沿斜率规则

选择Slope-Rising Edge标签，在右边窗格中出现信号上升沿斜率规则设置界面。信号上升沿斜率规则的"约束"选项如图11.12所示。

在"约束"选项中，可以设置信号从门限电压上升到有效高电平所允许的最长时间，单位是秒。

12. 信号下降沿斜率规则

选择Slope-Falling Edge标签，在右边窗格中出现信号下降沿斜率规则设置界面。信号下降沿斜率规则的"约束"选项如图11.13所示。

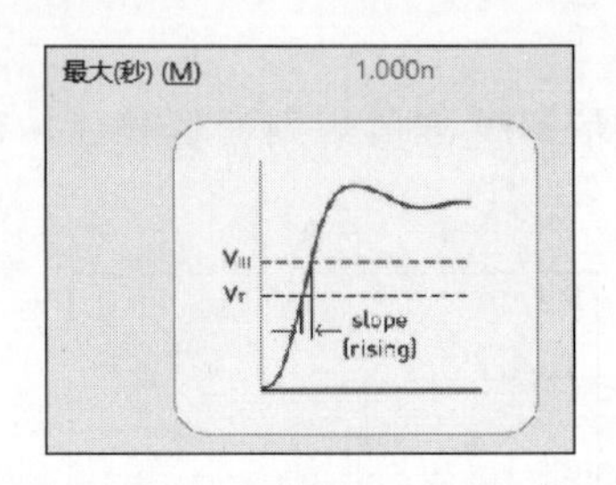

图11.12 信号上升沿斜率规则的"约束"选项

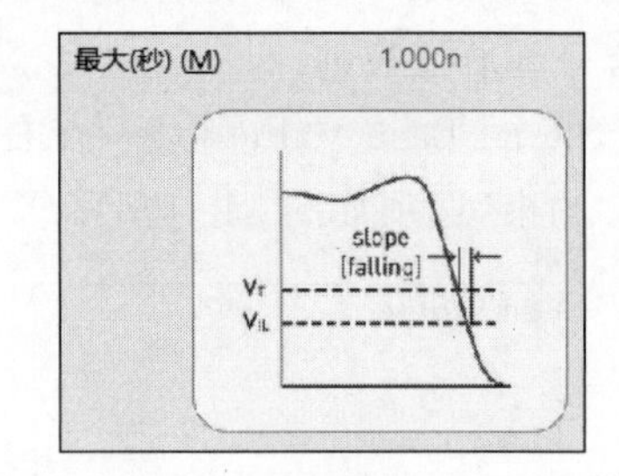

图11.13 信号下降沿斜率规则的"约束"选项

在"约束"选项中，可以设置信号从门限电压下降到有效低电平所允许的最长时间，单位是秒。

13. 电源网络规则

选择Supply Nets标签，在右边窗格中出现电源网络规则设置界面。电源网络规则用于设置电源网络的基准值，即VCC和GND的电势，单位是伏特。

11.3 设置元件的信号完整性模型

AD 24的信号完整性分析是以元件的信号完整性模型(Signal Integrity Model，SI模型)为基础的，在进行信号完整性分析时，需要设置元件的信号完整性模型。常用元件的SI模型保存在集成库文件中，只需设置元件SI模型的相关参数即可。可以在信号完整性分析之前预先设置元件的SI模型，也可以在信号完整性分析过程中设置元件的SI模型。

11.3.1 预先设置元件的SI模型

在AD 24中，可以设置SI模型的元件类型包括集成电路(Integrated Circuit，IC)、电阻(Resistor)、电容(Capacitor)、电感(Inductor)、连接器(Connector)、二极管(Diode)和双极性结型晶体管(Bipolar Junction Transistor，BJT，俗称三极管)等。对于不同类型的元件，设置元件SI模型的方法略有不同。

1. 设置无源元件的SI模型

对于电阻、电容、电感、连接器等无源元件，设置元件SI模型比较简单。下面以单片机最小系统电路原理图中的电阻R1为例，说明设置无源元件SI模型的方法。

(1) 打开电路原理图设计文件"单片机最小系统.SchDoc"。

(2) 在电路原理图中,双击电阻R1,弹出Properties面板,如图11.14所示。

(3) 在Parameters选项组中,选中Models复选按钮,单击Add下拉按钮,弹出下拉列表。在下拉列表中选择Signal Integrity选项,弹出Signal Integrity Model对话框,如图11.15所示。

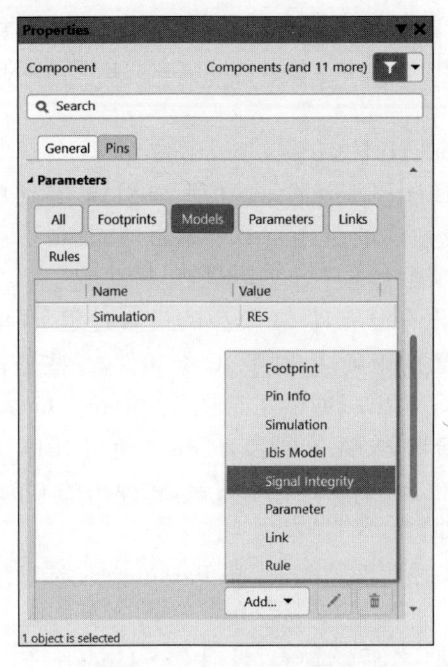

图11.14 Properties面板

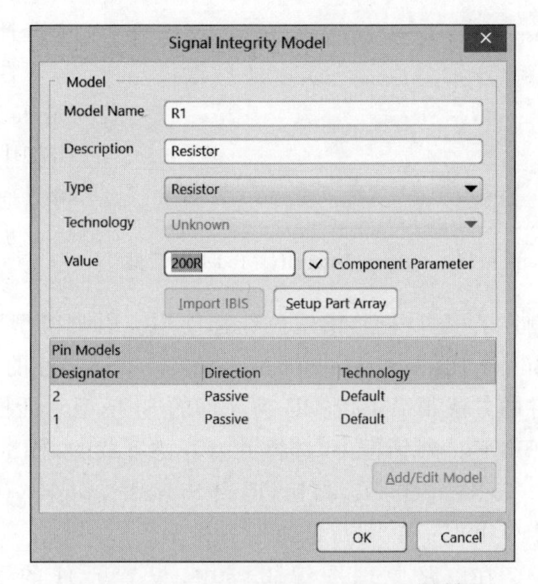

图11.15 Signal Integrity Model对话框

(4) 在Model Name文本框中输入R1,在Description文本框中输入Resistor,在Type下拉列表框中选择Resistor,在Value文本框中输入200R。

(5) 单击OK按钮,退出Signal Integrity Model对话框。此时,在Parameters选项组中就出现了R1的SI模型,如图11.16所示。

在图11.16中,双击Signal Integrity,也会弹出如图11.15所示的Signal Integrity Model对话框。在对话框中,可以修改R1的SI模型的参数值。

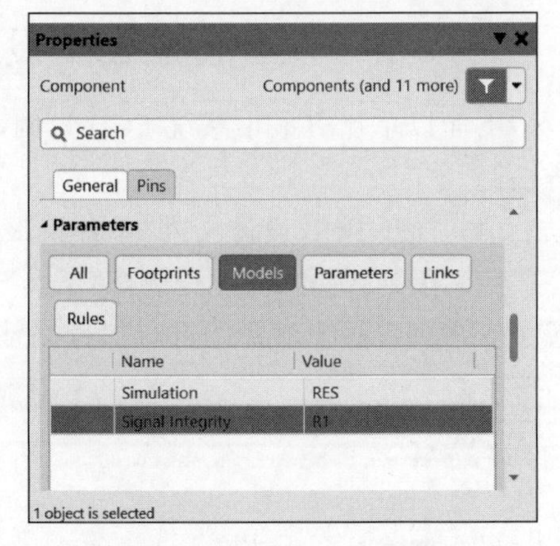

图11.16 R1的SI模型

2. 设置有源元件的SI模型

有源元件是指集成电路、二极管、三极管等半导体产品。在现代电路中,大规模、超大规模集成电路随处可见,二极管、三极管更是必不可少,因此,电子工程师必须掌握有源元件SI模型的设置方法。下面以单片机最小系统电路原理图中的单片机U1为例,说明设置有源元件SI模型的方法。

(1) 打开电路原理图设计文件"单片机最小系统.SchDoc"。

(2) 在电路原理图中,双击单片机U1,弹出Properties面板。

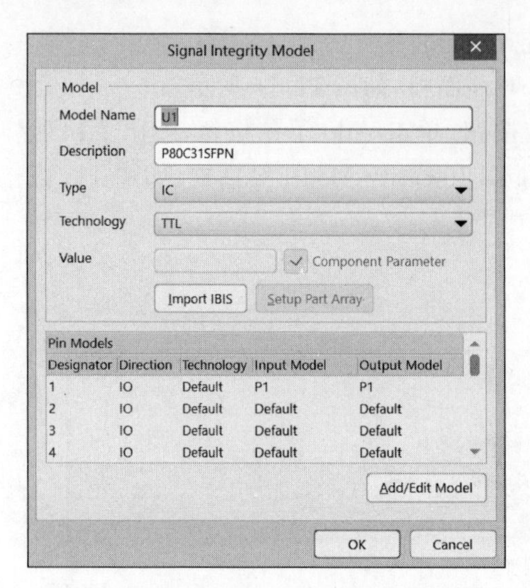

图 11.17 Signal Integrity Model 对话框

(3) 在 Parameters 选项组，选中 Models 复选框，单击 Add 下拉按钮，弹出下拉列表。在下拉列表中选择 Signal Integrity 选项，弹出 Signal Integrity Model 对话框，如图 11.17 所示。

(4) 在 Model Name 文本框中输入 U1，在 Description 文本框中输入 P80C31SFPN，在 Type 下拉列表框中选择 IC，在 Technology 下拉列表框中选择 TTL。

在 Signal Integrity Model 对话框的 Pin Models 选项组中，列出了元件的所有引脚，在这些引脚中，电源性质的引脚是不可编辑的，其他引脚可以通过各项参数的下拉列表进行设置。

为了简化有源元件 SI 模型的设置过程，同时保证参数设置的正确性，对于 IC 类元件，一些公司制作了引脚模型，供用户选择使用。引脚模型以输入/输出缓冲器信息规范(Input/Output Buffer Information Specification，IBIS)文件的形式给出，文件扩展名为.ibs。使用 IBIS 文件的方法很简单，在 IC 类元件的 SI 模型对话框中，单击 Import IBIS 按钮，在弹出的 Open IBIS File 对话框中，选择并打开已下载的 IBIS 文件即可。

(5) 单击 OK 按钮，退出 Signal Integrity Model 对话框。此时，在 Parameters 选项组中就出现了单片机 U1 的 SI 模型。

在电路原理图编辑器中，设置元件的 SI 模型之后，选择"设计"→Update PCB Document 选项，即把所设置的元件的 SI 模型同步更新到对应的 PCB 设计文件中。

11.3.2 在分析过程中设置元件的 SI 模型

下面以单片机最小系统 PCB 为例，说明在信号完整性分析过程中设置元件 SI 模型的方法。

(1) 打开 PCB 设计文件"单片机最小系统.PcbDoc"。

(2) 在 PCB 编辑器中，选择"工具"→Signal Integrity 选项。如果 PCB 中所有元件都设置了 SI 模型，系统就开始进行信号完整性分析，并弹出信号完整性分析器。

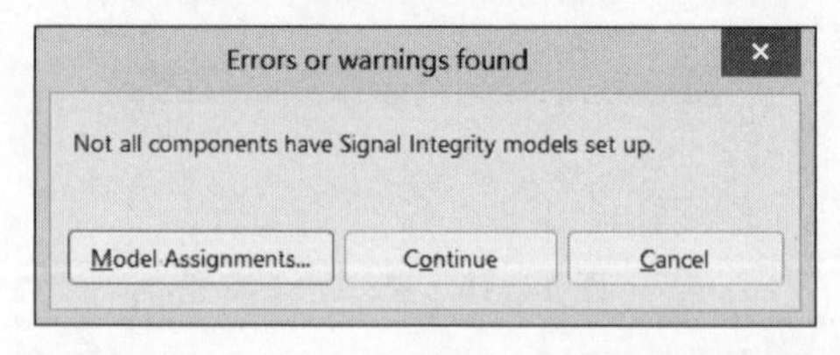

图 11.18 Errors or warnings found 对话框

(3) 如果 PCB 中还有元件尚未设置 SI 模型，那么系统将弹出 Errors or warnings found 对话框，如图 11.18 所示，提示还有元件尚未设置 SI 模型。

(4) 单击 Model Assignments 按钮，弹出"Signal Integrity Model Assignments for 单片机最小系统.PcbDoc"对话框，如图 11.19 所示，显示所有元件的 SI 模型。如果 PCB 中还有元件尚未设置 SI 模型，那么系统将自动为其配置 SI 模型，供设计者参考。如果系统自动配置的 SI 模型不对，设计者也可以重新设置元件的 SI 模型。

对话框中的表格有五列，各列的意义如下。

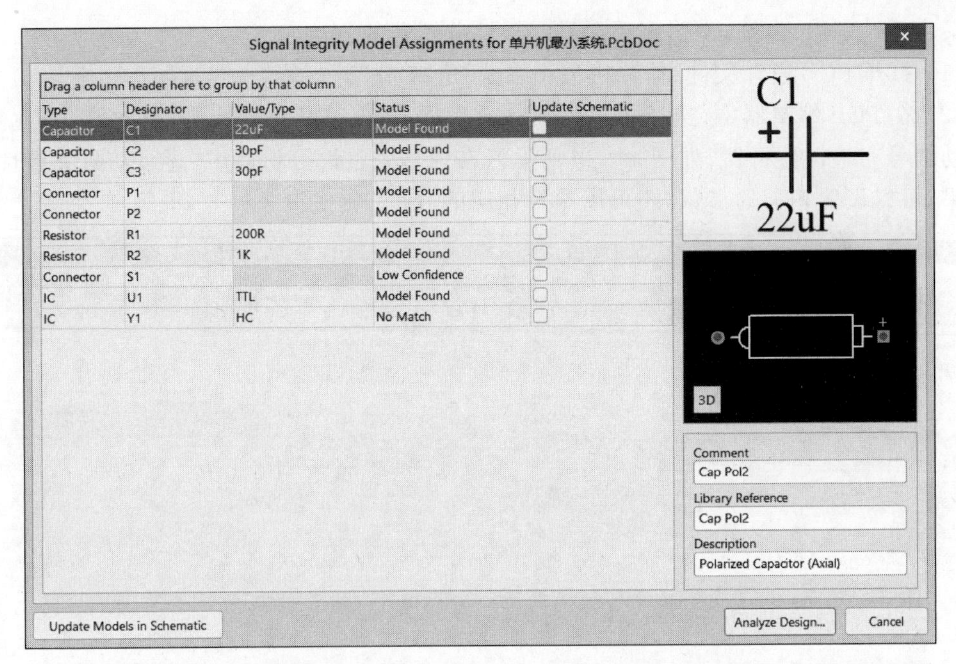

图 11.19 “Signal Integrity Model Assignment for 单片机最小系统.PcbDoc”对话框

① Type：显示已经为元件设置的SI模型的类型。如果某个元件的SI模型的类型不正确，设计者可以单击类型名称右边的下拉按钮，在下拉列表中重新选择。

② Designator：显示元件的标识符。

③ Value/Type：显示元件的参数值或工艺类型。对于无源元件，该列显示元件的参数值；对于IC类元件，该列显示元件的工艺类型。该参数对信号完整性分析的结果影响很大。

④ Status：显示元件的SI模型的状态。状态信息一般有：Model Found表示已经为元件设置了SI模型；High Confidence表示自动配置的模型是高可信度的；Medium Confidence表示自动配置的模型是中等可信度的；Low Confidence表示自动配置的模型不是很可信；No Match表示没有匹配的SI模型类型；User Modified表示用户改变了元件的SI模型类型。

⑤ Update Schematic：用于选择是否把元件的SI模型更新到电路原理图中。对于某个元件来说，如果选中了Update Schematic复选框，那么当修改它的SI模型之后，将允许把修改结果更新到电路原理图文件中。

(5) 单击Update Models in Schematic按钮，把修改后的元件的SI模型更新到电路原理图中。此时，元件SI模型的状态显示为Model Saved。

(6) 单击Analyze Design按钮，开始进行信号完整性分析，并弹出信号完整性分析器。关于信号完整性分析器的结构和功能，11.4节将详细介绍。

11.4 信号完整性分析器

11.4.1 信号完整性分析器的启动

对电路原理图或PCB进行信号完整性分析，就可以启动信号完整性分析器。下面以单片机最小系统 PCB 为例，说明启动信号完整性分析器的方法。

（1）打开 PCB 设计文件“单片机最小系统.PcbDoc”。

（2）在 PCB 编辑器中，选择“工具”→Signal Integrity 选项，开始进行信号完整性分析，并启动信号完整性分析器，如图 11.20 所示。在信号完整性分析器中，显示信号完整性分析的结果，可以设置相关的参数，还可以执行相应的分析命令。

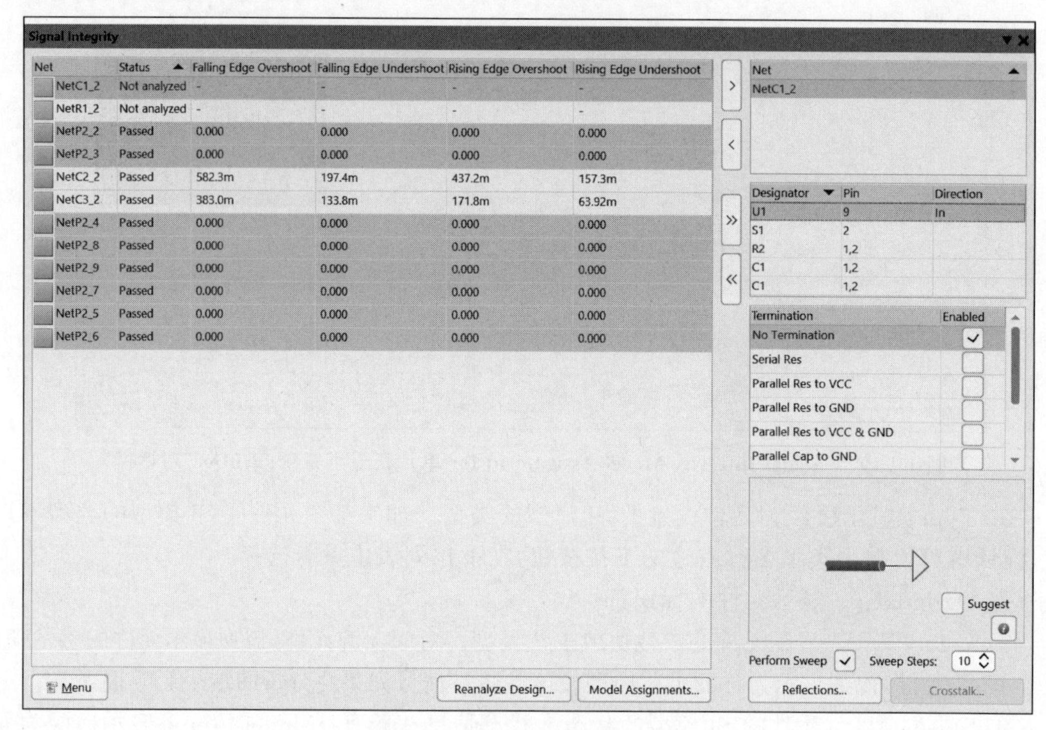

图 11.20　信号完整性分析器

11.4.2　信号完整性分析器的结构

如图 11.20 所示，信号完整性分析器主要由三部分组成：左上部是一个表格，右上部是两个窗格，下部是一些按钮。

1. 分析结果表格

左上部的表格用于显示信号完整性分析的结果，各列的意义如下。

（1）Net：列出 PCB 设计文件中所有需要进行分析的网络。

（2）Status：显示信号完整性分析的状态。Not analyzed 表示无法对该网络信号进行分析；Passed 表示该网络通过了信号完整性分析，没有问题；Failed 表示对该网络信号的分析失败。

（3）Falling Edge Overshoot：显示信号下降沿过冲是否符合规则。后面其余各列分别显示信号的相关参数是否符合规则，意义与本列类似，不再赘述。

2. Net 窗格

对于不符合信号完整性规则的网络，可以选择它，对其作进一步的分析。

在分析结果表格中选择一个网络，单击>按钮，可以该网络添加到右侧的 Net 窗格中；

在 Net 窗格中选择一个网络，单击<按钮，可以该网络从 Net 窗格中删除。

在 Net 窗格的下方有一个表格，用于显示当前选中网络的详细信息，包括网络所连接元件的标识符、引脚编号和引脚信号方向。

3. Termination 窗格

AD 24 进行信号完整性分析时，还可以对 PCB 中的信号进行终端补偿测试。通过终端补偿，可以减小传输线中信号反射与信号串扰的影响，使信号达到最优，为修改、优化 PCB 提供依据。

Termination 窗格列举了 8 种终端补偿方式，分别是 No Termination（无终端补偿）、Serial Res（串联电阻补偿）、Parallel Res to VCC（并联电阻到 VCC 补偿）、Parallel Res to GND（并联电阻到地补偿）、Parallel Res to VCC & GND（并联电阻到 VCC，同时并联电阻到地补偿）、Parallel Cap to GND（并联电容到地补偿）、Res and Cap to GND（并联电阻与电容到地补偿）和 Parallel Schottky Diodes（并联肖特基二极管补偿），相应的图示显示在下方的图示框中。

（1）No Termination。无终端补偿的终端补偿方式如图 11.21 所示，即直接进行信号传输，不进行终端补偿。这是系统默认的终端补偿方式。

（2）Serial Res。串联电阻终端补偿方式如图 11.22 所示，即在连线中串接一个电阻，以减小电压的幅值。合适的串联电阻补偿可以使信号正确终止，消除信号过冲现象。

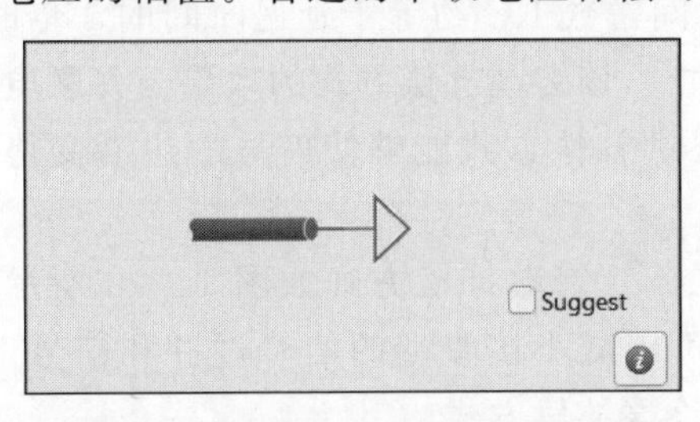

图 11.21 无终端补偿的终端补偿方式

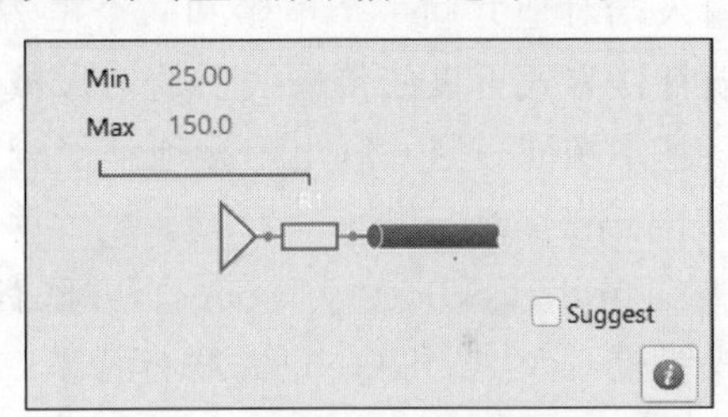

图 11.22 串联电阻终端补偿方式

（3）Parallel Res to VCC。并联电阻到 VCC 终端补偿方式如图 11.23 所示。若并联电阻阻值与传输线阻抗匹配，则可以有效减小信号反射。由于电阻中有电流流过，因此会导致信号基准值的升高。

（4）Parallel Res to GND。并联电阻到地终端补偿方式如图 11.24 所示。若并联电阻阻值与传输线阻抗匹配，则可以有效减小信号反射。由于电阻中有电流流过，因此会导致信号高电平值的降低。

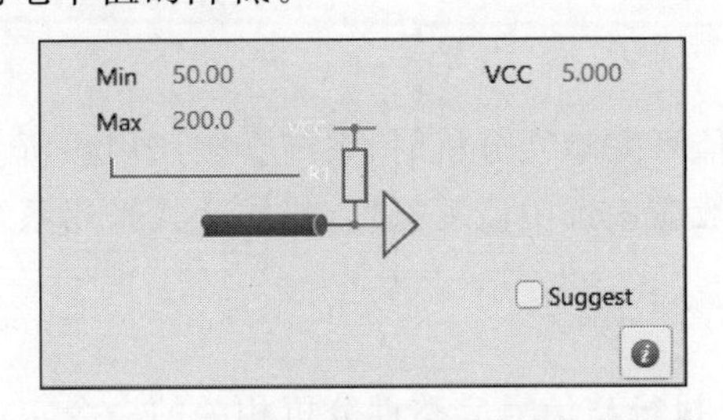

图 11.23 并联电阻到 VCC 终端补偿方式

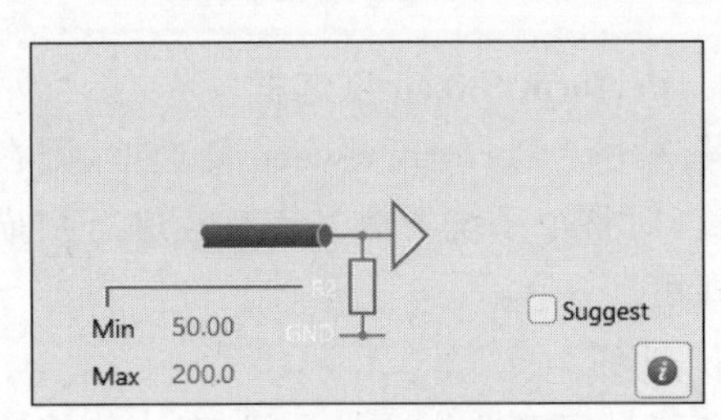

图 11.24 并联电阻到地终端补偿方式

（5）Parallel Res to VCC & GND。并联电阻到 VCC 同时并联电阻到地终端补偿方式如图 11.25 所示，把并联电阻到 VCC 补偿与并联电阻到地补偿结合起来，适用于 TTL 总线系统，一般不用于 CMOS 总线系统。该终端补偿方式相当于在 VCC 与 GND 之间接入一个电阻，流过电阻的电流比较大，因此，应该适当选择两个电阻的阻值，以防电流过大。

(6) Parallel Cap to GND。并联电容到地终端补偿方式如图 11.26 所示，即在接收输入端对地并联一个电容，以减小信号噪声。在设计 PCB 时，经常使用该终端补偿方式，它能够有效消除铜模导线在走线拐弯处产生的波形畸变，不过，它会使波形的上升沿或下降沿变得平坦，增加信号的上升时间或下降时间。

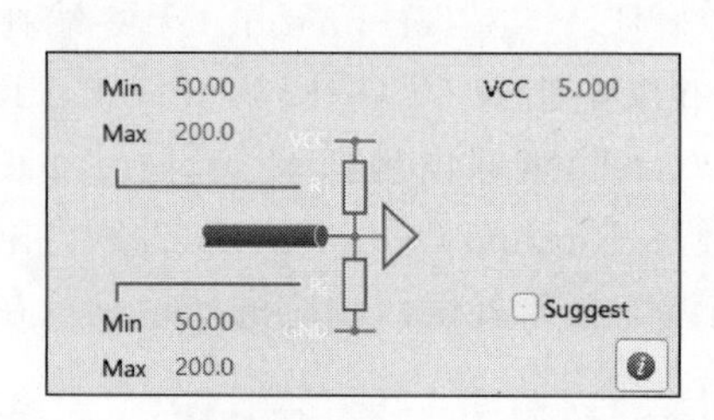

图 11.25 并联电阻到 VCC 同时并联电阻到地终端补偿方式

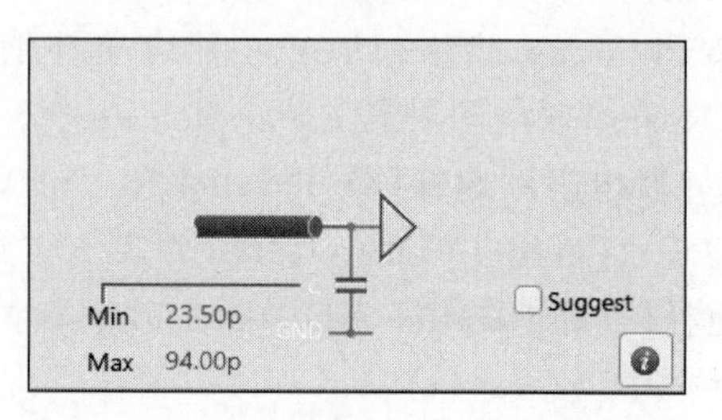

图 11.26 并联电容到地终端补偿方式

(7) Res and Cap to GND。并联电阻与电容到地终端补偿方式如图 11.27 所示，即在接收输入端对地并联一个电阻和一个电容。当时间常数 RC 约等于延迟时间的 4 倍时，这种终端补偿方式可以使传输线上的信号被充分终止。该终端补偿方式的效果与并联电容接地补偿基本相同。与并联电阻接地补偿相比，该终端补偿方式能够使信号的边沿变得更加平坦。

(8) Parallel Schottky Diodes。并联肖特基二极管终端补偿方式如图 11.28 所示。在传输线终端对 VCC 和 GND 并联肖特基二极管，可以减小接收端的信号过冲和信号下冲。大多数标准逻辑集成电路的输入电路都采用这种终端补偿方式。

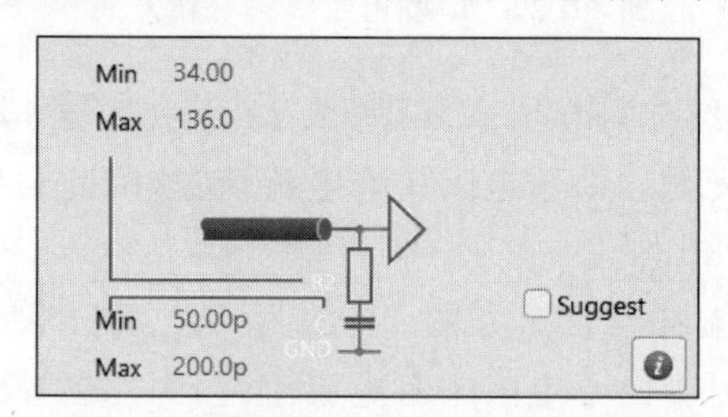

图 11.27 并联电阻与电容到地终端补偿方式

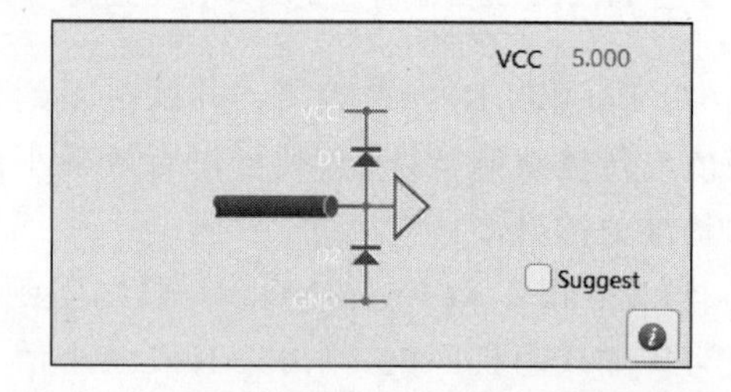

图 11.28 并联肖特基二极管终端补偿方式

4. Perform Sweep 复选框

若选中了 Perform Sweep 复选框，则在进行信号完整性分析时，系统会按照用户所设置的步长，对整个系统的信号完整性进行扫描。一般应该选中该复选框，扫描步长采用系统默认值即可。

5. 按钮

在信号完整性分析器下部，有一些按钮，用于执行与信号完整性分析相关的命令。

(1) Menu 按钮。单击该按钮，弹出 Menu 按钮的快捷菜单，如图 11.29 所示。

各菜单选项的功能如下。

Select net：选择网络。选择该选项，将把选中的网络添加到Net窗格中。

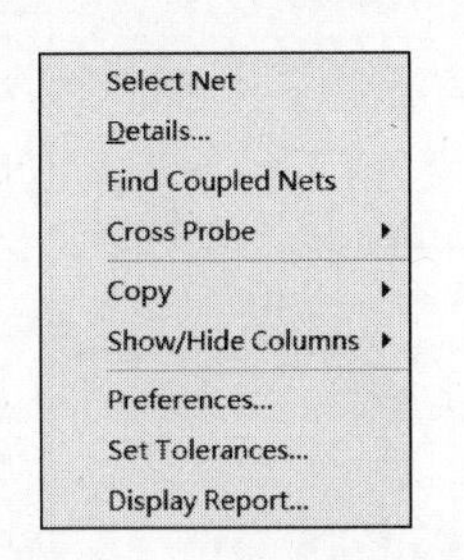

图11.29　Menu按钮的快捷菜单

Details：详细情况。选中一个网络，选择该选项，弹出Full Results对话框，显示该网络的详细信息。

Find Coupled Nets：查找关联网络。选中一个网络，选择该选项，将突出显示与该网络相关联的网络。

Cross Probe：交叉探查。在电路原理图和PCB之间进行交叉探查，包括To Schematic和To PCB两个子菜单选项。

Copy：复制。复制所选中的网络，包括Select和All两个子菜单选项。

Show/Hide Columns：显示/隐藏列。菜单选项Show/Hide Columns的子菜单如图11.30所示，在子菜单中可以选择在分析结果表格中显示/隐藏的列。

Preferences：参数。选择该选项，弹出Signal Integrity Preferences对话框，如图11.31所示。在对话框中有5个标签，分别用于设置不同的参数。在进行信号完整性分析时，常用的标签是Configuration，用于设置信号完整性分析的时间和步长。

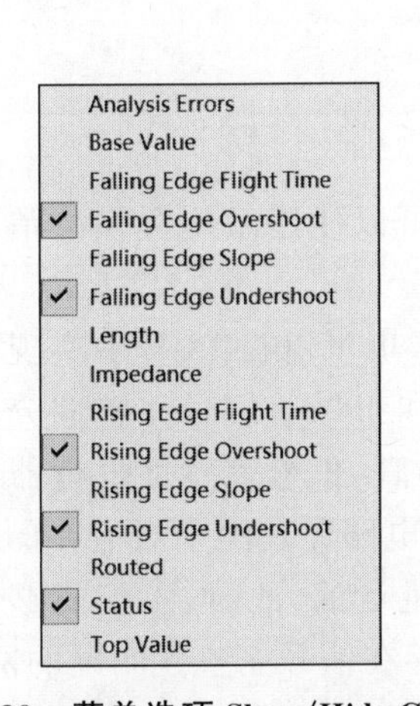

图11.30　菜单选项Show/Hide Columns的子菜单

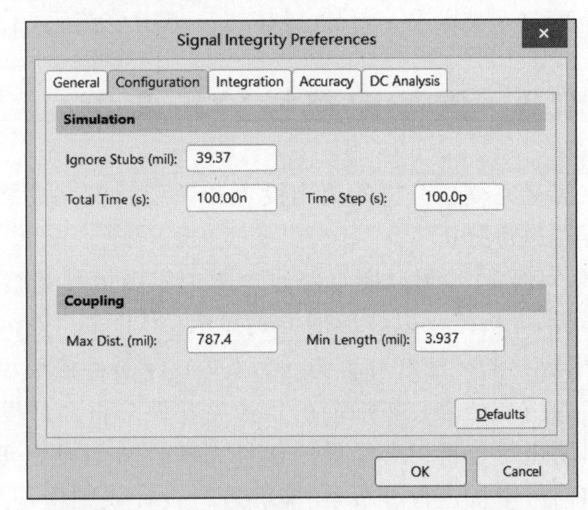

图11.31　Signal Integrity Preferences对话框

Set Tolerances：设置容限。选择该选项，弹出Set Screening Analysis Tolerances对话框，如图11.32所示。容限(Tolerance)用于限定一个误差范围，代表允许信号误差的最大值和最小值。在进行信号完整性分析时，把信号的实际误差与这个范围相比较，即可确定信号的误差是否符合规则。对于那些显示状态为Failed的信号，未能通过的原因就是其误差超出了限定的范围。在对信号进行进一步分析之前，应该检查一下容限设置是否过于严格了。

Display Report：显示报表。选择该选项，系统自动生成信号完整性分析报表文件Signal Integrity Tests Report.txt，并在工作区打开该文件。

(2) Reanalyze Design按钮。单击该按钮，系统依据最新设置的信号完整性规则参数，对PCB重新进行信号完整性分析。

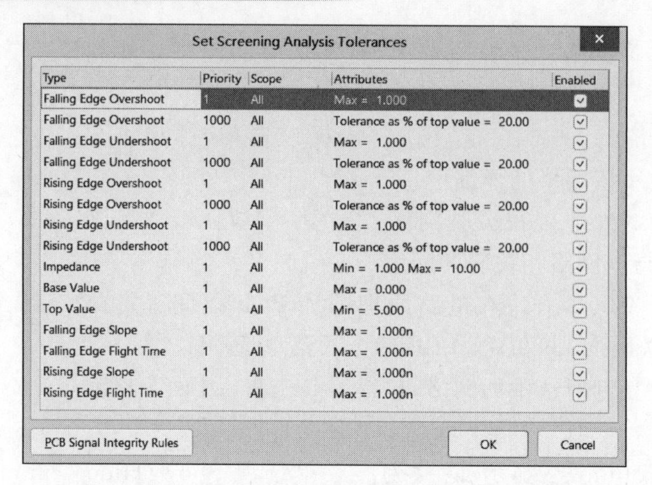
Set Screening Analysis Tolerances

Type	Priority	Scope	Attributes	Enabled
Falling Edge Overshoot	1	All	Max = 1.000	☑
Falling Edge Overshoot	1000	All	Tolerance as % of top value = 20.00	☑
Falling Edge Undershoot	1	All	Max = 1.000	☑
Falling Edge Undershoot	1000	All	Tolerance as % of top value = 20.00	☑
Rising Edge Overshoot	1	All	Max = 1.000	☑
Rising Edge Overshoot	1000	All	Tolerance as % of top value = 20.00	☑
Rising Edge Undershoot	1	All	Max = 1.000	☑
Rising Edge Undershoot	1000	All	Tolerance as % of top value = 20.00	☑
Impedance	1	All	Min = 1.000 Max = 10.00	☑
Base Value	1	All	Max = 0.000	☑
Top Value	1	All	Min = 5.000	☑
Falling Edge Slope	1	All	Max = 1.000n	☑
Falling Edge Flight Time	1	All	Max = 1.000n	☑
Rising Edge Slope	1	All	Max = 1.000n	☑
Rising Edge Flight Time	1	All	Max = 1.000n	☑

PCB Signal Integrity Rules　OK　Cancel

图 11.32　Set Screening Analysis Tolerances 对话框

(3) Model Assignment 按钮。单击该按钮,弹出 Signal Integrity Model Assignment 对话框,如图 11.19 所示。

(4) Reflection Waveforms 按钮。单击该按钮,系统对选中网络进行信号反射分析。

(5) Crosstalk Waveforms 按钮。单击该按钮,系统对选中网络进行信号串扰分析。

11.5　信号完整性分析实例

在信号完整性分析的规则设置和模型设置完成之后,就可以使用系统提供的信号完整性分析器进行分析了。

在 AD 24 中,可以在电路原理图中实现信号完整性分析,也可以在 PCB 中实现信号完整性分析,分析结果以波形的方式显示。AD 24 具有布局前和布局后信号完整性分析的功能,采用成熟的传输线计算方法,以及 I/O 缓冲宏模型进行仿真,信号完整性分析器能够产生准确的仿真结果。布局前的信号完整性分析允许设计者在电路原理图中对潜在的信号完整性问题进行分析。布局后的信号完整性分析是在 PCB 中进行的,此时,不仅能够对信号反射和信号串扰进行分析,还能够进行设计规则检查。对于存在信号完整性问题的网络,设计者可以参考有效的终端补偿措施,对电路进行修改和优化。

不论在电路原理图中还是在 PCB 中进行信号完整性分析,电路原理图设计文件或 PCB 设计文件都必须包含在工程之中。如果电路原理图设计文件或 PCB 设计文件是自由文件,那么不能对其进行信号完整性分析。

信号完整性分析可以分为两步进行。第一步,对所有可能需要分析的网络进行初步的分析,了解哪些网络的信号完整性较差;第二步,筛选出一些关键信号进行深入的分析,以找出问题的原因。这两步都是在信号完整性分析器中进行的。

本节通过对时钟电路进行信号完整性分析,学习信号完整性分析器的使用方法,以及信号终端补偿的方法。

11.5.1　信号完整性规则检查

1. 检查整个电路

对电路原理图设计文件“时钟电路.SchDoc”进行信号完整性规则检查,步骤如下。

(1) 打开工程“时钟电路. PrjPcb”,打开电路原理图设计文件“时钟电路. SchDoc”,同时启动电路原理图编辑器。时钟电路的电路原理图如图 11.33 所示。

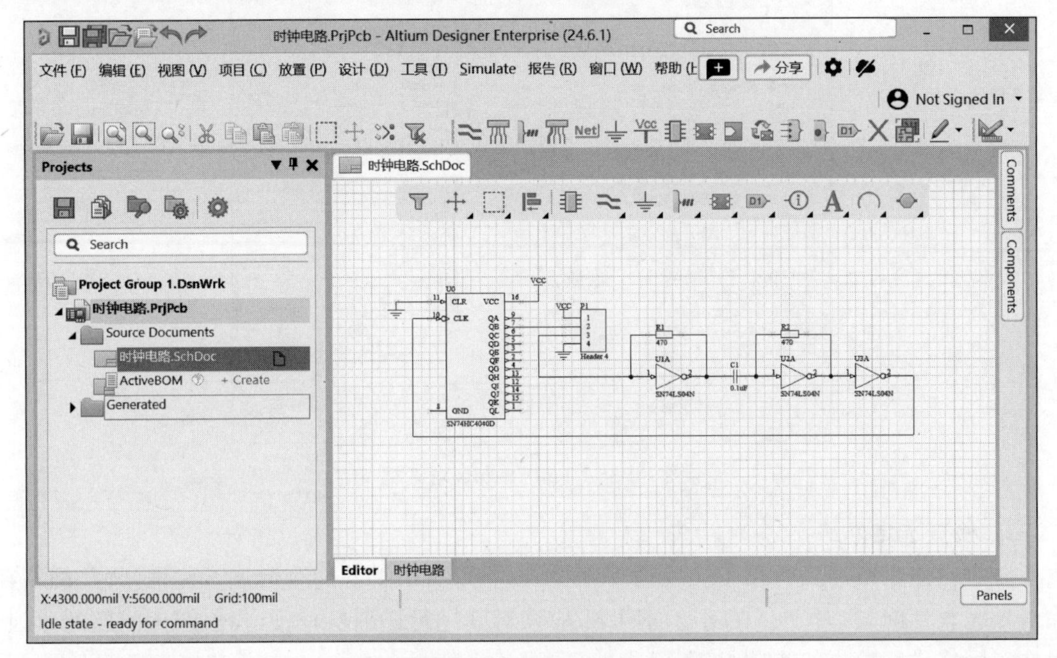

图 11.33 时钟电路的电路原理图

(2) 在电路原理图编辑器中,选择“工具”→Signal Integrity 选项,开始进行信号完整性规则检查,并启动信号完整性分析器,如图 11.34 所示。左边的表格显示了电路中的网络,以及对它们进行信号完整性规则检查的结果。

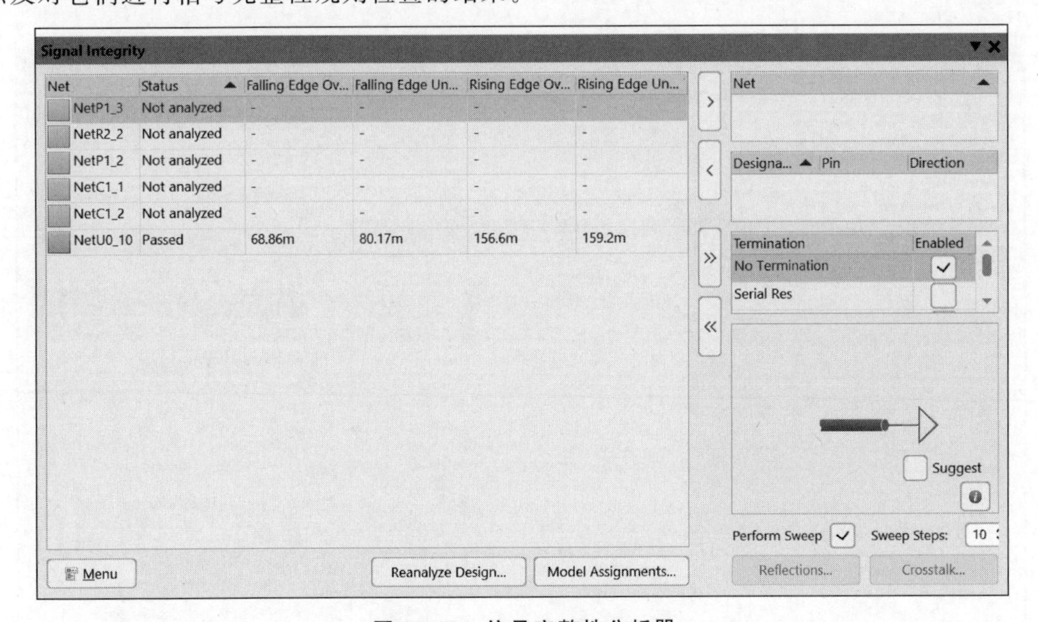

图 11.34 信号完整性分析器

(3) 在表格中选择一个网络,例如,右击 NetR2_2,在弹出的快捷菜单中选择 Details 选项,弹出 Full Results 对话框,如图 11.35 所示。在对话框中列出了该网络中各个信号完整性规则的分析结果。单击 Close 按钮，关闭 Full Results 对话框。

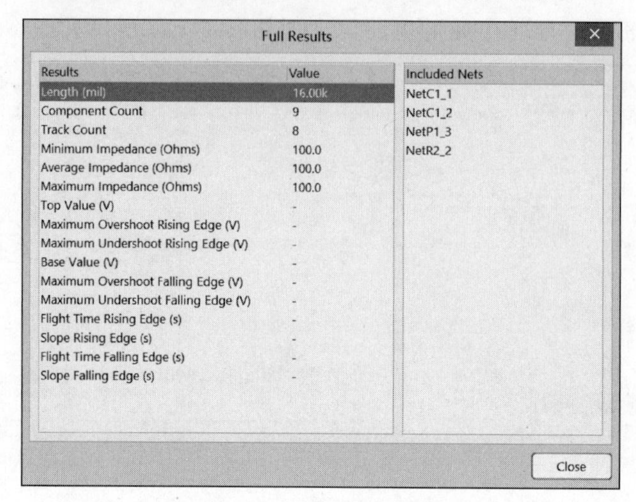

图 11.35 Full Results 对话框

2. 检查选定网络

通过对整个电路进行信号完整性规则检查，可以看出哪些网络通过了检查，哪些网络存在信号完整性问题，对于存在问题的网络，应该对其进行详细检查，以找出产生问题的原因。对选定网络进行检查的步骤如下。

(1) 在图 11.34 的表格中选择一个网络。例如，NetC1_1，单击＞按钮，把该网络添加到 Net 窗格中。此时，在 Net 窗格的下方表格中，显示了当前选中网络的详细信息，包括网络所连接的元件标识符、引脚编号和引脚的信号方向。网络 NetC1_1 的详细信息如图 11.36 所示。

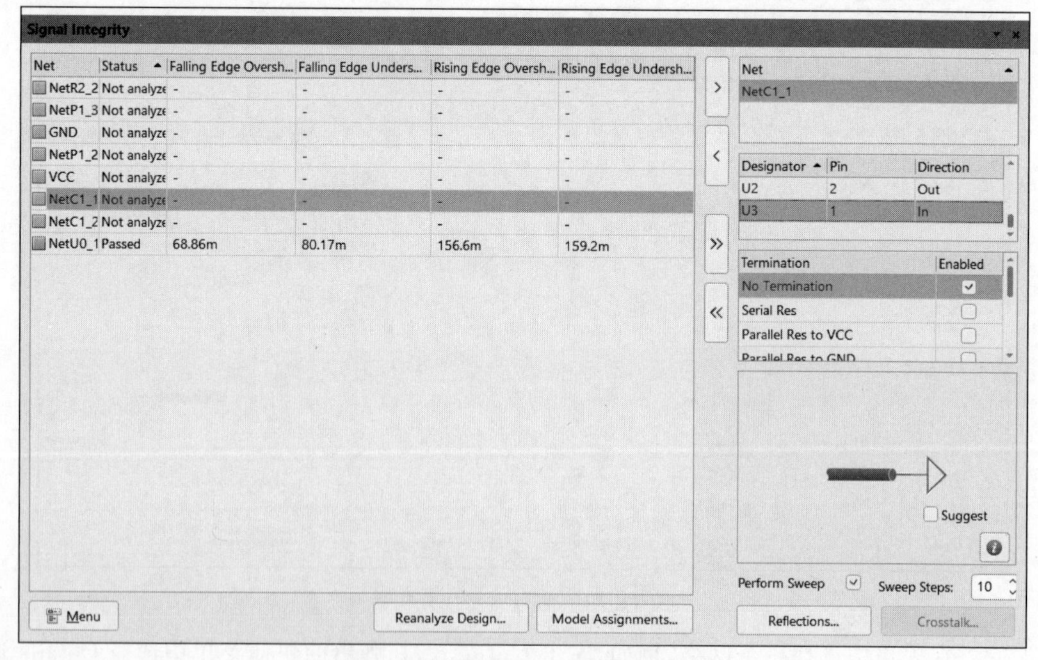

图 11.36 网络 NetC1_1 的详细信息

（2）单击 Reanalyze Design 按钮，系统对选中的网络 NetC1_1 再次进行信号完整性分析，并生成文件“时钟电路.sdf”。在该文件中，可以看出网络中各个引脚的波形。网络 NetC1_1 信号完整性分析结果波形如图 11.37 所示。从各个引脚的波形可以判断出哪个引脚不符合哪条信号完整性规则。

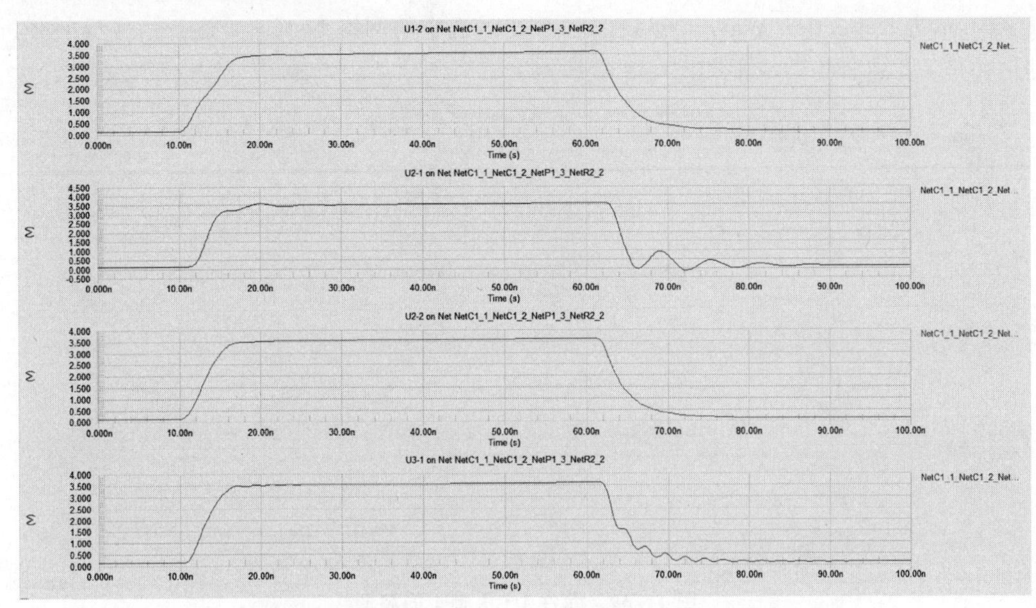

图 11.37　网络 NetC1_1 信号完整性分析结果波形

11.5.2　信号终端补偿

对于不符合信号完整性规则的引脚，可以对其进行终端补偿。在信号完整性分析器的 Termination 窗格中，列举了 8 种信号终端补偿方式，设计者可以选择某种信号终端补偿方式，通过信号完整性分析，检测该信号终端补偿方式的效果。

对电路原理图设计文件“时钟电路.SchDoc”元件 U3 引脚 1 进行信号终端补偿，步骤如下。

（1）在图 11.36 的 Net 窗格，设置元件 U3 的 SI 模型参数。在 Designator 列，选中元件 U3 的引脚 1，右击，在弹出的快捷菜单中选择 Edit Buffer 选项，弹出 Integrated Circuit 对话框，如图 11.38 所示。该对话框有 Pin 和 Component 两个选项组。在 Pin 选项组中，可以设置引脚的 Technology（工艺）、Direction（信号方向）和 Input Model（输入模型）等参数；在 Component 选项组中，可以设置元件的 Designator（标识符）、Part（型号）和 Technology（工艺）等参数。这里采用系统默认的参数设置，单击 OK 按钮，退出 Integrated Circuit 对话框。

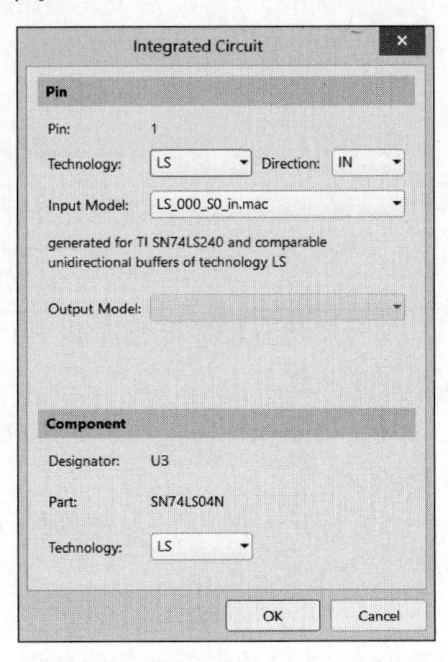

图 11.38　Integrated Circuit 对话框

（2）在图 11.36 的 Termination 窗格选中 No

Termination 复选框,即不进行终端补偿。

(3) 单击 Reflection Waveforms 按钮,系统对选中的网络信号 NetC1_1 进行信号反射分析。图 11.37 的第 4 个波形就是无终端补偿时元件 U3 引脚 1 的波形。

(4) 在 Termination 窗口选中 Serial Res 复选框,即进行串联电阻补偿。

(5) 单击 Reflection Waveforms 按钮,系统对选中的网络 NetC1_1 进行信号反射分析,此时,元件 U3 引脚 1 的波形如图 11.39 所示。

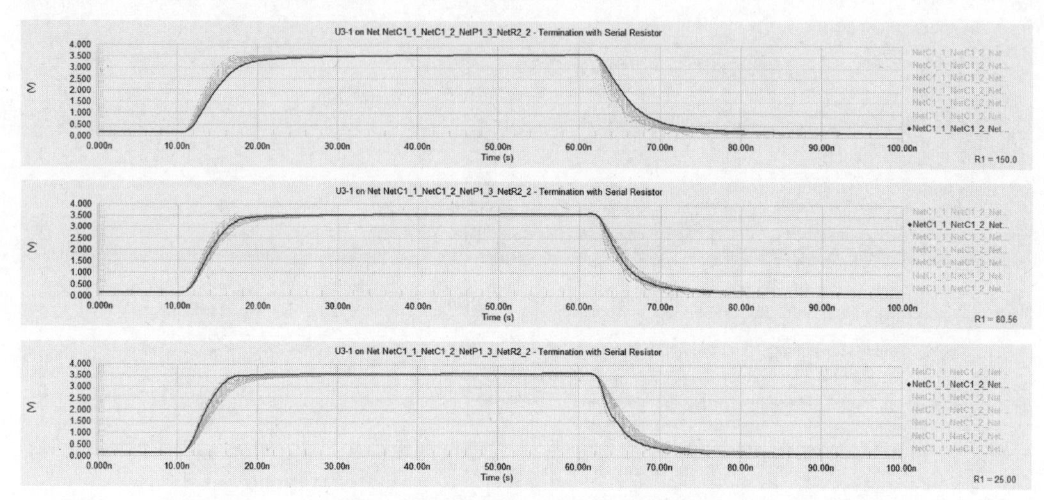

图 11.39 元件 U3 引脚 1 的波形

在图 11.39 中,第一个是串联电阻阻值为 150Ω 时进行串联电阻补偿后元件 U3 引脚 1 的波形,第二个是阻值为 80.56Ω 时进行串联电阻补偿后元件 U3 引脚 1 的波形,第三个是阻值为 25Ω 时进行串联电阻补偿后元件 U3 引脚 1 的波形。通过比较容易看出,串联电阻的阻值对元件 U3 引脚 1 的波形有明显的影响。

在 Termination 窗格分别单独选中其余 6 个补偿方式复选框,也可以同时选中多种补偿方式复选框,然后单击 Reflection Waveforms 按钮,系统对选中的网络信号 NetC1_1 进行信号反射分析,分别显示元件 U3 引脚 1 在相应补偿后的波形。这里不再一一叙述,请读者自己练习。

根据信号反射分析的结果,设计者可以根据信号完整性规则决定是否需要进行补偿,在需要进行补偿时,可以选择适当的信号终端补偿方式以及补偿元件参数。

11.5.3 信号串扰分析

信号串扰分析是指分析 PCB 中两个不同网络之间的干扰情况,为修改 PCB 的布局和布线提供依据。

对于电路原理图设计文件"时钟电路. SchDoc",分析网络 NetC1_1 对 NetP1_3 的串扰影响,步骤如下。

(1) 打开工程文件"时钟电路. PrjPcb",打开电路原理图设计文件"时钟电路. SchDoc",如图 11.33 所示。

(2) 在电路原理图编辑器中,选择"工具"→Signal Integrity 选项,开始进行信号完整性规则检查,并启动信号完整性分析器,如图 11.34 所示。

(3) 在信号完整性分析器左边的表格中，选择网络 NetP1_3，右击，在弹出的快捷菜单中选择 Find Coupled Nets 选项，系统将选中与网络 NetP1_3 有关联的所有网络，如图 11.40 所示。

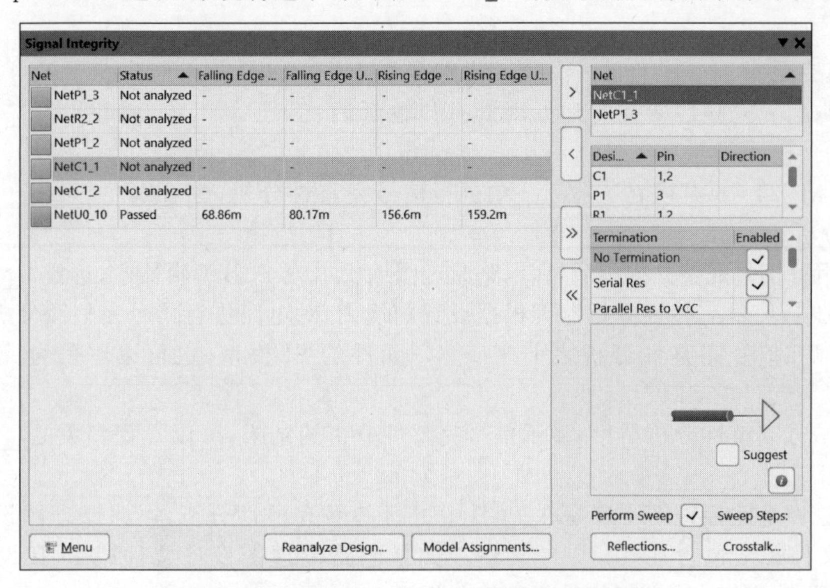

图 11.40　与网络 NetP1_3 有串扰影响的网络

(4) 这里只分析网络 NetC1_1 对 NetP1_3 的串扰影响。把网络 NetP1_3 和 NetC1_1 添加到 Net 窗格中。

(5) 在 Net 窗格中，选择网络 NetC1_1，右击，在弹出的快捷菜单中选择 Set Aggressor 选项，设置网络 NetC1_1 为干扰源，如图 11.41 所示。

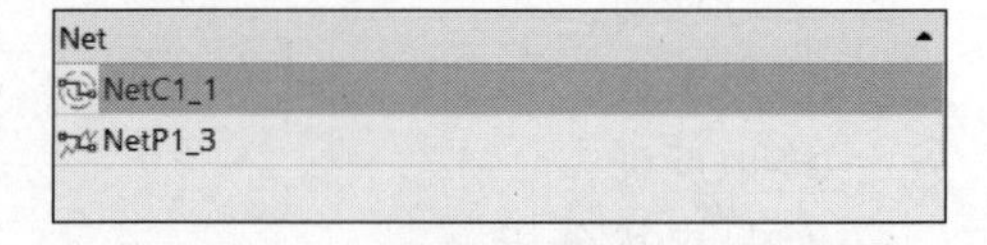

图 11.41　设置网络 NetC1_1 为干扰源

(6) 单击 Crosstalk Waveforms 按钮，系统对选中的网络进行信号串扰分析。网络 NetC1_1 对 NetP1_3 串扰影响的分析结果如图 11.42 所示。

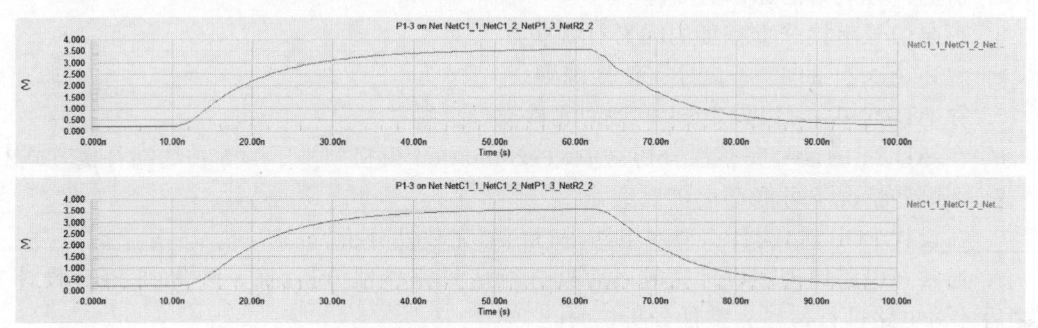

图 11.42　网络 NetC1_1 对 NetP1_3 串扰影响的分析结果

在图 11.42 中，第一个是考虑网络 NetC1_1 串扰时 NetP1_3 的波形；第二个是不考虑网络 NetC1_1 串扰时 NetP1_3 的波形。通过对比可以发现，网络 NetC1_1 串扰对 NetP1_3 存在一定的影响。

要减小 PCB 的信号串扰问题，就要回到 PCB 编辑器，修改 PCB 的布局与布线，或者采取必要的终端补偿措施。

习题 11

一、填空题

1. 导致信号完整性变差的常见因素有传输延迟、信号________、信号________和接地反弹等。

2. 在 AD 24 中，可以在________中进行信号完整性分析，也可以在________中进行信号完整性分析。

3. 设置好信号完整性规则后，在电路原理图编辑器或 PCB 编辑器中，选择"________"→________选项，信号完整性分析器即根据设置的规则，对电路进行信号完整性分析。

4. 可以在信号完整性分析之前________元件的 SI 模型，也可以在信号完整性分析________设置元件的 SI 模型。

5. 在信号完整性分析器中，显示信号完整性分析的结果，可以设置相关的________，还可以执行相应的________命令。

6. 不论在电路原理图中还是在 PCB 中进行信号完整性分析，电路原理图设计文件或 PCB 设计文件必须包含在________之中。如果电路原理图设计文件或 PCB 设计文件是________，那么不能对其进行信号完整性分析。

二、名词解释

1. 延迟容限。

2. 信号反射。

3. 信号串扰。

4. 接地反弹。

5. 信号串扰分析。

三、简答题

1. 简述信号完整性的含义。

2. 引起信号反射的原因有哪些？

3. 影响信号串扰严重程度的因素有哪些？

4. 叙述 AD 24 的 13 条信号完整性规则。

5. 在 AD 24 中，可以设定 SI 模型的元件类型有哪些？

6. 在 AD 24 的信号完整性分析器中，Termination 窗格列举了哪 8 种终端补偿方式？

7. 在哪些情况下可能产生接地反弹？

8. 在设计 PCB 时，为什么要对电路进行信号完整性分析？

9. 通常在电路原理图设计完成之后就进行信号完整性分析，而不要等到 PCB 设计完成之后才对电路进行信号完整性分析，为什么？

10. 详细叙述设置信号完整性规则的方法。

11. 叙述信号完整性分析器的结构和功能。

四、设计题

1. 在电路原理图设计文件"单片机最小系统.SchDoc"中，设置无源元件 C1 的 SI 模型。

2. 对电路原理图设计文件"时钟电路.SchDoc"元件 R1 引脚 1 进行信号终端补偿，补偿方式为并联电容到地补偿。

第12章 电路仿真

CHAPTER 12

本章介绍电路仿真的基础知识和基本方法，主要内容包括电路仿真概述、常用仿真元件、特殊仿真元件、仿真激励源、电路仿真设置和电路仿真实例等。通过对本章的学习，应达到以下目标。

(1) 理解电路仿真的基本概念，了解电路仿真的意义与条件。

(2) 掌握设置常用仿真元件与特殊仿真元件属性的方法。

(3) 掌握设置仿真激励源属性的方法。

(4) 了解仿真仪表板的结构和功能，理解主要仿真方式中参数的意义。

(5) 通过电路仿真实例，系统学习电路仿真的方法。

12.1 电路仿真概述

12.1.1 电路仿真的基本概念

在具有仿真功能的EDA软件出现之前，为了对所设计的电路进行验证，设计者通常使用万用板搭建实际的电路系统，然后对一些关键的电路结点进行逐点测试，通过示波器观察信号的波形，判断相应的电路部分是否符合设计要求。如果不符合设计要求，那么需要对电路进行修改，有时需要更换元件，有时需要调整电路结构，有时甚至需要重建电路系统。修改电路之后，再进行测试，直至符合设计要求为止。上述人工测试过程用时较长，操作烦琐，工作量非常大，对设计者能力的要求也很高。随着电子技术的发展，出现了具有仿真功能的EDA软件，上述过程可以在计算机中通过电路仿真实现。

所谓电路仿真，就是设计者利用EDA软件所提供的环境和功能，对所设计电路的运行情况进行模拟，通过软件实现并检验所设计电路的功能。一般来说，电路仿真主要是为了检查电路中某些参数设置是否合理。例如，电阻值、电容值的大小对信号波形上升时间、下降时间的影响，变压器的耦合系数对输出功率的影响等。

在进行电路仿真时，同样需要搭建电路系统、设置电路关键结点和观察信号波形，不过，这些操作都是在EDA软件的仿真环境中进行的，用时较短，操作简单，工作量小，只需进行一些参数设置、选择相应的操作选项即可完成。AD 24就是一款具有仿真功能的EDA软件，使设计者能够方便地进行电路仿真。

电路仿真涉及如下6个基本概念。

(1) 仿真元件。进行电路仿真时使用的电路原理图元件，要求具有仿真属性。

(2) 仿真电路原理图。根据实际电路的设计要求，使用电路原理图编辑器绘制的、所有电路原理图元件都具有仿真属性的电路原理图。在仿真电路原理图中，通过设置相关的参数、选择相应的操作选项，即可进行电路仿真，观察到仿真结果。

(3) 仿真激励源。用于模拟实际电路中的激励信号。

(4) 结点网络标签。在电路中需要测试的结点放置网络标签，便于查看该结点的仿真结果。仿真结束后，系统将显示网络标签所代表的结点的仿真结果。

(5) 仿真方式。AD 24 提供了 11 种电路仿真方式，详细内容将在 12.5.2 小节介绍。

(6) 仿真结果。AD 24 一般以波形的形式显示电路仿真的结果。仿真结果显示的对象可以是电压、电流或功率等。在进行傅里叶分析时，将以频谱图的形式显示仿真结果。

12.1.2 电路仿真的意义和条件

1. 电路仿真的意义

随着电子技术的飞速发展，新型电子元件不断涌现，电路变得越来越复杂，在电路设计时出现缺陷和错误是难以避免的。为了使设计者能够准确地分析电路的工作状况，及时发现电路中的设计缺陷和错误，应该对电路进行仿真。在设计与制作 PCB 之前，通过对电路原理图进行仿真，可以明确把握系统的性能指标，据此对各项参数进行适当的调整，这将节约大量的时间和精力，提高工作效率，缩短系统开发周期，尽快抢占市场。

基于 AD 24，电路仿真的整个过程都可以在计算机上进行，操作相当简便。对于仿真电路，只需在电路原理图编辑器中设计电路原理图即可，免去了搭建实际电路系统的不便；对于元件的参数，只需在电路原理图中设置不同的参数值，就可以仿真不同参数情况下电路系统的功能与性能，无须在电路中反复更换元件；无须对电路的关键结点进行逐点测试，只要在电路的关键结点放置网络标签，即可在仿真结果文件中查看关键结点的仿真结果；仿真结果真实、直观、易懂，便于设计者查看、比较和分析。

2. 电路仿真的条件

在 AD 24 中对电路原理图进行电路仿真，必须满足以下条件。

(1) 电路原理图中的每个元件都必须有 SPICE(Simulation Program with Integrated Circuit Emphasis，集成电路仿真程序)仿真模型，即每个元件必须具有仿真属性。

(2) 在电路原理图中必须有仿真激励源和 GND，还要设置仿真激励源的相关参数。

(3) 在电路原理图中必须有信号源，还要设置相关参数。

(4) 对于需要查看的测试点，需要放置结点网络标签。

(5) 选择电路仿真方式，还要设置相关参数。

12.1.3 电路仿真的一般流程

在 AD 24 中，对电路原理图进行仿真的一般流程如图 12.1 所示。

下面简要介绍电路仿真一般流程中主要步骤的作用。

1. 设计电路原理图

在进行电路仿真之前，必须新建一个工程，并且设计电路原理图。在电路原理图中，每个电路原理图元件必须具有仿真属性。如果某个电路原理图元件不具有仿真属性，那么系统在验证时会报错。

2. 设置仿真元件的参数

在 AD 24 中,仿真元件可以细分为多种类型,每类仿真元件具有特定的参数。在设置仿真元件的参数时,有时需要设置具体的参数值,例如,电阻的阻值、三极管的放大倍数、变压器初级绕组与次级绕组的耦合系数等。

3. 添加仿真激励源和信号源

仿真电路原理图中必须有仿真激励源,仿真激励源就是使电路开始工作的电源。常用的仿真激励源有直流电源、正弦信号激励源和脉冲信号激励源等。添加仿真激励源之后,需要根据实际电路的要求修改参数值,例如,激励源的电压/电流幅值、脉冲宽度、信号上升沿/下降沿的时间等。

在电路原理图中必须有信号源,信号源就是电路的输入信号。对于一些简单的电路,仿真激励源同时也是信号源。

4. 放置结点网络标签

在需要仿真测试的电路结点放置网络标签,并给网络标签命名。

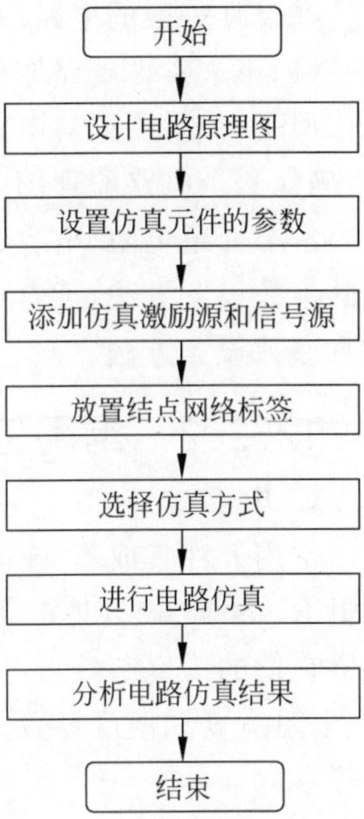

开始
设计电路原理图
设置仿真元件的参数
添加仿真激励源和信号源
放置结点网络标签
选择仿真方式
进行电路仿真
分析电路仿真结果
结束

图 12.1 电路仿真的一般流程

5. 选择仿真方式

在不同的仿真方式下,参数设置不同,显示的仿真结果也不同。设计者应该根据具体的电路要求,选择合适的仿真方式,设置合适的参数。

6. 进行电路仿真

在电路原理图编辑器中,选择"设计"→"仿真"→Mixed Sim 选项,或者选择 Simulate→Run Simulation 选项,启动混合仿真。若仿真电路原理图中没有错误,则系统将给出电路仿真结果,并把电路仿真结果保存在扩展名为.sdf 的文件中;否则,系统将自动中断仿真,同时弹出 Messages 对话框,显示仿真电路原理图中的错误信息。

7. 分析电路仿真结果

在电路仿真结果文件中,设计者可以查看、分析、比较需要仿真测试的电路结点的仿真波形和数据。若电路仿真结果不符合设计要求,可以修改仿真电路原理图,或者重新设置仿真元件的参数,然后再次进行电路仿真,直到电路仿真结果令人满意为止。

12.2 常用仿真元件

12.2.1 常用仿真元件概述

常用元件集成库 Miscellaneous Devices.IntLib 包含电阻、电容、电感、晶振、二极管、三极管、场效应管、电桥、保险丝、继电器、变压器、整流器、ADC 和 DAC 等常用元件。这些元件都具有仿真属性,在设置恰当的仿真属性参数值之后,它们可以直接用于电路仿真。

该库还包含直流电源、天线、电机、蜂鸣器、数码管等常用元件。在默认情况下,这些元件不具有仿真属性,一般不能直接用于电路仿真。在特殊情况下,可以为这些元件添加相应的仿真属性,在设置恰当的仿真属性参数值之后,它们也可以用于电路仿真。

在设计一般的电路原理图时，重点关注电路原理图元件及电路原理图元件之间的连接关系，而不去考虑电路原理图元件是否具有仿真属性，以及仿真属性的参数值是否恰当等问题。但是，如果需要对电路原理图进行仿真，那么就必须对所有电路原理图元件逐一进行检查，确保每个电路原理图元件具有正确的仿真模型，并且设置了恰当的仿真属性参数值。

本节介绍电阻、电容、电感、晶振、保险丝、变压器、二极管、三极管等常用的仿真元件属性的参数设置方法，读者可以参照这些内容，自己练习使用其余的仿真元件，并学习它们的仿真参数设置方法。

12.2.2 常用仿真元件的属性

1. 电阻

常用元件集成库 Miscellaneous Devices. IntLib 包含 3 种具有仿真属性的电阻，分别是电阻 Resistor、半导体电阻 Resistor(Semiconductor)和可变电阻 Resistor(Variable)，可以设置它们的仿真参数。电阻只需设置电阻值一个参数，半导体电阻需要设置电阻值、电阻长度、电阻宽度和温度系数等参数，可变电阻需要设置总阻值和仿真使用的阻值占总阻值的比例等参数。

下面以半导体电阻为例，介绍设置电阻仿真参数的步骤。

(1) 在电路原理图中，选中一个半导体电阻，双击，打开半导体电阻属性面板，如图 12.2 所示。

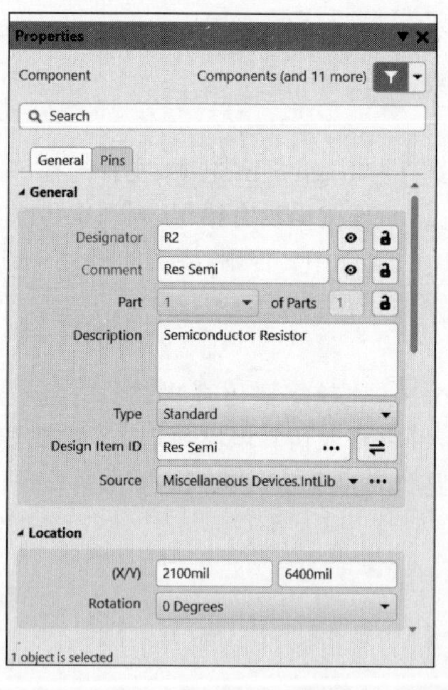

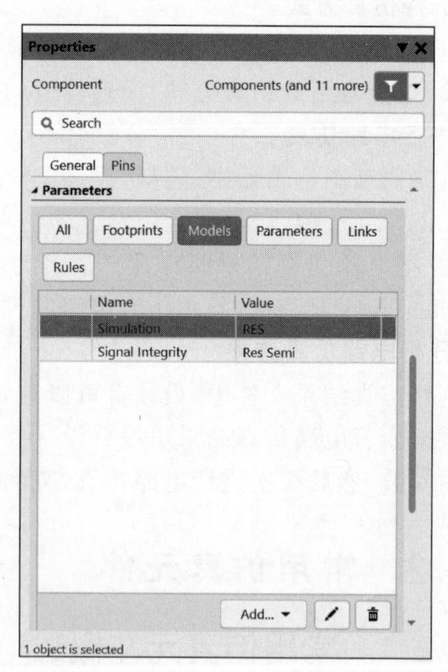

图 12.2 半导体电阻属性面板

(2) 在 Parameters 选项组中，选择 Models 复选按钮，在表格中双击 Simulation，弹出半导体电阻仿真参数设置对话框，如图 12.3 所示。

(3) 在 Model Properties 选项组中，显示该电路原理图元件的仿真模型名称、所在的集成库和模型类型。一般无须设置。

(4) 在 Pin Mapping 选项组中，显示该电路原理图元件与其仿真模型引脚的对应关系。

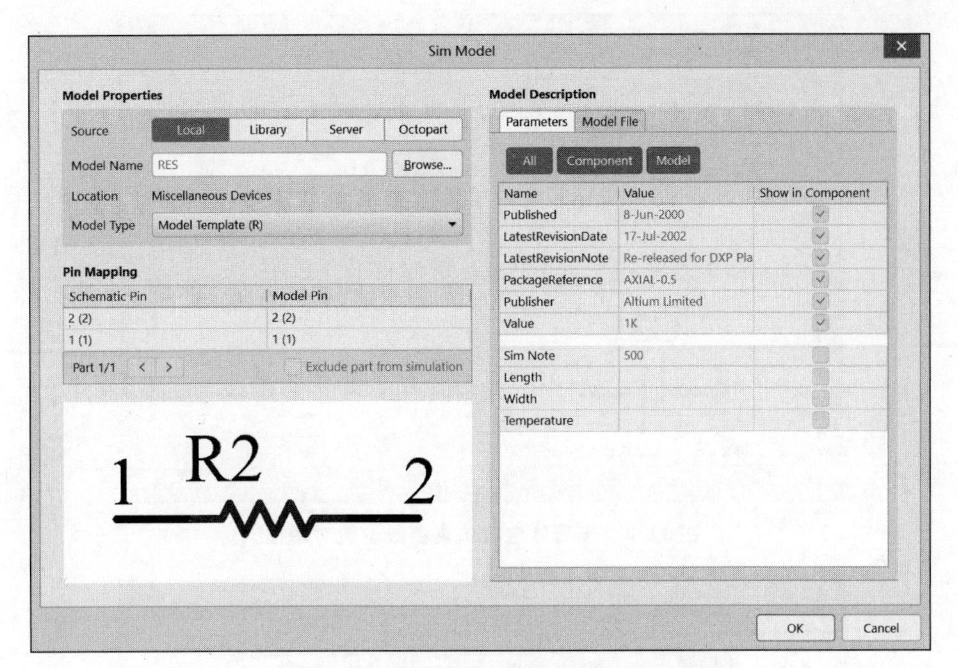

图 12.3 半导体电阻仿真参数设置对话框

无须设置。

(5) 在 Model Description 选项组的 Parameters 标签中，选择 All 复选按钮，在下面的表格中，一般需要设置 4 个参数值。Value 用于设置电阻值，Length 用于设置电阻长度，Width 用于设置电阻宽度，Temperature 用于设置温度系数。

(6) 在设置仿真参数之后，单击 OK 按钮，退出电阻仿真参数设置对话框。

注意：电阻的基本单位是 Ω，但是，在对电路原理图进行仿真时，系统不能识别 Ω 这个符号。如果在仿真电路原理图中出现该符号，那么在进行仿真时系统会报错。因此，在仿真电路原理图中，电阻的参数值后面不要加符号 Ω，但是可以加符号 R，或者不带单位。

2. 电容

常用元件集成库 Miscellaneous Devices. IntLib 包含两种具有仿真属性的电容，分别是电容 Capacitor 和半导体电容 Capacitor(Semiconductor)。电容只需设置电容值一个参数，半导体电容需要设置电容值、电容长度、电容宽度和初始电压等参数。

半导体电容仿真参数设置对话框如图 12.4 所示。在 Model Description 选项组的 Parameters 标签中，选择 All 复选按钮，在下面的表格中，一般需要设置 4 个参数值。Value 用于设置电容值，Length 用于设置电容长度，Width 用于设置电容宽度，Initial Voltage 用于设置初始电压。

注意：电容的基本单位是 μF，但是，在对电路原理图进行仿真时，系统不能识别 μ 这个符号。因此，在仿真电路原理图中，应该把电容的单位 μF 写成 uF。

3. 电感

电感仿真参数设置对话框如图 12.5 所示。在 Model Description 选项组的 Parameters 标签中，选择 All 复选按钮，在下面的表格中，一般需要设置 2 个参数。Value 用于设置电感值，Initial Current 用于设置初始电流。

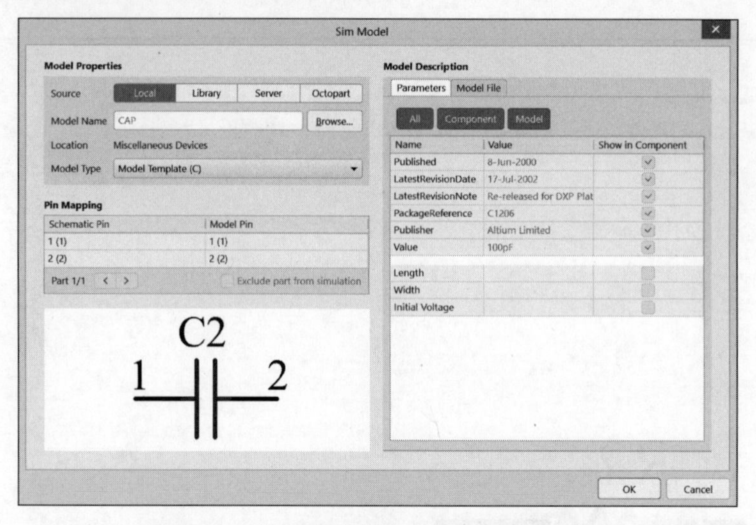

图 12.4 半导体电容仿真参数设置对话框

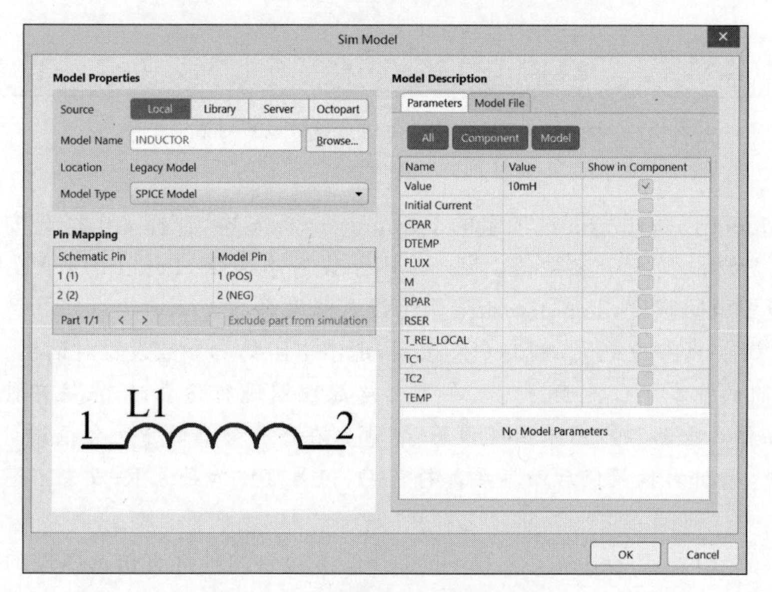

图 12.5 电感仿真参数设置对话框

4. 晶振

晶振仿真参数设置对话框如图 12.6 所示。在 Model Description 选项组的 Parameters 标签中，选择 All 复选按钮，在下面的表格中，可以设置 4 个参数。C 用于设置晶振的等效电容值，FREQ 用于设置晶振的振荡频率，Q 用于设置晶振的品质系数，RS 用于设置晶振的串联电阻值。

5. 保险丝

保险丝可以防止元件在电流过大时受到损坏。保险丝仿真参数设置对话框如图 12.7 所示。在 Model Description 选项组的 Parameters 标签中，选择 All 复选按钮，在下面的表格中可以设置两个参数。CURRENT 用于设置保险丝的熔断电流，RESISTANCE 用于设置保险丝的内阻值。

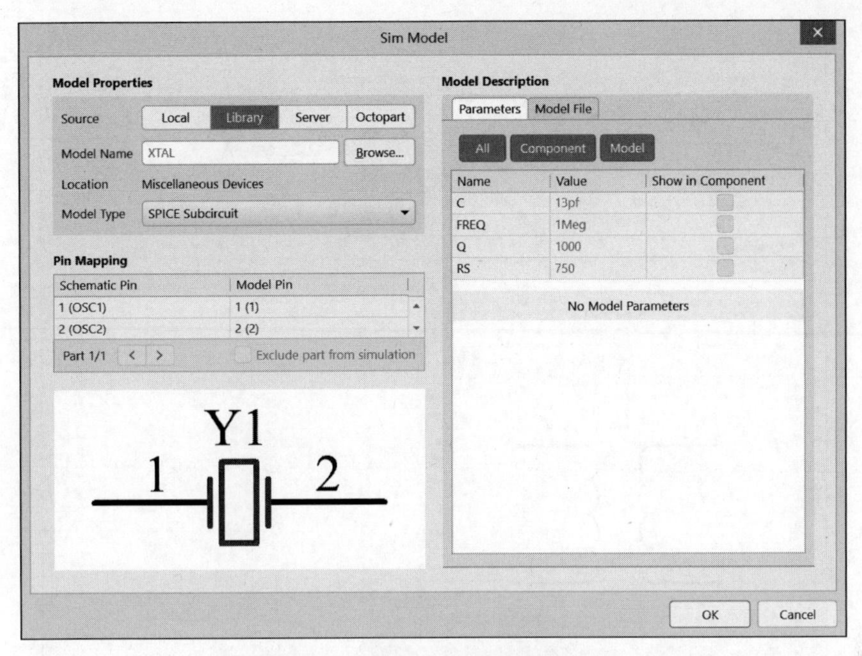

图 12.6 晶振仿真参数设置对话框

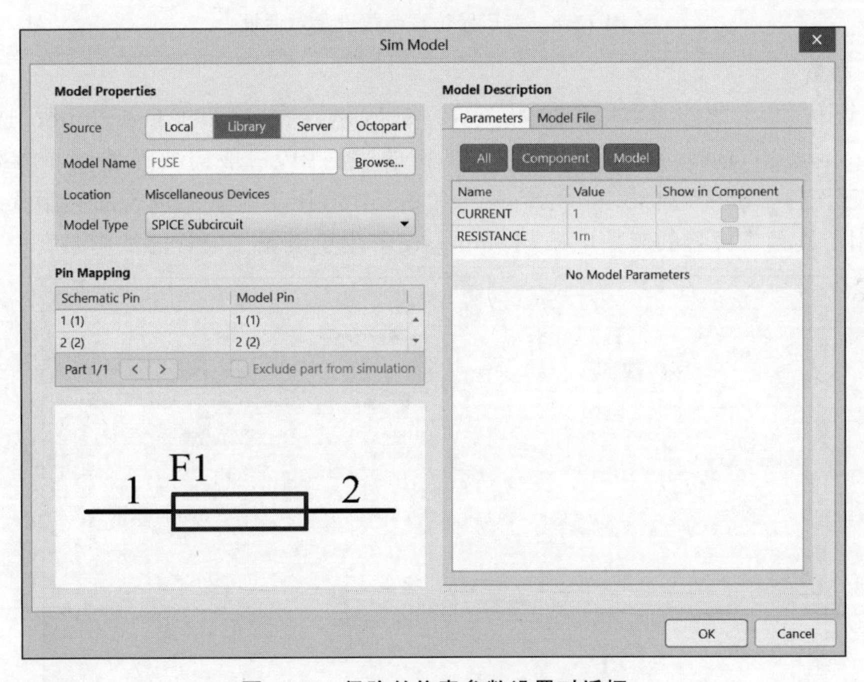

图 12.7 保险丝仿真参数设置对话框

6. 变压器

变压器仿真参数设置对话框如图 12.8 所示。在 Model Description 选项组的 Parameters 标签中，选择 All 复选按钮，在下面的表格中可以设置 3 个参数。INDUCTANCE A 用于设置感应线圈 A 的电感值，INDUCTANCE B 用于设置感应线圈 B 的电感值，COUPLING FACTOR 用于设置变压器的耦合系数。

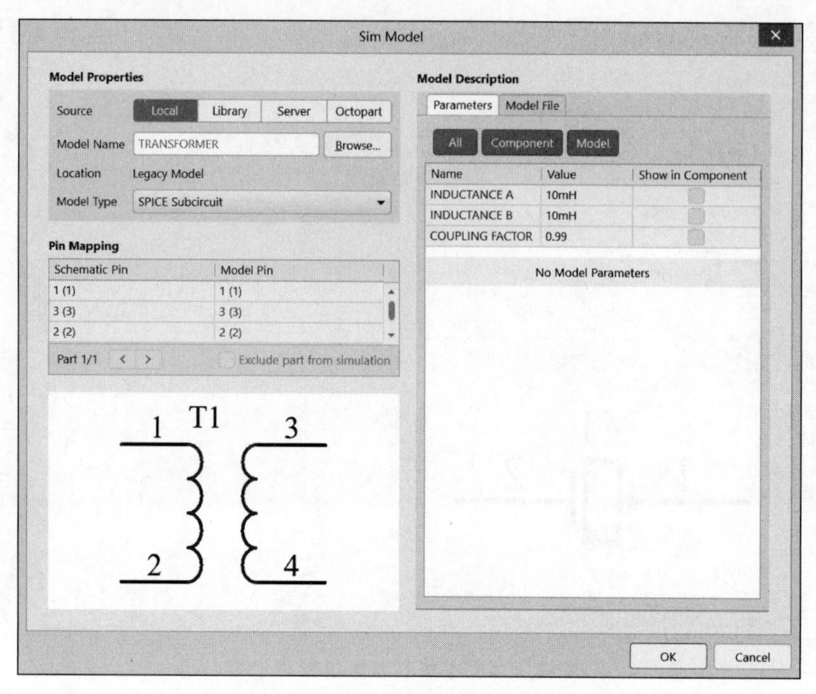

图 12.8　变压器仿真参数设置对话框

7. 二极管

二极管仿真参数设置对话框如图 12.9 所示。在 Model Description 选项组的 Parameters 标签中，选择 All 复选按钮，在下面的表格中，一般需要设置 4 个参数。Area Factor 用于设置二极管的面积因子，Starting Condition 用于设置二极管的起始状态，Initial Voltage 用于设置二极管的起始电压，Temperature 用于设置二极管的工作温度。

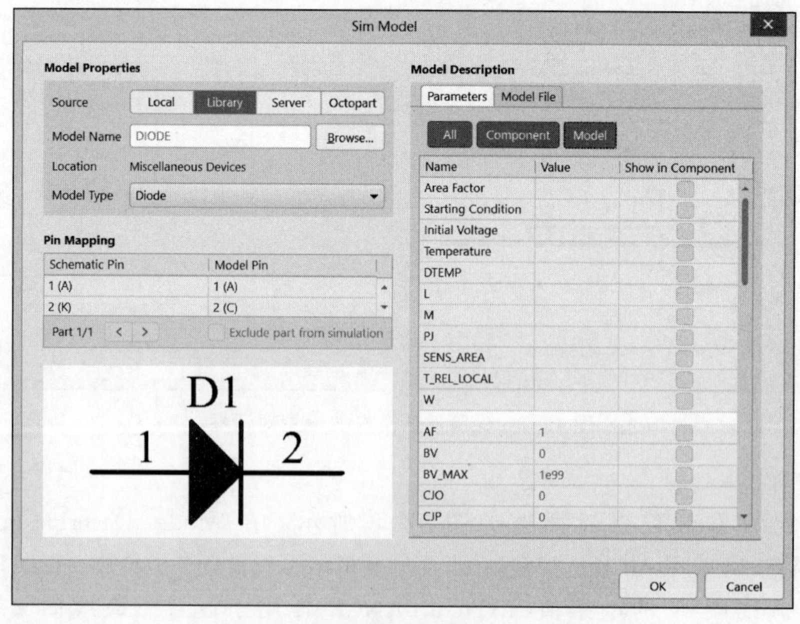

图 12.9　二极管仿真参数设置对话框

8. 三极管

三极管仿真参数设置对话框如图 12.10 所示。在 Model Description 选项组的 Parameters 标签中，选择 All 复选按钮，在下面的表格中，一般需要设置 5 个参数。Area Factor 用于设置三极管的面积因子，Starting Condition 用于设置三极管的起始状态，Initial B-E Voltage 用于设置基极与发射极两端的起始电压，Initial C-E Voltage 用于设置集电极与发射极两端的起始电压，Temperature 用于设置三极管的工作温度。

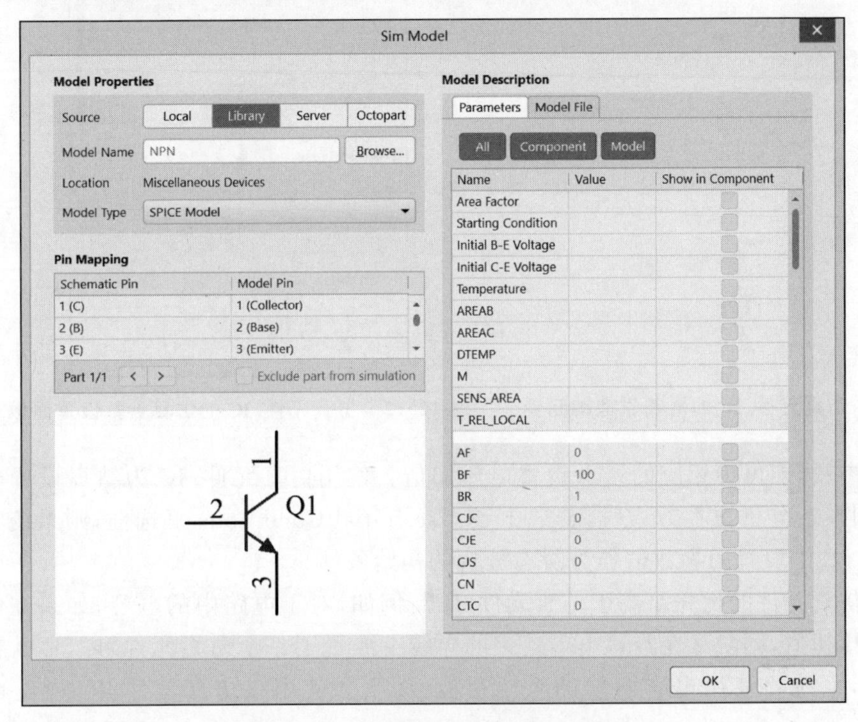

图 12.10 三极管仿真参数设置对话框

12.3 特殊仿真元件

12.3.1 结点元件

AD 24 自带一个通用仿真元件库 Simulation Generic Components，该库包含多种结点元件。结点元件作为一种特殊的仿真元件，主要用来设置电路结点的电压初值。

1. 仿真元件.IC

IC 是 Initial Condition(初始条件)的缩写。在对电路进行瞬态分析时，仿真元件.IC 用于设置电路结点的电压初值，作为该结点运行时的初始条件。仿真元件.IC 的电路原理图元件如图 12.11 所示。

仿真元件.IC 的仿真参数设置面板如图 12.12 所示。在仿真元件.IC 的仿真参数设置对话框中，只有 Initial Voltage 一个仿真参数，用于设置电路结点的电压初值。

在仿真电路原理图中，把仿真元件.IC 放置需要设置电压初值的结点上，通过设置该仿

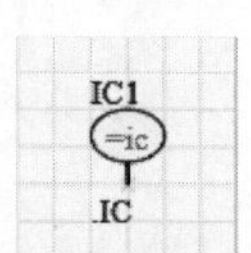

图 12.11 仿真元件.IC的电路原理图元件

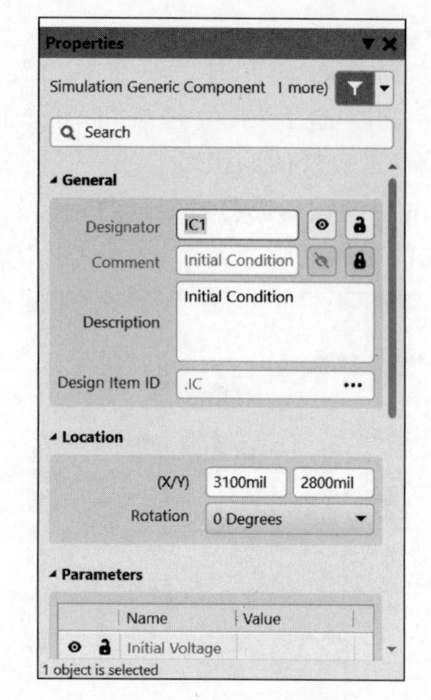

图 12.12 仿真元件.IC的仿真参数设置面板

真元件的参数，即可为相应的结点设置电压初值。使用仿真元件.IC为结点设置电压初值后，在采用瞬态分析仿真方式时，若选中了Use Initial Conditions复选框，则系统将使用该仿真元件.IC中设置的参数值作为瞬态分析的初始条件。

一般仿真元件的优先级高于仿真元件.IC。例如，对于电路中的电容，如果在电容两端设置了电压初值，同时又在与该电容连接的导线上放置了一个仿真元件.IC，那么在进行瞬态分析时，系统将使用电容两端的电压初值，而不会使用在仿真元件.IC中设置的电压初值。

2. 仿真元件.NS

NS是Node Set(结点设置)的缩写。在对电路进行稳态分析时，用于设置电路结点的电压初值，作为对该结点进行稳态分析的初始解。仿真元件.NS的电路原理图元件如图12.13所示。

仿真元件.NS的仿真参数设置面板如图12.14所示。

在仿真元件.NS的仿真参数设置对话框中，只有Initial Voltage一个仿真参数，用于设置结点的电压初值。

在仿真电路原理图中，把仿真元件.NS放置在需要进行稳态分析的结点上，通过设置该仿真元件的参数，系统可以获得对该结点进行稳态分析的初始解，以这个初始解为起点，模拟出该结点的波形，并计算该结点波形的收敛值。

对于双稳态或非稳态电路的收敛性计算来说，仿真元件.NS是必要的；而对于一般的电路仿真分析来说，仿真元件.NS不是必要的。

虽然仿真元件.IC和仿真元件.NS都是用来设置电路结点的电压初值，但是，它们的作用是不同的。仿真元件.IC用来设置电路结点开始运行时的电压初值，而仿真元件.NS用来设置电路结点信号波形的起点。

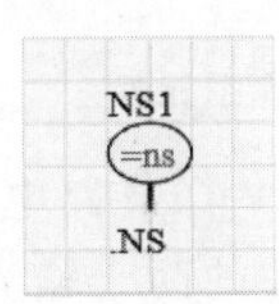

图 12.13 仿真元件.NS的电路原理图元件

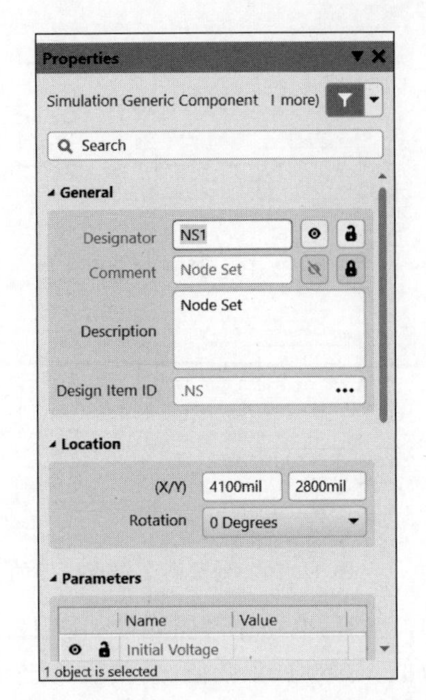

图 12.14 仿真元件.NS的仿真参数设置面板

若在电路的某个结点同时放置了仿真元件.IC和仿真元件.NS,则仿真元件.IC的优先级高于仿真元件.NS,即仿真元件.IC所设置的参数值取代仿真元件.NS所设置的参数值。

12.3.2 数学函数元件

数学函数元件在仿真数学函数库Simulation Math Function.IntLib中。数学函数元件作为一种特殊的仿真元件,主要用来对一路信号进行变换,或对两路信号进行合成,以达到一定的仿真目的。

数学函数元件的使用方法很简单,只需把数学函数元件放在仿真电路原理图中进行信号处理的地方即可,不需要设置仿真参数。

1. 一元函数元件

一元函数元件可以对一路信号进行变换。

处理对地电压的一元函数元件包括ABSV、SQRTV、EXPV、LOGV、SINV、COSV、ACOSV和UNARYV,它们的电路原理图元件如图12.15所示,分别用于求结点对地电压的绝对值、平方根、指数值、对数值、正弦值、余弦值、反余弦值和取反。把元件的输入引脚接到电路的某个结点,输入信号是该结点相对于地的电压,输出信号是对输入信号进行变换后的结果。

处理两个结点电压的一元函数元件包括ABSVR、SQRTVR、EXPVR、LOGVR、SINVR、COSVR、ACOSVR和UNARYVR,它们的电路原理图元件如图12.16所示,分别用于求两个结点电压的绝对值、平方根、指数值、对数值、正弦值、余弦值、反余弦值和取反。把元件的两个输入引脚接到电路的两个结点,输入信号是两个结点的电压,输出信号是对输入信号进行变换后的结果。

处理支路电流的一元函数元件包括ABSI、SQRTI、EXPI、LOGI、SINI、COSI、ACOSI

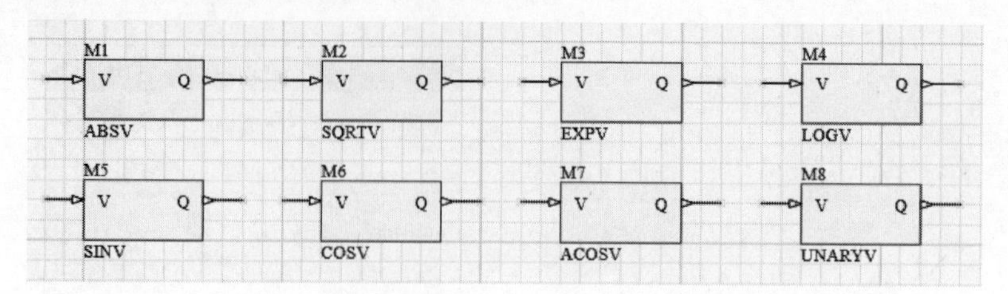

图 12.15 处理对地电压的一元函数元件的电路原理图元件

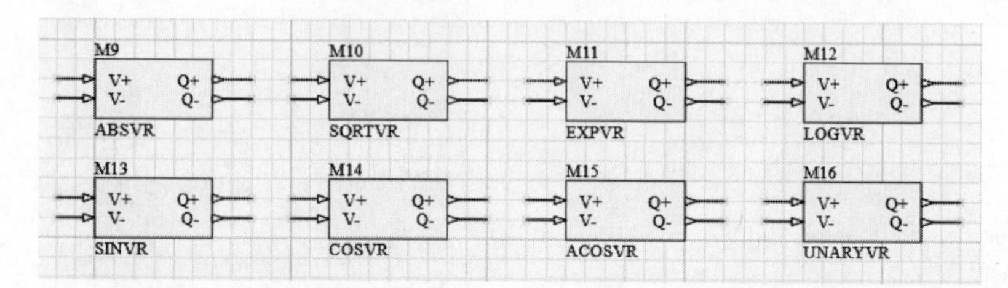

图 12.16 处理两个结点电压的一元函数元件的电路原理图元件

和 UNARYI，它们的电路原理图元件如图 12.17 所示，分别用于求一条支路电流的绝对值、平方根、指数值、对数值、正弦值、余弦值、反余弦值和取反。把元件的两个输入引脚串联接入支路，输入信号是支路的电流，输出信号是对输入信号进行变换后的结果。

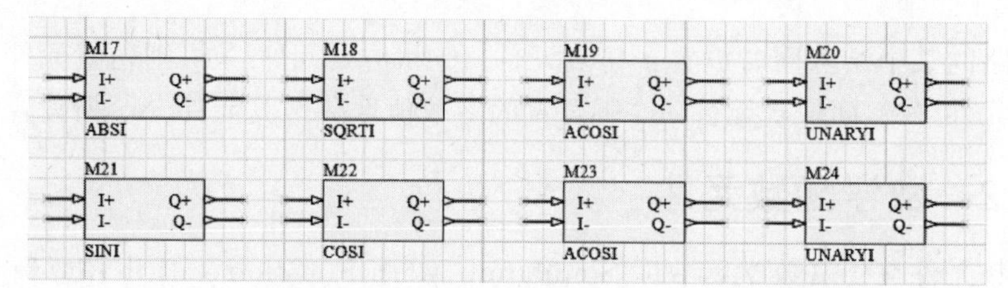

图 12.17 处理支路电流的一元函数元件的电路原理图元件

2. 二元函数元件

二元函数元件可以对两路信号的电压或电流进行加、减、乘、除等运算。

处理两路电压的二元函数元件包括 ADDV、SUBV、MULTV 和 DIVV，它们的电路原理图元件如图 12.18 所示，分别可以对两路电压信号进行加、减、乘、除运算。

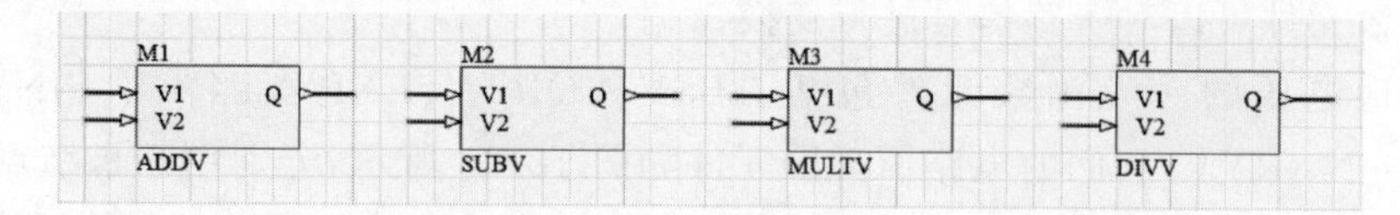

图 12.18 处理两路电压的二元函数元件的电路原理图元件

在 AD 24 中，还有很多数学函数元件。其他数学函数元件的电路原理图元件及其使用方法，请读者自己学习。

12.4 仿真激励源

12.4.1 常用的仿真激励源

一般的电路原理图是为设计 PCB 服务的，只需为 PCB 提供电路原理图元件以及电路原理图元件连接关系等信息，无须运行电路，因此，它不需要激励源。而仿真电路原理图需要运行电路，通过模拟电路原理图的运行，检查电路结点的信号是否符合设计要求，因此，它需要激励源启动电路运行。

AD 24 自带一个通用仿真元件库 Simulation Generic Components，该库包含多种仿真激励源，例如，直流电源、正弦信号激励源、脉冲信号激励源、分段线性激励源、调频信号激励源、指数函数信号激励源、线性受控源和非线性受控源等。

本节介绍几种常用的仿真激励源及其仿真参数设置方法，读者可以参照这些内容，自己练习使用其余的仿真激励源，并学习它们的仿真参数设置方法。

12.4.2　仿真激励源的属性

1. 直流电源

直流电源的电路原理图元件如图 12.19 所示，第一个是直流电压源 VSRC，第二个是直流电流源 ISRC。直流电压源为仿真电路提供恒定的直流电压信号，直流电流源为仿真电路提供恒定的直流电流信号。在仿真时，系统默认电源是理想的，即电压源的内阻为零，电流源的内阻为无穷大。

直流电压源 VSRC 的仿真参数设置面板如图 12.20 所示。

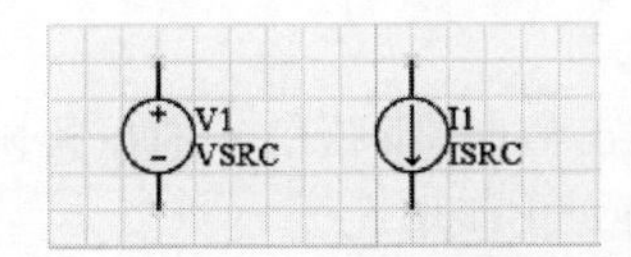

图 12.19　直流电源的电路原理图元件

图 12.20　直流电压源 VSRC 的仿真参数设置面板

在 Parameters 选项组设置仿真参数。各个参数的意义如下。

① DC Magnitude：直流电源的幅值。

② AC Magnitude：交流扫描分析的电压。

③ AC Phase：交流扫描分析的初始相位。

如果不进行交流扫描分析，AC Magnitude 和 AC Phase 可以设置为任何值。

2. 正弦信号激励源

正弦信号激励源的电路原理图元件如图 12.21 所示，第一个是正弦信号电压源 VSIN，第二个是正弦信号电流源 ISIN。它们用来产生正弦电压和正弦电流，用于交流扫描分析和瞬态分析。

正弦信号电压源 VSIN 的仿真参数设置面板如图 12.22 所示。

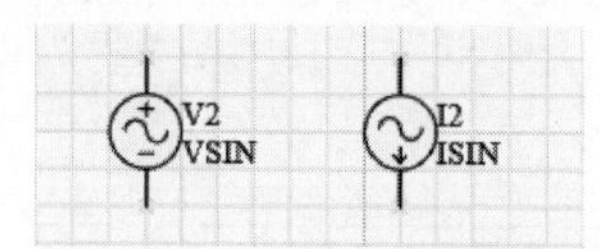

图 12.21　正弦信号激励源的电路原理图元件

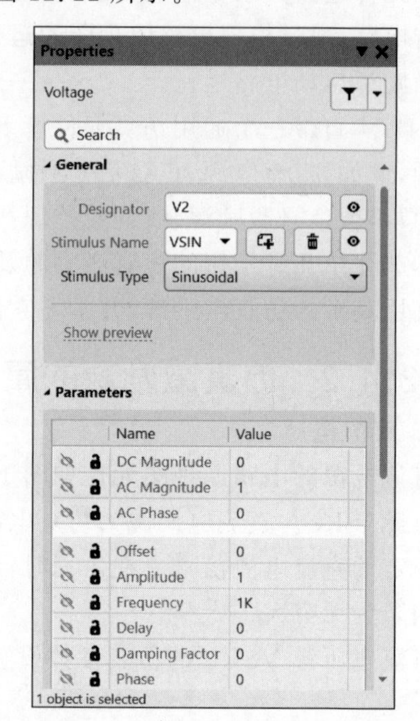

图 12.22　正弦信号电压源 VSIN 的仿真参数设置面板

在 Parameters 选项组设置仿真参数。各个参数的意义如下。

① DC Magnitude：正弦信号的直流参数。一般设为 0。

② AC Magnitude：交流扫描分析的电压。一般设为 1V。

③ AC Phase：交流扫描分析的初始相位。一般设为 0。

④ Offset：叠加在正弦信号上的直流分量。

⑤ Amplitude：正弦信号的幅值。

⑥ Frequency：正弦信号的频率。

⑦ Delay：正弦信号的初始延迟时间。

⑧ Damping Factor：正弦信号的阻尼因子。当设置为正值时，正弦信号的振幅随时间的变化而减小；当设置为负值时，正弦信号的振幅随时间的变化而增大。

⑨ Phase：正弦信号的初始相位。

3. 脉冲信号激励源

脉冲信号激励源的电路原理图元件如图 12.23 所示，第一个是脉冲信号电压源 VPULSE，第二个是脉冲信号电流源 IPULSE。它们用来产生周期性的脉冲电压和脉冲电流。

脉冲信号电压源 VPULSE 的仿真参数设置面板如图 12.24 所示。

在 Parameter 选项组设置仿真参数。各个参数的意义如下。

① DC Magnitude：脉冲信号的直流参数。一般设置为 0。

② AC Magnitude：交流扫描分析的电压。一般设置为 1V。

③ AC Phase：交流扫描分析的初始相位。一般设置为 0。

④ Initial Value：脉冲信号的初始幅值。

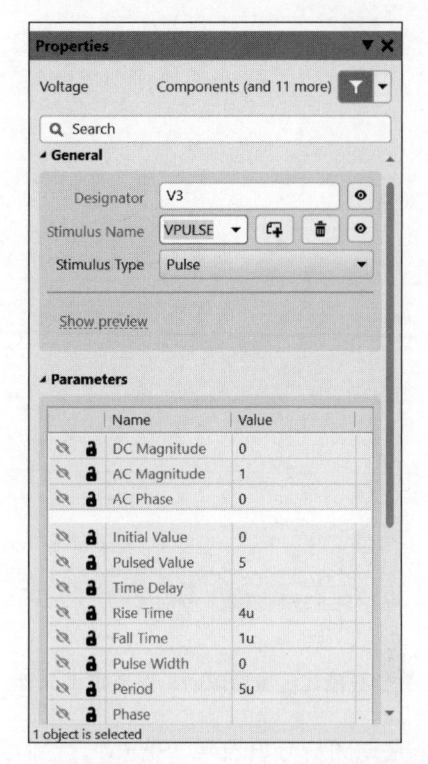

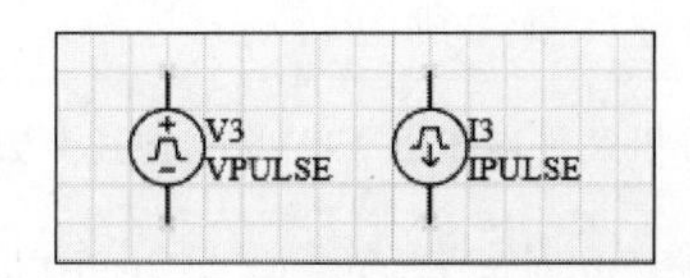

图 12.23 脉冲信号激励源的电路原理图元件　图 12.24 脉冲信号电压源 VPULSE 的仿真参数设置面板

⑤ Pulsed Value：脉冲信号的幅值。

⑥ Time Delay：脉冲信号从初始值变化到脉冲值的延迟时间。

⑦ Rise Time：脉冲信号的上升时间。

⑧ Fall Time：脉冲信号的下降时间。

⑨ Pulse Width：脉冲信号的高电平宽度。

⑩ Period：脉冲信号的周期。

⑪ Phase：脉冲信号的初始相位。

4. 分段线性激励源

分段线性激励源的电路原理图元件如图 12.25 所示，第一个是分段线性电压源 VPWL，第二个是分段线性电流源 IPWL。它们用来产生由若干条相连直线组成的不规则信号。

分段线性电压源 VPWL 的仿真参数设置面板如图 12.26 所示。

在 Parameters 选项组设置仿真参数。各个参数的意义如下。

① DC Magnitude：分段线性信号的直流参数。一般设置为 0。

② AC Magnitude：交流扫描分析的电压。一般设置为 1V。

③ AC Phase：交流扫描分析的初始相位。一般设置为 0。

④ Time-Value Pairs：在分段点处的时间值和电压值/电流值，其中，时间为横坐标，电压/电流为纵坐标。

5. 调频信号激励源

调频信号激励源的电路原理图元件如图 12.27 所示，第一个是调频信号电压源 VSFFM，

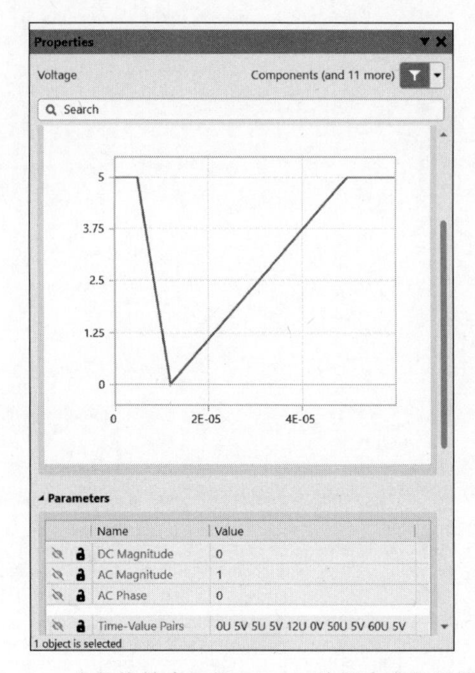

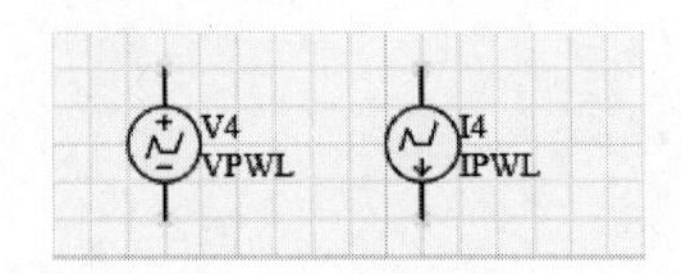

图 12.25　分段线性激励源的电路原理图元件　　图 12.26　分段线性电压源 VPWL 的仿真参数设置面板

第二个是调频信号电流源 ISFFM。它们主要用来产生频率可变的仿真信号，一般用于高频电路仿真。

调频信号电压源 VSFFM 的仿真参数设置面板如图 12.28 所示。

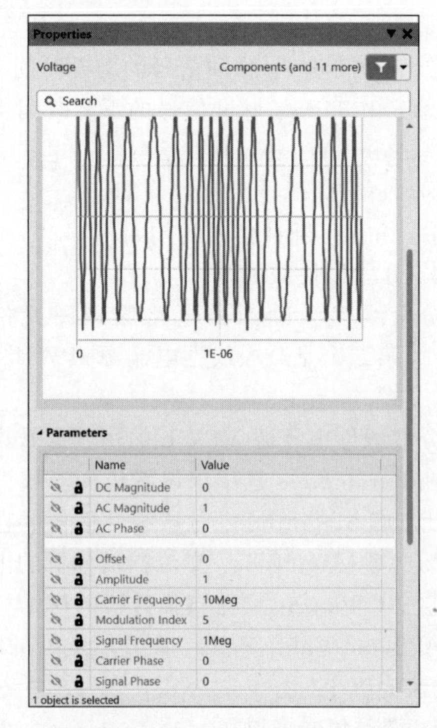

图 12.27　调频信号激励源的电路原理图元件　　图 12.28　调频信号电压源 VSFFM 的仿真参数设置面板

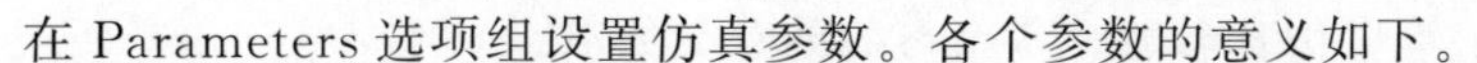

在 Parameters 选项组设置仿真参数。各个参数的意义如下。

① DC Magnitude：调频信号激励源的直流参数。一般设置为 0。

② AC Magnitude：交流扫描分析的电压。一般设置为 1V。

③ AC Phase：交流扫描分析的初始相位。一般设置为 0。

④ Offset：叠加在调频信号上的直流分量。

⑤ Amplitude：载波幅值。

⑥ Carrier Frequency：载波频率。

⑦ Modulation Index：调制系数。

⑧ Signal Frequency：调制信号的频率。

⑨ Carrier Phase：载波的初始相位。

⑩ Signal Phase：调制信号的初始相位。

6. 指数函数信号激励源

指数函数信号激励源的电路原理图元件如图 12.29 所示，第一个是指数函数信号电压源 VEXP，第二个是指数函数信号电流源 IEXP。它们主要用来产生指数形状的电压信号和电流信号，一般用于高频电路仿真。

指数函数信号电压源 VEXP 的仿真参数设置面板如图 12.30 所示。

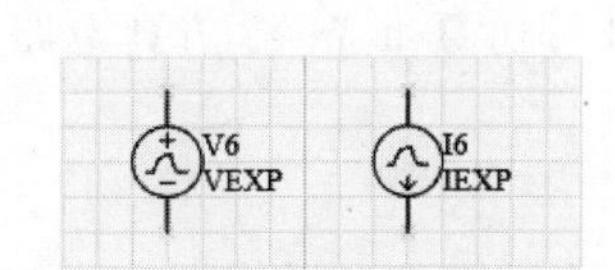

图 12.29　指数函数信号激励源的电路原理图元件

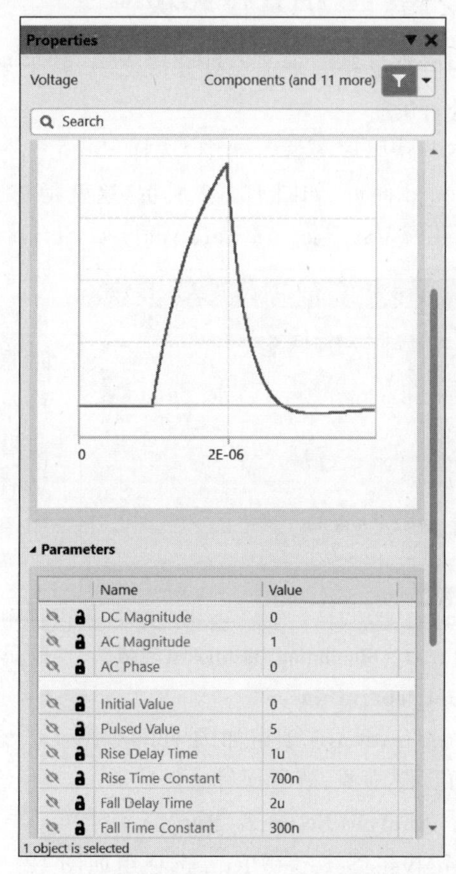

图 12.30　指数函数信号电压源 VEXP 的仿真参数设置面板

在 Parameters 选项组设置仿真参数。各个参数的意义如下。

① DC Magnitude：指数函数信号的直流参数。一般设置为 0。

② AC Magnitude：交流扫描分析的电压。一般设置为 1V。

③ AC Phase：交流扫描分析的初始相位。一般设置为 0。

④ Initial Value：指数函数信号的初始幅值。

⑤ Pulsed Value：指数函数信号的跳变值。

⑥ Rise Delay Time：信号的上升延迟时间。

⑦ Rise Time Constant：信号的上升时间。

⑧ Fall Delay Time：信号的下降延迟时间。

⑨ Fall Time Constant：信号的下降时间。

12.5 电路仿真设置

在进行电路仿真之前，必须进行仿真设置，选择仿真方式，说明需要收集哪个变量的数据，指定仿真完成后显示哪个变量的波形。

12.5.1 仿真仪表板

在仿真电路原理图设计完成之后，接下来应该进行电路仿真准备，其操作是在仿真仪表板中进行的。

在电路原理图编辑器中，选择 Simulate→Simulation Dashboard 选项，弹出 Simulation Dashboard 面板，如图 12.31 所示，这就是仿真仪表板。仿真仪表板包括 4 个选项组，分别是 Verification、Preparation、Analysis Setup & Run 和 Results。

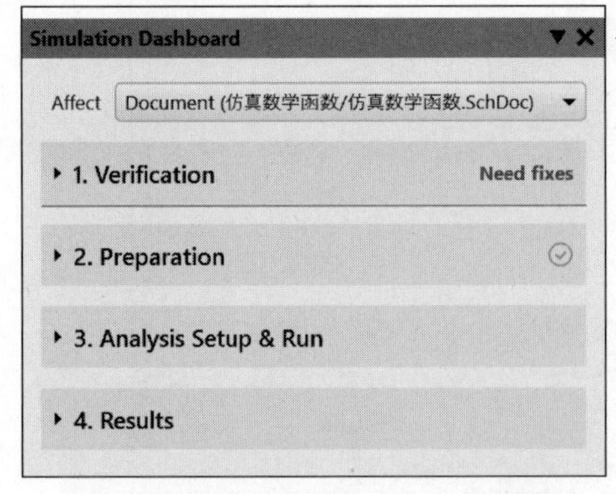

图 12.31 Simulation Dashboard 面板

1. Verification

在进行电路仿真之前，系统首先要验证仿真电路原理图是否符合电气规则，并且检查所有仿真电路原理图元件是否具有仿真模型。只有这两项都通过了验证，才能进行电路仿真。验证的结果在 Verification 选项组显示出来。Verification 选项组如图 12.32 所示。

在图 12.32 中，系统提示 Simulation Models 有错误，需要对仿真模型进行编辑，然后再次进行验证，直到通过验证为止。

2. Preparation

Preparation 选项组如图 12.33 所示。该选项组用于进行仿真准备，给仿真电路原理图添加仿真激励源，放置探针。

3. Analysis Setup & Run

Analysis Setup & Run 选项组如图 12.34 所示。该选项组用于选择仿真方式。在进行电路仿真时，允许同时选择多种仿真方式。

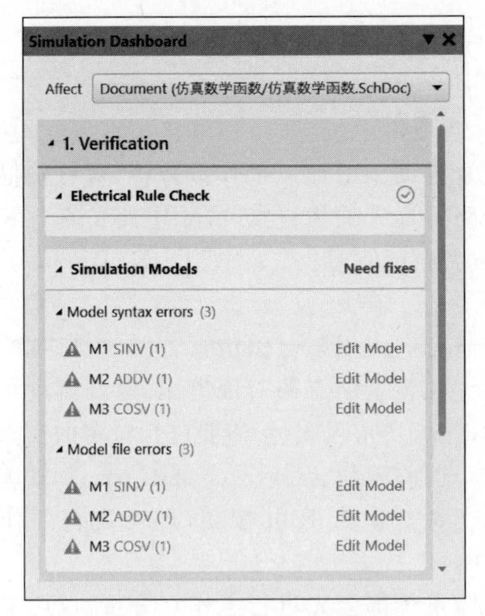

图 12.32 Verification 选项组

图 12.33 Preparation 选项组

AD 24 提供了 11 种电路仿真方式，分别是 Operating Point（工作点分析）、Transfer Function（传递函数分析）、Pole-Zero Analysis（极点-零点分析）、DC Sweep（直流扫描分析）、Transient（瞬态分析）、Fourier Analysis（傅里叶分析）、AC Sweep（交流扫描分析）、Noise Analysis（噪声分析）、Temperature Sweep（温度扫描分析）、Sweep（参数扫描分析）和 Monte Carlo（蒙特卡洛分析）。

4. Results

电路仿真结束后，Results 选项组显示仿真的结果。Results 选项组如图 12.35 所示。单击 ••• 按钮，弹出快捷菜单。通过快捷菜单，可以打开、删除仿真数据文件，还可以对仿真数据文件进行编辑。

图 12.34 Analysis Setup & Run 选项组

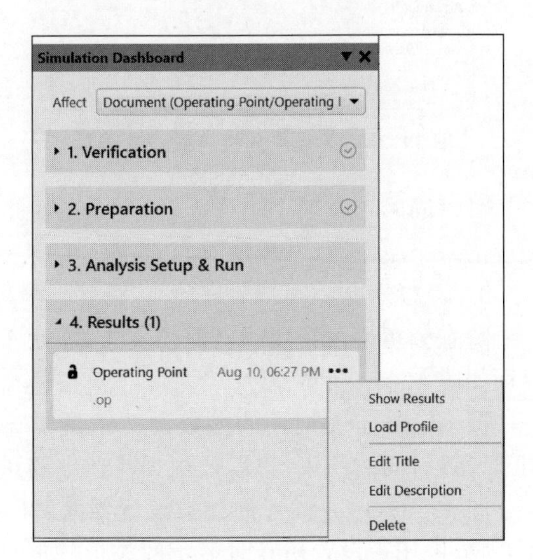

图 12.35 Results 选项组

12.5.2 电路仿真方式

在如图 12.34 所示的 Analysis Setup & Run 选项组中，展开一种电路仿真方式，在其下方显示与当前电路仿真方式对应的仿真参数设置界面。下面以工作点分析、直流扫描分析、瞬态分析、傅里叶分析和交流扫描分析 5 种电路仿真方式为重点，介绍电路仿真方式的参数设置方法。其他电路仿真方式的参数设置，读者自己练习。

1. 工作点分析

工作点分析用于测定电路结点在某一时刻的状态。使用该电路仿真方式时，所有的电容都被看作开路，所有的电感都被看作短路，然后计算各个结点的对地电压，以及流过每个电路原理图元件的电流。由于仿真对象与目的都是确定的，因此，不需要进行特定的参数设置。工作点分析参数设置界面如图 12.36 所示。选择 Voltage、Power 或 Current 复选按钮，仿真后将在电路原理图上显示电压、功率或电流。单击 Run 按钮，即可运行工作点分析。

一般来说，在进行瞬态分析和交流扫描分析时，系统都会先进行工作点分析，以确定电路中非线性元件的线性化参数值，因此，通常情况下应该运行该仿真方式。

2. 直流扫描分析

直流扫描分析用于分析直流转移特性，当输入在一定范围内变化时，输出一个曲线轨迹。通过执行一系列工作点分析，修改选定的电源信号电压，从而得到一个直流传输曲线。直流扫描分析参数设置界面如图 12.37 所示。下拉列表框用于选择电源名称，From 用于设置电源的起始电压值，To 用于设置电源的停止电压值，Step 用于设置电源的扫描步长。

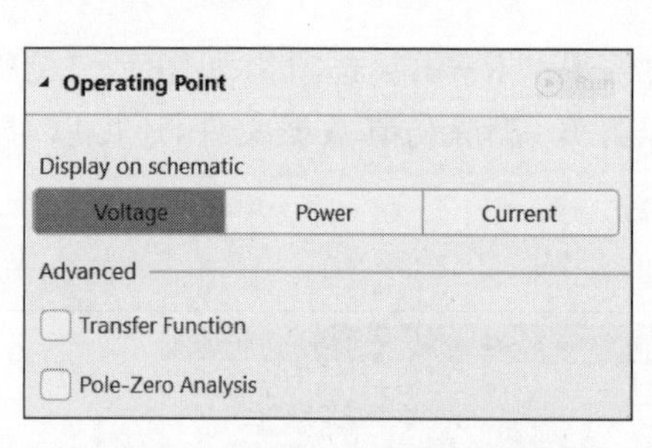

图 12.36 工作点分析参数设置界面

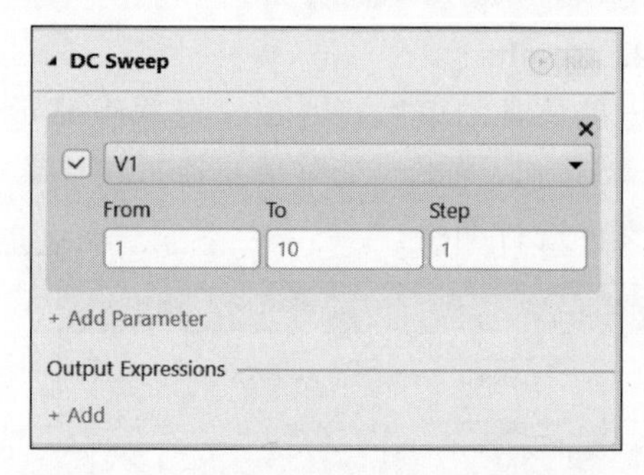

图 12.37 直流扫描分析参数设置界面

可以同时指定两个工作电源，一个是主电源，另一个是从电源。在直流扫描分析中，必须设定一个主电源，从电源是可选的。

3. 瞬态分析

瞬态分析是最常用的电路仿真方式，用于在时域描述输出的信号。瞬态分析参数设置界面如图 12.38 所示。

图 12.38(a)是时间的参数设置界面。From 用于设置时间的起始值，一般设置为 0；To 用于设置时间的结束值，需要根据具体电路进行设置；Step 用于设置时间的步长。

图 12.38(b)是波形的参数设置界面。From 用于设置信号的起始周期，一般设置为 0；N Periods 用于设置仿真时显示的波形的周期数；Points/Period 用于设置每个周期显示数据点的数量。

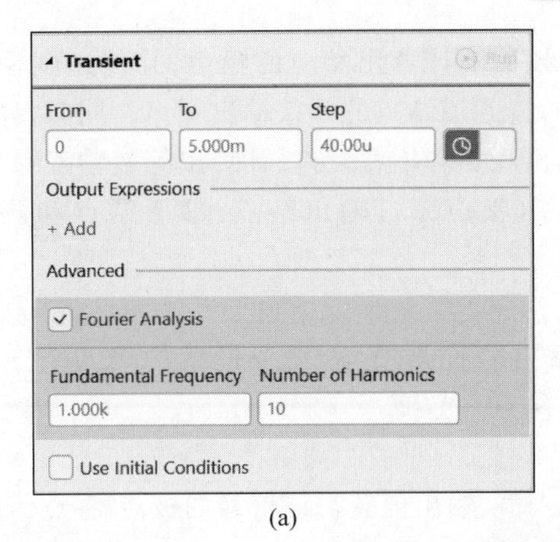

(a)

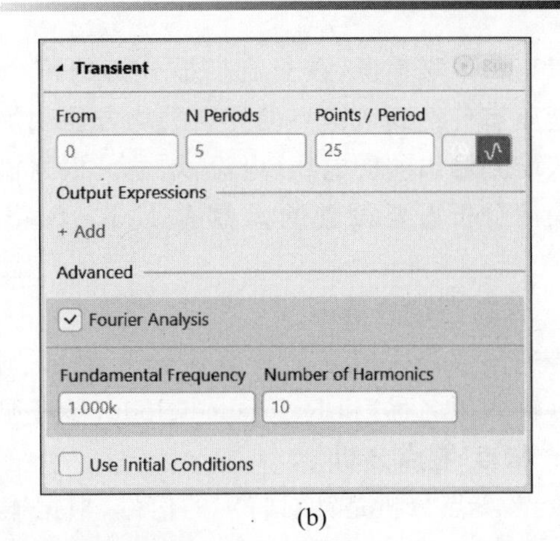

(b)

图 12.38 瞬态分析参数设置界面

若选中 Use Initial Conditions 复选框，则瞬态分析将从仿真电路原理图定义的初始化条件开始进行瞬态分析。在使用仿真电路原理图定义的初始化条件时，必须确保在电路的每个电路原理图元件上已经定义了初始化条件，或者在电路中放置了仿真元件.IC。

4. 傅里叶分析

在图 12.38 中，若选中了 Fourier Analysis 复选框，则在瞬态分析的同时进行傅里叶分析。傅里叶分析用于在频域描述输出的信号，是基于瞬态分析最后一个周期的数据实现的。在进行傅里叶分析后，系统将自动生成一个扩展名为.sim 的文件，该文件包含了每一个谐波的幅度和相位信息。

傅里叶分析需要设置两个参数。Fundamental Frequency 用于设置傅里叶分析中的基带频率；Number of Harmonics 用于设置傅里叶分析中的谐波数，每个谐波的频率均为基带频率的整数倍。

5. 交流扫描分析

交流扫描分析用于在一定的频率范围内计算电路的频率响应。交流扫描分析参数设置界面如图 12.39 所示。Start Frequency 用于设置交流扫描分析的起始频率，End Frequency 用于设置交流扫描分析的终止频率，Points/Dec 用于设置在扫描范围内交流扫描分析测试点的数目，Type 用于设置交流扫描分析的扫描方式。Type 有三个选项，即 Linear、Decade 和 Octave。Linear 适用于带宽较窄的情形，测试点均匀分布在测试范围内；Decade 适用于带宽特别宽的情形，测试点以 10 的对数形式排列；Octave 适用于带宽较宽的情形，测试点以 2 的对数形式排列。

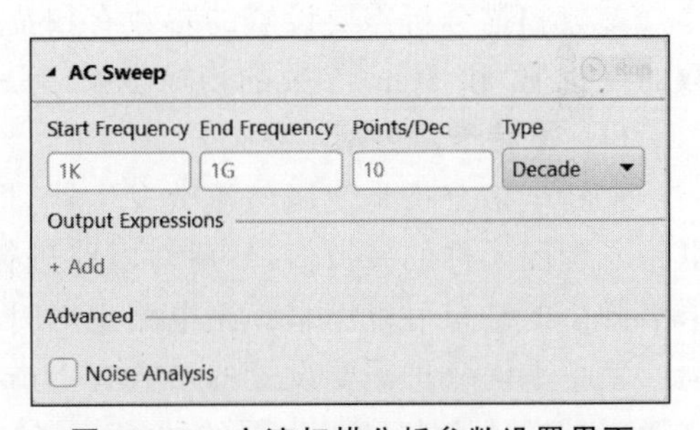

图 12.39 交流扫描分析参数设置界面

在进行交流扫描分析时，必须保证仿真电路原理图中至少有一个正弦信号激励源，即该仿真激励源的 AC Magnitude 属性值大于 0。用这个正弦信号激励源作为仿真期间的正弦波发生器。正弦信号激励源的仿真参数设置面板如图 12.22 所示。用于扫描的正弦信号的幅值、频率和初始相位，在图 12.22 中通过参数 Amplitude、Frequency 和 Phase 进行设置。

6. 噪声分析

噪声分析是与交流扫描分析一起进行的。电路中产生噪声的元件有电阻和半导体元件。对于每个噪声源，在交流扫描分析的每个频率上计算出相应的噪声，并传送到输出结点。把所有传送到该结点的噪声的均方值相加，得到该结点的等效输出噪声。同时，计算出从输入端到输出端的电压（电流）增益。根据输出噪声和增益，可以计算出等效输入噪声。

噪声分析需要设置的参数有 Noise Source（噪声源）、输出结点、参考结点和测试点数等。

7. 传递函数分析

传递函数分析用来计算直流输入阻抗、输出阻抗与增益，需要设置的参数有 Source Name（输入源名称）和 Reference Node（参考源结点）。

8. 极点-零点分析

极点-零点分析是针对特定的信号，根据输入值、输出值获得该信号的极点-零点信息。

极点-零点分析需要设置的参数有 Input Node（输入结点）、Output Node（输出结点）、Input Reference Node（输入参考结点）、Output Reference Node（输出参考结点）、Transfer Function Type（传递函数类型）和 Analysis Type（分析方式）等。

9. 温度扫描分析

在进行瞬态分析、直流扫描分析或交流扫描分析时，有时需要知道温度对分析结果的影响。通过温度扫描，在不同的温度条件下进行上述仿真分析。

温度扫描分析需要设置的参数有 From（起始温度）、To（终止温度）和 Step（温度扫描步长）。

10. 参数扫描分析

在进行瞬态分析、直流扫描分析或交流扫描分析时，有时需要知道某个电路原理图元件的参数值对分析结果的影响。对于某个电路原理图元件来说，以自定义的步长扫描电路原理图元件的参数值，从而掌握电路原理图元件参数值对分析结果的影响。

参数扫描分析需要设置的参数有扫描的参数、扫描方式、From（参数的起始值）、To（参数的终止值）和 Step（参数的扫描步长）等。

11. 蒙特卡洛分析

蒙特卡洛分析是使用随机数发生器，根据电路原理图元件参数值的概率分布规律选择电路原理图元件的参数值，然后对电路进行瞬态分析、直流扫描分析或交流扫描分析。蒙特卡洛分析的结果可以用来预测电路生产时的成品率与成本。

蒙特卡洛分析需要设置的参数有 Number of Runs（分析轮数）、Distribution（概率分布规律）和 Seed（随机数发生器的种子）。在 AD 24 中，电路原理图元件参数值的概率分布规律有 Uniform（均匀分布）、Gaussian（正态分布）和 Worst Case（最差情况）。

12.6 电路仿真实例

12.6.1 工作点分析仿真

本小节用实例说明工作点分析的仿真方法。首先设计用于工作点分析的仿真电路原理图，然后选择仿真方式，接着进行电路仿真，最后对仿真结果进行分析。

1. 设计仿真电路原理图

设计仿真电路原理图的步骤如下。

(1) 新建工程"Operating Point. PrjPcb"。

(2) 新建电路原理图设计文件"Operating Point. SchDoc"。

(3) 在电路原理图编辑器中,设计电路原理图。按照第 3 章介绍的电路原理图设计方法,放置两个电阻、一个电容、一个直流电压源和 GND,用导线把电路原理图元件连接起来。

(4) 按照 12.2 节、12.4 节介绍的电路原理图元件属性设置的方法,设置各个电路原理图元件的仿真属性参数。

(5) 在电阻 R1 的两个引脚各放置一个结点网络标签,网络标签名称分别为 1 和 2。

设计完成的仿真电路原理图如图 12.40 所示。

2. 选择仿真方式

选择仿真方式的步骤如下。

(1) 在电路原理图编辑器中,选择 Simulate→Simulation Dashboard 选项,弹出 Simulation Dashboard 面板,如图 12.41 所示。

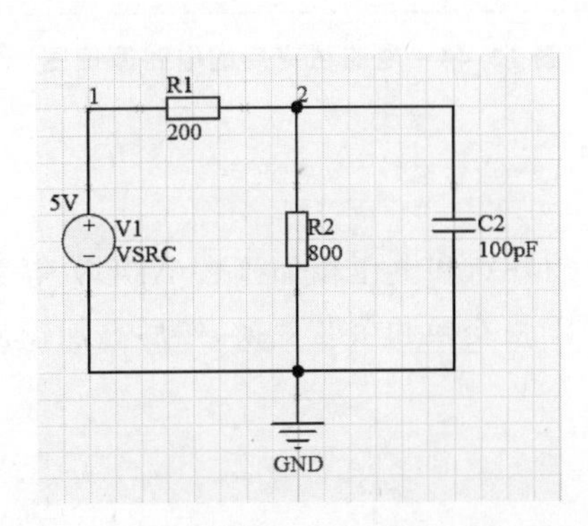

图 12.40 设计完成的仿真电路原理图

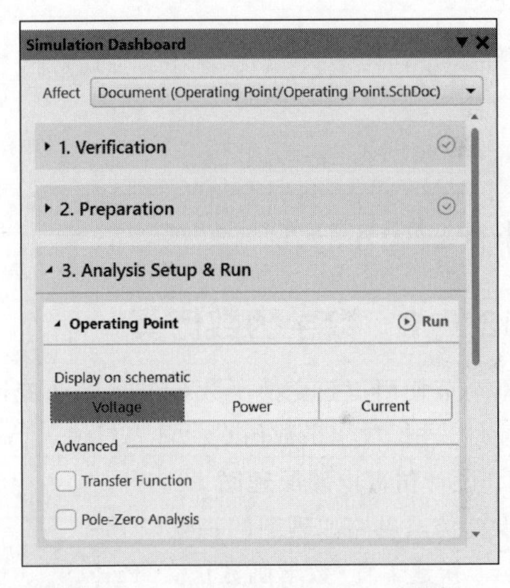

图 12.41 Simulation Dashboard 面板

(2) 系统自动进行 DRC 验证,并进行仿真准备检查。若选项组 Verification 和 Preparation 后面出现☑,说明该仿真电路原理图已经通过了验证和检查。

(3) 在选项组 Analysis Setup & Run 中,选择仿真方式 Operating Point。

(4) 选择 Voltage 复选框,即在工作点 1 和 2 显示电压值。

3. 电路仿真与仿真结果分析

电路仿真与仿真结果分析的过程如下。

(1) 在图 12.41 中,单击 Run 按钮,系统开始电路仿真,弹出 Messages 面板,如图 12.42 所示。在 Messages 面板中,描述了电路仿真的过程。

(2) 关闭 Messages 面板,系统自动打开仿真数据文件 Operating Point. sdf,如图 12.43 所示。在这个文件中,记录了两个工作点 1 和 2 处的电压值。

(3) 电路仿真后的电路原理图如图 12.44 所示,显示了两个工作点 1 和 2 处的电压值。

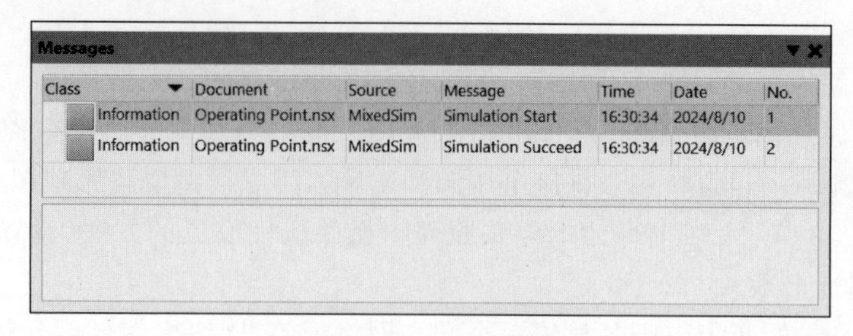

图 12.42　Messages 面板

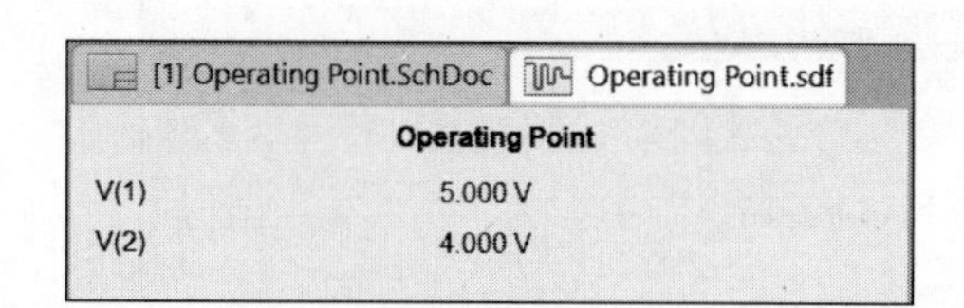

图 12.43　仿真数据文件 Operating Point. sdf

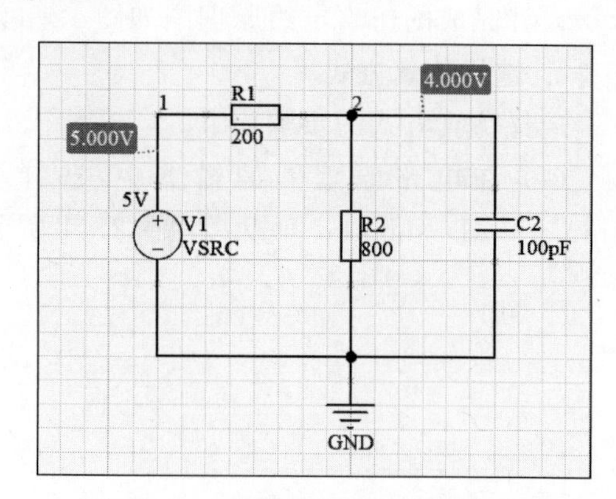

图 12.44　电路仿真后的电路原理图

12.6.2　数学函数仿真

本小节使用正弦变换函数 SINV、余弦变换函数 COSV 和电压相加函数 ADDV 等数学函数元件，进行数学函数仿真。首先对输入信号进行正弦变换和余弦变换，然后叠加输出。

1. 设计仿真电路原理图

设计仿真电路原理图的步骤如下。

(1) 新建工程"数学函数仿真. PrjPcb"。

(2) 新建电路原理图设计文件"数学函数仿真. SchDoc"。

(3) 把仿真数学函数库 Simulation Math Function. IntLib 加载到电路原理图编辑器中。

(4) 从仿真数学函数库 Simulation Math Function. IntLib 中选取数学函数元件 SINV、COSV 和 ADDV，把它们放置到电路原理图中，设计标识符分别为 M1、M2 和 M3。在通用仿真元件库 Simulation Generic Components 中选取正弦信号激励源 VSIN，把它放置到电路原理图中，标识符为 V1。在电路原理图中放置两个电阻 R1 和 R2，再放置两个 GND。用导线把电路原理图元件连接起来。

(5) 设置正弦信号激励源 VSIN 的仿真属性参数，各个参数值如图 12.22 所示。设置两个电阻 R1、R2 的电阻值为 1kΩ。数学函数元件 M1、M2 和 M3 不需要设置仿真参数。

(6) 在电路中放置 4 个结点网络标签，网络标签名称分别为 INPUT、SINOUT、COSOUT 和 OUTPUT。

设计完成的数学函数仿真电路原理图如图 12.45 所示。

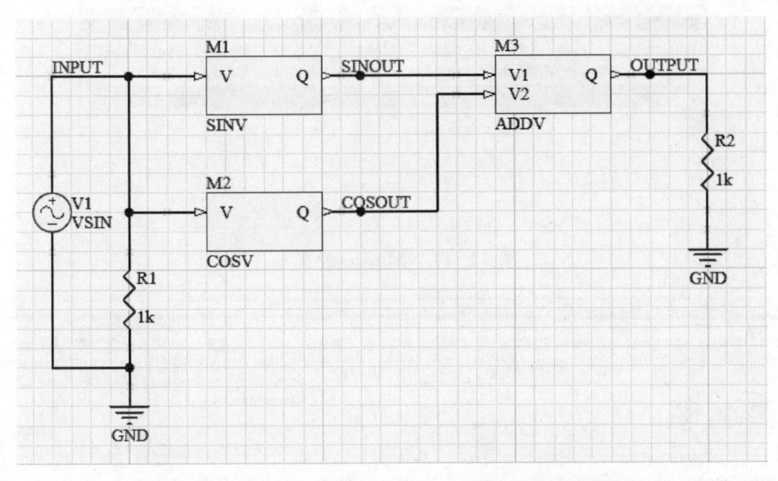

图 12.45　设计完成的数学函数仿真电路原理图

2. 选择仿真方式

选择仿真方式的步骤如下。

(1) 在电路原理图编辑器中，选择 Simulate→Simulation Dashboard 选项，弹出 Simulation Dashboard 面板，如图 12.46 所示。

(2) 系统自动进行 DRC 验证，并进行仿真准备检查。若选项组 Verification 和 Preparation 后面出现 ，说明该仿真电路原理图已经通过了验证和检查。

(3) 在选项组 Analysis Setup & Run 中，选择仿真方式 Transient，进行瞬态分析仿真。设置 From、To 和 Step 的参数值。

(4) 添加网络标签 INPUT、SINOUT、COSOUT 和 OUTPUT 处的输出方式及颜色。

(5) 选中 Fourier Analysis 复选框，在瞬态分析的同时进行傅里叶分析。设置 Fundamental Frequency 和 Number of Harmonics 的参数值。

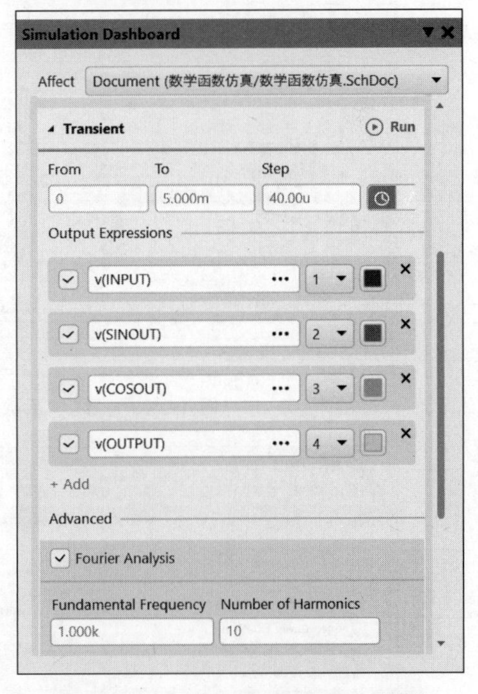

图 12.46　Simulation Dashboard 面板

3. 电路仿真与仿真结果分析

电路仿真与仿真结果分析的过程如下。

(1) 在图 12.46 中，单击 Run 按钮，系统开始电路仿真，弹出 Messages 面板，如图 12.47 所示。在 Messages 面板中，描述了电路仿真的过程。

(2) 关闭 Messages 面板，系统自动打开仿真数据文件“数学函数仿真.sdf”。“数学函数仿真.sdf”的 Transient Analysis 标签如图 12.48 所示，在其中显示结点网络标签 INPUT、SINOUT、COSOUT 和 OUTPUT 处的波形。

“数学函数仿真.sdf”的 Fourier Analysis 标签如图 12.49 所示，在其中显示结点网络标签 INPUT、SINOUT、COSOUT 和 OUTPUT 处的频谱。

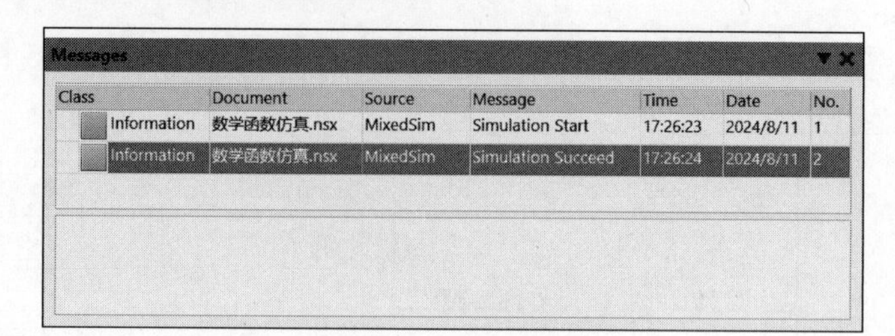

图 12.47 Messages 面板

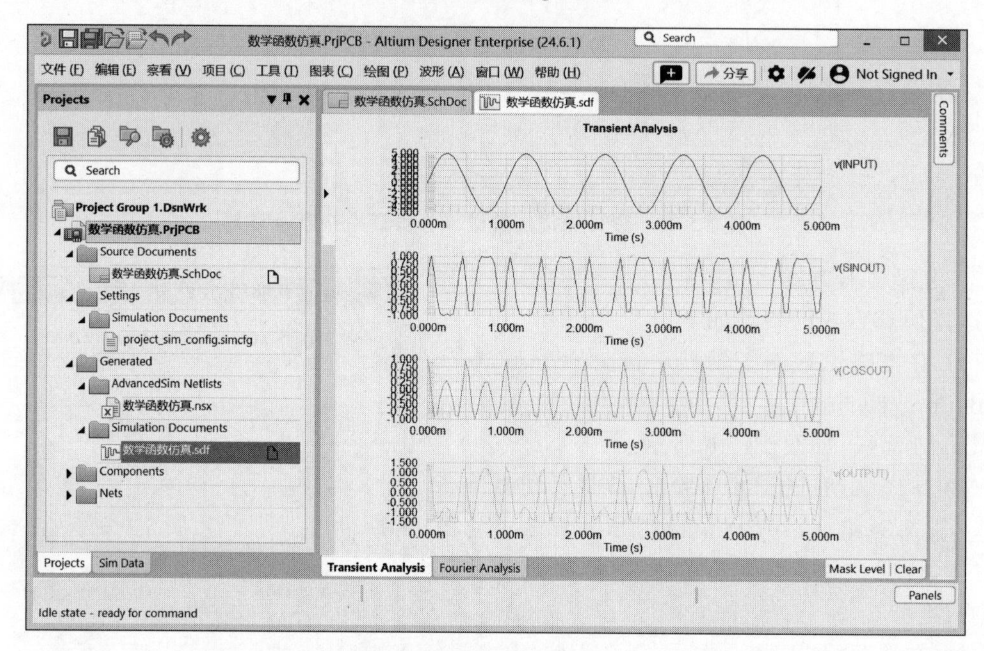

图 12.48 “数学函数仿真.sdf”的 Transient Analysis 标签

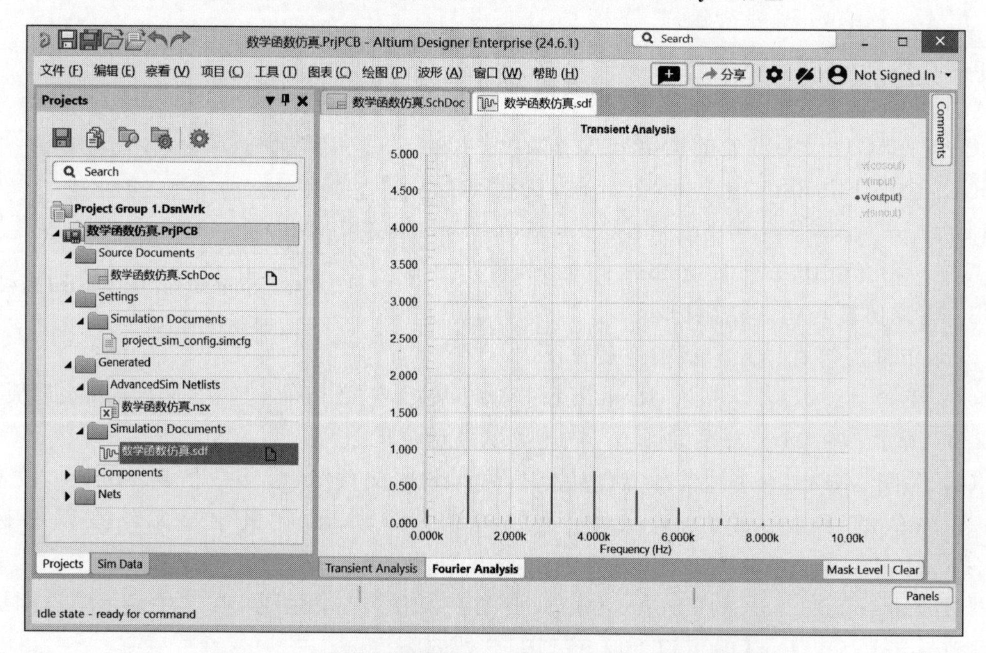

图 12.49 “数学函数仿真.sdf”的 Fourier Analysis 标签

习题 12

一、填空题

1. AD 24 一般以________的形式显示电路仿真的结果。仿真结果显示的对象可以是电压、电流或功率等。在进行傅里叶分析时，将以________的形式显示仿真结果。

2. 在电路原理图编辑器中，选择“设计”→“________”→________选项，启动混合仿真。

3. 常用元件集成库 Miscellaneous Devices. IntLib 包含 3 种具有仿真属性的电阻，即电阻、________电阻和________电阻，可以设置它们的仿真参数。

4. 对于可变电阻这个仿真元件，需要设置________和仿真使用的阻值占总阻值的________等参数。

5. 对于半导体电容这个仿真元件，除了需要设置电容值之外，还需要设置电容________、电容________、初始电压等参数。

6. 在对电路进行瞬态分析时，仿真元件. IC 用于设置电路结点的________，作为该结点运行时的________。

7. 在进行傅里叶分析后，系统将自动生成一个扩展名为________的文件，该文件包含了每一个________的幅度和相位信息。

二、名词解释

1. 电路仿真。
2. 仿真元件。
3. 仿真电路原理图。
4. 数学函数元件。
5. 蒙特卡洛分析。

三、简答题

1. 为什么要在仿真电路中的测试结点放置网络标签?
2. 仿真电路原理图与一般的电路原理图有什么区别?
3. 简述变压器这个仿真元件 3 个仿真参数的意义。
4. 简述仿真元件. NS 的作用。
5. 说出 5 种以上仿真激励源的名称。
6. 详细叙述电路仿真的意义。
7. 在 AD 24 中进行电路仿真有哪些优势?
8. 在 AD 24 中对电路原理图进行电路仿真，必须满足哪些条件?
9. 辨析仿真元件. IC 和仿真元件. NS。
10. AD 24 提供了哪几种电路仿真方式?

四、设计题

1. 以可变电阻为例，详细叙述设置电阻仿真参数的步骤。

2. 仿真电路原理图如图 12.50 所示，选择仿真方式 Transient，进行瞬态分析仿真。自己动手，实际操作，详细写出电路仿真的步骤。

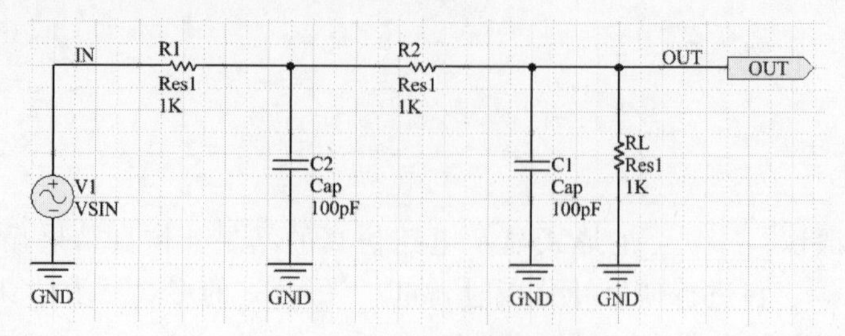

图 12.50　仿真电路原理图

参 考 文 献

[1] 崔岩松.电路设计、仿真与PCB设计：从模拟电路、数字电路、射频电路、控制电路到信号完整性分析[M].2版.北京：清华大学出版社,2024.

[2] 胡仁喜,孟培.详解 Altium Designer 20 电路设计[M].6版.北京：电子工业出版社,2020.

[3] 段荣霞.Altium Designer 20 标准教程[M].北京：清华大学出版社,2020.

[4] 孙宝法.微控制系统设计与实现[M].北京：清华大学出版社,2015.

[5] 谷树忠,姜航,李钰.Altium Designer 简明教程[M].北京：电子工业出版社,2014.

[6] 高立新,赖友源,喻凯余.Protel DXP 2004 电子 CAD 教程[M].北京：科学出版社,2014.

[7] 谈世哲,王圣旭,姜茂林.Protel DXP 基础与实例进阶[M].北京：清华大学出版社,2012.

[8] 高海宾,辛文,胡仁喜.Altium Designer 10 从入门到精通[M].北京：机械工业出版社,2011.

[9] 张伟.Protel 99 SE 基础教程[M].北京：人民邮电出版社,2010.

[10] 李春林,吴恒玉,王建华.电子技术[M].大连：大连理工大学出版社,2003.

[11] 查丽斌,王宛苹,李自勤,等.电路与模拟电子技术基础[M].3版.北京：电子工业出版社,2015.

[12] 谢克明,刘文定.自动控制原理[M].北京：电子工业出版社,2009.

[13] 赵小强,李晶,王彦本.物联网系统设计及应用[M].北京：人民邮电出版社,2015.

[14] 刘海涛,马建,熊永平.物联网技术应用[M].北京：机械工业出版社,2011.

[15] 孙宝法.单片机原理与应用技术：C语言编程与 Proteus 仿真[M].北京：清华大学出版社,2023.

[16] 孙宝法.单片机原理与应用[M].北京：清华大学出版社,2014.

[17] 孙宝法.传感器原理与应用[M].北京：清华大学出版社,2021.

[18] 张庆,孙宝法,张佑生.基于单片机 MC9S12XSl28 的智能车的硬件系统设计[J].制造业自动化,2012,34(3)(下)：107-109.

[19] 孙宝法,梁月放.基于单片机 MC9S12XSl28 的智能车的软件系统设计[J].价值工程,2012,31(5)(下)：210-211.

[20] 孙宝法,张晓玲.用摄像头循迹的智能车的硬件系统设计[J].价值工程,2012,31(10)(下)：201-202.

[21] SUN B F. Study on the Addressing Mode of Assembly Language Instruction Set of 80C51 MCU[J]. Advanced Materials Research,2012,591-593：1511-1514.

[22] SUN B F. Software Design of Smartcar Tracking with Camera[J]. Applied Mechanics and Materials,2013,380-384：2672-2675.

[23] SUN B F,SUN X. Hardware System Design of Quad-rotor Aircraft Based on STM32F103[J]. EPME 2018,APRIL 22-23：245-251.

[24] 孙宝法.微控制系统设计与实现实验室建设的探索与实践[J].淮北师范大学学报(自然科学版),2017,38(1)：84-89.

[25] 孙宝法."单片机原理及应用"课程思政的思考与实践[J].合肥学院学报(综合版),2021,38(5)：134-139.

[26] 肖博帆,孙宝法.一种手机控制的照明系统的设计与实现[J].电脑知识与技术,2023,19(33)：65-68+75.